U0747515

"十三五"普通高等教育本科部委级规划教材

中国冷盘工艺

朱云龙　吕新河　**主　编**

王荣兰　史红根　郎　军　**副主编**

中国纺织出版社有限公司

图书在版编目（CIP）数据

中国冷盘工艺 / 朱云龙，吕新河主编 . -- 北京：
中国纺织出版社有限公司，2021.2（2024.2重印）

"十三五"普通高等教育本科部委级规划教材

ISBN 978-7-5180-8277-3

Ⅰ . ①中… Ⅱ . ①朱… ②吕… Ⅲ . ①凉菜 – 制作 –
高等学校 – 教材 Ⅳ . ① TS972.114

中国版本图书馆 CIP 数据核字（2020）第 250950 号

责任编辑：舒文慧　　　　特约编辑：范红梅
责任校对：王蕙莹　　　　责任印制：王艳丽

中国纺织出版社有限公司出版发行

地址：北京市朝阳区百子湾东里 A407 号楼　邮政编码：100124

销售电话：010—67004422　传真：010—87155801

http: //www.c-textilep.com

中国纺织出版社天猫旗舰店

官方微博 http://weibo.com/2119887771

三河市宏盛印务有限公司印刷　各地新华书店经销

2024 年 2 月第 2 次印刷

开本：710×1000　1/16　印张：26.25

字数：407 千字　定价：58.00 元

编委会

前　言

　　火，这个希腊神话中普罗米修斯带来的上天的赐予，给神州大地上的人们带来无限恩泽。可以说，从 170 万年以前元谋人用火开始，就揭开了人类原始饮食文明的序幕，为中国饮食文化的形成与发展奠定了坚实的基础。

　　中国烹饪文化经过数千年的经验积淀，呈现出多样性、丰富性和独特性，这从中国人独特的用餐方式——"筷子"的运用中可见一斑，筷子两只为"一双"，代表着"太极"和"阴阳"，太极为一，阴阳为二，一生二，二生三，三生万物；筷子一头圆、一头方，圆头代表"天"，方头代表"地"，隐含着天圆地方，可谓是"小小筷子照乾坤"；用圆头（天）夹用食物，表达"民以食为天"的生存规律；中国传统的筷子长度是七寸六分，表示人的"七情六欲"。中国人在进行必不可少的自然活动（吃饭）的同时，没有忘记对自己的社会属性的塑造，因为吃饭也是修炼，时刻提醒人们正确把控自己的七情六欲。筷子在夹食物的时候，需要大拇指、食指和中指三者之间的巧妙配合，圆头（天）对嘴不会造成伤害，方头（地）增加摩擦力，便于我们夹用食物，代表了"人""天""地"之间的有机整体和相互关联。两根筷子夹用食物过程中的一动一静，动静结合，精妙绝伦地运用了杠杆的力学原理。

　　随着社会的进步与人类文明程度的提高，烹饪的内涵日益扩大，饮食活动也日益发展，自然状态的食物原料，采用适当的烹饪制作工艺技术与方法，以适应人类的生理需要和心理需求，即原料经过烹饪制作后必须符合人们在卫生与安全方面的需要，并且具有丰富的、有益于健康长寿的营养物质，还要在色、香、味、形、质、器、意等方面给人以美的享受，达到"美食"的标准。当然，要使食物在安全、营养、美感三方面达到高度统一而成为"美食"，真正成为舌尖上的美味，需要对烹饪整个过程进行科学性与合理化的控制。这种控制首先表现在视觉上，因为视觉是人类的第一感觉，以至于我们把所有的精神活动都与视觉联系在一起。"秀色可餐""赏心悦目"就是对视觉从根本上影响我们的认识、思维和味觉的有力印证。

《中国冷盘工艺》就是一本研究中国风味冷菜与中国冷盘造型中的味觉与视觉艺术的书。中国烹饪自古以来就注重内在内容美与外在形式美的和谐统一，始终将美味与色、形的美观生动相结合，讲究运用造型变化规则和烹饪工艺造型技法，巧妙运用原材料的自然色彩与加热过程中的色彩变化规律和调味对色彩的影响规律，使烹饪造型形象生动、朴实自然，富有民族特色和时代气息，这在中国风味冷菜和中国冷盘制作技艺中显现得尤为明显，中国冷盘始终有着中国社会发展的时代印记。

《中国冷盘工艺》将工艺美术规律与烹饪中的冷盘制作规律有机结合，在充分发掘烹饪原料美（主要是滋味、色彩和质地）的前提下，灵活调动了冷盘制作技艺的技术特点，达到了一种区别于一般工艺美术的独特的烹饪造型艺术美。每一道风味冷菜和每一幅冷盘造型图案，都可以让学生或烹饪工匠们感到切实可行，以至举一反三。本书无论是有关中国风味冷菜制作，还是中国冷盘工艺技术，除了在架构体系上的精心考量，还有内容上的合理安排乃至顺序上的统筹，均符合由易至难、由简到繁、由浅入深的循序渐进的学习规律，可以说是图文并茂，独具一格。本书可作为烹饪专业的学生或厨房生产的从业人员、从事风味冷菜制作或冷拼艺术创作的参考，使之迅速达到冷盘造型艺术美的规范化水平，提高识别美丑的能力，树立正确的冷盘造型艺术审美趣味和审美标准。衷心希望这本历时数年、用心血和汗水奉献给读者的书是名副其实的"美味佳肴"！

朱云龙

2020 年初春于扬州

《中国冷盘工艺》教学内容及课时安排表

章/课时	课程性质/课时	节	课程内容
第一章 （4课时）	文化背景 （4课时）		·绪论
		一	冷菜与冷盘的概念
		二	中国冷盘的形成与发展
		三	冷盘的地位和作用
第二章 （48课时）	基础与训练 （62课时）		·风味冷菜制作
		一	风味冷菜调味的程序与方法
		二	风味冷菜制熟的常用方法
		三	常用风味冷菜的制作
		四	特殊风味冷菜的制作
		五	常用调味碟的制作与运用
		六	风味冷菜常用卤水的配制与保存及常用滋汁的调制
第三章 （6课时）			·冷菜的营养平衡及卫生与安全控制
		一	冷菜的营养平衡
		二	冷菜的卫生与安全控制
第四章 （8课时）			·冷盘造型艺术规律
		一	冷盘造型的构图及其变化
		二	冷盘造型美的形式法则
		三	冷盘造型的色彩
		四	冷盘造型的分类
第五章 （8课时）	应用与实践 （72课时）		·冷盘制作方法
		一	冷盘材料的选择、整形与拼摆
		二	冷盘拼摆的基本原则及方法
		三	冷盘拼摆的基本步骤及常用手法
		四	食品雕刻在冷盘造型中的运用
		五	冷盘在主题性展台中的运用
第六章 （64课时）			·冷盘造型实例
		一	几何图案造型
		二	植物造型
		三	动物造型
		四	器物造型
		五	景观造型
		六	各客冷碟造型
		七	多碟组合造型

注：1. 各院校可根据自身的教学特色和教学计划对课程时数进行适当的调整；

2. 本教材中的第二章"风味冷菜制作"可以单独作为一门课程开设。

目　录

第一章

绪　论

本章内容：介绍冷菜与冷盘的基本概念、中国冷盘形成与发展的历史和背景。

教学时间：4 课时。

教学目的：通过熟悉冷菜与冷盘的基本概念及两者之间的异同点，对中国冷盘形成与发展的历史和背景进行了解，使学生正确认识中国冷盘形成与发展的脉络，了解中国冷盘的发展动态及趋势。

教学方式：课堂讲述。

教学要求：1.掌握冷菜与冷盘概念以及两者之间的异同点。

2.掌握冷盘的性质与特点。

3.熟悉冷盘在各类宴席中的地位和作用。

4.理解中国冷盘的形成过程与发展趋势。

作业布置：课后阅读本章中提到的相关烹饪典籍。

学习重点：1.冷菜与冷盘概念以及两者之间的异同点。

2.冷盘的性质与特点。

3.冷盘在各类宴席中的地位和作用。

4.中国冷盘的形成过程与发展趋势。

学习难点：1.冷盘的性质与特点。

2.中国冷盘的形成过程与发展趋势。

第一节　冷菜与冷盘的概念

冷菜，各地称谓不一。在我国，南方多称冷盆、冷盘或冷碟、冷拼等，北方则多称凉菜、凉盘或冷荤等，也有的地区统称为"卤菜"。比较起来，似乎南方习惯于称"冷"，而北方则更习惯于称"凉"，不管是称"冷"还是"凉"，他们有一个共同的特点，就是菜品在食用过程中不处于加热后的"有温度"状态，即常温。如果不从文字角度来理解，而出于习惯或作为人们的生活用语，它们之间并没有什么区别，都是与热菜相对或比较而言的。一年四季中，北方的温度相对较低，菜品在常温下的"凉"足以体现其风味特色，在一定的时间范围内符合食品安全的需求；而南方相对温度较高，菜品在常温下的"凉"难以体现其风味特色，以及在一定的时间范围内无法确保符合食品安全的条件，需要特意将菜品置于温度相对较低的环境中（如冰缸、冰袋、冰箱等）冷藏，从而形成了对菜品同一状态下的不同表达方式而已。

细究起来，"冷菜"与"冷盘"概念之间的差异就比较明显了。"冷菜"这一称谓似乎更侧重于菜品的物理感观——温度，而菜品的制作工艺和拼摆的工艺成分并没有涵盖；而"冷盘"这一称谓在着重强调了菜品的物理感观——温度（这也是"冷菜"与"热菜"最主要的区别之一）的同时，也同时突出了菜品制作和拼摆的工艺成分，从"盘"字中可见一斑。可食的菜品装在盘中，不是随意地堆装或拼凑，而是有序或艺术的有机而完美的组合。由此看来，"冷菜"统称为制作"冷盘"的材料更为贴切，冷盘材料只有经过一定的切配加工、拼摆工艺装入盘中才是一道完整的冷盘作品。这一点从我国各地历届烹饪比赛所列项目中也可以明显地看出它们的区别所在，有"冷盘"比赛项目，却很少有"冷菜"项目比赛这一表述。总的说来，冷盘的概念比冷菜概念的内涵更广泛、更丰富、更普遍。因此，从烹饪工艺角度而言，冷盘这一称谓似乎更贴切、更合理、更科学。

冷盘，就是将经过初步加工的烹饪原料调制成在常温下可直接食用，并加以艺术拼摆以达到特有美食效果的冷食菜品。为了达到这一特有的美食效果，在冷菜的制作过程中，我们常采用两种基本方法，一是冷菜原料需要经过加热工序，并辅以恰当的切配和调味（有的是先切配后调味，有时是先调味后切配），再散热冷却。这里的加热是工艺过程，而冷食则是最终目的，正所谓"热制冷吃"。冷盘中的绝大部分菜肴都是采用这一方法制作而成的，如"五香熏鱼""酱牛肉""水晶肴蹄""红油鱼片""油爆大虾""冻羊糕""葱椒鸡丝""盐水鸭""麻酱鲍丝""芝麻菜松""三鲜鱼糕""卤猪手""酱汁茭白"等，可以说，这是制作冷菜的主要方法；二是冷菜原料不需要经过加热这一工艺程序，而将原料经过初步加工整理，加以切配和调味后直接食用，这即是我们平常所说的"冷制冷吃"的制作方法，这一方法主要用于一些鲜活的动物性烹饪原料，如"腐乳炝虾""醉蟹""生炝鱼片"等，以及一些新鲜的脆嫩性植物原料，如"蒜蓉黄瓜""姜汁莴苣""酸辣白菜""葱油海带""沙拉时蔬""糖醋萝卜""果味莲藕"等。

总之，冷菜工艺与冷盘工艺是两个既有区别又有联系的概念。前者主要研究风味冷菜的制作工艺，后者除研究风味冷菜的制作工艺外，还研究冷菜的拼摆工艺与装盘艺术。在我国，冷盘经过数千年的形成与发展，已具有与西餐相区别的独特的工艺特点和审美需求，有着独特而丰富的中国传统烹饪文化内涵，本书以"中国冷盘工艺"命名，原因就在于此。

第二节 中国冷盘的形成与发展

在我国历史上，饮食生活反映着社会的等级文化现象，肴馔的优胜丰富也是富贵阶级经济实力和政治权力的直接表现。因此，我们也只有通过上层社会的餐桌，才能理清中国冷盘形成与发展的轨迹。

历史上的上层社会，尤其是君王贵族的宴享，既隆重频繁又冗长烦琐。宴享之中，觥筹交错，乐嬉杂陈。为适应这种长时间进行的饮食活动的需要，在爆、炸、煎、炒等快速致熟烹调方法产生之前，古代人无疑是以冷菜为主要菜品的。由于文字记载远远落后于生活实际的早期历史的特点，也由于今天很难再见到历史菜品实物的原因，我们不太了解商代或更早时期的详尽的饮食生活情况，但丰富的文字史料可以让我们比较清楚地了解到周代肴馔的基本面貌，从中我们可以"窥视"并推理出我国冷盘形成与发展的清晰的痕迹。

《周札》便有天子常规饮食以冷食为主的记载："凡王之稍事，设荐脯醢"（《周札·天官·膳夫》）；郑玄注："稍事，为非日中大举时而间食，谓之稍事……稍事，有小事而饮酒。"；贾公彦疏："又脯醢者，是饮酒肴羞，非是食馔。"这表明早在西周时代，人们便已清楚地认识到冷荤（先秦时期，冷菜多用动物性原料制作而成）宜于宴饮的特点，并形成了一定的食规。

《礼记》一书的《内则》篇详细地记述了一些珍贵的养老肴馔，即淳熬、淳母、炮豚、炮牂、捣珍、渍、熬、肝膋等，这就是古今传闻的著名"周代八珍"。这些肴馔既反映了周代上层社会美食的一般风貌，也反映了当时肴馔制作的一般水准。但更重要的是，我们从中似乎也可以找出一些冷盘的雏形。

淳熬、淳母，是分别用稻、粟制作的米饭，上面覆盖上一些肉酱。从酱的传统食用方法角度来说，一般酱是冷食的，而且既是食之常肴，也是常用的调味品。无论是居常饮食，还是等级宴享，都有不同品类的酱，又泛称为"醢"，陈列于案几之上。《周礼·天官·膳夫》有"凡王之馈食……酱用百有二十瓮。"之记载，便是有力的证明。酱是食之常肴和基本调味品，并且因所选用原料的不同而有许多品类，这已为史料所证实。虽然对王室所用"百二十瓮"的详情无人能述，但值得注意的一点是，绝大部分植物性原料所制成的菹，可能并没有热加工工序，而有的动物性原料如蠃（蜾蠃）、蚳（蚍蜉子）、蜗、卵（鲲鱼子）等也有不经热加工工艺的可能。仅从这一点我们完全可以判断，酱（臡、醢、菹等）主要用作冷食之肴是无可怀疑的了。

炮豚、炮牂，虽然热食溢香肥美，冷食亦别有韵致风味。这种烧烤后又长时间（三日三夜）蒸制，再"调之以醯醢"的乳猪和大块羊肉，自然较为适合作长时间进行的宴饮的菜品。虽然我们还不能说它们就是当时热制冷吃的冷盘菜品，但可以说它们已具备了冷荤菜肴干香、鲜嫩或软韧、无汤、不腻的特点，很有可能是两相适宜，兼有其功的热、冷食合二为一型的菜品。

捣珍，是选用牛、羊、麋、鹿等动物性原料，先加工成熟，再经去膜、揉软等加工工序而制成，食用时亦调以醯醢。可见这种捣珍一类的菜品无疑是明确地用于冷食的。

由此可见，中国冷盘萌芽于周代，并经历了冷盘和热菜兼有和兼承的漫长历史。我们根据史料记载完全可以说，先秦时代，冷盘还没有完全从热菜系列中独立出来，尚未成为一种特定的冷食菜品类型。

唐宋时代，冷盘的雏形已经形成，并在此基础上也有了很大的发展。这一时期，冷盘也逐步从肴馔系列中独立出来，并成为酒宴上的特色佳肴。唐朝的《烧尾筵》食单中，就有用五种肉类拼制成"五生盘"的记述。宋代陶谷的《清异录》中记述更为详尽："比丘尼梵正，庖制精巧，用鲊臛脍脯，醢酱瓜蔬，黄赤杂色，斗成景物。若坐及二十人，则人装一景，合成辋川图小样。"这段记载可以足证当时技艺非凡的梵正女厨师，采用腌鱼、烧肉、肉丝、肉干、肉酱、豆酱、瓜类、菜类等富有特色的冷盘材料，设计并拼摆出了 20 个独立成景的小冷盘，创造性地将它们组合成兼有山水、花卉、庭园、馆舍的"辋川别墅式"的大型风景冷盘图案，发展了我国的冷盘工艺技术。这也充分反映了在唐、宋时期，我国的冷盘工艺技术已达到了相当高的水平，同时，用植物性原料来制作冷菜已是很普遍了。

明清时代，冷盘技艺日臻完善，制作冷菜的原料及工艺方法也不断创新与发展。这一时期，很多工艺方法已成为专门制作冷盘材料的方法而独立出来，如糟法、醉法、酱法、风法、卤法、拌法、腌法等。并且，用于制作冷盘菜品的原料有了很大的扩展，植物类有茄子、生姜、冬瓜、茭白、蕹菜、蒜苗、绿豆芽、笋子、豇豆等；动物类有猪肉、猪蹄、猪肚、猪腰、猪舌、羊肉、羊肚、牛肉、牛舌、鸡肉、青鱼、螃蟹、虾子等，以及一些海产鱼类和奇珍异味，如海蜇、乌贼、比目鱼、蛏子、蚝肉、发菜、象拔蚌、瑶柱等，都是这一时期用于制作冷盘菜品的常用原料。这充分说明了在明、清时期，我国的冷盘工艺技术已达到了非常高超的水平。

随着历史的沿革，我国冷盘技艺也在不断提高和发展。冷盘遂渐从热菜之中独立出来，成为一种独具风味特色的菜品系列，由贵族宴饮中独嗜到平民百姓共享，由品种单调贫乏到品种丰富繁多，由工艺技术简单粗糙到工艺技术精湛细腻，当然，这是事物发展的趋势，也是历史发展的必然。近半个世纪以来，我国冷盘工艺技术的发展更是突飞猛进，尤其是 21 世纪以来，我国冷盘工艺技术的发展更是日新月异，冷盘无论是在风味特色上还是在制作工艺技术上，都有着与热菜不同的独特个性，但冷盘目前在原料的选择或是在制作方法上与热菜越来越趋于类似和统一，甚至可以说，能用于热菜的原料就可以用于冷菜，可以制作热菜的方法也可以制作冷菜，如烤、炸、熘、炖、焖、煎、蒸等是典型的热菜制作方法，现在这些方法也开始被用于制作冷菜，是迎合了"合久必分，分久必合"的事物发展规律还是现代人们的聪颖智慧所造就，我们在这里无须深究，或许两者兼而有之，但这对冷盘的发展是有益的。我们烹饪工作者在不断地挖掘、继承我国传统烹饪工艺技术的基础上推陈出新，才能使冷盘成为我国烹饪艺坛中的一朵鲜艳的奇葩，并开得越来越鲜艳。

第三节 冷盘的地位和作用

一、冷盘的性质与特点

冷盘作为完全独立并颇具特色的一种菜品类型，一般来说，具有以下性质与特点。

1. 冷盘滋味稳定、容易保存

冷盘是在常温下食用的一种菜品，因而其风味特色不像热菜那样容易受温度的影响，它能承受相对较低的冷却温度。从这一点而言，在一定的时间范围内，冷盘能较长时间地保持其风味特色，冷盘的这一性质与特点，恰恰符合了中国传统宴饮缓慢节奏的需要，同时，也正因如此，冷盘材料（冷菜）可以提前准备并大量制作。

2. 冷盘干香汁少、容易造型

冷盘材料（风味冷菜）大多为干爽少汁，因此，冷盘比热菜更便于造型，更富有美化装饰的效果，尤其利于刀工和拼摆技艺的展现。当两种或更多品种的风味冷菜拼合于一盘时，不会受其卤汁相互浸沾而"串味"的制约，也不会由于色彩、口味、质感或营养等方面的需要而无法选择和使用，这为冷盘的拼摆与造型，尤其是具有一定的艺术性造型冷盘的拼摆提供了基本保证。

3. 冷盘便于携带、食用方便

由于冷盘在一定的时间范围内能较长时间地保持其风味特色，且干爽少汁，因而，冷盘便于携带，这为异地想品尝当地正宗特色风味冷菜的老饕们提供了极大的便利，因此，冷菜也就经常以本地土特产的身份作为馈赠异地亲朋好友的佳品；另外，冷盘又是在常温下食用的菜品，在食用过程中无须再进行加热等烦琐的工序，这又为人们在野外或旅行途中的饮食提供了很大的可能性与便捷性，所以，风味冷菜也经常作为郊外野炊、旅行途中、周末度假、踏青观光的佐酒佳肴，这无疑为丰富人们的生活和提高人们的幸福指数提供了支持，也为当地的经济发展起到了积极的推动作用。

4. 冷盘具有多样统一性

冷盘一般是多样风味冷菜菜品同时上桌，与热菜相比更具有多样统一性。一组冷盘是一个整体，相互配合更为紧密和明显，也正由于冷盘的这一性质与特点，对宴席冷盘的组配无论是原料的选择上，或是香气的组配上，或是在口感、口味的调配上，还是在造型、色彩的搭配上，都要注意其食用性、观赏性和协调性。如果宴席上的一组冷盘中，某一个冷盘在色彩、造型或餐具的选择上与其他冷盘不协调，影响的不仅仅是单个冷盘自身的质量，而是整桌冷盘的整体质量效果。再加上在所有宴席的菜品中，客人"观赏"时间最长的也是冷盘，因此，冷盘的相互配合性显得尤为重要。

5. 冷盘有严格的卫生要求

风味冷菜经切配、拼摆装盘后，即可供客人直接食用。它往往更多是先加热、调味，后直接切配装盘，这与热菜的制作在程序上恰恰相反，热菜通常是先切配后加热、调味。制作工艺程序上的差异，就带来了食品安全控制方法及难易程度上的区别。因此，从食品安全管控的角度，冷盘比热菜更容易被交叉污染，制作过程中的食品安全危害点与食用者的食用时段更接近，这预示我们在冷盘的制作过程中食品安全的管控要更加严格，尤其是需要更为严格的卫生环境、设备与食品安全规范化操作。

6. 冷盘的最佳食用温度

冷盘与热菜的最大差异体现在食用时的温度，冷菜一般是在常温或低温下食用，通常是 0 ~ 10℃，而热菜一般是在高温下食用，一般在 60℃以上，这与菜品的风味呈现有关。科学家研究发现，不同温度的食品其风味特质是不一样的，同样一种菜品，食用的温度不同，其香气、味道、口感等品质质量会有明显的差异。同时，经过统计分析，当温度在10℃左右时，冷盘最能全面地体现其风味特色，由此可见，冷盘的最佳食用温度是10℃左右，这也是冷菜间需要配置空调的缘由之一。

二、冷盘的地位和作用

冷盘，无论是在正规的宴席上还是在家庭便宴中，总是与客人最先"见面"的菜式。在餐饮行业中，冷菜素有"脸面菜"之称，因此冷盘也常被人们称为"迎宾菜"，可以说是宴席的"序曲"。所以，冷盘的美丑优劣程度往往会直接影响着人们的用餐情绪，关系着整个宴席程序进展的质量效果，起着"先声夺人"的作用。俗话说：良好的开端，等于成功了一半。如果这"迎宾菜"能让赴宴者在视觉上、味觉上和心理上都感到愉悦，获得美的享受，顿时会气氛活跃，宾主兴致勃发，这会促进宾主之间感情交流及宴会高潮的形成，为整个宴会奠定良好的基础。反之，低劣的冷盘会令赴宴者兴味索然，甚至使整个宴饮场面尴尬，让宾客高兴而来，扫兴而终。

如果说在一般宴席中冷盘的"脸面"有"先声夺人"的作用的话，那么，冷盘在冷餐酒会中的地位和作用就更加明显了。我们知道，一般宴席由很多种菜式共同组合而成，冷盘即使在某些方面小有失误，通过其他菜式（如热菜、点心、甜菜、汤菜或水果等）还能得到一定程度的"弥补"和"纠正"，让主人挽回一定的"面子"。但在冷餐酒会中，冷盘贯穿宴饮的始终，并一直处于"主角"地位，可谓是"独角戏"。如果冷盘在色彩、造型、拼摆、口味、质感或餐具的选择运用上，哪怕是一点小小的"失误"，其他菜式都无法出场"补台"，并且这始终都在影响着赴宴者的情绪及整个宴会的气氛。由此可见，冷盘的地位和作用在宴会中是非常重要的。

冷菜在促进旅游事业的发展以及在繁荣经济、活跃市场、丰富人们的生活等方面也有不可估量的影响和作用。冷菜具有味道丰富、干香少汁、地方特色明显、方便携带等特点，所以，作为旅游食品，深受广大旅游者的喜爱。再者，由于冷盘造型美观、色彩鲜艳、香味浓郁，用它来装饰饭店酒楼的门面橱窗，既可以展示本店的厨师技艺水平，又可以起到一定的广告宣传作用，用来招揽顾客，不失为经营良策之一。所有这些方面，冷盘都功不可抹。

目前，无论是在宾馆、饭店、酒楼，或是小食店、大排档的菜点销量中，冷菜都占有相当大的比重。我们相信，随着我国烹饪文化的不断发展和人民生活水平的不断提高，冷盘的地位和作用将会更加显著。

本章小结：

本章主要介绍了冷菜与冷盘的基本概念以及它们之间的异同点、冷盘的性质与特点以及冷盘在各类宴席中的地位和作用、中国冷盘的形成过程与发展趋势等。其中，冷盘的性质与特点和中国冷盘的形成与发展是本章学习的难点。

思考与练习

1. 简述冷盘的基本概念。

2. 冷盘与冷菜的主要区别体现在哪些地方？

3. 冷盘具有怎样的地位和作用？为什么？

4. 简述我国冷盘形成与发展的历史。

5. 冷盘在不同种类宴席中的作用有何异同？

第二章

风味冷菜制作

本章内容：介绍风味冷菜制作的常用方法、常用和特殊风味冷菜的制作、常用滋汁的调制以及卤水的配制与保存。

教学时间：48 课时。

教学目的：通过对风味冷菜调味的程序与方法、风味冷菜制作的常用方法、常用和特殊风味冷菜的制作、常用滋汁的调制及卤水的配制与保存的学习，学生能够比较熟练地掌握风味冷菜的制作技术；并通过实验了解风味冷菜制作的基本技巧与基本规律，帮助学生了解中国风味冷菜制作技术的发展动态及发展趋势，培养学生制作风味冷菜的创新能力。

教学方式：课堂讲述、教师演示、学生实验练习和教师点评。

教学要求：1.通过课堂讲述，使学生熟悉风味冷菜调味的程序与方法。

2.通过课堂讲述，使学生熟悉风味冷菜制作的常用方法（卤、冻、熏、酥、腌、泡、挂霜、炝、蒸、烤等）。

3.通过教师演示、学生实验练习，使学生掌握常用和特殊风味冷菜的制作。

4.通过教师演示、学生实验练习，使学生掌握常用滋汁的调制及卤水的配制与保存的基本方法。

5.教师对学生的练习作品进行点评，使学生清晰地知晓其作品的技术关键以及正确的方法，使学生具有制作风味冷菜的创新能力。

作业布置：填写相关实验练习报告。

学习重点：1.风味冷菜调味的基本原理和制作的常用方法。

2.不同风味冷菜之间的特质差异。

3.常用风味冷菜和特殊风味冷菜的制作。

4.风味冷菜常用滋汁的调制及卤水的配制与保存。

学习难点：1.风味冷菜调味的基本原理。

2.风味冷菜的特质与制作方法之间的对应关系。

3.特殊风味冷菜的制作（松、卷类）。

4.风味冷菜常用滋汁的调制。

第一节　风味冷菜调味的程序与方法

一、风味冷菜调味的基本原理

味，泛指人对食物各种可感因素的综合感受，包括气味和口味，其中有化学因素、物理因素和心理因素。食物通过人的味觉、嗅觉、触觉和视觉的感受，给人以风味的认识，而其中首要的便是味觉，"味是菜肴之灵魂"的道理就在这里。冷菜调味就是对冷菜的味感进行设计与加工，风味冷菜的制作方法有很多种，调味形式也丰富多样，其调味的基本原理概括起来有以下几点。

1. 渗透作用

渗透作用指溶剂分子从低浓度溶液经过半透膜向高浓度溶液扩散的过程，在风味冷菜调味中主要是指在渗透压的作用下，调味品溶剂向风味冷菜原料固态物质细胞组织渗透达到入味的效果，其渗透的速度和深度受渗透压作用力的影响。溶液的渗透压与温度、浓度成正比，也就是说，当溶液的浓度越大、外界环境温度越高，调味品向风味冷菜原料渗透的速度就越快，入味的速度也就越快。

渗透作用在风味冷菜的制作调味过程中被广泛运用，甚至可以说，所有风味冷菜的调味过程中都存在着渗透作用，都在运用着渗透作用，这在腌、拌、炝、醉、糟、卤等方法的运用中表现得尤为明显。

2. 分散作用

分散作用是指一些物质分子分散成微小分子，均匀分布在另一物质中，风味冷菜调味一般使用水（或汤）、液体食用油脂为分散介质，将盐、糖、味精、酱油、醋以及酱类调味品等调匀分散开来，成为一定浓度的调味品分散体系，从而达到调味的目的。其分散的浓度、速度、面积与分散相的量及温度成正比。

在风味冷菜的制作调味过程中，为了使调味料中的一些风味物质能有效而均匀地分散到介质（烹饪原料）中去，除采用不停地搅拌之外，有时需要通过温度来调节其分散速度。虽然温度越高，调味料中的一些风味物质分散的速度越快，但很多风味物质都是易挥发性的物质，温度越高，也就意味着这些风味物质挥发而流失的速度也就越快。因此，风味冷菜调味中经常使用的葱油、蒜油、红油和花椒油等复合调味油料，都是选用中小火熬制的，其道理就在于此。

3. 吸附作用

吸附作用指固体或液体表面对气体或溶质的吸附能力。在风味冷菜调味中主要指固体食物原料对调味溶剂或粉状调味料的吸附，其吸附面积和量与风味冷菜原料的表面积和体积的细密度成正比。我们在风味冷菜的制作调味过程中，经常利用吸附作用，尤其体现在冷菜的辅助调味形式中的运用，如"椒盐生仁""葱椒鸡丝""挂霜腰果""椒盐素丝"等菜品，花椒盐、葱椒盐和糖浆能粘裹在冷菜原料的表面，就是吸附作用的具体运用；另外，供客人蘸食的调味碟，如"黄瓜蘸酱""葱油嫩鸡"等菜品，客人在食用时蘸着调味料（常用的有花椒盐、番茄沙司、辣酱油、甜面酱等）食用，也是吸附作用的具体运用。可见，吸附作用在风味冷菜调味制作中的运用还是很频繁的。

4. 分解作用

分解作用是由一种化合物产生两种或两种以上成分较简单的化合物或单质的化学反应类型。在风味冷菜调味制作中，盐是电解质，动物蛋白质在加热条件下会发生部分水解，生成氨基酸类物质而有益于风味冷菜鲜美口味的形成；植物淀粉在加热时发生部分水解，生成麦芽糖和低聚糖，从而会产生甜的风味物质；来自于动、植物脂、肽以及氨基、羰基反应生成的风味物质，通常被称为"浸出物"，有使味觉产生满足感受的作用，这种味觉满足感称为"厚味"。

动植物的提取物含有天然原料的完全水溶性成分，其反应相当复杂，有分解作用，同时也有复合作用，提出的液态物质我们称为"汤汁"，含有多种氨基酸、有机酸、核酸类鲜味物质以及低分子肽和糖类物质的复杂味感，味感的纯度与厚度远高于纯化学性人工合成的调味料，味感复杂柔和而协调。其分解过程与碱类物质、水和热量有很大的关系，一般来说，植物性原料的分解不像动物性原料那样必须在加热条件下进行，盐能使一些物质得到更为充分的分解。

5. 复合与中和作用

复合作用是指两种以上较简单的物质结合成为一种或两种较为复杂物质的物理、化学反应过程。在风味冷菜调味制作过程中，复合作用高于一切，一切复杂味感皆离不开复合作用。在风味冷菜调味制作中，复合作用具有物理反应和化学反应的双重性。在化学反应方面，由多种简单物质复合成比较复杂的新的物质，正如我们在选用鱼类原料制作风味冷菜时，在其中加适量的料酒来去腥，就是在利用酒中的羰基物质与鱼中的胺类物质复合生成氮化葡萄糖基胺，从而消除了鱼中一些不良味感，达到了调味的目的；而在物理反应方面，则是多项物质的混合而形成相对比较复杂的聚合体，正如风味冷菜中简单的香辣味型的调制，让盐、糖、辣椒等调味料相加，使各种味感能在口中得到复合味的感觉。复合在热与机械力的作用下更为匀密和充分，最终使风味冷菜产生人们乐意接受的特色性美味。

狭义的中和反应是专指酸性与碱性物质的结合反应，使两类物质相互抵消的过程，如老酵面中的乳酸与食碱中和，可以消除面团中的酸味，狭义的中和反应可以保持食物的酸碱平衡。从广义角度来说，根据中国传统医学中的"四性五味"，其中物料物性的冷（凉）与热（暖）相配，也属于中和反应之列，正如我们在选用螃蟹原料制作风味冷菜时，需要调配相对大量的生姜、醋或胡椒粉。因为从原料的"四性五味"角度而言，螃蟹是冷（凉）性的，生姜、醋、胡椒粉是热（暖）性的，冷与热的中和，可以保持风味冷菜的物性平衡。

当然，在大多数情况下，一个复合美味的形成，是上述多项综合作用的结果，而不仅仅是其中某一个作用的结果。

二、风味冷菜调味的基本程序与方法

在风味冷菜的制作调味过程中，一般以加热制熟为中心构成三阶段程式：前期调味、中程调味和补充调味。

1. 前期调味

前期调味就是在风味冷菜原料调味制作的前期，添加调味品，以达到改善原料的味、嗅、色泽、硬度以及持水性等品质的过程，这在餐饮行业中被称为"基础调味""基本调味"或"调内口""调底口"等。

前期调味主要运用于拌、腌等手法对风味冷菜原料进行腌渍，通常由几分钟到十余小时或更长时间。一般来说，在1小时以内的为短时腌渍，在1小时以上的为长时腌渍。

长时腌渍指腌渍时间超过1小时者，其作用是让盐、糖等调味料渗透进入风味冷菜原料的内部，降低其水分活度，提高渗透压，有选择地借助微生物的活动与发酵，抑制腐败菌的生长与繁殖，从而防止风味冷菜原料的腐败变质，保持风味冷菜的食用品质，同时，形成具有腌腊特性的特有风味。腌腊品的用盐量一般在10%以上，许多卤制品也可以长时腌渍，但考虑到后面还需要加热调味，其用盐量一般小于3%，通常在1.5% ~ 2%之间。

短时腌渍指腌渍时间在1小时以内者，主要是对加热前风味冷菜原料进行风味改善与肌理改善，如风味冷菜中的卷类菜肴用作黏合作用的蓉（鸡蓉、鱼蓉、虾蓉等）、糕类菜肴（三色鸡糕、白玉鱼糕、双色虾糕等）以及需要上浆、挂糊的软熘、脆熘类等原料都需要前期腻味，以达到去腥腻味、提高原料的水化性等目的。对采用炸、烤、蒸、煎等风味冷菜制作方法在加热过程中不能调味的菜品，短时腌渍的前期调味尤为重要，是形成这些风味冷菜风味特色的主要因素之一。不仅如此，对一些风味冷菜原料的前期调味，还可以有效地改善其组织性能，如在制作"酥烤鲫鱼""五香熏鱼"等风味冷菜时，对鱼进行适当的前期调味（用盐或酱油短时腌渍），可以加强鱼皮的弹性，也可以使鱼肉更加紧密，从而使之在炸、煎、烤、烧等加热之时，不会因为遇热收缩过快而破损和散碎；对虾仁、鱼丝、鱼片等原料采用前期调味则还可以提升其吸水性（或持水性），从而达到增加其嫩度的目的。

在餐饮行业中，通常将主要用盐的称为腌（包括以咸为主的其他腌剂，如酱油、酱品等），将腌后经过长时间风干或熏干的通称腌熏制品，如咸鱼、腊肉、风鸡、香肠、板鸭等；经过长时间腌渍后加热调味的称为卤制品，如"五香牛肉""水晶肴肉"等；以糖为主的叫糖渍（包括蜂蜜），常见的风味冷菜品种有"蜜渍番茄""糖渍雪梨"等；以醋为主的叫醋渍或醋泡，如"醋渍萝卜条""醋渍黄瓜""醋泡生仁"等。

前期调味以长时腌渍最具有独立的调味意义，用盐量依据食用方法而不同，直接食用的用盐量在3%～5%之间，风、晒保藏则需要在12.5%以上。一般来说，用于腌腊加工的溶液浓度应高于细胞内可溶性物质的浓度，这样水分就不再向细胞内渗透，而周围介质的吸水力却大于细胞，原生质内的水分将向细胞间隙转移，于是原生质紧缩部分脱水，这种现象叫"质壁分离"，质壁分离的结果，就是微生物停止生长、繁殖活动，其溶液称为"高渗溶液"。可见，腌腊制品在温度与剂量方面需要严格控制，这与腌渍速度与渗透压有密切的关系，剂量大、温度高，渗透压就大，速度也就快，在相等盐剂量条件下，温度每增加1℃，渗透压就会增加0.3%～0.35%。一般来说，腌渍以低于10℃为宜，如果当温度高于30℃，则原料在未腌透之前，常常会出现腐败现象。将腌渍品上下翻缸就是为了调节温度，使腌渍过程达到均匀渗透的目的。

当盐溶液的浓度在1%以下时，微生物的生长不受任何影响，在1%～3%时大多数微生物的生长受暂时抑制，当浓度达到10%～15%时，大多数微生物完全停止生长。各种微生物对盐溶液浓度的反应并不相同，如酵母菌、变形菌是10%，乳酸菌为13%，黑曲菌是17%，腐败菌是15%，青霉菌是20%。在一些腌腊制品中加糖能改善风味，糖的种类和浓度能决定加速或者停止微生物的生长作用，如果单纯用糖溶液，浓度在50%以上会阻止大多数酵母的生长，当达到65%～85%时才能抑制霉菌的生长。

对腌腊制品的加工，一般要将盐、糖、酒、香料、辛辣料、助鲜剂、发色剂和致嫩剂等配置成混合剂使用，依据腌渍时的干、湿程度，有干腌渍、湿腌渍与混合腌渍三种方法。

（1）干腌渍法

干腌渍法是将腌渍剂直接干抹或揉擦在原料上，使原料中的苦涩异味或血腥之水析出，然后风干形成腌腊风味。在采用干腌渍法制作过程中，应特别注意将腌渍混合剂干抹（或揉擦）在原料上时要均匀擦透，擦遍原料的每一个部位，否则会导致原料腐败臭变。干腌渍的原料一般不需要洗涤，若洗涤，一定要将水分晾干，表面生水过多容易使原料变质，明显影响腌渍制品的质量。如特色风味冷菜中的"干风黄鱼""风鸡""水晶肴蹄""板鸭""五香萝卜干""糖醋白菜"等，就是采用干腌渍法制作的。

（2）湿腌渍法

湿腌渍法就是将原料直接浸入腌渍溶液中进行腌渍的一种方法。它能有效地防止原料因过分脱水而产生的干、老、硬、韧等不良口感，湿腌渍法之所以能有效地保持原料的鲜、脆、嫩等质感，是由于在腌渍过程中，原料在脱水的同时又吸入新的水分，从而保持了原料内含水量的动态平衡。如常见风味冷菜中的"酸辣渍藕片""醉蟹""咸鸭蛋"等就是采用这一方法制作而成的。

（3）混合腌渍法

混合腌渍法就是将原料先干腌然后再湿腌的二次腌渍法。混合腌渍法是比较精细的一种腌渍方法，能较好地实现干、湿两种方法分别达到的效果，并能很好地实现原料内外口味的一致性。一般来说，用于第二次腌渍（湿腌渍）的混合腌渍剂是具有"陈卤"性的风味物质或是浆状混合酱制剂，这使风味冷菜的风味特色更为纯正和醇厚。因此，高品位卤水风味冷菜都需要二次"陈卤"的腌渍过程，如"盐水鸭""盐水鹅""酱牛肉""卤水牛肚"等即是。

2. 中程调味

中程调味即是在风味冷菜加热过程中的调味，是很多风味冷菜调味的主要阶段。该阶段的调味最具变化，更趋复杂。

（1）中程调味的作用

在风味冷菜加热过程中调味，有利于各味之间的分解、渗透、复合的反应，从而确定了风味冷菜口味的主要特征。据实验反映，一块 4 厘米见方的方块肉在常温酱油中浸泡，很难使其内部具有咸味，如果将酱油加热至 $80℃$ ，半小时左右便可使咸味渗透到肉块内部，这说明通过加热不仅能使呈味物质渗透速度加快，还能促使更多的化合物生成，从而决定了融合口味的复杂性和协调性，不仅如此，热能增加味感震动频率，使味觉感受强烈，达到呈味的最佳效果。

（2）中程调味的方法

在风味冷菜加热过程中调味，并不是草率的、随便的或是盲目的，而应该具有目的性、程序性、规律性和可控制性。一般来说，质地需要软、细、嫩、脆、滑等的冷菜，加热快，其调味速度也快，需要调味简洁明了，一次性完成；而对酥、烂、软、糯、浓、厚等特质的风味冷菜，加热慢，其调味速度也慢，调味有的需要分层次进行。

1）一次性速成调味与兑汁

就是将所有使用的调味料预制成混合调味剂，在加热时一次性投入达到定味成型的方法，是一次性调味。这一方法在风味冷菜的制作中虽然并不十分普遍，但还是有的，如预制卤水的调味就是按这一方法进行的。

卤水的调味是将预熟的风味冷菜原料经过浸煮达到预期的目的，一般来说，卤水中含有十余种甚至几十种调味料，鲜香馥郁，越陈越好，将原本无味的预熟的风味冷菜原料浸置其中，小火慢煮，使之吸附渗透达到入味，因此，卤水实际具有调味合剂的意义。由于预熟的冷菜原料已没有血水等杂物污染卤水，使卤水能较好地保持清醇浓厚的味感，可使卤制调味一次成功，无需再做过多的添加，因此，对冷菜原料加热过程中，卤水具有一次性调味的实质。

从卤水制品制作的本质来看，卤水是一种特殊的"兑汁"，预制时需要长时间加热以使香料浸出，对风味冷菜原料预熟加热的时间也稍长，这是因为要完成卤水中的呈味物质对原料内部的浸透过程，因此，加热时也需要用小火或微火，这是味逐渐渗透所必要的，也是卤水的风味能得到最大程度保存的原因所在。如果用旺火，欲速则不达，其风味会被破坏殆尽。

2）多次性程序化调味

在风味冷菜加热过程中具有两次以上投放调味料的调味方式就是多次性程序化调味。一般来说，在一个具有复杂调味程序的风味冷菜制作过程中，投放调味品的次数达3次或更多，但这种投放的行为并不是盲目的、无意识的，而是由客观条件所局限的，具有阶段性意义。正常情况下，在一个完整加热调味程序中，具有明显不同作用与目的的三个过程。

首先是去臭生香，就是在加热初期的煎、煸、炸、焯、烤、氽等的预熟加工中，加入一定数量的料酒、葱、姜等香辛料以及一些非主流性的调味料，其目的就是去除异味、提炼香味，为冷菜具有纯正完美的风味奠定基础，犹如建筑中的基础工程一样。

其次是确定主味，当前一调味阶段完成以后，在恰当的时机分别投入主流调味料，旨在基本上确定冷菜口味的主题特色，决定其味型，犹如建筑中的主体框架结构。

最后是装饰增香，就是在风味冷菜的加热即将完成时进行对风味特色的进一步加工，再次强化主体味型、美化前味的过程。这一阶段主要运用一些容易挥发或不耐光和热，但具有明显增强、辅助或补充美化主体味型作用的调味品，如鲜味剂、酸味剂、香味油等，其目的是使风味冷菜的味道更为完善，具有完美的味觉、嗅觉质构，具有装饰性调味的意义，犹如建筑工程中的粉饰效果。

当然，这种分层次分批对调味品的投放是由各种调味料自身的理化性能所决定的。

3. 补充调味

补充调味就是当风味冷菜被加热成熟后再一次进行调味的一种形式。这种调味的性质是对风味冷菜主味不足的补充，也可以叫追加调味，如"干切牛肉"上桌之前浇些麻油、醋、辣椒酱调制的复合调味汁，"变蛋"改刀装盘后淋浇香醋、麻油等即是。依据不同风味冷菜的性质特征，在炝、拌、烤、蒸、氽等制作方法中，对风味冷菜不能或不能完全调味者需要加热后补充调味，以实现风味冷菜调味的完美。在风味冷菜的制作过程中，补充调味常以和汁淋浇法、调酱涂抹法、干粉撒拌法、跟碟蘸食法等方法。

（1）和汁淋浇法

和汁淋浇法就是将已经"成熟"的风味冷菜经过切配装盘后，补充调入所需要的调味品制成味汁，再重新淋浇在风味冷菜之上。这一方法的运用，主要是保持风味冷菜清鲜爽利的风味特色，多运用于炝、拌、烫等类别的风味冷菜之中，如"炝腰片""烫干丝""拌双笋""葱油海蜇"等。

（2）调酱涂抹法

调酱涂抹法就是将经过煎、炸、烤等方法制熟的风味冷菜，再涂抹上预先调制的类似糊酱的调味品，如南乳酱、甜面酱、沙拉酱、苹果酱、芝麻酱等。这种方法在风味冷菜的调味制作中的运用也非常广泛，如特色冷菜"葱烤鳗鱼""果味鱼条""西式鸡翅"等。

（3）干粉撒拌法

干粉撒拌法就是将所需干性粉粒状调味品撒在已经加热制熟的风味冷菜上，经拌匀入味的一种方法，如花椒盐、糖粉、卡夫芝士粉、椒味盐、胡椒粉等，主要是突出冷菜的干、香、酥、脆或外脆里嫩的爽朗风格。

（4）跟碟蘸食法

跟碟蘸食法即是将所用的调味料装在调味碟中，随风味冷菜一起上桌，由客人自己蘸食的一种方法。在现在的就餐形式中，风味冷菜采用跟碟蘸食法进行调味制作的形式极为普遍，所能使用的调味品多种多样，其形式也是丰富多彩，有一味一碟的，也有多味一碟的，还有多味多碟的，这种形式最为灵活多变，完全可以满足客人不同的口味需求，有时还可以随客人自己的特殊需求自行调制。所用的调味料几乎包括液体、固体、半固体调味料和单一味、复合味等全部范畴。

第二节　风味冷菜制熟的常用方法

风味冷菜是用来制作冷盘的主体材料。通过各种不同的成熟方法，将其加工成符合制作要求的熟制品，这一过程称为风味冷菜的制作。

风味冷菜的加工成熟，其意义不完全等同于热菜的加热成熟。它既包含了通过加热调味的手段将原料加工成熟，也包含着不通过加热的方式直接调味将原料制"熟"的形式。因此，从这个意义上来讲，风味冷菜的许多制熟方法便是热菜烹调方法的延伸、变革或者是综合运用。

从传统意义上讲，风味冷菜的制作，色、香、味、形、质等诸多方面与热菜相比都有所不同，风味冷菜的制作具有其独立的特点，与热菜的制作有明显的差异。当今，随着人们交流活动的频繁以及民族的融合，客观上也在促进烹饪技艺的飞速发展，现在很多热菜的制作方法都开始挪用到风味冷菜的制作上，因此，近年来风味冷菜的制作方法有了很大的拓展，制作风味冷菜的空间也有了很大的突破。在这新的历史条件下，我们既要熟悉并掌握传统的风味冷菜制作的常用方法，同时，也要熟悉并掌握新的风味冷菜制作的方法，并做到融会贯通、灵活运用。

一、卤

将经过加工整理或初步熟处理的原料投入事先调制好的卤汁中加热，使原料成熟并且具有良好香味和色泽的方法称为卤。

卤法是制作风味冷菜的常用方法之一。加热时，将原料投入卤汤（最好是老卤）锅中，用大火烧开后改用小火加热，使卤汁中的调味料慢慢地渗入原料，待原料成熟或至酥烂时（此时原料也已经完全入味），将原料提离汤锅。卤制好的冷菜，冷却后宜在其外表涂上一层油，这样一来可以增香，二来可以防止原料外表因风干而收缩变色。如果我们使用的是质地较老的原料，可以在卤锅离火后（或将火关闭）仍将原料浸在卤汁中，随用随取，这样既可以继续增加（至少保持）成品的酥烂程度，又可以使其进一步入味。

按卤菜的成菜要求，通常将卤法的操作过程设计如下：原料→经过初步加工整理→（腌渍）→（浸洗）→调制卤汤→投放原料→旺火饶开→小火成熟、入味→捞出冷却。一般来讲，用于腌渍食物原料的卤水叫"生卤水"，有血卤和清卤之分，用盐和香料腌渍食物原料，由于盐的渗透会使动物性原料的体液析出而汇集的血水叫"血卤"，将血卤下锅用中小火慢慢加热使血液凝固漂浮于水面，再将其清除后的卤水称为"清卤"，用其腌渍原料可以减少体液的外析量，使腌渍后的原料保持柔软湿润的品质特征，同时又可以缩短腌渍所需要的时间；将原料浸置其内，用于加热制熟原料并赋予其一定风味特色的卤水即为"熟卤水"，它既是传热介质，又可以通过自身的滋味对食物原料进行调味，相当于一种特殊的调味兑汁，其用料配方很多，因地制宜，各有特色。

我们从卤制菜肴的基本程序可以看出，要制作好卤菜，首先是调制好熟卤水。因为有些卤菜不需要预先经过生卤水腌渍而直接放入熟卤水中卤制成菜，甚至可以说，卤制菜肴的色、香、味完全取决于汤卤，因此，我们在调制卤汤时，其质量的优劣就决定着卤菜制品质量的好坏。餐饮行业通常把汤卤分为两种，即红卤和白卤（亦称清卤）。由于地域性的差别和口味习惯上的差异，各地调制卤汤时的用料不尽相同。我们通常用红酱油、红曲米、黄酒、葱、姜、冰糖（白糖）、盐、大茴香、小茴香、桂皮、草果、花椒、丁香、草果、香叶等调制红卤；常用盐、葱、姜、料酒、桂皮、小茴香、花椒等制作白卤，白卤俗称"盐卤水"。总的说来，红卤的味道要浓郁些，白卤的滋味要清淡些。因此，秋冬季节用红卤多些，春夏季节用白卤多些；动物性原料用红卤多些，植物性原料用白卤多些。无论红卤还是白卤，尽管其调制时调味料的用量因地而异，但在制作卤菜时有一点是共同的，即在投入所需要卤制的原料时，应该先将卤汤熬制一定的时间，让调味香料中的风味物质一定程度地溶入卤汤中，然后再投入所需要卤制的原料，这样才能使卤菜的香味更浓、滋味更厚。

其次，在原料入卤汤卤制之前，要先除去其异味和杂质。动物性原料一般都带有一定程度的血腥味或人们不愿意接受的其他异味，如羊肉的膻味、牛肉的腥味、狗肉的土腥味、大肠的臭味等，因此在卤制这些原料之前，我们通常要对这些原料进行焯水或油炸等预先处理，尤其是高温的油炸，一来可以除去原料的异味，二来可以兼使原料上色。

最后，要把握好卤制品的成熟度，使卤制品的成熟度（质地的老嫩、酥烂等）恰到好处。我们在制作卤菜时通常是大批量生产，一桶卤水往往要同时卤制几种原料或数个同种原料。不同种的原料之间的物料性状（大小、老嫩、成熟的难易程度、入味的难易程度、上色的难易程度等）差异很大，即使是同种原料，其个体特性也存在着一定的差异性，这就给我们的操作带来了一定的麻烦和难度。因而，在操作的过程中，一是我们要辨别和鉴定原料的质地，将质地较老的原料置于卤锅的底层，质地较嫩的原料置于卤锅的上层，以便质地较嫩的原料卤好后随时取出，质地较老的原料置于卤锅中可以继续卤制；二是要掌握好各种原料的成熟要求，既不能过老，也不能过嫩（这里的老嫩，并非是指原料的质地，而是指原料加热时火候的运用程度）；三是要注意原料在加热过程中的焦糊现象，如果卤制在一锅里的原料很多时，在加热过程中原料很难或不便上下翻动，尤其是胶质蛋白含量较高的动物性原料，在长时间的加热过程中会出现底层原料结底、焦糊的现象，为防止这一现象的发生，可以预先在锅底垫上一层竹垫或其他衬垫物料，如葱、姜、药芹、竹叶、荷叶、粽叶等，这样既可以增加卤菜的香味，同时也可以起到隔离原料的作用，防止其结底、焦糊，可谓是一举多得；四是要熟练掌握和运用火候，要根据原料的特性和成品的质量要求，灵活并恰当地选用火候，一般来说，卤制菜品时先用大火烧开再用小火慢煮，使卤汁的香味慢慢地渗入原料之中，从而使卤菜具有良好的香味，具有细嚼耐品的风味特色。

在制作卤菜的过程中，是否使用老卤也是卤制菜品成功与否的一个关键。所谓"老卤"，就是经过长时间使用（卤制菜品）而积存下来的汤卤，这种汤卤由于多次加工过同一种原料或多次卤制过多种原料，并经过了很长时间的加热，其香味浓郁，质量品质相当高。因为原料在汤卤中经过长时间的加热，其中的鲜味物质以及一些风味物质逐渐地溶解于汤卤中并且越聚越多而形成了香味浓郁的复合美味。使用这种老卤来卤制菜品，会使菜品的营养价值和风味大大提高，香味倍增，因而学会老卤的使用和保存也就显得十分重要。通过对老卤多年使用经验的积累和总结，其使用和保存应该注意以下几个方面：第一，要及时清理，卤水每次使用过以后，都要用细筛或纱布进行过滤，清除汤卤中的渣滓和油脂，勿使老卤因聚集过多的残渣而形成沉淀或引起油脂的氧化酸败变质；第二，要定期添加香料和调味料，使老卤的口味始终保持一致并使其保持浓郁的香味；第三，取用老卤要用专门的工具，防止老卤在使用过程中因取用方法不当遭受污染而腐败变质；第四，存放的卤水要定期烧煮，这样可以相对延长老卤的存放时间；第五，要选择适当的器皿盛装卤水，如用砂制或陶制器皿，忌用铁器、铜器和铝器等金属制品盛装卤水，以免卤水对金属的腐蚀而影响卤水的质量。

"卤"在风味冷菜的制作中使用非常广泛，甚至可以说，卤是制作冷菜方法中最具代表性的一种，难怪人们常用"卤菜"来作为"冷菜"的代名词。卤，其原料的适用范围也很广，当然更多使用的是动物性原科，如鸡、鸭、鹅及其蛋类和畜类以及其各种内脏和野味等；其料形一般以大块或整形为主，原料则以鲜货为宜。如果用的是肥嫩的禽类，要求断生即熟；如果用的是畜类，则要求软柔并略带韧性；如果用的是嫩茎类蔬菜，又要求鲜脆柔润。一般来说，水生动物不宜用来卤制菜品。常见的卤菜有"卤猪肝""卤鸭舌""卤牛肉""卤猪耳""卤鸭""卤鸡蛋""卤猪肚""卤毛肚""卤香菇""卤猪心""卤手剥笋"等。

二、冻

冻，亦称"水晶"，系指用猪肉皮、琼脂或鱼胶等原料经过蒸或煮制，使其充分溶解，再经冷凝冻结形成风味冷菜的一种方法。

制冻的方法一般分蒸和煮两大类，其中以蒸法为优，因为冻制菜品通常的质量要求是：晶莹透明，软韧鲜醇。蒸法是在加热过程中利用蒸汽传导热量；而煮则是利用水沸后的对流作用传导热量。蒸可以减少沸水的对流，从而使冷凝后的冻更加澄清、更加透明。

目前，餐饮行业中加工冻制风味菜品的常用方法有以下三种类型。

1. 肉皮胶冻法

用猪肉皮熬制成胶质液体，并将其他原料混入其中（通常有相对固定的造型），使之冷凝成菜的方法称为肉皮胶冻法。在实际操作过程中，我们根据其加工方法的不同又可以分为花冻成菜法和调羹成菜法（或盅碟成菜法）。所谓花冻成菜法，就是将洗净的猪肉皮加水，小火煮至极烂（熬至肉皮完全融化），加入调味品，淋入蛋液（也可以掺入诸如干贝末、熟虾仁细粒等），并调以各色蔬菜细粒，然后经过冷凝成菜。成品具有色彩艳丽、美观悦目、质地软韧、口味滑爽的特点，如"五彩皮糕""虾贝五彩冻"等；调羹成菜法是指在冷凝成菜过程中需要借助小型器皿，如调羹、盅碟或小碗等，制作时，取猪肉皮洗净熬制成皮汤，将皮汤置于小型器皿中，再放入加工成熟的小型的鸡、虾、鱼等无骨（或软骨）原料，按一定的形状摆放好，经过冷凝成菜的一种方法，用此法加工的冻菜，除猪肉（用于制作水晶肴肉）外，原料一般都加工成丝状、小片、小丁或米粒状等，因为器皿本身就是小型的，这样才能协调，另外，调味亦不宜过重，以清淡味型为主。这种方法在饮食行业中使用较为普遍，如"水晶鸡丝""水晶虾仁""水晶鸭舌""什锦水晶蛋"等。

皮冻成菜的先决条件是皮冻的制作。我们在制作这类菜肴时，首先要将肉皮彻底洗净，达到无毛、无杂质、无油脂，因此在熬制皮冻前，先要将肉皮焯水，然后将肉皮两面刮洗干净，再改刀成小条状入锅加热，便于熟烂；其次，熬制皮汤时，要掌握好肉皮与水的比例，一般以1∶4为宜。若汤水过多，则冻不结实，若汤水过少，则胶质过重，韧性太强，透明度也不高，因此，肉皮与水的比例的把握会直接影响皮冻的质量。

皮汤冷凝成皮冻后，一般以透明或半透明为主，所以，在熬制皮汤时除了用盐、味精、葱结、姜厚片（最好用葱姜汁）以及少量的料酒外，一般不用有色的调味料，如酱油、各种酱品、黑胡椒粉、桂皮、八角、丁香等，以防止因使用有色调味料而影响皮冻的成色。只有当皮汤熬制好以后，再根据成菜要求添加所需要的调味料，一般以咸鲜味为主。

2. 琼脂胶冻法

琼脂，学名石花菜，俗称冻粉。此法系指将琼脂掺水煮溶或蒸溶后，浇在经过预熟的原料上，冷却后使其成菜的方法。琼脂冻与皮冻比较，具有不同的质地和口感。通常情况下，琼脂冻较为脆嫩，缺乏韧性，所以琼脂冻一般用于甜制品制作的较多；有时也用于花色冷盘的衬底或掺入其他原料作冷菜的刀面原料。琼脂冻类的菜品操作比较简便，成菜具有色泽艳丽、清鲜爽口的特点。琼脂冻的操作要领体现在以下几个方面。第一，我们所用的琼脂一般为干制品，使用前必须用清水浸泡回软后漂洗干净，再放清水煮化或蒸溶。如果干琼脂不用清水浸泡回软后漂洗干净，除了很难煮溶或蒸溶而影响成品质量外，还会影响其色泽和透明度。第二，掌握好琼脂与水的比例是非常重要的。一般来说，琼脂都要加水熬制成冻，如果水加多了成品不容易凝结成冻；如果水加少了成品质老且容易干裂，同时口感欠佳。琼脂与水的比例一般控制在1∶10左右为宜。第三，掌握好火候，尤其是采用煮溶的方法，如果火力过大，琼脂液容易糊焦，琼脂冻色泽发灰变次，使其透明度降低。

根据用途不同，琼脂在熬溶后可以添加一些有色液体原料（或遇水立即溶化的固体原料），以丰富菜品的色彩。例如，倘若要制作"海南晨曲""海底世界""三潭映月""虹桥风光""金鱼戏莲"等花色冷盘，可以将绿色菜汁加入到熬溶的琼脂液中搅匀，倒于盘中使之冷凝，近似于海水或湖水；也可以将可可粉或咖啡调入熬溶的琼脂液中，使之凝结成褐色的冻，用于花色冷盘切摆的刀面。

琼脂冻类菜品若无特殊用途，通常要借助于一定的成形器皿来完成，例如"草莓琼脂冻""牛奶琼脂果杯""蜜瓜果冻""双色水果杯""水晶西瓜球""什锦水果冻"等，这类菜品的调味一般以甜味居多。

3. 鱼胶冻法

鱼胶冻法就是将鱼皮（或鱼鳞、鱼胶粉等）按一定的比例掺水煮溶或蒸溶后，浇在经过预加热成熟的原料上，冷却后使其凝冻成菜的方法。这一方法与琼脂胶冻法极为类似，只是鱼胶冻的韧性要比琼脂冻更足一些，不容易断裂，便于成形，用于花色冷盘切摆成刀面的效果比琼脂冻要好；但鱼胶冻的透明度要比琼脂冻差一些。

从烹饪工艺角度而言，鱼胶冻的制作方法有两种。一种是用治净的鱼皮（如青鱼皮、草鱼皮、鳜鱼皮、鲫鱼皮、鲈鱼皮等）或相对较大的鱼鳞（如鲫鱼鳞、草鱼鳞、青鱼鳞）与适量的水熬制（或蒸制）而成，这种方法比较传统，我国古代制作鱼胶冻就是选用鱼鳞来进行制作的，当然，在制作过程中，为了尽量减少鱼鳞（或鱼皮）本身给人们带来的不愿接受的腥味并增加诱人的香味，除了需要严格的初步加工（如搓揉、漂洗、焯水等）以外，还可以适当加一些葱、姜、绍酒等。虽然在制作过程中，其程序比较烦琐、复杂，但成品质量（包括口感、味道、香味、透明度、营养价值等）要远比用鱼胶粉制作的要好；另一种方法就是用鱼胶粉与水按一定的比例掺和煮溶或蒸溶而成，这种方法比较现代，其操作程序也相对比较简单，但鱼胶粉本身带有一定异味，且透明度也不是很好，因此，用鱼胶粉制成的鱼胶冻来制作的冷菜适用于味道比较浓烈或色泽较重的菜品类型，所以，我们常用有色调味料进行调味，如"香辣鱼冻""果味鱼冻""绝味鱼鲞"等。

总之，冻制菜品是风味冷菜制作中常见的一种形式。适合于冻法成菜的原料很广泛，一般来说，大多数无骨细小的动物性原料适宜用肉皮胶冻成菜法进行制作；大多数植物性原料，特别是水果类原料适用于琼脂胶冻法制作；而味道浓烈或色泽较重的菜品，适用于用鱼胶冻法进行制作。

三、熏

熏就是将经过腌渍加工的原料，经蒸、煮、卤、炸等方法加热预熟（或直接将腌渍入味的生料）置于有米饭锅巴、茶叶、糖等熏料的熏锅中，加盖密封，利用熏料烤炙后不充分燃烧而升发出的烟香和热气熏制成菜的方法。

熏烟是植物性材料而不含树脂的阔叶树（如山毛榉、赤杨、白杨、白桦、樟树等）叶、茶叶、竹叶、以及松枝、柏枝等缓慢燃烧或不完全氧化产生的蒸汽、气体、液体和微粒固体的混合物。较低的燃烧温度和适当的空气供应是缓慢燃烧的必要条件。我们在熏制菜品时，燃烧温度在 340 ~ 400℃以及氧化温度在 200 ~ 250℃之间所产生的熏烟质量最好，但在实际加工过程中要把燃烧过程和氧化过程完全分开是难以做到的，因为烟熏放热过程使食物原料在热作用下才能成熟，并附着熏烟的一些挥发性物质而形成特有的熏烟（烟香）风味。

熏法由来已久，在实际操作过程中，习惯上认为熏常用于以下三个方面。

①用来加工干制或腌渍原料，便于食品保藏。由于熏类制品具有独特的风味，且需要经常性的供应，为了使这类原料的保质期能够得到有效地延长（因为烟熏过程本身可以去除原料中的部分水分，同时，熏烟所含的酚、醋酸、甲醛等物质渗入食物原料内部能有效地抑制微生物的生长与繁殖），故而采用此法加工，如各式腊肉、火腿（某些品种）、鱼、鸡、鸭等。

②用来加工制作热菜。

③制作风味冷菜。经过熏制的菜肴有较明显的烟香味，可以增加菜肴的主味，同时熏制的菜肴无汁、干香，非常适宜佐酒。

熏制菜肴的原料多用动物性及海味原料为主，如猪肉、鸡、鸭、鱼及蛋类等，极少数的植物性原料也可用于此法制作，熏制的原料一般都是整只、整块或整条的。熏制前原料一般要经过水烫卤制或加味煮制、腌味蒸制等方法进行处理。根据原料的性质，烟熏分为生熏和熟熏两种；根据使用工具的不同，烟熏分为室熏、锅熏和盆熏，室熏多用于食品加工，而在餐饮行业更多的是采用锅熏和盆熏这两种。无论是采用锅熏或是盆熏、生熏还是熟熏，它们制作的基本程序是极为类似的，一般操作过程都是：熏锅内撒匀适量的糖、茶叶、锅巴→置熏架→铺上葱→排上需熏原料→加盖→置小火→原料翻身→再熏制→在其外表涂抹一层麻油。

为了使熏制菜品具有特殊烟香味，并使其色泽光亮，我们应该注意以下几点。

①原料腌渍入味后在熏制前要用干净布吸尽水分，保持原料表面干爽的状

态，否则会影响熏制菜品的质量，尤其是色泽上（难上色和上色不均匀）。

②原料应保持在高温下熏制，如果温度较低，原料在熏制时不容易上色，同时，烟香味也难渗入原料内部。

③当熏制多个原料时，原料在摆放时相互之间要有间隔，不宜过紧，更不能相互重叠，以确保原料受熏均匀，上色一致。

④在熏制过程中要保持恒温和密封，以防熏烟散失。

⑤原料熏制成熟后，要在菜品的外表涂抹一层食用油（最宜用麻油），以增加菜品的香味，并保持熏制菜品的表面油润光亮。

⑥在实际操作过程中，我们可以运用湿茶叶或湿木屑为熏料，以起到控制熏制温度，减缓燃烧速度的作用，以便产生更多的蒸汽和熏烟。

⑦为了使菜品具有喜人的棕红色或枣红色，并使其焦糖风味有显著的增加，我们可以在原料的表面涂抹酱油、饴糖水或酒酿汁助色。

这里特别值得提出的是，熏类菜品虽然以风味独特而著称，然而，熏料处于高温中的焦糊状态（在400℃燃烧温度的条件下最适宜形成高含量的酚类物质），散发出的气体中会有硫化物、3,4-苯并芘等影响人体健康的物质（致癌），所以应该控制熏类菜品的运用。为了降低熏类菜品对人体健康的影响，我们可以采取以下措施。

①熏料适宜用糖、茶叶、米饭或锅巴等，而不宜用锯木屑、糠等非食用性原料。

②熏料的用量降到最低，即熏料的数量恰好能将菜品熏制成为宜。

③熏制时尽量保持恒温，勿使熏料过分焦糊，只要使熏料刚烧透即可。

④在熏制过程中，熏架上要铺放一层葱、蒜或药芹、竹叶等物料，这样既能增加菜品的风味（香气），又能缓和熏烟中有害物质对人体健康的影响。

⑤严格控制熏制的温度和时间，风味冷菜以浅棕褐色为宜，因为在风味冷菜的摆放过程中，空气的氧化作用会使其颜色加深。

⑥菜品熏制成后，要趁热用干净毛巾擦干水分，因为菜品表层的稠状混合物不溶于水而溶于脂肪。

熏制菜品以其烟香味独特而受到人们的青睐，常见的品种有"生熏白鱼""毛峰熏鲫鱼""烟熏猪脑""樟茶鸭""烟熏河鳗""烟熏鸽蛋""烟熏仔鸡""烟熏鸡翅""烟熏猪尾"等。

四、酥

酥是原料在以醋、糖为主要调味料的汤汁中经中小火长时间加热，令主料骨酥肉烂、味浓香醇的一种方法，这也是制作风味冷菜非常常用的方法之一。

酥法主要有两种形式：一种是硬酥，就是原料要预先经过油炸后再酥制的一种方法；另一种是软酥，就是原料不过油而直接将原料放入汤汁中加热处理的一种方法。可以用酥这一方法来制作冷菜的原料很多，如肉类、鱼类（尤其是小型鱼类）、虾、蛋和部分蔬菜均可作为酥制原料。酥制的主要环节在于制汤，其味型也是丰富多样，除以烧煮菜肴的基本味作为基本调味外，还可加入如五香粉、香辣粉或其他香料等调味料。

酥制的风味冷菜通常都是相对批量制作生产，其成品要求达到酥烂，就连带小骨的原料其骨头都可以直接食用，这无疑对火候的掌握提出了很高的要求。为了使成品达到应有的质量标准，在制作过程中应该符合以下几点要求。

①铺加衬垫物，以防止原料粘锅。制品本身就很酥，在酥制风味冷菜过程中不可能经常性地翻动原料，有些原料甚至从入锅开始直到出锅根本就无法翻动，而酥制又是一个较长时间加热的过程，虽然使用的只是中小火，如果不采取使原料与锅相隔离的措施，原料一旦粘锅就会焦糊，从而影响酥制风味冷菜的质量，尤其是香气和味道。在实际操作过程中，我们常用的衬垫物除了竹垫、藤垫以外，还可以选用具有一定香味的葱、药芹、蒜头、洋葱等原料，以达到去腥增香的目的。

②原料和汤水的投放比例要准确，以免影响菜品滋味的醇厚度。酥菜制作的时间一般较长，所以，汤水的投放量比其他类的菜品要略微多一些，刚开始加热时，以汤水略高于原料为度，即原料能够浸没在汤水中。

③必须在风味冷菜彻底凉透后才能起料，因为酥制菜品讲究的是酥烂，这样，一是为了保持菜品形态的完整性，因为菜品在低温下其形状受外力作用相对较小，不容易遭到破坏；二是风味冷菜在冷却过程中会继续吸卤，使酥制菜品更加入味、酥烂。

酥制菜品美味可口，常见的菜品有"酥熘鲫鱼""酥脆海带""酥卤鹅肝""酥香排骨""酥熘带鱼"等。

五、腌

腌是将原料浸渍于调味卤汁中，或采用调味料涂擦、拌和排除原料水分和异味，使原料入味并使某些原料具有特殊质感和风味的一种方法。

在腌渍过程中，主要调味品是盐。腌渍成菜的菜品，植物性原料一般具有口感爽脆的特点；动物性原料则具有质地坚韧、香味浓郁的特点。腌渍的原料一般适用范围较广，大多数的动、植物性原料均适宜于此法成菜。

在实际操作过程中，腌一般可以分为盐腌、醉腌和糟腌三种形式，这里之所以未将其他书籍中出现过的风腌、腊腌等纳入其中，是因为风腌、腊腌仅仅是一种食物原料初步加工的方法，而不是冷菜的成熟制作方法，经过风腌、腊腌的原料尚需经过蒸、煮、烧或煨等方法加热后方可成菜。至于拌腌,其本质内涵仍然是盐腌。

1. 盐腌

将盐放入原料中翻拌或涂擦于原料表面的一种方法。这种方法是腌渍的最基本方法,也是其他腌法的一个必经工序。这一方法操作简单易行,也正因为如此,盐腌法在人们的日常饮食生活和餐饮企业厨房中得以经常运用,盐腌过程中的很多细节容易被人们所忽视,尤其是卫生、安全因素,在实际操作过程中,要注意原料必须是新鲜的、卫生的、安全的,并要准确地把握好用盐量。经过盐腌的原料,水分溢出,盐分渗入,可以保持菜品清鲜爽脆的口感。常见的盐腌风味冷菜有"酸辣黄瓜""酸辣白菜""姜汁莴苣"等。

2. 醉腌

以酒和盐为主要调味料,调制好卤汁,将原料投入到卤汁中,经浸泡腌渍成菜的方法,即酒醉之意。用于醉腌的原料一般多是动物性原料和极少量的嫩茎植物性原料,通常是禽类和水产类居多,依据用料的预热与否,又可以分为生醉(用生料直接醉腌)和熟醉(原料预加热成半成品后再醉腌)。一般来说,水产品(如虾、蟹、蛤、贝)及嫩茎植物性原料,多用生醉;而肉、禽、鱼等原料,则多用熟醉。醉腌渍品按调味品的不同又有红醉(用有色调味品,如酱油、红酒、腐乳等)与白醉(用无色调味品,如白酒、盐等)之别。醉腌的浸卤中咸味调味料的用量应重一些,尤其是生醉,醉的时间较长,需要 5 ~ 15 天,故需增加盐量,在确保菜品能够入味的同时,还能防止原料的腐败变质;而熟醉往往以 12 ~ 24 小时为度,仅使醉料肉质松嫩、酒香浓郁,而无腐败之虑,故盐量不必过重。常见的菜品有"醉蟹""醉鸡""醉虾""醉鲜蛏""酒醉银鱼"等。

3. 糟腌

糟腌是以盐及糟卤作为主要调味卤汁腌渍成菜的一种方法。糟腌之法类同于醉腌,它们原理相近,故有人称糟亦是醉,醉亦是糟。不同之处在于糟腌用的是酒糟卤(亦称香糟卤),而醉腌则用的是酒(或酒酿)。酒糟是酒脚经过进一步加工而成的香糟,酒精含量在 10% 左右,并且有与酒不同的风味,如红糟有 5% 的天然红曲色素,有的酒糟则掺 15% ~ 20% 的熟麦麸与 2% ~ 3% 的五香粉混合而成。因此,虽然糟腌和醉腌在方法、原理和作用上是相同的,但是,它们两者之间的风味是完全不一样的。

香糟对于生原料的糟制,往往由于菌力不足而不能使之充分"成熟",因而常用于糟腌方法的原料还需要其他加热制熟方法加以辅助,如蒸熟、煮熟、氽熟等;若欲直接将原料糟制"成熟",还需借用酒的功能,纯粹的糟是难以致变奏效的。因此,可以说凡糟法需借用大量的酒,这是糟腌法的一个特点。

风味冷菜中的糟制菜品，一般多在夏季食用，因为此类菜品清爽芳香，故而"糟凤爪""糟卤毛豆""红糟仔鸡""糟蛋""糟猪手""糟猪尾"等均属于夏季时令佳肴。

六、泡

将新鲜的蔬菜放在一定浓度的盐溶液中浸泡，利用乳酸菌发酵至"熟"成菜的一种方法，泡即浸泡之意，其成品统称为"泡菜"。制作泡菜的盛器是特制的坛，为凹槽式细小口大颈肚平底构造，与糟菜坛、醉菜坛不同的是其凹口处可以用水封口，上加盖碗，具有良好的密封性能。

泡菜是四川与延边地区的特色风味冷菜菜品之一，成菜具有不变形、不变色、咸酸适口、微带甜辣、鲜香清脆的特点。其制作一般有制盐水、出坯、装坛泡制三道工序。

1. 制盐水

泡菜质量主要取决于盐水质量，一般盐以纯度高为好，水则必须经过沙缸过滤，并忌用塘水和沸水，因为塘水杂菌较多，沸水则缺少无机盐，皆不利于乳酸菌的生存和繁殖。盐水通常分为出坯盐水和泡菜盐水两类。

（1）出坯盐水

对原料进行初步腌渍的盐水，其浓度一般为1∶5，过滤后使用，并可以连续使用，但每次需要补充盐水比例并进行过滤。

（2）泡菜盐水

用于泡制原料的盐水，可分为以下五种：

①接种盐水，含有较多的菌种；

②新盐水，川盐加清水搅拌溶解，澄清后取清亮溶液，可根据需要加入其他调料，并可加适量的接种盐水加速乳酸的发酵；

③浸蘸盐水，是临时配制、边泡边吃的盐水，也可以加一定的接种盐水；

④陈盐水，一般来说，存放与使用500天以上的盐水就是陈盐水；

⑤老盐水，存放与使用两年以上的盐水。

用于制盐水的辅助原料，一般有干酒、绍酒、醪糟汁、干红椒、甘蔗、红糖以及草果、花椒、八角、山柰、胡椒等香料。各种盐水不宜混装，若暂时不用，可酌情加助料、香料分别保存。

2. 出坯

原料装坛泡制前用出坯盐水预腌，并上压重物，使盐水渗透原料内部，部分水分析出，有杀菌、褪色、定形和去异味的作用。泡菜原料一般选用新鲜的时令蔬菜，且要求质地脆嫩、成熟度适当、品质上乘。由于各种原料的品质不同，故出坯时间也不一样，如芋艿、大蒜、萝卜等需 5～7 天，豇豆、四季豆需 1～2 天，而卷心菜、圆白菜、芹菜等仅需 1～2 小时。

3. 装坛泡制

装坛泡制有两种常用方法。

（1）分层装坛

将原料与盐、糖、香料等分数层装入坛中，灌注盐水后封口，浸泡至透。

（2）浸渍装坛

直接将原料泡入有盐水的坛中，封口浸渍至入味，一般现泡现吃。

泡菜制成后有多种食用方法，如"泡仔姜"，可撕成粗条吃本味；也可以切成细丝用清水漂去咸味，再用糖、醋、麻油、泡红椒和原盐水拌食；还可以切成丝或片，装入盛有糖、醪糟汁、醋等调制汁的器皿中浸渍数小时以后食用，味可以多变，如酸甜味、玫瑰味、甜辣味等。泡菜在餐饮企业中，更多的作为小调味碟使用（调剂口味），一般不作为单个冷盘使用。

七、挂霜

将小型原料加热成熟后投入热溶糖浆中拌匀，出锅迅速冷却，使糖重新结晶，在原料外表包裹上一层洁白糖粉的方法称为挂霜。

挂霜的实质是利用糖溶化后晶核生成，重新结晶凝结的原理，使原料表层粘凝上霜状糖粉。制作时，首先要将糖用水加热溶解成饱和溶液，在一定的温度和浓度下，在糖液所含水分的逐渐减少中重新结晶。

在温度 20℃时，每 100 克水可溶解白砂糖 203.9 克，随着温度的升高而溶解度加大，当温度达到 100℃时，可溶解 487.2 克，此时即为饱和溶液，当超过这个限度即为过饱和溶液，其能生成大量晶核，温度下降则溶解度下降过快，颗粒间距太小，则结晶颗粒容易凝结形成大颗粒而凝结成块；如果加热时间过长，或火力过大，晶粒易发生聚合而焦化变色，成为酸状硬壳。因此，当糖充分溶化时，有较密的大泡沫生成，当温度在 130～160℃时需立即投下原料滚拌均匀，迅速出锅翻拌降温。

挂霜在霜层上有厚薄之分，其方法是不同的。

1. 薄霜

将炸成的原料放在烧热的锅中，烹入浓度为 60%～70% 的糖溶液，让水分在锅中迅速挥发，使原料表层凝结一层薄薄的糖霜。

2. 厚霜

水糖比例一般按 1∶4.5 溶化糖浆滚拌原料，冷却后使原料表层凝结一层较厚的糖霜。有两种具体的方法。

（1）拌浆滚粉法

在原料入锅搅拌滚浆时加入适量的干淀粉，既可降低甜度，也可以防止黏结而增加成品的松脆度，此法更多的运用于干果类原料的挂霜。

（2）裹浆滚粉法

将原料裹糖浆拌匀后再滚糖粉以增加甜度，增强菜品的酥松质感。

挂霜的原料一般是较小型的动、植物性原料，又以植物性原料居多。为了丰富菜品的口味，有时也可掺入可可粉、芝麻粒（粉）等。制作挂霜类菜品，应把握好加热原料的成熟环节，挂霜菜品除了要求色泽洁白、口味香甜以外，对于原料也有一定的要求，主要特色是脆、香。因此原料经过过油或炒制、烘烤时，应当严格掌握火候。少数动物性原料为使其达到口感外酥脆、里鲜嫩的效果，可以预先采用挂糊炸制的方法，然后再挂霜成菜。

挂霜菜品是风味冷菜中常用的一类冷甜菜式，要求对熬糖挂霜有一个全面的理解和掌握，常见的风味冷菜菜品有"挂霜腰果""挂霜生仁""挂霜桃仁""挂霜酥吉圆""挂霜排骨"等。

八、炝

炝是风味冷菜制作中常用的一种方法，所谓炝，就是将新鲜的动、植物性原料拌以事先调好的卤汁或复合味油，或将各种调味品投入原料中使之成菜的方法。根据原料预加热与否，炝又可以分为生炝和熟炝两种。

1. 熟炝

熟炝的原料要经过预加热成熟后再入味。熟炝一般以软嫩或脆嫩的动物性原料为主，并且是经过加工后的小型易熟、易入味的原料；脆嫩的植物性原料也有使用的，但相对较少。炝制菜品一般需要经过加热处理，原因就在于此。

熟炝风味冷菜的制作方法，往往选用极其简单快速的成熟方法，诸如"水余""过油"等，从而使风味冷菜的质感——鲜嫩、脆嫩或软嫩能得到充分的保证。熟炝的菜品在预熟时一般都不经过调味过程，因此，在制作过程中要求料形相对较小，这样便于成熟和入味，通常以片、丝、细条、小丁等形状居多。为了使熟炝的菜品具有浓郁的香味，在调味过程中需要加入相对大量的具有一定刺激性味道的调味品，如胡椒粉、大蒜头、洋葱、花椒、麻油等，并且经过调味以后应当摆放浸泡一段时间，以便使其充分入味。常见的风味冷菜菜品有"炝腰片""炝虎尾""开洋炝芹菜""姜汁菠菜""炝肚片"等。

2. 生炝

在我国，有些地区也有将鲜活的小型动物性原料，辅以适当的调味料直接炝制食用的，也就是原料不需要经过预加热成熟，这在餐饮行业中称为"生炝"。

但必须选择鲜活的原料，并在调味过程中需要加入白酒、生姜末、胡椒粉或芥末等，以达到充分杀菌和调味的效果，如"腐乳炝虾""生炝鱼片"等。炝制菜品，因其清爽适口、鲜香浓郁的特点而备受人们的青睐，尤其适合于夏季食用。

当然，从食品卫生和安全的角度而言，对于炝来说最好还是以熟炝制作冷菜为佳。近几年来，关于因生食而引起的一些传染性疾病常有报道，有些水产原料附有大量的寄生虫和寄生虫卵或致病菌，在制作过程中某一个环节稍有疏忽，很容易对炝制菜品的卫生和安全性构成威胁，再加上对一些水产品本身就有过敏现象的大有人在，因此，我们在制作炝制菜品，尤其是采用生炝之法时，要慎之又慎。

九、拌

拌是将小型的极易入味成熟的脆嫩性植物原料，经调味品拌和后直接食用的一种方法，是典型的"冷制凉吃"的一种形式，故有"凉拌"之称。

拌制菜品在制作形式和调味方式上与生炝有类似之处，其不同点在于以下两个方面。

①生炝菜以鲜活的动物性原料为主，拌菜则以新鲜的植物性原料为主。

②生炝菜肴的调味常用一些味道比较浓烈的调味料，如白酒、生姜末、胡椒粉或芥末等，该类菜肴的味型一般比较浓厚；而拌制菜肴使用的调味品相对比较单一，以咸鲜味居多，味型一般比较清淡。

拌制菜品由于其"成熟"方法比较特殊，是属于只调味而不加热的一种方法，因而对原料的形状也就有一定的特殊要求。通常情况下，拌菜以丝、小条、薄片、小块等小型料形的形态出现；在味型上，更多追求的是清淡、爽口，故调味过程中往往以无色调味料居多，较少使用有色调味料，尤其是深色的调味料基本不用。由于拌制菜品对成品的质感要求是脆嫩，因此，在选料时一定要选择新鲜且脆嫩的植物性原料，如嫩黄瓜、嫩藕、嫩莴苣（也叫莴笋）、嫩圆白菜等。

拌制的操作过程和方法是极其简单的，就是将调味料直接投入加工成形的原料中拌制均匀。为了便于菜肴的入味，原料一般拌以调味料经过一小段时间后再食用。有时拌菜中还会出现多种原料，在这种情况下，要尽量保持各种原料料形的一致性（同形相配），并使原料的色彩搭配和谐、美观大方。常见的拌制风味冷菜有"拌黄瓜""拌海带丝""沙拉时蔬""拌双色圆白菜"等。这里值得一提的是，有些菜虽然叫拌，但其制作方法并非完全是拌，如"拌双笋"（莴苣、春笋），实际上莴苣采用的是拌，而春笋则采用的是炝，两种方法混合使用制作一道菜品，很难准确命名，只是约定俗成而已。

十、蒸

将初步调味成形的原料置于盛器中，在笼中与蒸汽接触，在蒸汽的导热作用下变性成熟的成菜方法称为蒸。一般来说，冷盘工艺所采用的蒸法是笼蒸方式，笼能将水蒸汽集中在一定的密封环境——笼腔之中，形成较高的气压和温度，当水沸腾之后蒸汽大量蒸发，在笼中升腾，从笼顶向下回旋，逐渐膨胀饱和并从笼的各个缝隙向外喷泄，这就是我们餐饮行业中所谓的"圆汽"，此时说明笼中的气压和温度已达到极限，温度一般可以达到102℃。虽然蒸法具有成熟快、平稳、保形、保持原味的优点，但在制作冷盘材料时，对于一些软、嫩的原料和蛋制品，则易受到蒸汽过强的膨胀力作用而起孔失水老化，因此需要减压，抑制蒸汽的蒸发速度和蒸汽量。在冷盘工艺中，我们根据原料的品质和加工、制作的要求不同，蒸又可以分为中火沸水圆汽蒸和中火沸水放汽蒸两种形式。

1. 中火沸水圆汽蒸

中火沸水圆汽蒸即运用中等火力保持水处于沸腾状态，使蒸汽量充足但不猛烈喷泄，在蒸制过程中，有充足的蒸汽作用于原料而使之成熟。采用这种蒸法的原料，往往有不因为充足的蒸汽而变形或起孔的性能，因此，中火沸水圆汽蒸适用于具有一定形态以及一些经过腌渍的原料的成熟，如"如意蛋卷""相思紫菜卷""旱蒸咸鱼""如意笋卷"等。

2. 中火沸水放汽蒸

中火沸水放汽蒸即运用中等火力保持水处于沸腾状态，同时微启笼盖，限制蒸时的汽量、气压和温度，使笼中的温度保持在一定平衡的水平上（80～90℃）。采用这种蒸法能防止原料因气流和温度的影响而疏松成孔洞结构而失水老化，影响成品的口感。中火沸水放汽蒸主要适用于软、嫩的原料和蛋制品原料的蒸制，蒸的时间比较短，一般在5～15分钟，如"双色鱼糕""翡翠虾糕""蛋黄糕""蛋白糕"等。

蒸制菜肴的原料以动物性为主，以植物性为辅，其料形一般以蓉缔、小块、条、片以及经过加工成特殊形态的居多。

蒸法尽管不是一种非常常用的风味冷菜制作方法，但蒸法在冷盘材料制作中的作用却很大。很多的冷盘刀面材料，特别是一些花色冷盘的刀面材料，往往都需要通过蒸法成形，因而，蒸法在冷盘的制作中具有重要的地位。

十一、烤

烤就是将经过加工整理的原料，经葱、姜、料酒等腌渍后置于烤箱或烤炉中，利用微波和干热空气辐射加热，使原料成熟并且外皮酥脆金黄、肉质鲜嫩可口的一种成菜方法。

烤法古称炙，从表面上看，它是运用燃烧和远红外烤炉所散射的热辐射能直接对食物进行加热并使之变性成熟的成菜方法，似乎比较简单，但整个加热过程中的物理、化学变化是极其复杂的。甚至可以说，中国的烤法是我国烹饪工艺方法中历史最长的，也是世界烹饪中最具复杂性的，将烤菜风格表现得淋漓尽致，从整牛、整羊到整禽、整鱼，再到肉类、蔬菜，原料无所不用其极，细到泥、蓉、丝、片，复杂到多料结合，其工艺精细、风味多样、造型美观，将古老而简朴的烤法发展到了极致。

在实践操作过程中，由于对原料的选择、设备工具的运用、工艺手法的采用等方面的不同，烤法又可以分为明炉烤和暗炉烤两大类。

1. 明炉烤

明炉烤指用敞口式火炉或火盆对原料烤制的方法。明炉烤设备比较简单，因火力分散，辐射热不易达到原料的背面，因此，在烤制时需要不断地、有节奏地调换烤面，使之受热均匀，呈色一致。明炉烤对较小型原料以及对较大型原料重点部分的烤制，具有良好的效果。在具体运用过程中，有以下三种常用的方法。

（1）叉烤

叉烤即用双股长铁叉叉住原料在火炉上反复烤燎，主要适用于一些整形或大块的原料，如整鸡（鸭、鹅等）、整猪（羊、牛等）、肉方等；有些原料本身内张力较小，用铁叉无法直接叉住原料，则需要用烤网帮助原料造型，如整鱼、豆腐等。叉烤主要用果树、柏树、松树等木材与豆、芝麻秸为燃料，叉烤制品色呈枣红，皮酥肉嫩，香味浓郁。

（2）串烤

串烤即用细长的铁或银签串上细嫩（或脆嫩）易熟的小型原料烤制起香的成熟方法。串烤需用长槽形敞口烤炉，槽内烧木炭，将原料腌渍后穿成串，架于炉口槽上并不断翻动，烤至成熟起香。串烤的原料往往需要预先腌渍，选择的范围是较小形状的原料，如肉片、鲜贝、虾仁、竹蛏、肉丁、蝴蝶片、大蒜头、青椒片、洋葱片等。

（3）炙烤

炙烤与西餐铁扒相似，在火盆（或盒）上架一排铁条（或铁网），将腌渍的薄形原料置于铁条上烤炙，并用筷子不停翻拨使之逐渐成熟。其加热形式既近似于烤，又类似于烙，因此，其成品较为鲜嫩，且有淡淡的焦香风味。

2. 暗炉烤

使用可以封闭的烤炉对原料进行烤制的方法叫暗炉烤。暗炉烤具有同温热气对流强烈的特点，能使原料四面均匀受热，容易烤透。暗炉烤在固定工具上与明炉烤不同，是特制的挂钩、挂叉、铁扦、模盘等，依据其支撑固定工具的不同，又可以分为挂烤和盘烤两种方法。

（1）挂烤

挂烤是将原料钩挂在炉中进行烤制的方法。挂炉烤还依靠热力的反回作用，即火焰发出的热力由炉门上壁射至炉顶，将炉顶壁烤热后再反回到原料身上的结果，而不是完全依赖火焰的直接燎烤。炉温一般稳定控制在 230 ～ 250℃，避免过高或过低。

（2）盘烤

盘烤是将原料置于一盛器平面上入炉烤熟的方法，也叫托烤、模烤。烤器主要有金属板、盆以及各类浅口模具，主要用于对畜肉、禽肉、鱼类、虾类、蟹类、蚌类等原料的加工制作。一般温度控制在 150 ～ 220℃，这种方法在冷菜制作中的运用最为广泛。

在采用烤法制作冷菜时，多运用加热前调味的方法，因为在加热过程中或加热以后是无法进行调味的（当然也有带调味碟蘸食的），因此，原料在腌渍时往往调至正常直接可食用的口味，以确保菜品的滋味。调味时，所用调味品的品种范围比较广，并可以适当选用一些辛辣或芳香类的调味料，如葱、药芹、洋葱、蒜头、花椒、八角、桂皮、香菇、香叶、孜然等，以增加冷菜的香气，有的是铺垫在烤盘中将原料置于其上，有时是将调味料裹于原料体内（或腹内）。

烤制的菜肴其外表色泽多呈金黄，因此在制作过程中，我们常常在原料的外表涂抹一些发色原料，如饴糖、蜂蜜、酱油等，以便原料呈色，并在烤制完成后，再在其外表涂抹少许麻油，以增加菜品的香味和光泽。

烤制菜品所使用的原料一般是动物性原料，特别是鱼类和禽类居多。常见的菜品有"京葱烤鱼""葱烤仔鸡""特色烤肉""葱烤河鳗""酱烤鸡翅"等。

第三节　常用风味冷菜的制作

一、果蔬类

1. 烟熏箭笋

（1）制作方法

①箭笋剔除外衣，投入冷水锅中焯水。

②锅中加水、葱姜汁、盐，放入箭笋，烧开后用中小火煮 20 分钟左右，捞起沥干水分。

③锅中均匀地撒入烟熏料（白糖、锅巴、茶叶），上放铁络，在铁络上放

一排葱白段，将箭笋置于葱上，加盖用中小火熏制 10 分钟左右，把箭笋翻身后再用大火熏制 5 分钟，取出晾凉后撕成 6 厘米左右长的粗丝（细条），加葱椒油拌匀即成。

（2）说明

①箭笋除用烟熏的方法制作外，还可以用卤、煮、醉或炝的方法制作风味冷菜。

②此菜中也可以分别掺和一些其他原料拌食，如药芹、香菜梗、风鱼丝、鸡丝、咸鸭丝等，风味格外独特。

2. 雪菜㸆竹笋

（1）制作方法

①竹笋切成劈柴块，雪菜取梗切成约 1.5 厘米长的段。

②锅中加色拉油，投入生姜末略煸，加入雪菜梗段煸透，加入鸡清汤、老抽、糖和盐，烧沸后放入笋块，烧开后用小火烧 15 分钟左右，大火稍收卤汁，加入味精拌匀，然后连汤带笋倒入盛器内浸泡即可。

（2）说明

①竹笋除可加工成劈柴块外，还可加工成滚刀块、条状、丁状和丝状等，其中块状中的劈柴块为最佳。笋中的纤维比较粗，是较难入味的原料，采用劈柴块的形式增加了笋与卤汁的接触面积，使笋更有滋味。

②雪菜一定要煸炒透彻，否则雪菜不香且有青帮味。

③笋还可制成“椒麻竹笋”“油焖笋尖”“虾子卤笋”“酿竹笋尖”“酱汁春笋”等菜肴。

3. 奶油莴苣

（1）制作方法

①将莴苣摘叶去皮，洗净，放在开水锅中烫一下，捞出沥干水分后切成长条形，装盘。

②将鸡蛋黄放入碗内，加入胡椒粉和盐拌匀。

③把奶油放在净锅中烧热后倒入鸡蛋黄碗内充分搅和（趁热边倒边搅），再加入洋葱末、香菜末和醋（最好用白醋），拌匀后浇在莴苣上即成。

（2）说明

①莴苣既可以加工成长条形，也可以加工成小滚刀块形、丁状、丝状和蓑衣刀纹、兰花刀纹、相思刀纹等。

②此菜借鉴了西餐中的调味方法，改变了我国风味冷菜制作在传统上的调味形式。很多其他蔬菜也都可采用这种方法来调味，如圆白菜、黄瓜、莲藕、萝卜、菱角、芋艿、红薯、土豆、山药等，不过在制作时要注意的是，淀粉含量较高的原料，在成熟加工过程中最好是采用烤制的方法，这样制作出来的成

品香味更浓。

③此风味冷菜也可以在加工时切配成小丁或细条，作为风味调味碟。

4. 拌双脆

（1）制作方法

①海蜇皮洗净，用清水泡 3 ~ 4 小时，剥去表层红膜后切成细丝，再用温水烫泡一下，捞起沥干水分。

②萝卜洗净切成细丝，加盐腌约 0.5 小时，挤出水分，和海蜇丝拌在一起，再加上姜丝、葱丝、适量的酱油、白糖、花生酱、红醋、味精、麻油、拌匀即成。

（2）说明

①萝卜为主料的冷菜常以甜或酸甜的调味形式为主，因为萝卜本身具有一定的苦涩味，用甜或酸甜的调味形式容易掩盖其异味。

②萝卜除加工成丝状外，还可加工成菊花形、蓑衣形和兰花形等。

③萝卜还可加入芝麻辣酱、葱油或香菜等来调味，或与其他原料一同做成泡菜等特色风味冷菜。

5. 姜汁菠菜

（1）制作方法

①将去掉老根、老叶的菠菜洗净，放入沸水中烫熟，捞出摊开晾凉后略挤去一些水，切成 2 厘米长的小段，放入盆内。

②将仔姜洗净去皮，切碎且捣烂，加入盐、糖、醋、味精和麻油搅匀后倒在菠菜上，拌匀即可。此菜具有色绿味鲜、酸辣可口的特点。

（2）说明

①菠菜除可切成小段外，也可切成末状，还可制成菠菜松或菠菜泥。

②姜汁最好用碾压机制做，也可以用生姜粉代替。

③烫制绿色蔬菜最关键在于蔬菜成熟后，其质地要保持脆嫩且其色泽要保持碧绿，因此，我们可以在水中加少量的食碱或色拉油，并将烫制后的蔬菜立即浸泡在纯净水（或凉开水）中，为了使其能快速降温，最好在水中加些冰块。

④菠菜还可用花生仁、腰果、芝麻、杏仁，虾皮、火腿或香肠等原料共同拌用。

⑤菠菜除了以咸鲜味食用外，还可用蒜泥、花椒油、葱油、芝麻酱、花生酱、芥末等调味品来调味。

⑥此风味冷菜也可以作为风味调味碟使用。

6. 辣味紫茄

（1）制作方法

①将茄子洗净，切成丁状，用温油焙透捞起，沥去油放盆内。

②锅中加麻油和蒜泥煸香后，加入芝麻辣酱略炒，加鸡汤搅拌均匀成糊状，再加盐、味精和醋，烧开后倒在茄子中搅匀即成。此菜蒜香浓郁、辣味略显，

茄子绵软、鲜香适口。

（2）说明

①茄子除切成丁状外，还可加工成条状、丝状、片状及泥状，其中以丁、条为佳。

②除了用油焗对茄子加工外，还可用蒸或生腌之法。

③茄子多用蒜调味为佳，也可辅加其他调味品丰富其味型，如酸辣味型、椒麻味型、红油味型等。

④茄子还可用一些酱类调味，如甜面酱、牛肉辣酱等；或使用一些水果酱，如草莓酱、香蕉酱、苹果酱、菠萝酱等，清香鲜美，别具特色。

7. 蒜香冬瓜

（1）制作方法

①冬瓜洗净去皮，切成长条形。

②将冬瓜焯水后，再用鸡汤煮透（或蒸透）装盘。

③将蒜蓉辣酱、芝麻酱、海鲜酱、沙茶酱、老抽、糖、盐、味精、蒜汁搅匀后倒入冬瓜中拌匀，浸泡2小时即成。

（2）说明

①冬瓜除可加工成条形外，还可加工成丁状、丝状、片状或块状。

②按以上方法冬瓜还可用红油味型、麻辣味型、酸辣味型等调料；或用芝麻、虾皮、虾米、干贝等与之相拌。

8. 虾子卤香菇

（1）制作方法

①香菇水发泡透，去菌柄。

②将香菇焯水，沥干水分。

③锅中加葱段、姜片煸至起香，放入虾子略炒，加入料酒、香菇、鸡汤、酱油、糖、盐烧开后，小火焖透，再大火收汁，加味精拌匀，淋少许葱油即成。

（2）说明

①香菇要小火焖透，汁要收干，否则滋味不够醇厚。

②"醉冬菇""炝冬菇""油焖金钱菇""素脆鳝"（香菇剪成细条，拌粉后炸脆，淋糖醋卤）等也是用香菇制作风味冷菜的常见品种。

③此风味冷菜也可以根据需要加工成小丁状后作为风味调味碟使用。

9. 椒盐果仁

（1）制作方法

①生果仁放入碗中，倒入沸水浸泡2～3分钟，捞出并捻去外衣。

②将果仁投入烧至四成热的色拉油中炸透至表面呈米黄色捞起。

③在果仁上撒花椒盐和极少许糖粉，拌匀后凉透即可。

（2）说明

①果仁包括橄榄仁、腰果、核桃仁、花生仁等。

②果仁除可以制作咸鲜味型以外，还可以用蜜汁、挂霜或糟等方法进行制作。

③此风味冷菜也可以根据需要作为风味调味碟使用。

10. 酸辣莲藕

（1）制作方法

①嫩鲜藕洗净，顺长切成两片，再横向切成薄片，放于冷水中泡约 20 分钟，投入开水锅中焯水后沥干水分。

②仔姜切成末，撒在藕片上。

③用白醋、少许盐和白糖调成酸辣味型的汁浇在藕片上。

④干红辣椒放水中泡软，去蒂、籽，切成细丝，投入热油中炸出香味（麻油或色拉油均可），倒在藕片上，盖上盖，闷 15 ~ 20 分钟即可。

（2）说明

①藕加工成片形或粗丝（细条）较为适宜。

②辣椒丝直接投入卤中烧开后晾凉，倒入藕中腌浸 24 小时也可。

③按照此法还可制作"酸甜莲藕""蜜汁莲藕""果味莲藕"，也可以用姜丝、金糕丝、芝麻等与藕丝相拌均可，堪称夏季佐酒佳品。

11. 糟春笋

（1）制作方法

①将嫩春笋剔除笋衣，投入冷水锅焯水后切成菊花形，加入少量盐拌腌后沥干水分。

②用高汤、葱段、姜块、盐、味精、香糟汁、白糖等调味料相混后搅匀，倒入菊花笋内，加盖上笼用旺火蒸透（35 ~ 40 分钟），取出待凉后用保鲜膜密封并浸泡，使之进一步入味。此菜笋子鲜嫩爽脆，酒香味浓郁。

（2）说明

①此菜在选择原料时，定要选用质地脆嫩的笋尖，如徽州地区的问政山笋等。

②此菜也可将笋经焯水后，直接放入调配好的卤汁中浸泡入味而成。但无论采用哪种方法，均需用保鲜膜（或加盖）密封，否则酒香味散发，糟香味不浓。

③按此法还可制作"醉糟银芽""糟毛豆""糟猪手""糟海带""糟银鱼""糟鸭舌""糟凤爪""糟鸡翅"等风味冷菜。

12. 椒盐参须

（1）制作方法

①土豆洗净后去刮去外皮，切成细丝，用清水漂洗片刻，捞起沥干水分。

②锅内放色拉油烧热，投入土豆丝炸至淡金黄色捞起，趁热撒上花椒盐拌匀即成。

（2）说明

①土豆丝用清水漂洗片刻，其目的是为了除去土豆内的淀粉，这样炸出的土豆颜色更佳，口味更脆香。

②沿用此法还可制作"椒盐土豆片""椒盐土豆条""椒盐慈姑片""椒盐山药""椒盐莲藕""椒盐银杏""椒盐桃仁""椒盐生仁""椒盐平菇"等。

13. 酱汁茭白

（1）制作方法

①茭白去壳、老根后洗净，切成劈柴小块，投入温油锅中焐透，捞起沥油。

②锅中加入适量的色拉油，投入蒜头、姜片、葱段小火煸至起香捞出，再加入甜面酱略炒，加入适量水、酱油、糖、盐，倒入茭白，中小火烧至入味，加入味精、麻油拌匀，使酱汁均匀地包裹于茭白表面即成。

（2）说明

①茭白除可加工成劈柴小块外，还可加工成条状、滚刀块状等，当然，以劈柴小块为最佳（原理与笋相同）。

②沿用此法还可制作"酱汁生仁""酱汁五丁""酱汁冬笋""酱汁珍珠笋""酱汁芦蒿""酱汁山药"等。

14. 荷包苦瓜

（1）制作方法

①猪肉、虾米（水发）、冬菇（水发）分别斩成细蓉混和搅匀，加入酱油、料酒、盐、白糖、胡椒粉、味精、葱花、姜末搅拌成肉浆。

②削去苦瓜两头，在1/4处横向剖开成两片，挖去瓜瓤，清洗干净并沥干水分，肉浆塞入苦瓜内，并在苦瓜切口面上拍上干菱粉，盖上另一片苦瓜，再插入牙签固定，使两片苦瓜粘牢。

③将苦瓜放入四五成热的油锅内焐透，然后放入加有鸡汤、黄酒、盐、白糖、味精的锅中烧开，小火焖烂，最后用大火收浓卤汁即可。

（2）说明

①苦瓜还可用来拌臭豆腐干、拌香干、拌开洋、拌西芹等，是夏季的时令佳肴。

②按此法还可以制作"荷包黄瓜""酿青椒""荷圆白菜瓜""酿丝瓜"等风味冷菜。

15. 酸辣黄瓜

（1）制作方法

①净黄瓜加工成长条状，加少许盐，腌渍1.5~2小时，轻轻挤去水分待用。

②锅中加水、白糖、白醋（以2∶2∶1的比例投放）烧沸，凉透后倒入黄瓜中，再加入鲜红辣椒丝、生姜丝。

③锅中加入麻油，烧热后投入干辣椒丝、花椒，炸出香味后捞去花椒、干辣椒，

凉后淋在黄瓜上，用保鲜膜（或加盖）密封，浸泡 2 小时即成。

（2）说明

①此菜如果以单拼上桌时，可用生姜丝和红辣椒丝进行点缀。

②熬的调味汁和油要凉透后方可淋在黄瓜上。否则，黄瓜色泽容易变黄且失去脆嫩爽口的风味。

③黄瓜可根据制作冷盘的需要，加工成蓑衣形、波纹条形、菱形、长条形、半圆形或弹簧状等。

④黄瓜调制的味型也十分丰富，如"糖醋黄瓜""姜汁黄瓜""椒油黄瓜""辣味黄瓜""油吃黄瓜""麻酱黄瓜""腴香黄瓜""蒜香黄瓜"等。

16. 凉拌罗汉

（1）制作方法

①将冬菇（水发）一改四；麻菇、草菇切成厚片，鲜笋、红胡萝卜切成 5 厘米长、1 厘米宽的薄片；香干、素肠切成片；豆腐衣切成骨牌大小的长方形块；菜花改成小块；木耳洗净。

②鲜银杏用油焐透，去壳、外衣，其他原料分别焯水，盛放在同一盛器中，加入甜面酱、花生酱、盐、白糖、酱油、味精、胡椒粉、麻油拌匀即成。

（2）说明

①凉拌罗汉所选用的原料均是素菜原料，原料的品种和数量可以根据当地当时的物产情况而定。

②此类菜品，原料一般不宜加工过小，如丝、丁、末等一般少用。

17. 翡翠金钩

（1）制作方法

①药芹摘叶，去根洗净。

②在开水锅中加少量的色拉油，投入芹菜焯水，捞起晾凉后挤干水分，切成长约 2 厘米的小段。

③虾米用温水略泡，洗净后加鸡汤、葱、姜、料酒蒸至涨发透彻。

④将虾米放在芹菜中，加入盐、白糖、味精、麻油拌匀即成。

（2）说明

①根据芹菜的粗细和大小，可以分别采用多种刀法处理和装盘手法（尤其是围碟和单盘）。可以切成 5～7 厘米长的段，堆摆成长方体、扇形、方印形或弓桥形等；也可以斜切成厚片，拼摆成菊花状、大丽花形或绣球花形等；还可以切成细丝或小丁状，拼摆成桃形、葫芦形、宫灯形、蝴蝶形等。

②白芹、水芹、西芹、菠菜等原料也可以循此法进行制作。

③芹菜也可以加其他原料与之相拌，如香干、罗皮、虾仁、桃仁、花生仁、腰果、夏威夷果等，原料的品种和数量可以根据当地当时的物产情况而定。

④在调味形式上也可以根据情况而适当变化，如酸辣味型、糖醋味型、红油味型等风味冷菜。

18. 香脆萝卜

（1）制作方法

①萝卜洗净后削厚片（皮中带肉），加少量的盐拌匀略微腌渍片刻，挤去水分。

②将萝卜放入器皿中，加入白醋浸泡12小时左右（加盖密封），再加入蜂蜜、糖桂花拌匀腌渍2小时即可。

（2）说明

①此菜在制作过程中加入少许仔姜和橙汁，风味更佳。

②青萝卜、白萝卜、樱桃红萝卜、胡萝卜、莲藕、黄瓜、大白菜等原料均可以按此法进行制作。

19. 怪味腰果

（1）制作方法

①将腰果放入烤箱内烤至表面色泽微黄、质地酥脆。

②锅中放入适量的水和糖，用中小火熬成糖浆，撒入辣椒粉、盐、花椒粉搅匀，然后再倒入腰果，锅离火并不停地搅动、翻拌，使糖浆均匀地包裹在腰果表面，待腰果粒粒散离且凉透后即可。

（2）说明

①此菜在制作过程中为了增加腰果与糖浆的附着力，可在腰果入锅以后撒少量的玉米粉或糖粉。

②按以上方法还可以制作"怪味桃仁""怪味银杏""怪味杏仁""怪味夏威夷果""怪味长生果""怪味蚕豆""怪味芸豆"等风味冷菜。

③此风味冷菜也可以根据需要作为风味调味碟使用。

20. 玫瑰桃仁

（1）制作方法

①将核桃仁放入开水中浸泡约2分钟后取出，撕去桃仁外红衣。

②将核桃仁投入烧至五成热的油锅内炸至表色泽金黄，捞出沥油，晾凉后质地酥脆。

③锅中放入适量的水和糖，用中小火熬成糖浆（起泡但不能起丝），将锅离火，倒入桃仁，撒入玫瑰花，并不停地搅动、翻拌，使糖浆均匀地包裹在桃仁表面，凉透后即可。

（2）说明

①此菜在制作过程中为了增加香味，还可以撒少量的熟芝麻。

②按以上方法还可以制作"菊花桃仁""玉兰桃仁"等；另外，生仁、腰果等原料也可以循此法进行制作。

③熟桃仁蘸上熬好的糖浆（糖稀）堆积起来制作假山，也是制作冷盘时非常常用的方法之一，尤其是需要展现太湖石堆叠起来的假山，这种方法效果尤佳。

④此风味冷菜也可以根据需要加工成小丁状后作为风味调味碟使用。

21. 黄泥烤笋

（1）制作方法

①在黄泥中加入精盐、五香粉、清水拌成稠泥糊，然后均匀的涂裹在每只冬笋的外壳上（厚约 0.5 厘米），用锡箔纸包好后放入烤箱内烤制（温度控制在150℃左右），待到泥质干燥色白、发硬时（约需 45 分钟）即可取出。

②将冬笋外面的泥块敲击破碎，剥壳去根，并将笋肉切成劈柴小块装盘。

③把姜末、味精、酱油、盐、芝麻油放在一个碗内搅拌均匀，浇在笋块上拌匀即成。

（2）说明

①笋子宜切成劈柴块，否则笋子不兜卤而无味。

②其他很多动物性原料（如仔鸡、鸭掌、鸽子、鹌鹑等）也可以效仿这一方法进行制作，只是需要预先用调味料腌渍并外包荷叶（或竹叶、粽叶等）后再裹上黄泥进行烤制。

22. 香油草菇

（1）制作方法

①将草菇清洗干净，削去泥根，在顶部轻划"十"字形刀口。

②炒锅置旺火上烧热，倒入少许色拉油，放入葱花炒香后加入鲜汤、草菇、酱油、盐，中火烧开后改用小火烧至入味，放入味精、胡椒粉、香油拌匀并收浓卤汁，出锅冷却后装盘即可。

（2）说明

①在草菇的顶部轻划"十"字形刀口，目的是便于入味。

②金针菇、口蘑、平菇、猴头蘑、香菇、黄花菜、笋子、茭白等很多植物性原料也可以按照这一方法进行制作，只是有的原料需要预先焯水。

23. 素三片

（1）制作方法

①将口蘑、水发香菇、冬笋（需要预先焯水）改刀成片，放盛器内并加入高汤、料酒、盐、葱段、姜片，上笼用大火蒸透（约 40 分钟）。

②锅上火并加入色拉油，烧至三成热时放入葱段、姜片、花椒粒煸出香味后捞出，加入香菇片、口蘑片、冬笋片翻炒，加入鸡汤、料酒、精盐、味精、白糖烧透至收干卤汁，倒入盘中凉透即成。

（2）说明

①此菜一定要将卤汁收干，否则不入味或不干香。

②金针菜、鸡腿菇、猴头菇、鞭笋等原料也可以按照这一方法进行制作。

24. 香脆菇丝

（1）制作方法

①将鲜平菇撕成粗丝（或细条），加入干淀粉拌匀。

②锅中加入色拉油，烧至五成热时放入平菇丝炸至酥脆（表面呈金黄色），撒上花椒盐拌匀，冷透即成。

（2）说明

①此菜一定要控制好油温，炸至酥脆。

②慈姑、马蹄、鲜鸡腿菇、鲜口蘑、山药、藕、土豆等原料也可以按照这一方法进行制作，只是淀粉含量较高的原料无需拍淀粉，可以直接炸制。

③此菜也可以用盐和红油、芥末油、葱椒油、蒜油等进行调味。

25. 橙香白菜

（1）制作方法

①净白菜加工成条状，加入少许盐、生姜丝腌渍 0.5 ～ 1 小时，轻轻挤去水分待用。

②锅中加水、白糖、白醋（以 2 ：2 ：1 的比例投放）烧沸，凉透后倒入白菜条中，再加入鲜橙汁拌匀，用保鲜膜（或加盖）密封，浸泡 1 小时，装盘时淋少许复合油即成。

（2）说明

①此菜如果以单碟的形式上桌，可用橙皮丝和红辣椒丝进行点缀。

②熬制的调味汁凉透后方可淋在白菜上。否则，白菜容易失去脆嫩爽口的风味。

③白菜可根据制作冷盘的需要，加工成蓑衣形、波纹条形、菱形、长条形、花瓣形等。

④白菜调制的味型也十分丰富，如"糖醋白菜""姜汁白菜""椒油白菜""辣味白菜""麻酱白菜""腍香白菜""酸辣黄瓜"等风味冷菜。

⑤黄瓜、莴苣、红薯、白萝卜、茭白（预先煮熟或用温油焗熟）、山药（预先煮熟或蒸熟）等原料也可以依照这一方法制作。

⑥此风味冷菜也可以根据需要加工成小丁或短条状后作为风味调味碟使用。

26. 风味茄丁

（1）制作方法

①鲜嫩茄子切成约 1 厘米见方的丁，投入温油中（约 120℃）炸至淡金黄色时捞出沥油。

②大蒜头铡切成泥，用水漂洗后沥干水分，再投入温油中炸至金黄色成金蒜。

③锅中加少量油加热，投入葱花、甜面酱、花生酱、沙茶酱、沙爹酱略炒，

加水、茄丁㸆制 10 分钟，凉透后加入金蒜拌匀即成。

（2）说明

①在焐制茄丁时要掌握好火候，既要透彻，又要保持其略酥的口感，否则会影响菜品的质量。

②刀豆、扁豆、茭白、莴苣、菱角、鸡豆米等原料也可采用此法制作。

③此风味冷菜也可以根据需要加工成小丁或短条状后作为风味调味碟使用。

二、豆类及豆制品类

1. 虾子烤麸

（1）制作方法

①将老面筋批成薄片，放入沸水锅中略烫，取出沥干水分。

②锅内加油，烧至八成热时投入面筋，炸至外皮起硬壳、色泽呈微黄时捞出。

③锅内加少许花生油，烧热后投入葱、姜、八角煸至起香后，放入虾子、面筋略炒，加入素汤（用黄豆芽、香菇或鲜笋根吊制而成）烧至面筋回软后加糖、酱油、料酒、盐、味精烧开后用中火烧透，再用大火收干卤汁淋麻油拌匀，凉后待用。

（2）说明

①面筋一定要炸透，否则口感酥度不够；要用汤烧至回软后再加调味料，否则很难入味；卤汁要收干，否则味道不够浓厚。

②此菜可用香菇、黄豆芽等作为配料卤制；素鸡、老豆腐、腐竹等原料也可按此法进行制作。

③烤麸也可以采用"炝"之法进行制作，在调味上选用红油、麻酱、五香、香辣、糖醋等味型。

④此风味冷菜也可以根据需要加工成小丁或短条等形状后作为风味调味碟使用。

2. 三丝素烧鸭

（1）制作方法

①锅内加少许油，投入葱、姜丝炸香后，放入笋丝、冬菇丝、豆腐干丝略炒，加入素汤（用黄豆芽、香菇或鲜笋根吊制而成）、糖、酱油、盐、味精烧开后勾芡，凉后待用。

②豆腐皮摊开，用清水湿一下（或放笼内略蒸），放上炒好的三丝，包卷成长约 20 厘米、宽约 6 厘米的长厚条，边缘用水淀粉粘牢，投入热油锅内炸至豆腐皮表面金黄色时捞起，排放在长盘中，加素汤、酱油、糖、料酒、盐、味精上笼蒸 15 分钟左右取出，上面放置干净空盘加重物压实，晾凉后抹上麻油即成。

（2）说明

①素烧鸭也可不用馅心，直接将豆腐皮用水抹湿后，抹一层薄薄的葱椒盐，数层相叠后再叠成厚长方条（长 10 ～ 15 厘米、宽约 5 厘米），炸后上笼蒸（带卤汁）或卤透。

②除用水淀粉粘外，还可用牙签或细竹签来插入定型，以免炸后散开，影响美观。

3. 麻辣蚕豆

（1）制作方法

①鲜蚕豆去掉豆皮成豆瓣，投入沸水锅中焯透，捞出沥干水分。

②在蚕豆中加入盐、味精、花椒粉、辣椒粉和葱油拌匀即成。

（2）说明

①蚕豆还可用红油、咸鲜、酸甜、椒麻等味型，另外还可用姜末或雪菜等原料与之拌食。

②蚕豆还可以煮烂后捏成泥状，炒制成蚕豆泥。

③此风味冷菜也可以根据需要作为风味调味碟使用。

4. 芥末粉皮

（1）制作方法

①皮用凉开水漂洗干净，晾干水分，切成约 5 厘米长的丝。

②加入盐、味精、芥末粉、醋、麻油搅匀后淋在粉皮上，拌匀即可。

（2）说明

①粉皮、凉粉之类要现调味现食用。

②此类原料也可用虾米、肉末、蒜泥、辣椒油、芝麻、榨菜等物料与之相拌。

③此风味冷菜也可以根据需要作为风味调味碟使用。

5. 脆鱼拌干丝

（1）制作方法

①将白豆腐干（方干）放入盐水中用文火煮透，捞起平码在方瓷盘中，上再加方瓷盘及物料稍压，晾凉后批成薄片，再切成细丝（如绵线粗细，俗称"绵线干丝"），用沸水焯一下，捞出沥干水分，放入盘中。

②锅中加油烧至八成热，投入熟鳝鱼脊背肉，炸至酥脆后撕成细丝放在干丝上。

③将盐、糖、酱油、胡椒粉、味精、鸡汤、麻油同加入一小碗中搅匀，然后浇在干丝上，顶端放上姜丝即成。

（2）说明

①煮白豆腐干时，水中要加盐，且用小火煮透，切忌用大火煮，否则豆腐干起孔，加工出来的干丝形不整，过于散碎，并且质感上欠绵软爽口（俗称没

有咬劲），同时还有豆腥味。

②干丝加工时要细，否则烫不透。

③干丝还可以配以虾米、干贝、火腿、鸡丝等与之相拌。

6. 素叉烧

（1）制作方法

①将面筋切成约3厘米左右厚的方块，投入红曲米调制的水中浸泡上色，然后捞起沥干水分。

②将面筋投入烧至六七成热（180～200℃）的油锅中炸制成橘红色捞出。

③锅中加入少许油，投入葱段、姜片（拍松）、大料、桂皮煸至起香后，加入鲜汤、酱油、白糖、料酒、红曲水，用大火烧开后用小火烧至入味，然后用旺火收稠卤汁，加入味精拌匀，使卤汁均匀地裹在面筋上，淋入香油（或复合油）拌匀即成。

（2）说明

面筋按此法，调味料也可变化，制成"香辣面筋""蒜酱面筋""红油面筋""椒麻面筋"等。

7. 酒醉银芽

（1）制作方法

①取鲜嫩绿豆芽洗净后摘去头及根须，然后投入开水锅中烫透，随即捞出，并用凉开水浸凉，然后捞出沥干水分。

②锅中加水、盐及香料袋（葱段、姜片、花椒），烧开后倒入盛器中，等完全凉透后加入白酒（以优质白酒为佳）调成醉卤。

③将绿豆芽放入醉卤中，用玻璃纸（或加盖）密封，待约2小时后捞出装盘即成。

（2）说明

①绿豆芽烫制后定要立即用凉开水浸凉，否则豆芽将失去脆嫩的口感，影响菜品的质量。

②在调制醉卤时，酒与水的比例以大约1∶30为宜。

③芦笋、黄豆芽、珍珠笋、蒲菜、红薯苗、南瓜藤、荷叶嫩茎（藕带）等脆嫩性植物原料均可采用此法制作。

④此风味冷菜也可以根据需要作为风味调味碟使用。

8. 烟熏豆腐

（1）制作方法

①将豆腐剁成泥状，加入虾米碎粒（水发）、葱花、花椒盐、虾蓉、味精、料酒搅拌均匀并上劲。

②在净不锈钢方盘内涂抹一层色拉油，平摊上豆腐，上笼蒸透（约20分钟）

取出，待凉后切成约6厘米见方的厚片。

③将豆腐投入烧至约七成热的油锅中炸至表面金黄色时捞出。

④锅中撒入茶叶（经水泡制后挤去水分）、白糖、米饭锅巴（碎粒），放上铁丝网托，上铺一层葱段，平放上豆腐，加盖熏制约15分钟，将豆腐翻身，再熏制约5分钟取出，抹上一层麻油即成。

（2）说明

①豆腐除按此法外，也可经焯水后用虾皮、肉末、松花蛋、咸蛋黄、香椿、洋葱、榨菜、香菜、番茄或桃仁等与之拌制成菜。

②豆腐在加工时形一般不宜过大，且一定要焯水，否则会影响其口味。

③豆腐还可采用日本国料理的形式，用紫鱼片（或鱼干、虾米、鱼松、干贝、肉松、鸡松等），加葱花、蒜泥、酱油、香油等调味料拌制而成。

④此风味冷菜也可以根据需要加工成小型的丁、细短条等作为风味调味碟使用。

9. 麻菇素火腿

（1）制作方法

①将豆腐皮撕成小块，放入冷素汤中浸泡约10分钟，捞出沥干水分。

②锅上火烧热，加色拉油，投入葱段、姜片、茴香、桂皮煸至起香，放入麻菇丝略炒，加入豆腐皮、黄酒、酱油、糖、素汤烧开，加入味精，大火收干卤汁，淋入麻油，去掉葱、姜、茴香和桂皮。

③用60厘米见方的纱布，摊放在方瓷盘中，将豆腐皮倒在纱布的一端（两头各空出约5厘米），然后把纱布将豆腐皮用劲往前卷，收到尽头时，把纱布两头折过来卷成圆柱形，用线绳来回扎紧。

④将扎好的豆腐皮上蒸笼约30分钟，取出晾凉，解去绳、布，刷上香油以免干燥，食用时切成薄片即可。

（2）说明

①在包卷时一定要卷紧，否则易松散而不成形。

②不用配料，可直接制成"素火腿"。

③按以上方法，不用香料、酱油，即可制成"素鸡"。

④除此之外，豆腐皮还可以配以火腿丝、虾米或干贝等与之拌食。

10. 五香生仁

（1）制作方法

①花生米用水淘洗干净后加水浸泡6小时左右。

②锅中加水、花生仁、料酒及香料袋（姜片、花椒、八角、桂皮、小茴香、香叶、草果、砂仁、白芷、山奈、胡椒），加盖烧开后改用中小火煮约30分钟，然后加盐、味精拌匀调味，离火浸泡凉后即可。

（2）说明

①花生仁一定要煮透（酥烂）后才能加盐调味，否则花生很难酥烂。

②黄豆、芸豆、毛豆、老菱角等原料均可以按此法进行制作。

③花生仁在煮制和浸泡过程中要用砂锅或不锈钢器皿，忌用铁制锅具和器皿，以免色泽发黑。

④花生仁还可以制作"挂霜生仁""香酥生仁"（油炸花生米）、"椒盐生仁""怪味生仁"等。

⑤此风味冷菜也可以根据需要作为风味调味碟使用。

11. 糟香毛豆

（1）制作方法

①取鲜嫩毛豆（带壳）剪去两头后洗净，然后投入开水锅中烫透（水中加少量的色拉油），随即捞出，并用凉开水浸凉，然后捞出沥干水分。

②香糟加黄酒拌和，用纱布过滤（吊糟），将香糟液滴入盛器中，并加入盐、味精拌匀调成糟卤。

③将毛豆放入糟卤中，用玻璃纸（或加盖）密封，约2小时后捞出装盘即成。

（2）说明

①毛豆在烫制时既要透彻，又要保持其碧绿的色泽，过生有毒，过烂则失去有韧性的口感，影响菜品的质量。

②脆嫩性植物原料，如春笋、芦笋、黄豆芽、珍珠笋、蒲菜、红薯苗、南瓜藤、荷叶嫩茎等，以及一些动物性原料，如猪手、猪舌、猪肚、鸭舌、鹌鹑蛋、鸽蛋、鸭掌、鹅肝等也可采用此法制作。

③此风味冷菜也可以根据需要作为风味调味碟使用。

12. 蒜香荷兰豆

（1）制作方法

①鲜嫩荷兰豆剪去两头后洗净，投入开水锅中烫透（水中加少量的色拉油），随即捞出，并用凉开水浸凉，然后捞出沥干水分切成菱形。

②大蒜头铡切成泥，用水漂洗后沥干水分，再投入温油中炸至金黄色成金蒜。

③在荷兰豆中加入盐、味精、金蒜、麻油拌匀即成。

（2）说明

①在烫制荷兰豆时要掌握好火候，既要透彻，又要保持其碧绿的色泽，否则会影响菜品的质量。

②刀豆、扁豆、莴苣、菱角、鸡豆米、红薯苗、南瓜藤等原料也可采用此法制作。

13. 酱汁芸豆

（1）制作方法

①干芸豆用水淘洗干净后加温水浸泡6小时左右。

②锅中加水、芸豆、料酒、花生酱、沙茶酱、甜面酱及香料袋（姜片、花椒、八角、桂皮、小茴香、香叶、草果、砂仁、白芷、山奈、胡椒），加盖烧开后改用中小火煮约40分钟，然后加盐、味精拌匀调味，离火浸泡凉后即可。

（2）说明

①芸豆一定要煮透（酥烂）后才能加盐调味，否则芸豆很难酥烂入味。

②芸豆还可以制作"盐水芸豆""椒盐芸豆""香酥芸豆"等特色风味冷菜。

③黄豆、花生仁、毛豆、老菱角等原料均可以按此法进行制作。

④此风味冷菜也可以根据需要作为风味调味碟使用。

14. 腴味豇豆

（1）制作方法

①鲜嫩豇豆摘去两头后洗净，切成约4厘米长的段，投入开水锅中烫透（水中加少量的色拉油），随即捞出，并用凉开水浸凉。

②大蒜头铡切成泥，用水漂洗后沥干水分，再投入温油中炸至金黄色成金蒜。

③锅中加少量油加热，投入葱花、甜面酱、花生酱、沙茶酱、沙爹酱略炒，加水、豇豆燹制15分钟，凉透后加入金蒜拌匀即成。

（2）说明

①在烫制豇豆时要掌握好火候，既要透彻，又要保持其碧绿的色泽，否则会影响菜品的质量。

②刀豆、扁豆、莴苣、菱角、鸡豆米、红薯苗、南瓜藤等原料也可采用此法制作。

③此风味冷菜也可以根据需要加工成丁状作为风味调味碟使用。

三、禽类及其蛋类

1. 酱鸭

（1）制作方法

①将治净的仔鸭（肋开）放盐水老卤中，浸泡腌渍2小时左右，取出沥干卤汁。

②用沸水淋浇鸭身（使鸭皮纹收紧），趁热在鸭皮外表均匀地涂抹一层饴糖，晾干后下六七成热的油锅（180～200℃）炸至枣红色。

③锅中加油烧热，投入葱、姜、八角、丁香、桂皮、甘草煸至起香，加入水、酱油、糖、料酒，烧开后放入鸭子，用小火焐约20分钟后，用大火收稠卤汁，凉透即成。

（2）说明

①在涂抹饴糖时要均匀，否则上色不匀。

②煮鸭时要用微小火，即保持锅内微沸，否则鸭肉质地变老、发柴。

③鸡、鸭、鹅、鹌鹑、鸽等禽鸟类原料均可依这一方法进行制作。

2. 香酥鸡肝

（1）制作方法

①鸡肝治净后切成小块，加料酒、葱段、姜片、酱油拌匀腌渍约 30 分钟。

②将锅中油烧至七成热时，投入鸡肝炸至外表起软壳。

③锅中加油烧热，放入葱段、姜片、八角煸至起香，加入水、海鲜酱、南乳汁、芝麻酱、料酒、老抽、沙爹酱烧开后倒入鸡肝，用中火烧至卤汁稠浓后淋入葱椒油拌匀即成。

（2）说明

①炸鸡肝时要掌握好火候，只能让鸡肝表面起软壳，如果起硬壳，鸡肝则口感发挺而不酥。

②鸭肝、鹅肝、猪肝、牛肝、羊肝等原料也可以按此法进行制作。

③此菜在调味时，可根据需要适当调整调味品的使用，如在秋冬季节可以适当用红油、芥末油、生姜粉等辛辣类的调味料，增加些辣味，风味尤佳。

④鸡肝还能制作"炝鸡肝""椒盐鸡肝""烟熏鸡肝""香糟鸡肝""盐水鸡肝""卤鸡肝""酱鸡肝""鸡肝糕"等特色风味冷菜。

3. 炝肫花

（1）制作方法

①将鸡肫剖开，铲去外皮。

②用十字刀纹将鸡肫切成菊花状，放入 5% 的碱水中浸泡 2 小时左右，然后再用清水漂洗 3~4 次，直至漂尽碱分。

③水烧开后加料酒，投入菊花肫焯水，捞起沥去水分。

④锅中加油烧热，放入葱花、姜末、蒜泥煸至起香，加鸡汤、酱油、糖、盐、味精烧开后加入胡椒粉，香醋调匀，倒入菊花肫拌匀即成。

（2）说明

①肫类原料在加工处理时除可以加工成菊花形状外，还可以加工成片形、丝状等形状。

②此菜在制作时，菊花瓣要细并均匀，烫透即捞，尽量保持其脆嫩，否则将影响菜品的口感。

③肫除可以"炝"外，还可制作"烟熏肫片""盐水兰花肫""卤鹅肫""酒醉鸭肫""葱油柴把肫"等风味冷菜。

④此菜调味过程中，应根据需要调制不同的味型，如香辣、椒麻、蒜酱、水果汁、葱椒、鱼香、酸辣等味型。

⑤鸭肫、鹅肫等原料均可采用此方法进行制作。

⑥此菜在以单碟造型或组合造型中，可将小菊花堆积成一朵大菊花；如果加工成片状，则可以将肫片层层排叠成一朵月季花形或圈叠成马蹄莲花形，尤

为美观。

4. 花椒噉汁鸡

（1）制作方法

①将嫩光鸡洗净，沥干水分，用刀背敲断鸡腿骨，在鸡皮上均匀地涂上一层酱油，投入烧至八成热（180～200℃）的油锅中炸成金黄色时捞出。

②将花椒、姜片、葱段放入加有油的锅中煸炒起香，加入鸡汤、料酒、辣酱油、糖、味精，放入炸好的鸡，用大火烧开后改用小火焖10分钟左右，把鸡翻身，再烧10分钟左右，待鸡有八成左右酥烂后，用旺火收稠卤汁，淋上麻油出锅即成。

（2）说明

①如果将鸡焯水后均匀地涂抹上一层饴糖晾干，炸制的色泽更佳。

②采用此法也可制作"陈皮噉汁鸡""蚝油鸡""五香鸡""噉汁鸡翅"等风味冷菜。

5. 红糟鸡丝

（1）制作方法

①将净光鸡焯水后，再放入锅中（加水、姜、葱、酒）用小火煮至七成烂时捞出。

②红糟用酒和鸡汤调成稀糊状，用纱布过滤，除去糟渣。

③锅中放油，加入葱、姜、桂皮、茴香煸至起香时，倒入红糟汁，旺火烧开后加盐、糖、味精，再把鸡放入锅中烧沸，倒入盛器中，加盖浸泡2小时后取出，去骨，将鸡肉撕成丝即成。

（2）说明

①此菜也可以将红糟卤制好后直接与熟鸡丝相拌而成。

②制红糟卤时要用纱布过滤。

③采用此法还可制作"沙茶鸡片""麻辣鸡丝""奶油咖喱鸡丁""香糟肥嫩鸡""噉汁鸡片""OK鸡""酒醉鸡翅"等风味冷菜。

6. 竹叶熏鸡腿

（1）制作方法

①将净鸡腿去骨，平放在盛器内（皮朝下），放入肥膘肉薄片（长约6厘米、宽4厘米）加入盐、料酒、糖、花椒、葱、姜、味精腌渍约1.5小时。

②将腌好的鸡腿平铺在菜板上（皮朝下），上覆1片肥膘肉，撒上胡椒粉，卷紧后（顺长卷起）用线扎紧，上笼蒸透（约30分钟）后取出。

③锅中放入竹叶作为烟熏料，放上铁络，排铺葱段，上置蒸熟的鸡腿卷，加盖后用中火熏制约15分钟，待鸡腿卷色呈紫竹色时翻身再熏约5分钟，取出冷却后拆去捆扎的线，刷上复合油即成。

（2）说明

①熏制时要用中火，否则色泽会深浅不匀。

②采用此法也可制作"竹叶熏鸭翅""竹叶熏鹌鹑""竹叶熏鸭脑""竹叶熏鸭脯""竹叶熏虾排""竹叶熏鸡糕"等风味冷菜。

7. 芥末鸭掌

（1）制作方法

①鸭掌洗净后放水锅中煮透，取出后拆去鸭掌中的软骨，再清水洗净，放入锅内，加水、料酒、葱结、姜片煮至六成烂时捞出。

②芥末粉（或芥末油、芥末糕）放碗内，加冷鸡汤、盐、味精、白醋、蒜油搅匀后倒在鸭掌上拌和即成。

（2）说明

①整鸭掌煮时要注意火候，过生，骨难拆；过烂，形不整。

②鸭翅、鸡翅也能采取同样方法进行制作。

③此类菜肴也可做成红油、葱油、花椒油、椒麻、麻酱、麻辣等味型。

8. 红曲卤鸭

（1）制作方法

①将光鸭由肛门处开一小口，取出内脏，洗净后焯水。

②将大茴香、小茴香、桂皮、甘草、香叶、花椒、丁香、红曲米（先用温水漂洗后略泡）、苹果、生姜、葱同放在一块纱布中，纱布扎好后投入装有清水的锅中，烧沸后放入鸭子，烧开后用小火烧至鸭七成烂（50～60分钟，具体时间视鸭大小、老嫩而定）离火，让鸭子浸泡在卤汁中自然冷却，凉后捞出即成。

（2）说明

①按照此方法，将红曲米换成酱油、糖即是红卤法。

②整鸡、鸡爪、鸡翅、鸭脖、猪蹄、猪尾巴等原料也能采用此法或红卤法进行制作。

9. 瑞士菠萝鸭

（1）制作方法

①将胡萝卜、洋葱头、芹菜切小丁放入锅内，加水、香叶、胡椒粒、盐煮沸后放入焯过水的净光鸭，待鸭煮透后捞出。

②把奶油、辣酱油、盐、胡椒粉、柠檬汁同放碗内调匀。

③将鲜菠萝去皮后切片（用淡盐水略泡）与鸭片间隔相叠于盘中，浇上调好的汁即成。

（2）说明

①此菜也可把菠萝汁同调于卤汁中，把熟鸭放入卤汁中浸泡2～3小时捞出切片装盘。

②装盘时，也可将菠萝切片后拼作花形，鸭片铺在菠萝之上，边上用生菜点缀。

10. 水晶鸭舌

（1）制作方法

①将鸭舌洗净后煮熟，抽去脆骨，再投入放有鸡汤、葱、姜、酒、盐的锅中烧至入味，取出晾凉，将切成约2厘米长的熟火腿细条插入鸭舌里。

②将卤制好的鸭舌分别放在汤匙的中间（每只调羹里放1只鸭舌，也可放2只），两边用香菜叶点缀，再倒入已熬制（或蒸制）好并调味的琼脂（用筛或纱布过滤），冷凝后倒出即成。

（2）说明

①按此方法也可制作"水晶虾仁""水晶鸡丝""五彩水晶蛋""水晶冬瓜球""水晶鲍鱼""水晶美人蛏"等冷菜。

②根据具体情况，"水晶"也可用皮冻、鱼胶等来制作。

③在制作"水晶"时，以蒸法为最佳，熬制时要用小火，并最好用铜筛或纱布过滤，以求其晶莹透明。

11. 蚝油鹅肝

（1）制作方法

①将鹅肝上苦胆去掉，洗净后沥干水分，加入蚝袖、生抽王、料酒、海鲜酱、花生酱、沙茶酱、糖、胡椒粉、葱段、姜片、干淀粉拌匀并腌渍约30分钟。

②用细铁扦将鹅肝串好，放入已烤热的烤箱（或烤炉）中烤（约220℃）10分钟左右，翻面转动后再烤约15分钟，待鹅肝四角略有焦黄时取出，刷上麻油即成。

（2）说明

①食用时切片装盘，淋上卤汁或另配小调味碟，如海鲜酱、辣酱、辣酱油或番茄酱等。

②鸭肝、鸡肝、鸭舌、猪肝、牛肝、羊肝等原料也可采取同样的方法进行制作。

12. 脆皮烧鸡

（1）制作方法

①在锅内加入清水、花椒、茴香、生姜片、葱段，烧开后投入净光鸡（在肛门处开6厘米左右长的口，取出内脏，治净）、料酒，烫3～4分钟，捞出后趁热在鸡的表皮抹一层饴糖，挂在阴凉风口处晾干。

②将烤炉烧热，再将鸡挂入炉内烘烤（约240℃），待鸡皮全部呈枣红色并且皮脆肉嫩、无血水渗出时取出即成。

（2）说明

①抹过饴糖的鸡要在阴凉处晾干，且要干透（不可日晒），否则皮不酥脆。

②此菜也可在鸡腔内填些其他辅料，以增加烧鸡的风味，如香菇、荷叶、花椒、药芹、陈皮、竹叶、粽叶等。

13. 葱油香露鸡

（1）制作方法

①将净光鸡焯水后清洗干净。

②锅中加入清水，放入香料袋（八角、小茴香、陈皮、甘草、香叶、丁香、豆蔻），再放入整鸡，用大火烧开后，撇去浮沫，加入酒、葱段、姜片（拍松）、冰糖、盐、味精，用小火烧30分钟左右，然后再浸泡约1.5小时，取出切配装盘。

③将葱花、姜末放入小碗内，将烧热的花生油倒在葱花和姜末之上，再加入香露汁搅匀，淋浇在鸡上即成。

（2）说明

①此菜也可将煮透的整鸡放入调制好的香露汁中浸泡6～8小时（用保鲜膜、玻璃纸或加盖密封），捞起后直接改刀装盘。

②鸭、鹅、鸽、鹌鹑等禽类原料均可采用同样的方法进行制作。

14. 杏花酥鸡

（1）制作方法

①将鸡剔骨取肉，加葱段、姜片、花椒盐、杏花酒腌渍2小时，蒸熟凉透。

②将熟鸡批成厚片，平摊在撒有干淀粉的盘子里。

③净虾仁、肥膘、荸荠分别制成细蓉放于同一碗中，加盐、料酒、胡椒粉、味精、葱花、姜末搅拌均匀，分别抹在鸡片上，抹平后放上杏仁细末稍压（使杏仁细末能牢固地粘在虾蓉上而不脱落）制成生胚。

④将鸡片生胚投入烧至六成熟的油锅内炸透（表面色泽呈淡金黄色），改刀成条状即成。

（2）说明

①此菜中的杏仁也可改用瓜子仁、核桃仁、松子仁、花生仁等。

②此类菜在炸制过程中要注意火候，油温过低则不够酥脆；油温过高则色泽容易发黑。

③鸭、鹅、鸽等禽类原料均可采用同样的方法进行制作。

④此菜在以单碟造型或组合造型中，在改刀时可以切成菱形小块，依次用2～3层排叠成一朵菊花，美观而大方。

15. 芹黄拌鸭丝

（1）制作方法

①药芹（或西芹）整理清洗后焯水，再用凉水冷却后挤干水分，切成约4厘米长的段，再切成细丝。

②将鸭剔骨取肉，加葱段、姜片、花椒盐、料酒腌渍2小时后蒸熟凉透。

③将熟烧鸭肉批成薄片后，切成细丝，与芹菜丝放在一起，放入盐、糖、味精、胡椒粉、葱椒油（或复合油）拌匀即成。

（2）说明

①此类方法在风味冷菜制作中经常使用，如"银芽鸡丝""韭黄里脊丝""凉拌三丝""三色鸡丝""芽姜鸡丝"等。

②采用这种方法制作风味冷菜时，原料的形状不宜过大，一般宜采用丁、条、丝、片、粒等小型形状。

16. 白嫩油鸡

（1）制作方法

①将桂皮、茴香、香叶、丁香、八角、干草、草果、小茴香、生姜厚片（拍松）、葱段放入纱布中，将纱布包扎好作香料袋。

②将香料袋放入加有清水的锅中，烧开后改用小火再烧 20 分钟左右，撇去浮沫，加入盐、冰糖、料酒、味精搅匀。

③将仔母鸡在鸡的肛门处开一小口，除去内脏，洗净，焯水后放入调好的卤汁中，再淋入一层鸡油，使其能覆盖住卤的表层，然后用微火加热（起保温作用）约 30 分钟即成。

（2）说明

①在加热制作过程中，切忌用大火，只能用微火，其目的是起保温作用，是焐透入味，而不是煮透，否则鸡肉不嫩。

②在卤的表层加上一层鸡油，除起保温作用外，还起增香的作用。

③此菜也可将鸡经过焯水后直接放入热卤中浸焐约 2 小时左右即成（不加热，最好用木桶，起保温作用）。

17. 糟溏心蛋

（1）制作方法

①将鸡蛋用清水洗净，放入锅内，加入清水（没过鸡蛋）煮沸后，改用小火煮 5 ~ 6 分钟。捞起后迅速用凉开水激凉，剥去蛋壳。

②把红糟倒入锅内，加鸡汤调开后再放入葱段、料酒、盐、糖、味精烧开，倒入盛器中，将鸡蛋放入糟卤中（糟卤要浸没鸡蛋），并用保鲜膜（加盖或用玻璃纸）密封，浸泡 12 小时左右（色泽呈浅枣红色为最佳）即成。

（2）说明

①煮鸡蛋的时间不能过长，否则蛋黄会凝固而不成溏心。鸭蛋一般煮 6 ~ 7 分钟即可，鸽蛋一般只能煮 3 ~ 4 分钟，同时，火力不可过猛，否则蛋壳容易破裂而使蛋不成形。

②在剥蛋壳时，动作要轻些，否则蛋白破裂而蛋黄外流。

③鸭蛋、鹅蛋、鸽蛋、鹌鹑蛋也能采用同样的方法制作。当然，未必一定要糟软心蛋，糟全熟的蛋也行。

④与此较为类似的方法为醉（红醉、白醉），在风味冷菜的制作过程中，

我们也经常选用蛋类采用醉的方法来进行制作。

18. 韭香风鸡

（1）制作方法

①将活公鸡宰杀后从腋下开口，取出内脏，用洁布将鸡体腔内拭擦干净，待鸡体温降低后，用白酒、花椒盐、生姜片将鸡体腔内、宰杀口和鸡嘴擦抹均匀，将鸡头塞入腋下宰杀口，合上翅膀，用细绳扎紧，挂在阴凉通风处腌渍约30天即成风鸡。

②解去风鸡外面捆扎的绳子，去净绒毛（干褪毛），用清水浸泡2小时左右，洗净，再放入葱段、料酒、姜片、糖蒸透，晾凉后撕成细丝。

③韭黄洗净后切成3厘米左右长的段，入沸水锅中略烫，与鸡丝放在一起，加葱椒油（或复合油）拌匀即成。

（2）说明

①制风鸡时，鸡体腔内、宰杀口和鸡嘴一定要将白酒、花椒盐擦抹均匀，否则容易变质。

②鱼（多用草鱼、青鱼、鳗鱼）、鸭、鹅、猪肉等原料也可以采用这一方法进行制作。

③此菜也可以与韭菜、药芹、西芹、香菜、菠菜梗、芦蒿等蔬菜相拌。

19. 红卤鸡

（1）制作方法

①把大茴香、小茴香、甘草、桂皮、草果、花椒、丁香装入白纱布袋扎好待用。

②锅中加清水烧沸，加入酱油、冰糖、精盐和香料袋，用中火煮1小时，加入味精即成卤汁。

③嫩鸡取出内脏、洗净（在右翅膀肋下开一小口），用沸水将鸡焯一下，清洗血污，放入卤汁锅中用小火煮至七成熟时捞出（卤汁可留用），待晾凉后抹上香油，改刀装盘浇上原卤汁即成。

（2）说明

①卤汁一定要煮透，否则香味不够浓郁。

②制作此菜的卤汁可以重复使用，称为"老卤"。

③鸽子、鸭、鹅、猪手、猪肚等原料也可以按此菜的方法进行制作。

20. 芥末油鸡

（1）制作方法

①芥末粉放入小碗，用冷开水调开，放入少许盐和醋，盖上盖，静置一天。

②卤锅内放入清水，将小茴香、桂皮、花椒、甘草、丁香、草果等香料放入布袋内，用线扎住袋口，放入卤锅内，用大火烧开后待香料香气溢出即可使用。

③将葱、姜、蒜、白糖、精盐放入卤锅，左手拿鸡（鸡尾朝上，头朝下），

右手用手勺将白卤从开膛刀口处灌入鸡腹内，倒出白卤，再灌入沸白卤，这样反复两次。

④将鸡放入卤锅，待烧开后撇去浮沫，淋入白酒，用竹垫压住鸡身（使鸡浸在汤中），用小火煮约 10 分钟将卤锅端离炉火，待其冷却后将鸡取出，用复合油将鸡皮涂匀，改刀装盘，随带芥末酱调味碟，食用时蘸食。

（2）说明

①芥末酱一定要预先调制，否则香味不够浓郁。

②制作此菜要掌握好火候，煮制时间不能过长，否则肉质会变老而不鲜嫩。

③鸽子、鸭掌、鸡翅、鹌鹑等原料也可以按此菜的方法进行制作。

21. 金陵盐水鸭

（1）制作方法

①鸭子斩去小翅和脚爪，在右翅窝下开一个小口，从刀口处去尽内脏，放入清水中浸泡并去掉血水、洗净，沥干水分。

②在清水（5000 克）中放入盐（400 克）、葱和姜（各 50 克）、八角（10 克），用中火烧沸，使盐溶化，倒入腌鸭的血卤后再烧沸，撇去浮沫，捞出葱、姜、八角，舀入缸内冷却即成清卤。

③炒锅置中火上，放入精盐、花椒、五香粉，炒热后盛入钵中，待稍凉（盐不烫手），趁热擦遍鸭子全身。腹内也放入盐晃动一下（冬季腌 2 小时，夏季 1 小时，春季 1.5 小时），放入清卤汁缸内浸渍（夏季 2 小时，春秋季 4 小时，冬季 6 小时），取出挂在通风处吹干（用空心小竹管插入鸭子肛门），在翅窝下刀口处放入姜片（2.5 克）、葱结（5 克）、八角（1 颗）。

④锅中加入清水、姜块、葱结、八角（香料用洁布包扎好）及香醋，用旺火烧沸后将鸭子放入锅中（头朝下，鸭腿朝上），盖好锅盖，用微火焖约 20 分钟（做到沸而不腾）。

⑤提起鸭子腿，将鸭腹中的汤汁沥入锅中后再把鸭子放入汤中，使鸭腹中灌满汤汁（如此反复三四次），盖上锅盖（仍保持锅内沸而不腾），焖约 20 分钟取出，抽去竹管，沥去汤汁，冷却即成。

（2）说明

①在腌渍鸭子时，盐一定要里外擦抹均匀。

②制作此菜要掌握好火候，煮制一定要用微火，保持锅内沸而不腾，否则肉质变老而不鲜嫩。

③鸽子、仔鸡、鹅、鸭掌、鸡翅、鹌鹑等原料也可以按此菜的方法进行制作。

22. 清香仔鸡

（1）制作方法

①将光仔鸡从腹部开口，除去内脏并清洗干净。

②将鸡放入开水锅内用中小火煮至血沫浮起，捞出后放入冷水中洗净，沥干水分，用洁布抹干待用。

③用盐、黄酒在鸡身上里外搓匀后腌渍约30分钟，然后将荷叶、葱段、姜块、丁香、陈皮、花椒一起放进鸡腹内，将鸡放在盆中上笼蒸烂（需1小时左右）。

④将蒸好的鸡取出，冷却后剖开鸡身成两片，去香料后剁斩成块装盘，浇上蒸鸡的原汤即成。

（2）说明

①在鸡腹内还可以放药芹、香菇、竹叶或粽叶等物料起香。

②其他禽鸟类原料，如仔鸽、鹌鹑等，也可以按这一方法进行制作。

23. 烤鹅肝

（1）制作方法

①将鹅肝洗净后与生抽、老抽、盐、味精、汾酒、白糖、葱段、姜片、胡椒粉拌匀腌渍约1小时。

②在烤盘底部垫两排大葱，将鹅肝均匀的排放在葱上，然后放入烤箱（温度为200℃左右）内烤约20分钟左右，将鹅肝翻身后再烤5分钟左右，待鹅肝完全成熟后取出，抹上复合油，晾透后斜刀切成片装盘即可。

（2）说明

①烤盘底部垫葱要两层，以免鹅肝接触盘底而烤糊，导致黑斑和苦味。

②猪肝、鸭肝、鸡肝、羊肝、牛肝等原料，均可按这一方法进行制作。

③制作此菜时，腌渍过程中还可以掺加一些甜面酱、花生酱或豆瓣酱、沙茶酱、沙爹酱、蚝油、海鲜酱、排骨酱等，以调制不同的味型。

24. 勺拌鸡丝

（1）制作方法

①将鸡脯肉去板筋，切成细丝，加入盐、葱姜汁、料酒、蛋清、水淀粉上浆。

②酱黄瓜切成细丝，韭黄洗净切成寸段，葱、姜切细丝。

③当锅中的花生油烧至三成热（80～90℃）时，放入鸡丝划开，倒出沥油。

④锅中加油，放入葱、姜丝稍煸，放入甜面酱、香辣酱、料酒、盐、味精稍炒，再放入酱黄瓜丝、韭黄、鸡丝拌炒均匀，出锅晾凉即可装盘。

（2）说明

①鸡丝划油的温度要适中，要保持鸡丝软嫩的口感。

②可以按这一方法进行制作的原料很多，如猪里脊肉、牛里脊肉、羊里脊肉、鸭脯肉、鸽脯肉、虾仁、鱼肉等。

25. 棒棒鸡

（1）制作方法

①将净光鸡投入沸水锅内稍烫一下，捞出沥干水分。

②锅内放水、姜块、葱段、精盐、花椒、鸡，用大火烧开后转小火保持微沸，焐约20分钟，连汤带鸡倒入盛器内，待温度降至40℃左右时取出。

③当鸡完全冷却后，用小木棒轻捶鸡身各个部位，使鸡肉变得松软。

④将芝麻酱、芝麻油放入碗内调散，加入切细的辣椒、糖、花椒粉、味精、酱油、红油、花椒油、葱花、盐搅匀成麻辣味汁。

⑤拉下鸡皮切成0.3厘米宽的丝，鸡肉部分用手撕成3厘米粗的丝，同装入盘内，淋上麻辣味汁，撒上花生仁、芝麻（熟花生仁褪皮与熟白芝麻同铡成细末）即可。

（2）说明

①此菜在烹饪过程中，只能用小火加热，要使鸡焐熟而不是煮熟，要保持鸡肉肉质软嫩的口感。

②当鸡焐熟后，不要立即取出，要浸泡在汤中，使其进一步入味。

26. 芥辣鸡丝

（1）制作方法

①将鸡宰杀煺毛，去内脏，剁去头、颈、翅膀、脚爪，洗净后用盐擦抹均匀鸡的全身，放在碗里并加绍酒、姜片、葱段上笼，用旺火蒸熟（约25分钟），取出拣去姜片、葱段。待鸡晾凉后剔去骨头，将鸡肉切成5厘米长的细丝，装入盘中。

②鸡蛋磕入碗内，用筷子搅拌均匀（约3分钟），加入炼乳、芥末、精盐、味精拌匀调成辣酱，待30分钟以后，浇在鸡丝上，盘边配以番茄片即可。

（2）说明

①此菜在烹饪过程中，辣酱调制后一定要等一段时间，否则，多种调味品不能完全融合。

②这种制作方法是西餐的借用，很多原料都可以这样制作，如鸭、鸽、虾仁等。

27. 卤浸仔鸡

（1）制作方法

①炒锅置旺火，加入花生油烧至三成热时放入葱段、姜片（拍松），炒出香味后加入鸡汤、酱油、花椒、大料、陈皮、白糖、料酒、精盐、蚝油，大火烧沸后用小火熬30分钟左右成卤汁，盛入盆内，加味精、胡椒粉搅匀。

②将嫩公鸡清洗干净，沥干水分，用盐、姜片、葱段、料酒把鸡周身内外抹匀并腌渍（1小时左右）。

③将鸡放入沸水锅焯水至断生，沥干水分后再将鸡的周身刷匀饴糖水。

④锅中加入花生油，烧至五成热时放入嫩公鸡炸至皮酥脆（色呈枣红色），趁热放入已制好的卤汁内浸泡入味（2小时左右）。

⑤将鸡捞出斩条装盘，淋适量卤汁和香油即成。

（2）说明

①此菜在烹饪过程中，炸制的鸡一定要趁热放入卤汁内浸泡，否则难以入味。

②乳鸽、鹌鹑、鸡爪、鸡翅等原料也可采用此法制作。

28. 扬州盐水鹅

（1）制作方法

①老鹅斩去小翅和脚爪，在翅膀窝下开一个小口，从刀口处去尽内脏，放入清水中浸泡并去掉血水、洗净，沥干水分。

②在清水（5000克）中放入盐（400克）、葱和姜（各50克）、八角（10克），用中火烧沸，使盐溶化，倒入腌老鹅的血卤后再烧沸，撇去浮沫，捞出葱、姜、八角，舀入缸内冷却即成清卤。

③炒锅置中火上，放入精盐、花椒、五香粉，炒热后盛入钵中，待稍凉（盐不烫手），趁热擦遍老鹅全身。腹内也放入盐晃动并擦匀（冬季腌4小时，夏季1小时，春季2小时），放入清卤汁缸内浸渍（夏季2小时，春秋季6小时，冬季8小时），取出挂在通风处吹干（用空心小竹管插入老鹅肛门），在翅窝下刀口处放入姜片（2.5克）、葱结（5克）、八角（1颗）。

④锅中加入清水、姜块、葱结、八角（香料用洁布包扎好）及香醋，用旺火烧沸后将老鹅放入锅中（头朝下，鹅腿朝上），盖好锅盖，用微火焖约40分钟后（做到沸而不腾）。

⑤提起老鹅腿，将鹅腹中的汤汁沥入锅中后再把老鹅放入汤中，使鹅腹中灌满汤汁（如此反复三四次），盖上锅盖（仍保持锅内沸而不腾），焖约30分钟取出，抽去竹管，沥去汤汁，冷却即成。

（2）说明

①原料选择时，一定要选择2年以上的老鹅，仔鹅不够香酥。

②在腌渍老鹅时，盐一定要里外擦抹均匀。

③制作此菜要掌握好火候，煮制一定要用微火，保持锅内沸而不腾，否则肉质变老而不香酥。

④鸽子、仔鸡、鸭掌、鸡翅、鹌鹑等原料也可以按此菜的方法进行制作，只是腌渍和煮制的时间需要根据个体的大小及老、嫩程度的不同作适当的调整。

四、家畜类

1. 蒜香白肉（白切肉）

（1）制作方法

①猪五花肉（硬五花）清洗干净，投入冷水锅中（水中加葱段、姜片、酒、八角、桂皮、山奈），用大火烧开后用中火煮熟（八成烂），捞出凉透。

②将五花肉切薄片装盘。

③将蒜蓉、香醋、盐、糖、味精、胡椒粉、复合油同放小碗中搅拌均匀，淋浇在五花肉上，放上香菜末即成。

（2）说明

①煮五花肉时要注意火候，如果火过大，则容易外烂内生；煮至八成烂时即可，过生嚼不断，过烂没有嚼劲。

②蒜泥如果用油炒制（或炸制）成金蒜，香味更浓。

③调制滋汁时，也可以根据情况添加适量的豆瓣酱、甜面酱、花生酱、沙茶酱、排骨酱或辣酱、番茄酱、柠檬汁、橙汁等，以变化口味。

④牛肉、羊肉、驴肉、鸡、鸭等原料也可以按这一方法进行制作。

2. 烟熏猪肉

（1）制作方法

①选带皮猪后腿臀肉一块，从肉面拉开（不切断），在拉口处用竹扦撑开，撒上椒盐，肉面朝上腌渍 6～8 小时，然后用温水漂洗干净，晾干水分。

②把豆瓣酱（用刀斩碎）、白酒、葱姜汁、糖搅匀后均匀地涂在肉面上，挂在阴凉通风处晾 5～6 天（视季节而定，夏季为 1～2 天；秋季和冬季为 7～8 天）。

③锅内放入茶叶、锅巴（干）、糖、花生油，再在上面放一个铁络，把猪肉放在铁络上加盖，然后锅上火，待锅内冒出浓烟且猪肉成酱红色时取出，挂阴凉通风处晾 3～4 天。

④将猪肉用温水漂洗干净后，放入笼内蒸透（约 1 小时），取出凉透后可直接切片装盘。

（2）说明

①猪肉在腌渍时，要用竹扦戳些小孔，椒盐搓匀，否则无法腌透而不入味。

②晾制时间要视季节、气候灵活掌握。

③鸡肉、鸭肉、鹅肉、鱼肉等原料也可采用此法制作。

3. 玻璃牛肉

（1）制作方法

①将牛腿肉清洗干净，用盐、硝揉擦均匀，放入容器中腌渍 3～4 天，待牛肉的颜色变红后取出，用温水漂洗干净。

②将牛肉批成薄片，并摊开（放于筛中或竹篮）置于阴凉通风处吹干。

③将牛肉片放在铁丝网上烘熟后撕成细条。

④用白酱油、糖、味精、辣油、胡椒粉搅匀后淋于牛肉条上即可。

（2）说明

①牛肉腌渍的时间视季节、气候而定。

②牛肉片要薄，否则透明度不够，难称"玻璃"。

③猪腿肉、羊腿肉也可按此法制作，只是要预先用淡碱水略泡，再经漂洗即可。

4.蒜蓉肚尖

（1）制作方法

①在干净猪肚尖上剞上花纹后，切成丝，投入沸水锅中焯水（水中加葱、姜、酒），熟后捞出，放入冷开水中凉透，捞起沥去水分。

②将蒜蓉、香醋、盐、糖、味精、胡椒粉、花椒油同放小碗中调匀后淋于肚丝上拌匀，放上香菜末即成。

（2）说明

①肚丝烫熟后要立即用凉开水激凉，否则易老，不够脆嫩。

②肚丝在调味时可根据情况灵活变化。

③猪肚、牛肚、羊肚等原料均可以按此法进行制作。

④此菜在制作过程中，如果选用金蒜，风味更佳。

5.五香牛肉

（1）制作方法

①将牛腿肉切成大块，用细铁扦戳些小孔，用花椒盐、料酒、葱段、姜片搓揉均匀，腌渍12小时左右。

②牛腿肉放清水中浸泡约2小时，然后洗净。

③锅放火上烧热，加油，放入葱段、姜片、桂皮、八角、花椒、香叶、甘草煸炒，起香后放入牛肉、酱油、糖、料酒、盐、清水烧开，撇去浮沫，用小火烧至牛肉八成烂（如果牛肉块有250克左右，约需2小时），用大火收稠卤汁，凉透后切片装盘即成。

（2）说明

①生牛肉一定要预先用调味品腌渍，然后再卤制，否则难以入味。

②切片装盘后，淋上蒜油或葱椒油，其味更佳。

③除牛肉外，羊肉、兔肉、驴肉等原料，均可采用此法制作。

④此菜在制作过程中，最好把所有的香料装在纱布袋中，一来卤汁清爽；二来香料可以重复使用。

6.芝麻肉片

（1）制作方法

①将瘦猪肉切片，放入碱水（以5%的浓度为宜）浸泡约30分钟（松肉粉溶液也可），然后用清水漂净碱分，沥干水分后加入料酒、葱段、胡椒粉、姜片（拍松）、盐、味精腌渍20分钟左右。

②将白芝麻淘洗干净，沥干水分后用小火炒至起香。

③锅中加入色拉油，投入肉片用中小火煸炒，至炒干水分（呈酥韧口感）时，

撒入芝麻拌匀即成。

（2）说明

①除猪肉外，牛肉、羊肉、兔肉等原料均可采用此法进行制作。

②在制作此菜时，味型上也可变化，如辣香味、椒麻味、糟香味、红油味、鱼香味、荔枝味等。

③此菜在制作过程中，一定要用中小火煸炒，并且要炒透使水分蒸发，否则酥感不够，或容易枯焦。

7. 陈皮牛肉

（1）制作方法

①将牛腿肉切成0.7～0.8厘米粗、5～6厘米长的细条，加入料酒、盐、酱油、葱段、姜片拌匀并腌渍约30分钟。

②锅中加入色拉油，待烧至约七成热时，投入牛肉，炸至表面结壳时捞出。

③锅中加入油，放入蒜泥葱药、姜末煸香，再加入陈皮、高汤稍煮，待出香味后捞去香料，放入牛肉、糖、酱油、料酒、味精，用中小火烧至牛肉入味，然后用旺火收汁即成。

（2）说明

①按照此法，牛肉也可以制成"怪味牛肉""蒜酱牛肉""麻辣牛肉""红油牛肉"等。

②猪肉、羊肉、兔肉等原料也可按以上方法进行制作。

8. 炸炒牛肉丝

（1）制作方法

①将牛腿肉切成0.2～0.3厘米粗、5～6厘米长的细丝，加入料酒、盐、酱油、葱段、姜片和嫩肉粉拌匀，并腌渍约45分钟。

②锅中加入色拉油，待烧至约六成热时，投入牛肉丝，炸至表面呈金黄色时捞出。

③锅中加入油，放入干辣椒，熬至色成黑红色，再加入花椒、高汤稍煮，待出香味后捞去香料，放入牛肉、糖、酱油、料酒、味精，用中小火烧至牛肉入味，然后用旺火收汁，淋入复合油拌匀即成。

（2）说明

①按此法，牛肉也可制成"怪味牛肉""蒜酱牛肉""麻辣牛肉""红油牛肉""酒香牛肉"等。

②猪肉、羊肉、兔肉、鸡肉等原料也可按以上方法进行制作。

9. 卤酥腰

（1）制作方法

①将猪腰在四周顺长剞上深约其2/5（0.6～1.2厘米）的直刀纹，然后放入

冷水锅中焯水，捞出用清水漂洗干净。

②锅中加清水，放入猪腰、料酒、葱段、姜片、八角、花椒盐，烧沸后用小火卤透（腰子成酥烂），凉透后横切成厚片并拌以葱椒油即成。

（2）说明

①猪腰在焯水时一定要透彻，并漂洗干净，否则有异味。

②此菜采用白卤、红卤均可。

③装盘时横向切成厚片，再淋上花椒油、蒜油或红油均可。

④羊腰、牛腰等原料也可按这一方法进行制作。

10.拆冻羊糕

（1）制作方法

①把带皮羊肉、鲜猪肉皮放入冷水锅中焯透，捞起用清水漂洗干净。

②将羊肉、猪肉皮一同放入锅内，加入清水（没料为宜）、葱段、料酒、姜片（拍松）、酱油、白糖、花椒、八角、盐及萝卜块（经焯水），用大火烧开后，改用中小火，直至羊肉酥烂（能出骨），捞起羊肉，将骨头去尽。

③羊肉放在不锈钢方盘内（羊肉皮面朝下），捞起猪肉皮，用刀剁碎成蓉（成泥浆状）放回原汤汁中继续用小火加热，至全部溶化后将汤汁用纱布过滤，然后浇在羊肉上，再在羊肉上覆上不锈钢平盘，上加物品略压，冷却后切成装盘，再淋上甜面酱（需预先加麻油熬制，并加味精等调味料调好口味），再在羊肉上撒上葱丝（或青蒜丝、香菜丝等）即成。

（2）说明

①此菜如不加酱油，即为通常的"羊糕"。

②江苏传统风味冷菜"水晶肴肉"的制作方法与此菜类似，只是猪蹄在煮制前需加调味品进行腌渍（加盐、葡萄糖等物料进行发色）。

③此菜在制作时，要采用冷水锅焯水的方法，否则膻味难以除尽。

11.咖喱牛肚

（1）制作方法

①将净牛肚（板肚）放入冷水锅中焯水，再用清水洗净，然后放入锅中，加入清水（没料为宜）、葱段、姜片（拍松）料酒，大火烧开后转用中小火加热，待煮至牛肚八成烂时捞起，晾凉后批成长约5厘米、宽约1.5厘米的长方形片。

②锅中加油，烧热后投入蒜泥、洋葱末，煸炒起香后加入面粉、咖喱粉、盐、糖、高汤、味精，烧开后淋入咖喱油，搅拌后淋于牛肚之上，拌匀即成。

（2）说明

①鸡肉、猪肚、牛百叶、羊肚等原料，均能采用这种调味形式进行制作。

②此菜品在制作时，也可以只加咖喱油，而不加咖喱粉，视情况而定；或用其他味型，如麻酱味型、酸辣味型、椒麻味型、家常味型等。

12. 盐水猪舌

（1）制作方法

①将猪舌刮洗干净后加入盐、硝水、花椒揉擦拌匀，腌渍约 24 小时，然后投入沸水锅中焯水，并清洗干净。

②将猪舌放入锅中，加清水（以没猪舌为度）、绍酒、盐、八角、葱段、姜块（拍松），用旺火烧沸后，用小火烧约 40 分钟，加入味精略煮，待猪舌酥烂时（用筷子能戳穿猪舌），将锅离火，使猪舌在卤中浸泡完全入味即成。

（2）说明

①清洗猪舌时要刮洗干净（除净白膜），否则影响菜品的口味。

②猪舌除采用此法制作外，还可制作"卤猪舌""酱猪舌""烟熏猪舌"等。

③牛舌、羊舌、猪心、牛心、鸡心、鸭肠、鸡肫、猪手、毛豆、花生等原料也可采用以上方法进行制作。

13. 水晶肴蹄

（1）制作方法

①用刀沿猪蹄中间剖开至腿部，去骨，用铁钎在肉面戳透，用盐、葡萄糖水揉匀擦透并腌渍（夏季 3 小时，春秋 2～3 天，冬季 6～7 天），取出用清水浸泡 1~2 小时。

②锅中水烧开，投入猪蹄焯水后用刀刮去表皮污物，清洗干净。

③锅中放入竹垫，放入葱结，姜片、花椒、八角后再放入猪蹄，加入清水（水要没过猪蹄）、料酒，用大火烧开后改用小火焖煮至猪蹄酥烂（约 3 小时）。

④取出猪蹄平放在盘中（皮朝下，空隙处用碎肉填实）。

⑤撇去锅内汤卤中的浮油，加入明矾搅匀，静置 10 分钟后将汤卤舀入猪蹄盘中，放一只空盘并加物体压紧，待凉透凝冻（夏天晾凉后需放冰箱）即成。

（2）说明

①此菜在制作过程中，猪蹄表皮的污物务必刮尽，否则冻的色泽发灰；加明矾可使水晶冻更清澈透明。

②在煮制时，要掌握好火力的大小，如果用大火，卤汤容易发浑变白，同时要把握好加热时间的长短，如果时间过短，肉质酥烂不够；如果太长，肉质失去韧性。

③此菜在食用时，需佐以香醋和姜丝。

14. 八宝猪肚

（1）制作方法

①将猪肚里外刮洗干净后，用清水漂洗 2~3 小时，捞出沥干水分。

②锅中加油烧热，投入姜末、葱花煸至起香，加入八宝料（熟鸡肉、熟火腿、熟鸡肫、熟瘦猪肉、水法冬菇、冬笋分别切成小丁状，水发开洋，青豆和熟糯米饭）

炒透，加入高汤、盐、糖、酱油、川椒粉、味精、料酒烧开并稠浓卤汁，装盘凉透。

③将馅料装入猪肚内，用绵线将肚口缝合。

④锅中加水、葱段、姜末、料酒、八角、花椒、盐、猪肚，大火烧开后改用小火慢煮，待猪肚酥烂时（约需 1.5 小时）捞出趁热稍压，凉透后拆去缝线，切片装盘即成。

（2）说明

①此菜在填八宝馅料时要适量，过多猪肚容易破裂；少则又不够结实，切片时不成形。

②很多原料均可依照这一方法进行制作，如牛肚、羊肚、猪大肚、猪小肠、鲜鱿鱼、鲜墨鱼等。

15. 腐乳叉烧

（1）制作方法

①同铁扦将猪夹心肉戳透后，切成宽 5 厘米、长 10 厘米的条，加葱、姜、盐、酱油、料酒、硝水腌渍 6 小时，用清水漂洗 30 分钟。

②待锅中油烧至六成热时，投入猪肉炸至表面发红（淡金黄色）时捞出。

③锅中加少许油，投入葱酸、姜片、八角、桂皮煸至起香，加水、香腐乳、酱油、糖、料酒、香醋以及炸过的猪肉，烧开后改用中火烧透（约需 45 分钟），凉后切片装盘，浇上原卤汁即成。

（2）说明

①此菜在制作时，肉块不宜过大，否则难入味。

②为了使菜肴色泽更加红润鲜艳，可以适当加些番茄沙司、南乳汁或红曲水等。

③牛肉、羊肉、驴肉、鸡、鸭等原料也可以按这一方法进行制作。

16. 果汁肉干

（1）制作方法

①将去皮猪五花肉切成 7 厘米长、3 厘米宽、0.3 厘米厚的薄片，加入酱油、糖、玫瑰酒、橙汁、沙茶酱、花生酱、排骨酱、葱姜汁拌匀并腌渍 2 小时左右。

②待锅中油烧至八成热时，将肉片逐片投入炸透（色泽呈金黄色）捞出，趁热逐片压平，晾凉后即成。

（2）说明

①此菜的味型可根据情况而适当调整变化，如需要可做成香辣味型、椒麻味型、葱椒味型、鱼香味型等。

②羊肉、牛肉、兔肉、鸡肉等也可依照这一方法进行制作。

17. 松子肉糕

（1）制作方法

①将猪肉、肉皮分别切成长条块，放入沸水锅内略煮，捞出洗净。

②取大砂锅一只，将猪肉和肉皮放入，加酱油、精盐、绍酒、白糖、八角、葱姜和清水，放在旺火上烧沸，再移至小火焖烂。

③将猪肉和肉皮一同取出，拣去葱、姜、八角。将肉皮放入绞肉机绞碎，然后再放入砂锅内，加味精煮至溶化。

④取搪瓷盘一只，将猪肉放在盘内铺平，再将砂锅卤汁过汤筛，浇在猪肉上面，然后再将熟松子仁用刀切碎，撒在肉面上，冻成肉糕。

⑤将肉糕切成约5厘米长、0.5厘米厚的薄片，排叠整齐，放入盘内，放姜丝即成。

（2）说明

①此菜在制作时，猪肉一定要焖烂，肉皮要熬溶。

②此菜除可以选用猪肉外，羊肉、牛肉、兔肉、青鱼、草鱼等原料均可采用此法制作。

18. 沙茶白肉丝

（1）制作方法

①将净猪肉（瘦肉）煮熟（约六成烂为最佳），再切成火柴梗粗细、长约5厘米的细丝，放入盛器中。

②取一小碗，加入沙茶酱、生抽、白糖、味精、鸡蛋黄（生的）、麻油搅拌均匀，淋浇在肉丝上拌匀即成。

（2）说明

①牛肉、羊肉、鸡肉、鸭肉等原料均可采用此法制作。

②生料经加工成形上浆后，经过烫制或划油后用沙茶酱卤汁拌制也可。

③此菜宜以小型的料形进行制作，如条、片、丁、丝、粒等形状，否则不宜入味。

④此菜在制作时，也可选用一些烫制的蔬菜原料与之相拌，以丰富其口感，效果更佳，如药芹、洋葱、西芹、香菜、苦瓜、黄瓜、莴苣、萝卜等。

19. 美味捆蹄

（1）制作方法

①将猪蹄髈整出骨（皮不能拆破），与猪腿瘦肉一起加入盐、硝水擦透揉匀并腌渍（春、秋约1天，夏季约2小时，冬季约4天），然后用清水浸泡漂洗2～3小时，用刀刮去表皮污物杂质（表皮要呈白色），沥去水分。

②在其中加入曲酒、葱姜汁、糖、盐拌匀并腌渍30分钟。

③将猪腿瘦肉塞入蹄髈肉（皮朝外），用纱布包好，并用细绳扎紧。

④将扎好的蹄髈放入锅内，加水、葱段、姜片、八角、料酒，大火烧开后

改用中火煮约 30 分钟取出，松开纱布，重新扎紧，再放入原汤内继续用小火煮透（约需 2 小时），捞出趁热松开纱布，再次扎紧，待晾凉后解开纱布，切片装盘即可。

（2）说明

①肉皮表面的污物杂质一定要刮洗干净，否则皮不白、不透明。

②此菜在制作过程中，纱布要多次松开再重新扎紧，否则捆蹄不紧密，容易松散。

③胶原蛋白含量较高的原料均可按此方法制作，如羊蹄、牛蹄、猪耳、猪尾等。

20. 椒盐排骨

（1）制作方法

①将猪排骨剁成 3 厘米长的菱形块，放入花椒盐、葱段、姜片、味精、胡椒粉、料酒拌匀并腌渍 2 小时左右。

②把鸡蛋磕入碗内，加面粉、淀粉调成糊状，倒入排骨中拌匀。

③当锅内油烧至五成热时，将挂糊的排骨逐个投入油锅，炸至金黄色时捞起，撒上花椒盐拌匀即成。

（2）说明

①此菜在制作过程中要掌握好火候，如果油温过高，容易外焦里生。

②为了丰富、调整或变换菜肴的口味，排骨在腌渍时还可以适当加些其他调味料，如南乳汁、排骨酱、花生酱、芝麻酱、辣椒酱等。

③此菜也可以将腌渍的排骨先蒸烂，然后再挂糊炸制，这样肉质更酥烂。

④鸡翅、羊排、鱼条、大虾仁等原料均可以依这一方法制作。

21. 叉烤肉

（1）制作方法

①将猪肉切成长约 36 厘米、宽约 5 厘米的条，加入盐、糖、酱油、豆酱、汾酒拌匀并腌渍（约需 45 分钟）。

②用叉烧环（用铁条制成的叉肉工具，呈倒丁字形，横铁条两头穿上肉，中间的竖铁条顶端有挂钩，用以挂入叉烧炉内烧烤），将肉条穿成一排。

③将肉排入烤炉内，用中火烤约 30 分钟至熟（烤时两面转动，瘦肉部分滴出清油时便熟），约晾 3 分钟后用糖浆（叉烧糖浆由麦芽糖和开水按 10∶1 的比例调成）淋匀，放入烤炉再烤至表面酥脆（约 5 分钟），取出切片装盘即可。

（2）说明

①此菜在制作过程中要分两个阶段，中间抹一次糖浆，主要是使肉的表面达到酥脆而色泽保持红润。

②按此方法还可以制作"叉烤鸡""叉烤鸭""叉烤鳜鱼""叉烤鳗鱼""叉烤墨鱼""叉烤乳鸽"等风味冷菜。

22. 酱香兔肉

（1）制作方法

①将去皮整兔清洗干净，用细铁扦戳些小孔（尤其是腿部、胸部肉质较厚的区域），用花椒盐、料酒、葱段、姜片搓揉均匀，腌渍 10 小时左右。

②将兔子放清水中浸泡 1.5 ~ 2 小时，然后洗净。

③锅放火上烧热，加油，放入葱段、姜片、桂皮、八角、花椒、香叶、小茴香、干辣椒煸炒，起香后放入兔子、酱油、糖、料酒、盐、清水烧开后，撇去浮沫，用小火烧至兔肉八成烂时（约需 1.5 小时），用大火收稠卤汁，凉透后去骨切厚片装盘即成。

（2）说明

①兔肉较厚的部位一定要铁扦戳些小孔并预先用调味品腌渍，然后再卤制，否则难以入味。

②切片装盘后，淋上蒜油、葱椒油或复合油，其味更佳。

③除兔肉外，羊肉、牛肉、驴肉等原料，均可采用此法制作。

④此菜在制作过程中，最好把所有的香料装在纱布袋中，一来卤汁清爽，二来香料可以重复使用，只需根据情况适量添加即可。

五、水产类

1. 糖醋玉稚鱼

（1）制作方法

①将净玉稚鱼投入盛器内，加葱、姜、料酒、盐拌匀，并腌渍 10 ~ 15 分钟。

②将已腌渍的玉稚鱼投入烧至八成热的油锅中炸透（鱼皮起皱时用竹筷轻轻地把粘连在一起的鱼分开），捞起沥油。

③锅中加色拉油，加入姜末、葱花、蒜泥煸炒起香，加清汤、酱油、五香粉、胡椒粉、香醋搅匀，然后把鱼倒入卤汁中，卤汁稠浓后淋入麻油即成。

（2）说明

①玉稚鱼又叫稻椿鱼，鱼体小，肉质嫩，炸制时不要炸焦（炸 2 ~ 3 分钟即可），保持外脆里嫩。

②按此方法还可制作"五香熏鱼"（用青鱼或草鱼）、"酥燤鲫鱼""醋汁带鱼""酥香黄鱼"等风味冷菜。

2. 醉蟹

（1）制作方法

①将活螃蟹（最好选用每 500 克 5 ~ 6 只的丰满的雌蟹），放在篓子里压紧，使之不得爬动，放在通风阴凉处 3 ~ 4 小时，使之吐尽肚内水分。

②锅洗净放入酱油、盐、花椒、葱、姜、冰糖，煮至冰糖溶化，倒入盘子里冷却。

③取1只大口坛，洗净擦干，将蟹脐盖掀起放入1颗丁香后再合上，放入坛中，上用小竹片压紧，使蟹不能爬动。

④将黄酒、曲酒倒入冷透的卤中搅匀倒入坛中，卤汁要淹没螃蟹（以防止变质），把坛口封密，置于0~5℃的环境中醉制5天后即可食用。

（2）说明

①活螃蟹一定要在通风阴凉处放置一段时间，使之吐尽肚内水分，否则醇香不浓厚。

②醉卤要凉透，否则蟹会变红，且肉质容易失去鲜嫩。

③此菜在调制醉卤时，盐的量要大一些，否则蟹容易腐败变质；在食用时可以预先用黄酒（或啤酒）浸泡片刻，去掉部分咸味。

④田螺、文蛤、鲜蛏、河虾等原料也可以按照这种方法进行制作。

3. 橘黄鱼条

（1）制作方法

①把净鳜鱼肉切成约0.5厘米粗、4厘米长的条，放入盛器内，加入盐、料酒、葱姜汁、胡椒粉、水淀粉拌匀。

②将鱼条拍上干菱粉（掺和些吉士粉更佳）后，投入加热至约五成热的油锅中炸透，待鱼条呈淡黄色时捞起沥尽油。

③锅中加入色拉油，放入橘子酱、番茄沙司略炒，加白糖、白醋、盐烧开后倒入鱼条，卤汁稠浓后翻匀即成。

（2）说明

①肉厚刺少的鱼类均可采用此法制作，如青鱼、草鱼、黄鱼、鲈鱼等。

②可以将橘子酱换成苹果酱、草莓酱、菠萝酱、香蕉酱、山楂糕（用刀塌成泥状）、果酱等，以变化和丰富菜肴的味型。

③按此法还可制作"椒盐鱼条""芥末鱼条""蒜香鱼条""果味鱼条""茄汁鱼条""糖醋鱼条"等风味冷菜。

4. 腐乳炝虾

（1）制作方法

①将鲜活河虾加工整理后，用凉开水漂洗干净，捞起后沥干水分，放入盛器中。

②将曲酒（优质曲酒）、胡椒粉、生姜末加入虾子中，拌匀后加盖密封。

③将红方豆腐乳用刀塌成泥状（或用筷子搅碎）放入小碗内，加绍酒、白糖、味精、生抽、熟芝麻、复合油（或麻油）搅拌均匀，淋于虾子中，撒上香菜末拌匀即成。

（2）说明

①此菜俗称"飞飞跳""满台飞"，因上桌时虾子在跳蹦而得名。故定要选用活河虾，也正因如此，此菜用玻璃等透明器具盛装最佳，趣味尤浓。

②此菜由于虾子生食，所以姜末、胡椒粉可略重些；另腐乳汁也可用调味碟与虾一起上桌，以供蘸食。

③此菜也可改豆腐乳为酱油，称"美味炝虾"或"绝味炝虾"等。

④鲜活鱼类原料也可采用此法制作"生炝鱼片"等风味冷菜。

5. 酥熳鲫鱼

（1）制作方法

①将小鲫鱼（每条长约8厘米）去鳞、鳃，再从其脊背剖开，去肠，洗净后沥干水分。

②锅中加油，烧至七成热时，投入鲫鱼，炸至鱼身收缩起壳并呈金黄色时捞出。

③砂锅内放上竹垫，放上酱瓜丝（酱乳黄瓜）、酱生姜丝、葱丝、红辣椒丝，将鲫鱼逐层叠放，上面再撒上酱瓜丝、酱生姜丝、葱丝、红辣椒丝，加入酱油、白糖、红醋、绍酒、芝麻油及清水，用中火烧沸后改用小火焖约2小时，再用中火稠浓汤汁即成。

（2）说明

①鲫鱼选料要小，不可太大，否则鲫鱼不够香酥。

②在炸制时，鲫鱼未结壳定形前不可搅动，否则鲫鱼易散而不成形。

③烤制时要用小火，且时间要足，否则鱼的酥度难达，味也欠浓厚。

④鲫鱼除可制作此菜外，还可制作"拆冻鲫鱼""香辣鲫鱼冻""椒盐鲫鱼""葱烤鲫鱼"等风味冷菜。

6. 芝麻鱼枣

（1）制作方法

①将净黄鱼肉切成长约3厘米、宽约1.5厘米、厚约1厘米的块，放入盛器中，加酒、盐、味精、胡椒粉、葱姜汁拌和并腌渍15～20分钟。

②将面粉、黑芝麻、发酵粉（按17∶2∶1的比例投放）同放一碗中，加入清水调制成糊。

③将鱼块均匀地挂上一层糊，并逐块放入烧至约四成热的油锅中炸透（鱼块表面呈米黄色，需5～6分钟），捞起沥去油倒入盛器中，淋入麻油拌匀即成。

（2）说明

①此菜在炸制时，油温不宜过高，否则外焦内生，影响菜品质量。

②鲈鱼、青鱼、草鱼、鳜鱼、黄姑鱼等均可采用此法制作风味冷菜。

③此菜在制作过程中还可以根据情况变化口味，只要在腌渍时变换调味料

即可，如海鲜酱、香辣酱、蒜蓉辣酱、沙茶酱、甜面酱、南乳汁等。

7. 梁溪脆鳝

（1）制作方法

①将熟鳝鱼脊背肉投入沸水锅中焯水，捞起后趁热洒上料酒拌匀。

②将鳝鱼脊背肉投入烧至六成热的油锅中炸制，并用竹筷轻轻拨动，使之散开而不粘结，炸3～4分钟后捞出，待油温升到八成热时，倒入鳝鱼脊背肉复炸，当鳝鱼脊背肉起脆时捞出（约需4分钟）沥油。

③锅中加油烧热后投入蒜泥、姜末、葱花略炒，待起香后加入酱油、料酒、糖、香醋熬制成汁，然后勾芡，倒入炸制好的鳝鱼脊背肉，并不停翻动，使卤汁渗入、裹匀，淋入复合油拌匀起锅，待晾凉后装盘，在其顶部放上姜丝即成。

（2）说明

①此菜在炸制时，刚开始油温不宜过高，否则外焦内生，影响菜品质量；复炸时油温要高，否则脆鳝不脆。

②鳝鱼肉要趁热倒入卤汁中，否则卤汁难以渗入鳝鱼肉中而导致菜肴不入味（最好是用两只锅同时进行，边炸边熬卤）。

③用香菇按此方法可以制作成"素脆鳝"。

④鳝鱼还可以制作"蒜味龙丝""果味鳝丝""熟炝虎尾""麻酱鳝片""炝银丝鳝鱼"等风味冷菜。

8. 椒盐银鱼

（1）制作方法

①将银鱼（中等大小）切去头尾，洗净后放入盛器中，加盐、料酒、糖、海鲜酱、葱姜汁、胡椒粉拌和腌渍约15分钟。

②沥尽银鱼中的水分，加入鸡蛋清（调散）、面粉和干淀粉（面粉与干淀粉的用量比例约为1∶3）拌匀。

③锅中加入色拉油烧热至六成热时，将银鱼逐一散开投入油锅中炸透，待银鱼表面起脆时捞出（约需2分钟），趁热撒上花椒盐拌匀，待晾凉后装盘即成。

（2）说明

①此菜在炸制时，要注意掌握好火候，油温不宜过高，否则外焦内生，影响菜品质量。

②肉多刺少的鱼类（如鲈鱼、鳜鱼、青鱼、黄鱼、银雪鱼）以及禽鸟类的脯肉（如鸡脯肉、鸭脯肉、鸽脯肉）等原料，将其肉切成细条后也可以采用此法进行制作。

③如果将这些原料切成细丝后（或选择小银鱼）采用同样方法可以制作"椒盐银鱼球""椒盐鸡球""椒盐鳜鱼球""椒盐虾球"等风味冷菜。

④此菜也可以不撒花椒盐，而随带一些特色调味碟蘸食，如辣酱油、番茄沙司、虾子辣酱、香辣酱、麻酱汁、各色果酱等。

9. 葱烤青鱼

（1）制作方法

①将净青鱼肉批成厚片并用刀拍松，加葱姜汁、料酒、胡椒粉、海鲜酱、南乳汁、花生酱、生抽、花椒盐拌匀并腌渍 5 ~ 6 小时。

②在烤盘中垫一层葱段，再将鱼片整齐地平摆在葱段上（鱼片之间要略有些间隔距离），然后放入已调至 200 ~ 220℃ 的烤箱中烤制约 10 分钟，待鱼片上层表面起壳（色呈淡金黄色）时，将鱼片翻身，然后再烤约 3 分钟取出。

③待鱼肉凉透后可直接切片、条或撕成丝，拌以葱椒油装盘即成。

（2）说明

①此菜在加工过程中，鱼肉要拍松，否则难以入味或入味不透。

②鱼肉在腌渍时，可根据需要灵活选择调味类型，可适当使用干辣椒、海鲜辣酱、鸡汁辣酱、沙茶酱、沙爹酱、芝麻酱等。

③烤盘中的垫料，除用葱以外，还可以用洋葱、药芹、荷叶、竹叶或粽叶等。

④体大肉多刺少的鱼类（如鲈鱼、鳜鱼、草鱼、黄鱼、银鳕鱼、黄姑鱼、鳗鱼等）、禽鸟类（如鸡肉、鸭肉、鹅肉、鸽肉等）以及较大的虾类（如对虾、大河虾、基围虾、竹节虾、沙虾、罗氏沼虾等）等原料也可采用此法进行制作。

10. 烟熏鳗鱼

（1）制作方法

①将已宰杀的鳗鱼投入沸水（水中加盐）锅中略烫（控制在 5 秒钟以内），用刀刮去鳗鱼表面黏液，清洗干净后加葱姜汁、花椒盐、料酒、胡椒粉、海鲜酱、南乳汁、花生酱、生抽、沙茶酱、沙爹酱拌匀并腌渍 6 ~ 8 小时。

②锅内放入茶叶、干锅巴（揉碎）、糖，在上面放一个铁络，再在铁络上铺一层葱段，将鳗鱼（肉面朝上）整齐地平摆在葱段上（鳗鱼之间要略有些间隔距离），盖上锅盖，然后锅上大火，待锅内冒出浓烟时改用中火，当鳗鱼肉成酱红色时（大约需要熏 15 分钟）取出。

③取净不锈钢平盘，在盘底刷一层葱椒油，将鳗鱼（肉面朝上）整齐地平排在盘中，在鳗鱼上刷一层葱椒油（或复合油），上面再压一只空不锈钢平盘，放重物压实。

④待鳗鱼凉透后直接切条（或厚片、长方块等）装盘即成。

（2）说明

①鳗鱼一定要用沸水略烫后刮去其表面黏液，否则有土腥味。

②在烫制鳗鱼的水中加盐，主要目的是利于黏液迅速凝固而便于去除，但烫制的时间一定要掌握好，以鳗鱼表面黏液凝固而鱼肉未熟为宜，切不可将鳗鱼肉烫熟。

③鸡肉（包括鸭肉、鹅肉、鸽肉等）、鱼肉（如鲈鱼、鳜鱼、青鱼、黄

鱼、银鳕鱼、黄姑鱼等）、猪肉（包括牛肉、羊肉、驴肉等）等原料也可采用此法制作。

11. 陈香鱼

（1）制作方法

①将净青鱼肉（中段）斜批成约 1 厘米厚的坡刀块，用刀略拍后加葱姜汁、花雕酒、胡椒粉、盐、酱油、干淀粉拌匀并腌渍约 1 小时。

②当锅内色拉油烧至约八成热时，将鱼块逐块投入炸至表面起软壳（色呈金黄色）时，捞出沥油。

③锅中加少量油烧热，投入葱段、姜片、丁香、八角煸至起香，加入鱼块、花雕酒、糖、酱油和清水（以没鱼块为度），大火烧开后改用中火烧透（约需 10 分钟），加入葱椒油收干卤汁，凉透后改刀装盘即成。

（2）说明

①此菜在加工过程中，要用陈年花雕酒，否则香味不浓厚。

②此菜除用青鱼外，鲈鱼、鳜鱼、草鱼、黄鱼、银鳕鱼、黄姑鱼以及鸡肉、鸭肉、鹅肉、鸽肉、牛肉、羊肉、驴肉等原料也可采用此法进行制作。

③此菜在制作过程中，可根据需要灵活选择调味类型，如适当使用干辣椒、海鲜酱、八宝辣酱、香辣酱等。

12. 炝虎尾

（1）制作方法

①将鳝鱼脊背肉投入沸水锅中焯水，取其约 10 厘米长的尾部鳝鱼肉，整齐地排叠在碗内（皮朝下），加入葱姜汁、料酒、鸡清汤上笼蒸大约 10 分钟，滗去碗内汤汁后翻身扣在盘中。

②锅内加水、酱油、糖、盐、味精、醋、胡椒粉烧开后淋在鳝鱼中，顶部放上蒜泥。

③锅中加少量芝麻油烧热，投入花椒炸至起香，捞出花椒，将热芝麻油浇在蒜泥上即成。

（2）说明

①在制作此菜时，要选用笔杆粗细的鳝鱼，如用粗鳝鱼则肉质较老而不够软嫩。

②鳝鱼一定要用鸡清汤蒸透，否则不入味。

③此菜在制作调味时，可根据情况灵活选用调味料，如适当使用一些金蒜、干辣椒、海鲜酱、香辣酱等以变换口味。

13. 油爆大虾

（1）制作方法

①将虾剪去须、钳、脚，摘去泥肠后洗净，放入竹箅内沥干水分。

②锅内放入油，用旺火烧至八成热时将虾放入锅内，用手勺不断推动，炸至虾壳变红时用漏勺捞出，待锅中油温回升到八成热时，再将虾倒入锅中，待虾头壳蓬开时用漏勺捞出。

③锅内放少许油烧热，放入姜末、葱花略煸炒后，加汤、盐、味精、绍酒、白糖、酱油、醋，倒入大虾，大火烧开并收稠卤汁，出锅晾凉后装盘即成。

（2）说明

①在制作此菜时，要掌握好油温，否则难以达到外酥里嫩的效果。

②此菜也可以选用香辣、鱼香、椒麻、麻酱等味型。

14. 拆冻鲫鱼

（1）制作方法

①鲫鱼宰杀治净后，加料酒、酱油、葱姜汁、胡椒粉腌渍 10 分钟左右。

②锅烧热后加油，投入鲫鱼，将鱼两面煎成金黄色。

③锅中加油烧热，放入葱段、姜片煸至起香，加水、鲫鱼、酱油、盐、糖、味精，烧开后改用小火烧透（约 10 分钟）。

④将鱼头、尾切下，用刀从腹内将鱼剖成两片，拆去背骨和胸刺，再合上成整形鲫鱼，将烧鱼的原汁浇在鱼身上，冷凝后结成冻即可。

（2）说明

①鱼腹内的黑膜要清除干净，否则有土腥味。

②鸡爪、鸭掌、鸡翅、猪手等胶原蛋白含量丰富的原料，均可依照此方法进行制作。

③小杂鱼（如小鲫鱼、小潺鱼、小扁鱼、虎头鲨等）加咸菜（或黄豆、小花生）按这一方法烧透以后，不拆骨装入小碗中，冷凝成冻后反扣在盘中，风味尤佳。

15. 玛瑙虾仁

（1）制作方法

①将鲜大虾仁洗净后挤干水分，加盐、绍酒、葱姜汁、味精拌匀，再放入鸡蛋清、干淀粉抓拌匀上劲。

②锅中加入清水，待烧沸后，投入虾仁，并用竹筷轻轻搅散，待虾仁熟透（呈白色）后捞起沥干水分，放入盘中。

③锅中加水，投入葱段、姜片，烧沸后加入料酒，倒入蟹黄略烫，捞出后放入盐、胡椒粉拌匀，倒在虾仁上，淋入麻油，放姜丝、香菜叶即成。

（2）说明

①虾仁上浆时，加盐量要"满口"，否则淡而无味。

②体大刺少的鱼类（如鳜鱼、鲈鱼、黄鱼、青鱼等）、鸡脯肉、鲜蛏等原料加工成片、丝、条等形状也可以按此法进行制作。

16. 炝青螺

（1）制作方法

①生青螺肉中加些盐、料酒，并搓揉轻抓后用清水漂洗干净。

②洗净后加葱段、姜片、料酒拌匀，密封后上笼用大火蒸透（约需20分钟）。

③将青螺肉投入沸水锅中略烫（约10秒钟）后捞起，随即倒入鸡清汤中套汤两次。

④锅中加芝麻油，投入蒜泥、姜末、葱花煸炒至起香，加鸡清汤、熟笋丁、熟火腿丁、虾米、熟青蒜丁、老抽、料酒、海鲜酱、糖、盐、胡椒粉搅匀，烧开后稍凉倒入青螺肉中，加盖浸泡入味，凉透后装盘即成。

（2）说明

①青螺肉在初加工时，要加盐抓揉彻底，否则有土腥味。

②在烫制青螺肉时，要掌握好火候，否则质地易老。

③此菜要事先预制，并将之浸泡在卤中，随用随取，否则难以入味。

④制作此类风味冷菜时，适量添加些青蒜段（可根据情况适度烫制）拌食，其风味更佳。

⑤海螺肉及一些贝壳类原料，加工成相对较小的形状（如片、丁、条等）后，也可按这一方法进行制作。

17. 五香熏鱼

（1）制作方法

①将净青鱼剁成宽约4厘米的段，用酱油、葱段、姜片、料酒稍腌，逐片放入八成热的油锅中炸至金黄捞出。

②锅中加油，烧热后加入葱花、姜末煸至起香，放入鱼块、水、味精、盐、酱油、糖、香醋，用大火烧开，再用中火收稠卤汁，撒入五香粉、香油拌匀，晾凉后改刀装盘即可。

（2）说明

①此菜叫"熏鱼"，但并非是采用"烟熏"的方法制作而成，这只是江苏、浙江一带的习惯称呼而已，有的地域还称为"五香爆鱼"。

②草鱼、鲈鱼、黄鱼、黄姑鱼、鲫鱼等原料也可按这一方法进行制作。

③此菜当然也可以用五香粉、酱油、葱段、姜片、料酒、花椒等稍腌后熏制而成。

18. 椒盐鱼鳞

（1）制作方法

①将鱼鳞（草鱼的大片鱼鳞）清洗干净，焯水后加盐、料酒、葱姜汁、胡椒粉拌和腌渍约5分钟。

②锅中加入色拉油烧热至五成热（130 ~ 150℃）时，投入鱼鳞炸透（酥脆）时捞出（约需 1 分钟），趁热撒上花椒盐拌匀，待晾凉后装盘即成。

（2）说明

①鱼鳞表面的黏液一定要清洗干净，否则有土腥味。

②此菜在炸制时，要注意掌握好火候，因为鱼鳞较薄，油温不宜过高，否则容易焦枯，影响菜品质量。

③鲈鱼、鳜鱼、青鱼、黄鱼等相对较大片形的鱼鳞，也可以采用此法进行制作。

④此菜也可以不撒花椒盐，而随带一些特色调味碟蘸食，如辣酱油、番茄沙司、虾子辣酱、香辣酱、麻酱汁、各色果酱等。

六、海味类

1. 美味黄鱼鲞

（1）制作方法

①将治净的黄鱼斩去头尾，从背部剖开（不剖鱼腹）成雌雄两片，除去内脏污物，洗净后沥干水分。

②在黄鱼周身抹上葱姜汁、白酒、花椒盐（雄片要多抹些），放入盛器中腌渍 8 ~ 10 小时，取出黄鱼挂在阴凉通风处吹干。

③将黄鱼用温水漂洗干净，切成长约 5 厘米的段放入盛器中，洒上料酒，放上葱段、姜片，上笼蒸透（需 18 ~ 20 分钟），晾凉后撕成细丝，淋入花椒油拌匀即成。

（2）说明

①体大肉多刺少的鱼类（如鲤鱼、青鱼、草鱼、鲈鱼、黄姑鱼等）均可采用同样的方法进行制作。

②风干的时间随季节而定，秋、冬季节需 6 ~ 7 天，春季需 3 ~ 4 天，夏季需 2 天左右。

③此菜也可以与其他蔬菜（如药芹、西芹、香干、绿豆芽、黄豆芽、蒿子杆、红薯藤、荠菜、马兰头等）拌食。

2. 花雕浸蛤蜊

（1）制作方法

①锅中加水，放入盐、糖、味精、葱段、姜片、花椒，烧沸后用中小火烧 8 ~ 10 分钟，倒入盛器中晾凉，加入花雕酒（绍兴）搅匀。

②将新鲜蛤蜊（带壳）投入沸水锅中焯透后（刚熟为最佳）捞出沥干水分，再放入到花雕酒汁中，用保鲜膜（或玻璃纸或加盖）封口，浸渍入味（需 4 ~ 6 小时）即成。

（2）说明

①鲜蛏、田螺、仔鸡及蛋类原料均可按此法制作。

②在焯水加工时，不可过熟，应保持刚熟状态，以保持其鲜嫩。

③在浸泡时要封口，否则菜品酒香不够浓郁，影响成品质量。

3. 麻酱海参

（1）制作方法

①将净海参（水发）批成长方形片（长约4厘米、宽约2.5厘米、厚约0.3厘米）。净冬菇、净冬笋（经焯水）切成薄片，与海参一同投入沸水中（水中加葱段、姜片、料酒）焯透。

②将海参、笋片、香菇片同放入鸡汤中略煮（约5分钟），捞起沥干水分。

③芝麻酱放入碗内，加鸡汤搅和成糊状，加入酱油、糖、葱花、盐、胡椒粉、味精、香油搅匀，倒在海参、香菇、冬笋中拌匀即成。

（2）说明

①此菜如用鲜海参，风味尤佳。

②鱿鱼、墨鱼、鱼肚、皮肚、蹄筋、鲍鱼等原料也可采用同样的方法进行制作。

③此菜还可以用花生酱、海鲜酱、南乳汁、各种水果酱、蒜泥（或蒜油）、红油等调味料拌制。

4. 银芽拌鲍丝

（1）制作方法

①将熟鲍鱼（听装）切成绿豆芽粗细的细丝，用鸡汤各煮约5分钟（套汤两次），捞起沥干水分。

②将绿豆芽摘去头、根，投入沸水中焯至刚熟（约1分钟），捞起沥干水分与鲍鱼丝同放在一个盛器内，加入盐、味精、糖、胡椒粉、葱椒油（或复合油）拌匀即成。

（2）说明

①鲍鱼多加工成丝、片等小型形状。

②此菜一定要多次套汤，否则鲍鱼难以入味。

③此菜在制作过程中，还可以适量加些青椒丝或红椒丝。

④按此方法还可制作"五彩鲍丝""蒜酱鲍鱼""葱油鲍鱼""芝麻酱拌鲍片""怪味鲍脯"等风味冷菜。

5. 五味鲜贝

（1）制作方法

①鲜贝清洗干净后沥干水分，加入盐、味精、葱姜汁、料酒、鸡蛋清、干淀粉搅拌均匀并上劲（上浆）。

②将鲜贝投入沸水锅中焯透（刚熟为宜），捞起沥干水分后放入盛器中。

③芝麻酱、盐、糖、香醋、葱花、姜末、花椒粉、红油、胡椒粉、香油同放一碗中，调成糊状，浇在鲜贝上拌匀即成。

（2）说明

①虾仁、鱼丝（或鱼片）、鲜带子等原料均可按此法进行制作。

②按此法，鲜贝还能制作"红油鲜贝""蒜酱鲜贝""果味鲜贝"（用苹果酱、菠萝酱、香蕉酱、番茄酱、山楂糕泥、葡萄酱等）、"麻辣鲜贝""鱼香鲜贝"等风味冷菜。

③此菜还可以将鲜贝挂糊，然后将卤汁调好后趁热倒入鲜贝翻炒均匀即成（即采用熘的方法进行制作）。

6. 五香酱海螺

（1）制作方法

①将鲜海螺肉用水漂洗后，加入盐、醋揉搓，再用清水将其表面黏液、垮物清洗干净。

②锅中加水，放入葱段、姜片及香料袋（花椒、丁香、大料、小茴香、桂皮）、料酒、酱油、白糖、盐、味精，用大火烧沸后放入海螺，再用中小火煮透（海螺至八成烂）时离火，让海螺在卤汁中浸泡入味（需6～8小时），用时取出切片装盘即成。

（2）说明

①海螺肉加工成片、丝均可，切片时要薄。

②海螺肉还可将之蒸透（加葱、姜、酒约需1小时），切成薄片后用调味料拌制，如"麻酱海螺""蒜味海螺""葱椒海螺""香辣海螺""怪味海螺"等。

③鲜鱿鱼、鲜墨鱼、鲜鲍鱼等原料也可以按此法进行制作。

7. 葱酱鱼肚

（1）制作方法

①将油发鱼肚放入热水中泡软，加入食碱少许，洗净油腻，再用温水漂尽碱液，挤干水分后斜批成片。

②锅中加水、料酒、鱼肚，大火烧开后改用中火略烧片刻，捞起挤干水分。

③锅中加清鸡汤、料酒、盐、味精、老抽、鱼肚，大火烧开后改用中火煮约3分钟，捞起挤干水分，装入盛器中。

④锅中加入芝麻油，烧热后投入葱段、姜片煸炒至起香，放入鸡汤烧沸后去葱、姜，加入熟肫片、熟鸡片、熟冬笋片、料酒、盐、味精烧沸入味后，大火收干卤汁，倒在鱼肚上。

⑤芝麻酱放入碗内，加入清鸡汤、葱椒油调匀，浇在鱼肚上拌匀装盘即成。

（2）说明

①鱼肚要清洗干净，否则影响菜品质量。

②油发肉皮、油发蹄筋也可采用以上方法进行制作。

③此菜在调味时，味型可根据需要而变化，如用海鲜酱、香辣酱、沙茶酱、蒜蓉辣酱、花生酱、八宝牛肉辣酱、葱油甜面酱等。

8. 香糟鲜蛏

（1）制作方法

①将鲜蛏肉入开水锅中汆透（刚熟为宜），捞出沥干水分。

②锅中加水、葱段、姜片，煮约10分钟后加入盐、生抽、糖、味精、胡椒粉拌匀，待凉透后加入香糟卤拌匀，放入鲜蛏（加盖密封）浸泡约2小时后取出，装盘即成。

（2）说明

①此菜在汆制鲜蛏时要掌握好火候，以刚熟为度，如果时间过长，质地老而不够鲜嫩。

②鲜蛏除可以制作此菜外，还可以制作"水晶鲜蛏""椒盐鲜蛏""怪味鲜蛏""椒麻鲜蛏""原味鲜蛏""脆皮鲜蛏"等。

③文蛤、鲜贝、虾仁、银鱼等原料均可以按此法进行制作。

9. 佛手罗皮

（1）制作方法

①将罗皮（海蜇皮）用清水泡洗30分钟后，去尽表面黑膜，切成佛手形后，再用80℃左右的热水烫透，然后用清水漂洗使之涨发透彻（3～4天，中间需要换清水5～6次），然后捞出挤干水分。

②锅中加入油烧热，投入葱段、花椒，用小火熬至起香，加入鸡清汤、酱油、糖、味精、盐、香醋、胡椒粉烧开，凉透后倒入罗皮中拌匀即成。

（2）说明

①海蜇皮一定要烫制后用水泡发透彻，否则有异味且酥度不够。

②海蜇皮在泡发时，一定要勤换清水（尤其是春夏季节），否则容易变质。

③海蜇头的制作方法和要求与此菜相同。

10. 酱汁蛤蜊

（1）制作方法

①将蛤蜊用清水静养2天（中途换清水3～4次）使其吐尽腹中泥沙。

②锅中水烧开后倒入蛤蜊，汆至蛤蜊张口时捞出，剥去蛤肉。

③将烫蛤蜊的水静置5分钟后，撇去浮沫，取清汤，加生姜片，用中小火煮约10分钟，加盐、味精、白胡椒粉、生抽调料，凉透后加大曲酒，倒入蛤肉，加盖密封浸泡约30分钟，取出装盘即成。

（2）说明

①蛤蜊一定要用清水静养数日，使其吐尽泥沙，否则牙碜。

②生姜要煮透，否则姜味不够浓厚。

③青螺、海蛏、海螺、鸭舌、鸡肫等原料都可以按照这一方法进行制作。

④蛤蜊除可以制作此菜外，还可以制作"酒浸蛤蜊""水晶蛤蜊""麻酱蛤蜊""糟香蛤蜊""香辣蛤蜊""椒麻蛤蜊""酥香蛤蜊""葱油蛤蜊"等。

11. 蒜酱鱿鱼

（1）制作方法

①撕去鲜鱿鱼两面的薄黑膜，投入沸水锅中焯水，捞出后洗净。

②锅中加油烧热，投入葱段、姜片、花椒煸炒起香后加海鲜酱、沙爹酱、糖、料酒、酱油、盐，烧开后改用中小火焖烧约40分钟，再用大火收稠卤汁，淋葱椒油拌匀。

③凉透后切成薄片，略加原卤拌匀即成。

（2）说明

①鱿鱼除可加工成卷筒形外，也可加工成条状、片形；或剞直刀纹后顺长改成条状，经加热（烫制或炸制）成花环状。

②干鱿鱼也可直接烘烤至两面焦黄后，刮净两面外皮，加工成丝、片或条状用调味品拌制而成。

③鲜墨鱼、碱发墨鱼、碱发鱿鱼也可采取同样的方法制作。

④此菜在改刀成形时，除切成薄片外，也可以加工成条、丁、丝等形状，还可以与其他蔬菜原料拌食。

⑤此菜改刀成薄片后，可以排叠或圈叠成花卉形状，常作为单碟或组合造型中的围碟使用。

12. 怪味海带

（1）制作方法

①将海带用清水涨发透彻后清洗干净，切成细丝，投入开水锅中烫透，捞起沥干水分。

②海带中放入葱段、姜片、料酒、鸡清汤、盐拌匀，加盖后入笼内用大火蒸透（大约30分钟），取出后滗去汤汁。

③将芝麻酱、酱油、糖、香醋、盐、味精、胡椒粉、葱丝、金蒜、辣椒油、熟芝麻同放碗内搅和均匀，浇在海带上拌匀即成。

（2）说明

①海带除可以加工成丝状外，还可以切成条状后打成海带结。

②海带一定要用鸡汤蒸透，否则底味不足，因为海带比较难入味。

③此菜还可以按照这一方法进行其他味型的调制，如葱椒味、酸辣味、椒麻味、蒜香味、红油味等。

13. 红油目鱼

（1）制作方法

①将治净的鲜目鱼切成长 3 厘米、宽 1.5 厘米的条，然后再横切成梳子条，加葱姜汁、料酒拌渍 10 分钟。

②锅中加水烧开，放入料酒、香醋，投入目鱼略余（刚熟），迅速捞出后放入鸡清汤中浸泡约 20 分钟，然后捞出沥干水分。

③将盐、味精、胡椒粉、红油加入目鱼中拌匀即成。

（2）说明

①此菜除可加工成梳子条，还可加工成薄片、丁、粗丝、细条等形状。

②鲜目鱼一定要放入高汤中浸泡套汤，否则难以入味。

③鲜鱿鱼、猪腰、蛤蜊、鲜蛏、鲍鱼、海螺等原料也可以按照这一方法进行制作。

④此菜的调味型可根据情况适当选择，调味品可以灵活使用，如牛肉辣酱、甜面酱、芥末油、咖喱粉、葱椒油、美极鲜、南乳汁、香糟卤、海鲜酱、芝麻酱等。

14. 五彩鱼翅

（1）制作方法

①将水发鱼翅（加工合成鱼翅）放入成器内，加入鸡汤、料酒、葱段、姜片，上笼蒸透（至质地软糯）捞起。

②将冬菇丝、笋丝、青椒丝、绿豆芽（摘去头、根部），投入沸水锅中烫透后捞起，沥干水分后放入成器中，再加入火腿丝（熟）、鱼翅、熟鸡丝、盐、味精、胡椒粉、葱油拌匀即成。

（2）说明

①鱼翅一定要用鸡汤预先蒸制入味，且要蒸透至口感软糯。

②按此法可以制作"银芽炝明骨""椒油明骨""蒜酱明骨""酸辣明骨"等风味冷菜。

15. 醋椒带鱼

（1）制作方法

①将净带鱼改刀成菱形块，加葱姜汁、料酒、酱油、胡椒粉、干淀粉拌渍腌渍约 20 分钟。

②锅中油烧至六成热时，将带鱼逐块投入炸至色呈金黄色时捞出。

③锅中加油烧热，投入干辣椒、花椒、葱段、姜片煸炒起香后，加入带鱼、水、酱油、糖、胡椒粉、盐、香醋，用大火烧开，改用中小火烧透入味（约需 15 分钟），大火稠浓卤汁，加入香醋、蒜油拌匀即成。

（2）说明

①带鱼在改刀时，其形状不宜过大，否则不便于制作、装盘和食用。

②此菜在起锅前要加香醋，否则醋香味不够浓郁。

③一些形体较大的鱼类，如草鱼、青鱼、鲫鱼、黄姑鱼等，也可以加工成小块料形后按这一方法进行制作。

16. 酸辣明虾

（1）制作方法

①将净明虾仁（对虾）投入沸水中焯透，捞起沥干水分，冷却后批成薄片。

②把葱花、姜末放入有油的锅中炒至起香，加入番茄沙司、盐、糖、清汤、白醋烧沸后加入红辣油、胡椒粉、麻油搅和成酸辣汁，将酸辣汁浇在明虾片上，拌匀即成。

（2）说明

①按此法还可制作"麻酱明虾""葱油明虾""唬汁明虾""红油明虾""果味明虾""香辣明虾"等。

②明虾还可采用醉、糟、冻、煮、炝之法制作。

③明虾多加工成丁、片等形状。

七、甜品类

1. 京糕雪梨

（1）制作方法

①将雪梨削皮、去核后，用直刀切厚片，再切成丁状，把京糕也切成同样大小的丁，同放一盛器中。

②锅中加水、糖，烧开待糖熬溶后勾琉璃芡，加桂花卤搅匀，晾凉后淋在京糕雪梨上拌匀即可。

（2）说明

①此菜也可将京糕、雪梨切成细条状摆成桥梁式长方印形，或切成菱形片拼摆成菊花状（两色间隔层层堆叠）。

②苹果、香蕉、菠萝、香瓜、哈密瓜等原料也能采用此法进行制作。

③此风味冷菜也可以根据需要加工成丁、细短条状作为风味调味碟使用。

2. 夹沙香蕉

（1）制作方法

①将香蕉去皮后顺长切成两片，用刀轻轻压扁，把豆沙夹在两片香蕉中间，横切成厚片。

②香蕉片蘸上干菱粉后挂上糊（面粉、米粉、淀粉加清水拌制而成），投入五成热的油锅中炸透（色呈奶油色），捞起后撒上糖粉或绵白糖拌匀即成。

（2）说明

①在用刀拍压香蕉时，动作要轻，否则香蕉不成形。

②炸制时，油温控制在五成左右，不宜过高，否则颜色欠佳。

③山楂糕、苹果、梨、桃、荸荠、芋头、莲藕、菱角、山药等原料均可采用此法进行制作。

3. 玫瑰锅炸酥

（1）制作方法

①在干淀粉、面粉中加少许清水调匀，加入鸡蛋黄，搅成糊状。

②锅中加少许清水烧沸，倒入蛋黄糊，用手勺不停地搅动，炒熟成糊状，倒入平盘内摊平，晾凉后成软糕，再切成条状。

③将蛋黄软糕蘸上一层干菱粉，逐条投入烧至七成热的油锅中炸至呈金黄色时捞出。

④锅中加水、糖、玫瑰酱，烧开后用水淀粉勾芡，将玫瑰酱汁倒入蛋黄软糕条中拌匀即成。

（2）说明

①蛋黄软糕在蘸干菱粉时，一定要均匀。

②藕粉、绿豆蓉、豌豆蓉、红豆蓉、山药蓉、葛根粉、红薯粉等原料均可采用此法进行制作。

4. 法式菠萝冻

（1）制作方法

①鲜菠萝去外皮，切成厚片，用淡盐水泡透（约需15分钟），再用刀拍斩成碎末，放在净纱布内，将汁挤入锅内，加水、糖、吉力丁片（用水预先泡软），上火烧开，使糖、吉力丁片全部溶化。

②将菠萝丁（用淡盐水泡透）、樱桃丁（红、绿各半）放入菠萝汁中，搅匀后倒入玻璃杯中，晾凉后放入冰箱镇凉即成。

（2）说明

①按此方法还可制作"水果奶油冻""法式柠檬冻"等风味冷菜。

②此菜中也可用琼脂和山楂片代替吉力丁片。

5. 三色水果杯

（1）制作方法

①鲜橘瓣用刀剁成碎末，加在熬化的琼脂液中，加糖调味，倒入玻璃杯中（装1/3），晾凉后凝结成冻。

②按以上方法分别调成西瓜计、琼脂混合汁液、椰子汁、琼脂混合汁液，并分两次倒入玻璃杯中（分别加杯子总量的1/3），待最上层也凝结成冻后，放入冰箱略镇，取出在杯边挂一片柠檬即成。

（2）说明

①此菜在制作过程中要注意配色，色调要和谐。

②按此方法还可制作"双色水果杯""彩色水果杯"等。

③椰子汁、橙汁、香蕉泥（酱）、苹果泥（酱）、菠萝酱、草莓酱、蓝莓酱、果酱等均可按此方法进行制作。

6. 网油枣泥卷

（1）制作方法

①将网油用温水洗净，晾干水分后在网油两面拍上干菱粉，用刀（或擀面杖）将网油经络敲平。

②将枣泥搓成长条状放在网油上，卷成约1.3厘米粗的圆条，再切成约4厘米长的段，两端沾上干淀粉。

③将网油卷裹上一层蛋清糊后，投入烧至五成热的油锅中炸至呈淡黄色，待油温升至六成热时，将网油卷复炸至呈金黄色捞起。

④锅中加水、糖，用中火烧至起小泡时，倒入网油卷，翻拌均匀即成。

（2）说明

①此菜在制作过程中，一定要将网油经络轻轻地敲平，否则难卷或粗细不匀。

②豆沙、香蕉泥（或长条状）、山药泥（或波浪纹条）、豌豆泥、红薯泥、山楂泥（用山楂糕塌制）等均可按此法进行制作。

7. 挂霜湘莲

（1）制作方法

①将水发的通心莲子放在糯米粉中滚拌，使莲子表面均匀地粘上一层米粉，放入漏勺中，在沸水中浸烫透彻，再倒入糯米粉中粘匀米粉，然后再下沸水锅中浸烫，如此重复3～4次，使莲子外层裹上较厚的粉衣。

②将裹上米粉的莲子投入烧至七成热的油锅中炸至表面结壳时，用手勺推动，待色呈金黄色时捞起。

③锅中加清水、白糖，并用手勺不停的搅动，当糖完全溶化成浆液（用手勺提起后略有丝）放入糖桂花，倒入莲子，撒上熟芝麻，离火用手勺轻轻推翻，冷却后即成。

（2）说明

①腰果、花生仁、核桃仁、杏仁等均可炒熟（或用油焐透）后直接挂霜。

②土豆球（土豆泥制成）、山楂小块、苹果小块、鸭梨小块、香蕉小块、香桃小块经拍粉或挂糊并炸制后也可挂霜而成。

③白果（银杏）、马蹄（荸荠）也可按同样方法进行制作。

④此风味冷菜也可以根据需要作为风味调味碟使用。

8. 朗姆酒冻

（1）制作方法

①将泡软的吉力丁片、水、糖放入锅中，用小火加热并不停地搅动，待微沸后完全溶化时用细筛或纱布过滤。

②将熬好的糖水汁液略凉后，放入朗姆酒调匀，然后倒入小酒盅内，晾凉后置冰箱内，使其凝固成冻状，扣入盘中，加上膨松奶油即可。

（2）说明

①此菜在制作过程中一定要过滤，否则口感不细腻。

②按此法还可制成"咖啡冻""三色奶油冻""酒香果冻""茶香冻""什锦水果冻"等风味冷菜。

9. 蜜汁山药

（1）制作方法

①山药洗净后，上笼蒸熟，趁热剥去外皮，切成5厘米左右长的段，然后再纵切成粗条，拍上干淀粉。

②将山药投入烧至约八成热的油锅中炸透，至起孔时捞出。

③炒锅内加少许色拉油，加入糖，炒至糖全部熔化呈枣红色时，加入开水、糖、山药段，用小火煨至糖汁稠浓时，加入蜂蜜、糖桂花，拌匀即可。

（2）说明

①炸制山药时，油温要高（八成热左右），且要炸透（起孔），否则不吸卤，不入味。

②熬糖色时火不易过大，否则糖未熔化已焦，既影响色泽又影响口味，熬焦的糖既色发黑又味发苦。

③红薯、芋艿、菱角、鸡豆米、白果（银杏）、荸荠也可按同样方法进行制作。

④此风味冷菜也可以根据需要加工成丁、细短条状作为风味调味碟使用。

10. 西式茄排

（1）制作方法

①将番茄去蒂洗净后，切成约0.5厘米厚的圆形片。

②在番茄片两边蘸上干淀粉，然后拖一层全蛋糊（鸡蛋、面粉、淀粉、盐搅和），投入烧至五成热的油锅中炸透（呈金黄色）捞出，沥油后摆入盘中，浇上果酱即成。

（2）说明

①此菜可随带调味碟蘸食，除用果酱调味外，还可以用炼乳、番茄沙司、蛋黄酱以及各色水果酱等调味。

②雪梨、苹果、菠萝、香蕉、草莓、山药、哈密瓜、伊丽莎白瓜等原料均可按此法进行制作。

③此风味冷菜也可以根据需要加工成丁、细短条状作为风味调味碟使用。

11. 香酥吉圆

（1）制作方法

①将猪肥膘肉切成石榴粒大小，加入盐、葱姜汁、料酒搅匀上劲。

②在猪肥膘粒中加入鸡蛋黄、干淀粉、吉士粉、粳米粉搅拌均匀，挤成小圆子后投入烧至六成热的油锅中，炸至表面结壳时，用手勺推动使其散开，待呈金黄色时捞起。

③锅中加清水、白糖，并用手勺不停的搅动，当糖完全溶化成浆液，用手勺提起后略有丝时放入糖桂花，倒入圆子，并离火用手勺轻轻推翻，冷却后即成。

（2）说明

①此菜在炸制前一定要搅拌上劲，否则圆子容易散碎而不成形。

②在此菜中加入鸡蛋黄主要是起酥，加入干淀粉、粳米粉主要是增加黏性和香味，加入吉士粉主要是起香和调色，当然，它们同时还起到解油腻的作用。

③山药、马蹄（荸荠）、土豆、红薯、苹果、荔浦芋头等原料均可按同样方法进行制作。

12. 香脆苹果

（1）制作方法

①将苹果切成细条状，用干淀粉拍匀。

②将鸡蛋清、干淀粉、吉士粉、无糖奶粉、泡打粉、面粉、水、色拉油一同加入碗中，搅拌均匀成糊状（脆皮糊）后静置20分钟左右。

③把粘匀干淀粉的苹果细条外面均匀地挂上一层脆皮糊，然后投入烧至六成热的油锅中炸至表面呈淡金黄色时捞起沥油，凉透后装盘即可。

（2）说明

①糊中的奶粉一定要是无糖的，否则，菜品表面的色泽不佳，容易发黑。

②糊调制后要静置一定的时间，目的是使脆皮糊完全融合以及发酵充分，否则菜品的酥脆度不够。

③此菜在上桌前也可以撒些糖粉拌匀后装盘或随带调味碟上桌由客人蘸食，调味碟的味型可根据情况而定，如制作沙拉酱、番茄沙司、炼乳、果酱以及各种水果酱等味型。

④熟山药、熟土豆、熟芋头、红薯、苹果、雪梨、香蕉等原料也可按同样的方法进行制作。

⑤此风味冷菜也可以根据需要加工成丁、细短条等小形状作为风味调味碟使用。

八、其他类

1. 十香小菜

（1）制作方法

①将腌渍咸菜（或雪里蕻）泡洗后切成丁状；百叶切丝；黄豆芽清洗干净；净鲜冬笋焯水后切丝；净水芹切约成3厘米长的段；净胡萝卜切丝；净白萝卜切丝；干香菇泡发后切丝；杏鲍菇焯水后切丝；黄豆、芝麻洗净晾干。

②黄豆、芝麻分别用小火炒熟。

③白萝卜丝加盐腌渍20分钟后挤干水分。

④百叶丝、黄豆、胡萝卜丝、冬笋丝、白萝卜丝、水芹段、香菇丝、杏鲍菇丝分别炒熟。

⑤锅中加油烧热，投入姜末煸香，加咸菜（或雪里蕻）煸炒透彻，加水、酱油、糖、蚝油、黄豆酱、花生酱，烧开后，加入百叶丝、黄豆、冬笋丝、胡萝卜丝、水芹段、白萝卜丝、香菇丝、杏鲍菇丝翻炒均匀，加盐调味后收干卤汁，淋复合油、熟黄豆、熟芝麻拌匀即成。

（2）说明

①此菜中的所有食材要分别炒制，因为其对火候的要求各不相同。

②白萝卜丝要预先用盐腌渍后挤干水分，否则会影响菜品的滋味。

③熟黄豆、熟芝麻要最后投入，否则会失去其酥香的口感。

④此风味冷菜也可以根据需要作为风味调味碟使用。

2. 秘制泡菜

（1）制作方法

①净胡萝卜切细条；净白萝卜切细条；白菜帮切细条；净黄瓜去瓤后切细条；苹果去皮、去核，切条。

②锅烧热后投入姜片、花椒、八角炒香，加水烧开，加盐、糖调味，凉透，投入胡萝卜条、白萝卜条、白菜条、黄瓜条、苹果条，加少量白醋，密封后泡制3天即成。

（2）说明

①泡菜卤要凉透后再投入物料泡制，否则会失去爽脆的口感。

②夏天制作泡菜时，泡制过程要放入冰箱冷藏，否则泡菜容易变质。

③其他口感脆嫩并可以生食的食材均可以依照这一方法制作。

④泡菜的口味也可以根据需要进行变化，如投放干辣椒以增加辣味等。

⑤此风味冷菜也可以根据需要加工成小型的丁、短条状等作为风味调味碟使用。

3. 冰镇素鲍

（1）制作方法

①净杏鲍菇横切成厚片（约0.3厘米）后投入开水锅中焯水。

②锅中加色拉油烧热后投入姜片、葱段、花椒炒香，加水、杏鲍菇片、料酒、鲍鱼汁、蚝油、酱油、盐、糖烧开，用中小火焖烧透彻，凉透后放入冰箱（5℃左右）冰镇约30分钟，捞出杏鲍菇装盘即成。

（2）说明

①此菜的口味也可以根据需要进行变化，如香辣味、椒麻味、鱼香等。

②此风味冷菜也可以根据需要加工成小型的丁、短条状等作为风味调味碟使用。

第四节　特殊风味冷菜的制作

这里所指的特殊风味冷菜，并非指选用所谓的山珍野味类稀有原料制作而成。如是称谓主要是从两个角度考虑：一是这些冷盘材料通常很少用于一般宴席的单碟冷盘之中，而更多的运用于造型冷盘的拼摆（色彩和形状的需要）；二是指这些风味冷菜在制作过程中往往需要两种（或两种以上）的原料，并且在制作过程中，其工艺程序相对比较烦琐、复杂，对烹饪工艺的要求相对比较高。从某种角度来说，这些特殊风味冷菜是变化和丰富造型冷盘品种的必备条件之一，同时，这也是使某些造型冷盘成功制作的有力保障。因而，特殊风味冷菜的制作技术，在冷盘工艺技术中显得非常重要。

1. 蛋松

（1）制作方法

①将鸡蛋磕入碗内，加入盐、味精和料酒，用筷子轻轻搅匀（调散）。

②将锅内的色拉油烧至六成热时，将蛋液慢慢地倒入油中，并用筷子轻轻地拨动油中的蛋液，当蛋浮起成丝状时捞出。

③用干纱布挤干蛋松里的油（或用餐巾纸上下挤压吸尽油），推开并用手将蛋松抖散成绒丝状即成。

（2）说明

①油温要控制在六七成热。过低，难成松；太高，易焦枯。

②倒蛋液时要慢（蛋液成细线状进入油锅），也可将蛋液慢慢倒入较细的漏筛，使蛋液通过漏筛的细孔进入热油中。

③要用植物油，不能用动物油，并且要吸尽蛋松中的油，否则不膨松。

2. 鱼松

（1）制作方法

①将黄鱼加工整理后，去骨去皮，剔除红肉，鱼肉用清水漂洗（漂白）。

②鱼肉放入盛器内，加葱段、姜片、盐、料酒，上笼蒸透（约20分钟）取出，放入净纱布中挤干水分。

③将鱼肉倒入锅中，用小火一边炒一边揉，待鱼肉水分炒干、发松成绒毛状时即成。

（2）说明

①米黄鱼、黄姑鱼等原料均可按此法进行制作。

②炒制时要用小火，否则鱼肉难以起松，且易焦枯。

③按此方法还可制成鸡松、肉松、干贝松、蟹松、鸽松、鸭松、鹅松等风味冷菜。

3. 菜松

（1）制作方法

①将大片青菜叶洗净，去掉粗筋脉，卷起切成细丝。

②将青菜丝投入五六成热的色拉油中炸制，并用竹筷轻轻拨动，待起小泡时（青菜呈碧绿色时）捞起，趁热用餐巾纸轻轻抚压，吸尽菜松中的油，抖散晾凉即成。

（2）说明

①炸制菜松时，油温不宜过高，否则易焦枯，颜色发黑。

②大叶绿色蔬菜均可按此法进行制作。

③菜松炸好后一定要趁热吸尽其中的油，否则菜松不够膨松。

4. 蛋白糕

（1）制作方法

①将鸡蛋磕开，取蛋白，加盐、味精、水淀粉轻轻调散、搅匀（不可起泡）。

②取方形不锈钢小盘（或饭盒），在其内壁均匀地涂抹一层油，倒入蛋白液，上笼用小火蒸透（蛋白发硬、无弹性），取出晾凉即成。

（2）说明

①蒸蛋白糕时，一定要用小火，切忌用大火，否则易起孔，影响成品质量。

②蛋黄糕（蛋黄）的制作方法与蛋白糕的制作方法相同。

③蛋白液中加入松花蛋白（切成三角形小块）即为"黑蛋白糕"，如果再加入咸鸭蛋蛋黄（切成丁状）即是"彩色蛋糕"。

④在蛋白液中还可加入绿菜汁、红曲水、可可粉（加水调匀）、胡萝卜素、苋菜汁（鲜红色）等原料来变化、丰富蛋糕的色彩。

⑤在蛋白液中加入蟹黄蒸熟后即为"蟹黄蛋白糕"。

5. 白嫩鱼糕

（1）制作方法

①将鳜鱼经过初步加工整理后取肉（剔除红肉），并用清水漂洗至白。

②用刀将鱼肉剁成蓉（或用粉碎器绞碎），加鸡蛋清搅匀后加水、葱姜汁、味精、盐、料酒，搅拌上劲成鱼蓉胶。

③在方形不锈钢盘（或饭盒。如特殊需要，可选用圆盘）内壁涂抹一层油，将鱼缔倒入盘中，上笼用中小火蒸透，晾凉后切片装盘即成。

（2）说明

①白鱼、青鱼、草鱼、鲢鱼、鲈鱼、鸡脯肉、虾肉等原料均可按此法制作成"鱼糕""鸡糕""虾糕"等风味冷菜。

②在鱼蓉胶中也可以加入有色原料（同蛋白糕）来变化、丰富其色彩。

③此风味冷菜也可以根据需要加工成小型的丁、短条状等作为风味调味碟使用。

6. 圆白菜卷

（1）制作方法

①将干净圆白菜叶上凸出的叶茎批平，再用刀背将其轻轻拍松后投入沸水锅中焯透。

②圆白菜叶摊放在案板上，放上火腿细丝，卷紧后排放在盘中，撒上盐、味精、胡椒粉拌匀，腌渍 20 分钟后淋入蒜油，拌匀即成。

（2）说明

①圆白菜叶上凸出的叶茎一定要批平后再用刀背将其轻轻拍松，否则难卷或圆白菜卷粗细不均匀。

②冬菇丝、笋丝、鸡丝、蛋皮丝、胡萝卜、紫萝卜等原料均可作馅心用，只是要注意色彩的搭配。

③紫圆白菜、青菜（大叶）、紫角叶、生菜等原料均可按此法进行制作。

7. 紫菜蛋卷

（1）制作方法

①将鸡蛋磕入碗内，加盐、味精，并调散搅匀。锅上火烧热后，用小块肥膘在锅内壁涂抹（使其沾有薄薄的一层油），倒入蛋液，并前后左右地转动炒锅，使蛋液均匀地粘在锅壁上，待蛋液凝固后，双手提起蛋皮，反放锅中略烘即成。

②将蛋皮修切成长方形，摊放在案上，抹上一层虾缔，覆上紫菜（形状、大小与蛋皮相同），在紫菜上再抹一层虾缔，然后顺长紧紧地卷起，排放于盘中，上笼用中小火蒸透后晾凉即成。

（2）说明

①蛋皮的大小、虾蓉胶的稠稀度要根据具体所需紫菜蛋卷的粗细和使用的需要而定。

②鸡蓉胶、鱼蓉胶也可代替虾蓉胶使用。

③如有特殊需要，也可在卷制时略松一点，卷好后用手按压成形再上笼蒸透，即可成鸡心形、柳叶形、长方形或半圆形等形状。

④豆腐皮、紫菜、蛋皮、春卷皮、百叶等原料均可按此方法制作。

⑤在鱼蓉胶中还可以加入鸡蛋黄（或胡萝卜素）、绿菜汁、苋菜汁、南乳汁、橙汁等原料变化、丰富其色彩，如"黄色鱼蓉蛋卷""绿色鱼蓉蛋卷""黄色鱼蓉紫菜卷""红色鱼蓉蛋卷"等风味冷菜。

8.脆皮糯米鸡卷

（1）制作方法

①将糯米淘净后用清水泡透，上笼蒸成饭；将熟鸡脯肉、熟火腿、水发冬菇切成米粒状小粒，放入糯米饭中，再加入盐、白酱油、料酒、味精、胡椒粉、葱花拌匀。

②豆腐衣上笼蒸软后摊放在案板上，将糯米饭沿着豆腐衣的一端放上一排，而后用豆腐衣把糯米饭卷在中间成长圆条状。

③将糯米卷投入烧至七成热的油锅中炸制，色呈淡金黄色时捞起即成。

（2）说明

①鸭肉、鸽肉、山鸡肉、虾仁、蟹粉等原料均可按此法进行制作。

②卷的粗细、形状可按具体使用情况而变化。

9.鱼胶

（1）制作方法

将鱼胶粉放入盛器中，加入温开水搅匀，上笼用大火蒸透（完全溶化），加入盐、味精搅匀后倒入方形不锈钢盘中，冷却后凝成胶冻状即成。

（2）说明

①鱼胶在蒸制后，可加入有色原料，趁热调配所需要的色彩。如加入可可粉、绿菜汁、苋菜汁、鲜牛奶、各种水果汁（酱）等。

②琼脂的制作方法与鱼胶的制法相同，但由于琼脂冻的质地比鱼胶的质地要嫩，并且韧性较差，透明度较高。所以，鱼胶可直接切片当刀面使用，而琼脂更多的用于一般冷盘中的凝冻剂（如"水晶虾仁""什锦水果冻"等）、花式拼盘中的垫底（如湖水、海洋等）或宫灯中的灯面等。

③加水量根据实际具体使用情况而定。需要较硬时，加水量小些；需要较嫩（软）时，加水量大些。

④根据需要，还可以将鱼胶和琼脂以适当的比例混合使用，这样既有琼脂

的脆性，也带有鱼胶的韧性，同时还具有一定的透明度。

10. 珊瑚玉卷

（1）制作方法

①将大白萝卜洗净去皮后，批（或切）成薄片，放入盐水中腌渍约 15 分钟；胡萝卜切成细丝，加盐腌渍约 10 分钟。

②将白萝卜片摊开，在其长边的一端顺长放上胡萝卜丝，然后卷起（卷紧），将其排放在盘中。

③将白糖、白醋、蜂蜜、糖桂花一同加入碗内，调制均匀成糖醋汁，倒在盘中，使萝卜卷在卤中浸泡 2 小时后改刀装盘即成。

（2）说明

①萝卜片要薄，卷得要紧，否则易散，难成形。

②紫萝卜、心里美萝卜、莴苣、黄瓜、圆白菜等原料均可按此制作，只是要注意色彩搭配，要保持色彩的和谐。

11. 腐皮发菜卷

（1）制作方法

①将豆腐皮上笼蒸软，摊放在案上，抹上葱椒盐，将发透（最好用蒸发）的发菜放在豆腐皮的一端，然后紧紧地卷起，在豆腐皮的末端抹上水淀粉，使其粘紧，并在两端蘸上干淀粉。

②将豆腐皮发菜卷投入烧至六成热的油锅中炸制，呈淡金黄色时取出，排放在盘中，加入酱油、糖、盐、味精、鲜汤，上笼蒸透（约 15 分钟），晾凉后改刀装盘即成。

（2）说明

①此菜的味型可根据需要而调整变化，如香辣味型、咸甜味型、咸鲜味型、椒麻味型、葱椒味型等。

②按此方法还可制作"腐皮虾卷"（虾蓉胶）、"腐皮鱼卷""腐皮鸡卷""紫菜豆腐卷""虾蟹蛋卷""虾蟹粉皮卷"等风味冷菜。

12. 如意笋卷

（1）制作方法

①把净冬笋用盐水煮透，晾凉后用刀旋批成薄片，并在笋片的两端抹上干淀粉。

②将笋片摊平，抹上一层鸡蓉胶，然后在一端放上一撮火腿丝，另一端放上一撮青椒丝，由两头向中间卷紧，放在平盘中。

③将笋卷上笼用中火蒸透取出，涂上麻油，改刀装盘即成。

（2）说明

①蓉胶的原料可以变化外，其色泽和味型也可以调整和变化，

②按同样方法也可制成"如意鸡卷""如意蛋卷""如意紫菜卷""如意圆白菜卷""如意黄瓜卷""如意腐皮卷""如意莴苣卷"等风味冷菜。

13.豆蓉蛋卷

（1）制作方法

①将鲜嫩蚕豆去皮后，放入盘内，上笼蒸透取出，趁热用刀塌成泥状，加入盐、味精、鸡汤（少量）、葱椒油搅拌均匀，并用手按压成长条状。

②将蛋皮摊在案板上，抹一层薄薄的虾蓉胶，顺长在蛋皮的一边放上蚕豆泥（条状），卷起后放在平盘中。

③将豆蓉蛋卷上笼用中火蒸透，晾凉后改刀装盘即可。

（2）说明

①鲜豌豆、鲜绿豆、鲜红豆、鲜黑豆等原料均可按此法制作。

②按以上方法还能制作"豆蓉紫卷菜""豆蓉笋卷""豆蓉腐皮卷""豆蓉圆白菜卷""豆蓉萝卜卷""豆蓉百叶卷"等。

③此菜也可以根据需要改变形状，如鸡心形、柳叶形、如意形、椭圆形、三角形、正方形、菱形等。

14.鱼蓉蛋卷

（1）制作方法

①将鳜鱼肉斩成细蓉放入盛器中，加入鸡蛋清、葱姜汁、可可粉、盐、味精、水调匀，搅拌上劲成鱼缔。

②蛋皮修切成长方形，摊在案板上，抹上一层鱼缔后顺长卷紧，放在平盘中。

③将鱼蓉蛋卷上笼用中火蒸透，晾凉后改刀装盘即成。

（2）说明

①紫菜、豆腐皮、百叶等原料均可按此方法制作。

②在鱼蓉中也可以加入鸡蛋黄（或胡萝卜素）、绿菜汁、苋菜汁、各色果汁等原料变化、丰富其色彩，如"绿色鱼蓉蛋卷""黄色鱼蓉蛋卷""红色鱼蓉百叶卷"等。

③此菜在卷制过程中，也可以根据需要改变其形状，如半圆形、鸡心形、柳叶形、长柳叶形、椭圆形等。

④鸡蓉、虾蓉等原料也可按此方法进行制作。

15.白玉翡翠卷

（1）制作方法

①将鸡蛋清磕入碗内，加盐、味精、水淀粉，用筷子调散、搅匀，烙成蛋皮（呈白色）。

②将白蛋皮摊开放在案板上，覆上一层菠菜叶（经烫制），在一端放上胡萝卜丝（用盐水煮透），将蛋皮把菠菜叶和胡萝卜丝卷在中间（紧），改刀装

盘即成。

（2）说明

①烙蛋皮时火候要把握准确，要保持蛋皮色泽的洁白。

②此菜在制作过程中，其中间也可以卷入蛋皮丝（黄色）、香菇丝、火腿丝、笋丝、莴苣丝等。

③此菜也可以用蛋皮卷菠菜松（菠菜烫透，切成细末，加调味品拌制而成）。

第五节　常用调味碟的制作与运用

常用调味碟，即干果调味料，是酒席中搭配菜肴而上的佐餐小食，如酱菜、干果、酱料等。一般情况下，在许多酒席中，常用调味碟随冷菜一同上桌，以单盘式或各客组合式等形式呈现，具有解腻、清口、醒酒、佐饭等功能。如在清代满汉全席的记载中，就有"入席前，先上二对相，茶水和手碟，台面上有四鲜果、四干果、四看果、四蜜饯和四调味"的记载。无论是在色彩搭配上还是口感味道上，常用调味碟都各有其特点。"精致"是常用调味碟最大的特色，造型要别致、口味也要独特，甚至对于盛装的器皿及装盘形式都有所讲究，但是分量一定不能多。顾客仅仅是借助调味碟这个"引子"来更好的调理味觉、刺激食欲。

一、常用调味碟的基本作用

1. 丰富菜肴的味型

常用调味碟在制作中，常添加姜、葱、白糖、胡椒粉、香油、花椒、蒜、辣椒等调料，如酸辣藕尖，自制剁椒等。在味型上侧重于酸辣或侧重于酸甜等，其目的是为了刺激味蕾，以达到增加食欲等效果，对于整桌冷菜的味型，可以做到适当的补充，使得整桌冷菜形成一个完美的美食体系，并起到提鲜、增香、和味的作用。

2. 合理分配菜肴成本

一桌酒席中，冷菜和主盘是"门面"，是酒席的基本构成，而常用调味料则是点缀和补充。在原料的选择上，常用调味料常选择一些价格低廉的品种，如花生、萝卜、豆制品等，可以适当缓解整桌冷菜的成本压力。而在许多酒店中，通常都会在餐前上一些免费的调味碟，供顾客食用，深受顾客的欢迎。当然，调味碟作为辅助菜品，在数量上要注意"度"，与冷菜保持1：3或1：4的比例。

3. 体现地方特色

很多地方特色菜都是以地方上最寻常、最易得的食材，用最符合当地人习惯和口味的烹饪手法做成的菜肴，这些菜肴经常会以调味碟的形式呈现给食客，如四川的酸泡菜、怪味豆，湖南的腌韭菜花，浙江的糟毛豆，江苏盐城的醉泥螺等。食客在品尝这些菜肴的同时，也会对该地方的特色美食文化留下深刻的印象。

4. 具有一定的营养价值

调味碟虽然原料选取普通，做工简单，但也具有一定的营养价值。如一些酱菜类食品，在发酵过程中会产生乳酸菌，这对儿童、中老年人而言有助消化、调节肠胃功能的作用，是一种很好的开胃菜。又如一些干果类，含有丰富的维生素 A 和维生素 E，以及人体必需的脂肪酸、油酸、亚油酸和亚麻酸，还含有其他植物所没有的皮诺敛酸。具有益寿养颜、祛病强身之功效，还具有防癌、抗癌之作用。

二、调味碟的常见类型

常用调味碟多种多样，其呈现的形式也各有特点，我们可以进行以下分类。

（一）根据原料选取分类

1. 酱腌菜类

此类菜品是把经过盐腌保存的蔬菜脱盐，然后浸入酱内酱渍制成。酱菜制作一般分制酱、盐腌、酱渍 3 个过程。此类菜品具有保存时间长，脆嫩、鲜香、解腻增食欲、爽口开胃等特点，如酱黄瓜、酱萝卜、雪里蕻、扬州什锦菜等。

2. 干果及豆品类

此类调味碟制作简单，只需将干果豆品制作成熟，稍加调味即可上桌，如椒盐腰果、挂霜生仁、状元豆等，具有口感香脆，营养丰富的特点。

3. 酱料类

酱料在我国古代已重视，传说皇帝每次正餐都要摆满 60 种"醢"（读作 hǎi，即酱料）。酱料的使用其实很有讲究，多不得少不得，恰到好处才有味。各种酱料既可以用来烹饪各式菜肴，增加菜肴的口味与香气，也可以单独制成调味碟上桌，具有口味浓厚、刺激食欲的作用。如广式的沙茶酱、黑胡椒酱，川式的老干妈酱、豆瓣酱，自制的肉酱、八宝辣酱、虾酱等。

4. 自制小菜类

各个酒店一般都会有有特色的自制小菜，其选料广泛，价格低廉，各有风味特色，深受广大食客的喜爱。如泡藕尖、手捏菜、菜根香等。

5. 生食果蔬类

此类调味碟选用可以生吃的新鲜瓜果蔬菜，如圣女果、青萝卜、黄瓜等，洗净后直接上桌，供客人食用。因其清淡爽口，解酒解腻，而深受广大食客的欢迎。

（二）根据上菜的形式分类

1. 单盘式

即用一种菜肴装一盘调味碟的方式，这种形式多见于普通宴席与零点餐厅的赠送调味碟。

2. 各客组合式

即用二种以上菜肴装成一盘调味碟的方式，这种方式常见于高档次宴席。

3. 自助选取式

即提前将多种菜肴分别装盘好，供客人自选取用的形式，这种形式多见于自助餐台面。

三、常用调味碟的制作与运用

（一）常用调味碟的制作

1. 酱腌菜类

（1）酱黄瓜

1）制作方法

①选取鲜黄瓜 5000 克、粗盐 400 克、甜面酱 700 克。将黄瓜洗净，沥干水分，长剖开切成两条（也可不切开）加粗盐拌匀压实，面上用干净大石块压住。

②腌渍 3 ~ 4 天，将黄瓜捞出，沥干盐水；将腌缸洗净擦干，倒入沥干的黄瓜，加甜面酱拌匀，盖好缸盖酱制 10 天即可食用。

2）说明

①黄瓜可切成多种形状，如丁、条、块等。

②此菜还可以制作成其他口味，如酸甜口、酸辣口等，也可制作成泡菜类。

（2）酱八宝菜

1）制作方法

①选取黄瓜 1000 克，藕和豆角各 800 克、红豆 400 克，花生米 300 克，栗子仁 200 克，核桃仁 100 克，杏仁 100 克（以上原料应先行腌渍好），黄酱 2000 克，糖色水 100 克，酱油 1000 克。

②将以上原料均加工成大小均等的形状混合在一起，用水泡出部分咸味，捞出晾干，装入布袋入缸，缸中放黄酱，糖色酱油每天搅拌 1 次，5 ~ 7 天即成。

2）说明

①主料先腌渍时加盐不宜过多，时间要长一点，需 5～8 天，缸中的调料应淹没主料，如不足可加凉开水。

②可以在加工时切配成小丁或细条，缩短酱制时间。

（3）五香萝卜干

1）制作方法

①白萝卜 10 千克，粗盐 1000 克，花椒、大料各适量。将萝卜去根须、削顶洗净，从中切开，放入干净的缸内，加粗盐和清水，水要淹过萝卜面，腌渍 1 个月后即成腌萝卜，将萝卜切成粗条，晾晒至干。

②把腌萝卜的卤汁撇去上面的污物和浮沫，轻轻倒入大锅内（不要倒出缸底渣物），加花椒大料，熬至卤汁发红色时离火，晾凉。将萝卜再放入缸内，倒入卤汁搅拌均匀，闷 2 天后，萝卜干回软即可。

2）说明

①如发现萝卜干过干，可加卤汁使萝卜干湿润。

②晾晒萝卜条要不时翻动，以免受捂影响口味。

2. 干果及豆品类

（1）琥珀杏仁

1）制作方法

①炒锅里放少量水，放冰糖，冰糖快溶化的时候再放少许蜂蜜。冰糖和蜂蜜水起大泡的时候，投入杏仁，不停的翻炒，直到炒锅里没糖浆，杏仁快干的时候关火，装出杏仁。

②锅里放少许植物油，油温不太热的时候放杏仁，当杏仁熟时（变颜色），盛出来散上熟芝麻晾凉即可。

2）说明

①琥珀杏仁色似琥珀，香酥脆甜，甜、酥、香、脆，具有杏仁的浓郁香味，醇厚、甘爽。

②此菜也可以用其他原料制作，如腰果、花生米、桃仁、夏威夷果等。

（2）椒盐腰果

1）制作方法

①腰果洗干净，控干水分，放入盆中，加入橄榄油、适量花椒盐，拌匀，静止片刻。

②同时预热烤箱上下火 150℃，烤 18 分钟左右，腰果变黄即可。

2）说明

①腰果可以预防心血管疾病，因为其所含的微量元素和维生素非常丰富，能够软化血管，还可以防治心血管疾病，保护血管健康。

②腰果里面含有一定的过敏原成分，对于身体比较容易过敏的人群来说应该特别注意，可能会出现过敏反应；腰果是热性食物，过量食用特别容易上火，还含有非常多的膳食纤维，如果一次性吃太多容易导致拉肚子。

（3）状元豆

1）制作方法

①将黄豆泡发透，倒入锅中，加适量清水，放八角（2枚），大火煮开后转小火煮1小时。

②加入少许红曲米、酱油、料酒、盐、五香粉，放入红枣、笋丁，大火收汁即可。

2）说明

①状元豆是江苏南京的传统小吃，属金陵小吃，是秦淮八绝之一，也是南京夫子庙的特色小吃之一。

②状元豆入口喷香，咸甜软嫩，由于烹制入味，一般色泽呈紫檀色，入口富有弹性，香气浓郁。

（4）怪味花生

1）制作方法

①取颗粒饱满的花生仁用开水浸泡5分钟，取出沥干。

②油锅烧热，改用文火，放下花生仁炒至内部呈浅黄色时捞出，沥净油。净锅加清水100克，倒入白糖、盐、酱油、胡椒粉、姜、葱水、醋，熬至糖水在锅内起大泡时，放入辣椒末、花椒粉。糖熬好时，用筷子蘸糖汁后在凉水浸一下，糖汁能粘住筷子；若用筷子蘸起时起糖丝，说明糖汁已过老，可加水50克再煮。然后把锅离火，搅拌糖汁至稀糊状时放入炸过的花生仁，翻动并粘糖，淋上香油即成。

2）说明

此菜也可用其他原料制作，如蚕豆、芸豆等。

3. 酱类

（1）开胃酱

1）制作方法

①选取A料（雪菜500克，豆豉300克，酱萝卜干200克），B料（榨菜150克，红野山椒250克），C料（盐、味精、白糖各5克）。

②将A、B料剁成米粒大小备用。取一干净容器，下入A、B、C料，搅拌均匀即可。

2）说明

①此酱料也可炒菜或者炒饭，先将此料煸透出香，再下入其他原料进行炒制。如在烹菜后期加入酱料则不能充分入味。

②此酱料可在低于20℃的环境下密封保存20天。

（2）剁椒风味酱

1）制作方法

①选取 A 料（剁椒 500 克，蚝油 20 克，豆豉 50 克），B 料（姜末 80 克，蒜末 30 克），C 料（味精 15 克，鸡粉 18 克，白糖 8 克，生抽 20 克），葱油 100 克。

②将 A 料下入净盆中，下入 C 料调和均匀，再加入 B 料和葱油，调和均匀即成。

2）说明

①应该选择红亮、肉厚、辣椒籽少的剁椒，这样制出的酱料才能符合质量标准。如果选用籽多或不饱满的剁椒制作酱料会使成品发黑。

②此酱料可在 20℃的冰箱里可以保存 20～25 天，常温下可保存 8～10 天。

（3）八宝辣酱

1）制作方法

①猪肉洗净，带皮切成小丁；豆干洗净，切成小丁；虾米去壳略洗，加 10 克酒、10 克水腌浸；玉米笋洗净，切成小丁；笋去箨，周围削净，切成小丁；葱去根小段；菱肉略洗，对切为二；豌豆略冲洗净，花生仁用热水泡，将衣剥除。

②锅中入油，将葱段爆香，辣酱倒入，炒至酱香四溢时盛起。锅中再入油烧沸，先炒虾米，随即将豆干倾下煸炒，至微黄色时起锅，再入肉丁稍加酱油和水，煮至肉酱酥时，姜片夹出。豆干、笋丁、菱角、花生、豌豆等一并倒下，酱和入，酌加砂糖炒匀，加少许水煮两沸，随时翻炒，以免粘锅，待汤汁少后盛起，即可供食。

2）说明

①此菜色泽艳丽光亮，鲜辣辛香。

②此酱料可选取其他原料制作，如添加香菇、烤麸等。

（4）小龙虾酱

1）制作方法

①选取红油豆瓣酱 10 千克，糍粑辣椒 3000 克，冰糖 500 克，干辣椒段 1500 克，青花椒 1000 克，袋装火锅底料 5 包，老姜片 1000 克，京葱段 1000 克，自制十三香粉 200 克，二锅头白酒 250 克，牛油 1000 克，色拉油 10 千克，香辣油 5000 克。

②锅上火，下牛油、色拉油和香辣油烧热，放老姜片和京葱段炸香，再下泡好的干辣椒段、糍粑辣椒、火锅底料和豆瓣酱炒香出色，然后放入泡好的青花椒、冰糖和自制十三香粉炒出香味，出锅装入不锈钢桶里并加入二锅头白酒密封好，冷却后即成。

2）说明

①注意红油豆瓣酱最好剁碎，便于入味增香。

②在做其他菜肴的时候也可以适当添加这种酱料，味道浓郁鲜香、层次感强。比如炒蔬菜或者炖肉的时候都可以放。

4. 自制小菜类

（1）泡藕尖

1）制作方法

①选取藕尖1000克，老盐水700克，红糖5克，食盐10克，干红椒10克，料酒20克，醪糟汁5克，香料包1个。

②将藕尖在老盐水中泡1小时，捞起，晾干表面水分；将各种调料拌匀装入坛中。放藕尖及香料包，用竹片卡紧盖上坛盖添满坛沿水，泡1小时即成。

2）说明

①此菜也可做成其他口味，如酸辣藕尖等。

②此菜清爽可口，脆嫩开胃。

（2）腌糖蒜

1）制作方法

①取鲜蒜5000克，精盐500克，红糖1000克，醋500克。将鲜蒜放在清水中泡5～7天（每天换一次水）；将泡过后的蒜用精盐腌渍，每天要翻一次缸，腌到第四天捞出晒干。

②锅中加入水3500克，红糖、醋煮开，端离火口，凉透；将处理好的蒜装入坛，倒入清水，腌7天即可食用。

2）说明

①腌过的糖蒜鲜而不辣，却有蒜味。

②此菜稍酸而甜，非常可口。

（3）泡辣椒

1）制作方法

①取尖头鲜红辣椒3000克，粗盐560克，明矾120克，凉开水1800克。先将粗盐、明矾放入小缸内，加凉开水，搅动，待粗盐、明矾溶化后，备用；红辣椒洗净，晾干，去梗、去蒂，再用尖头竹扦在辣椒两旁戳两个小洞，以便于辣椒入味。再把辣椒放入盐缸内，用石头压实，盖紧。

②腌渍半个月后，翻缸检查一次，撇去浮面白沫，并注意拣出发霉腐烂的辣椒，再压实，盖严。腌渍6个月后即成，3个月以上可食用。

2）说明

①半个月后翻看1次，此操作极为重要，否则个别腐烂、发霉的辣椒会导致全缸受害。这一点是平时泡辣椒不成功的重要原因之一。

②泡辣椒的缸应放在阴凉处，防止受曝晒，引起坏缸；取用泡辣椒时，切

忌沾染油星，以防泡椒变质。

（4）腌韭菜花

1）制作方法

①取韭菜花 10 千克，盐 400 克，生姜 200 克，辣椒 50 克，料酒 50 克，花椒 20 克。

②将韭菜花加生姜、辣椒切碎，拌入盐、花椒和料酒装坛密封，30 天即成。

2）说明

①此菜适合常吃油腻者、大病初愈或患小病而胃口不佳者，尤其适合食用。

②此菜具有咸、香、鲜、辣的特点。

（5）菜根香

1）制作方法

①黄瓜、青椒洗净切丁，胡萝卜洗净切片，香菜梗、芹菜梗洗净，切小段。盐、生抽、蚝油、醋、香油放入碗中，调成汁。

②将切好黄瓜、青椒、胡萝卜、香菜梗、芹菜梗放入碗中，倒入调好汁，腌 30 分钟即可。

2）说明

①香菜梗是这道菜的灵魂，不能少，其他的可随自己的喜好来搭配，如加入青红尖椒、莴苣等。

②此菜成本低，口味独特，深受大众欢迎。

（6）腌圣女果

1）制作方法

①取圣女果 2000 克，盐 100 克。将红透的圣女果用开水烫一下，去皮，晾凉后放入缸内，一层圣女果一层盐，盖好存放 7 天。

②此菜制作的过程中，要用纸条把盖密封起来，放在阴凉通风处保存。

2）说明

另一种腌法是将圣女果放入 20% 浓度的盐水中腌存。这样腌出的圣女果鲜脆可口，味道和新鲜的一样。

（二）常用调味碟的运用

根据用餐形式的不同，常用调味碟在运用上也会相应的不同。

1. 零点形式

零点餐厅的调味碟，多以免费赠送形式为主，一般每桌赠送 1 ~ 2 种调味碟，一般以小盘单碟上桌，数量较少，用以刺激顾客食欲。

2. 普通宴席形式

普通宴席上的调味碟，一般与冷菜一同上桌，数量为 2 ~ 4 种，以小盘单碟为主，起到调和滋味、下酒助兴的作用。

3. 高档宴席形式

高档宴席因档次较高，调味碟在原料的选取上更加精细，餐具选择也会更加美观，即可以单碟形式上桌，也可以用多种调味料组合制成各客式拼盘上桌，在增进食欲、解酒解腻的同时，还有美观大方，提升档次的作用。

4. 自助餐形式

自助餐客流量较大，除现场烹制外，所有菜品都要提前摆台上桌，并准备充分，因此调味碟的分量也要加大，一般以美观的碗、碟盛装，供顾客自行选取，并及时添加。

当然，调味碟的应用还会有一些变化，例如随着季节的变化，调味碟的选用也会相应变化，春、夏季节口味应微酸清淡；而秋、冬季节应口味浓厚。另外，随着顾客年龄的不同，也应进行变化，如老年人，则应以口味清淡爽口、口感软嫩为主；如儿童，则应以口味偏酸甜，口感以酥脆为主。总之，调味碟虽小，但起到的作用可不小，它不仅有一定的食用价值，还具有丰富与美化整桌菜品的作用，不可小视。

第六节　风味冷菜常用卤水的配制与保存及常用滋汁的调制

一、卤水的配制、使用与保存

在风味冷菜中，使用率最高、品种最丰富的是卤菜，卤菜也是风味冷菜中最有代表性的菜品。难怪有用"卤菜"代表"冷菜"的说法，这在餐饮行业上似乎也是约定俗成的，卤在冷菜制作中运用的广泛性也就可想而知了。

制作卤菜所选用的原料非常广泛，主要是动物性原料及其内脏（指禽类、畜类等）。这些原料经卤水浸汁和煮制后，便成了具有独特风味的冷菜。卤菜的质量与卤水的制作有着密不可分的联系，换言之，卤水的制作、使用与保存直接决定着卤菜的质量与风味特色。

腌渍原料所使用的卤水往往是用盐、葡萄糖、酒、葱、姜、花椒和水等配制而成。水以能浸没原料为度，原料、盐、葡萄糖的比例为 10 : 1 : 1，原料浸泡的时间应根据原料的大小、品种、季节而定，一般为 4 ~ 5 天，夏季应短些，冬季则要长些。

卤水中所加的硝是为了给肉增添鲜亮的红色和风味特色，但硝又是一种致癌物（世界上很多国家的相关法律法规对此物质的使用都有明确的用量规定），所以在使用过程中要控制好硝的用量。

由于原料在腌渍卤水中的长期和反复浸泡，原料中的血水和污物同时溶入卤水中。如果只使用而没有定期地加以清理，卤水会变质发腐，这样，卤水不仅不能给冷菜原料增添鲜亮的色泽和风味特色，反而使冷菜原料腐败变质，严重的还会引起食物中毒。因此，卤水的定期清理是必不可少的一个重要环节。清理时可将卤水倒入锅中烧沸，用细筛（或纱布）滤去污物杂质，再重新增加所需调料。这样腌渍的卤水就可以长期、反复地使用。

煮制的卤水是用糖色、盐、糖、酒、葱、姜、香料袋等配制而成（此为红卤水，不加有色调味品为白卤水）。卤水中用糖色而少用酱油（或不用），是为了使卤菜能更好地呈现色泽的鲜亮和红润。卤水的反复煮制，如果不用糖色，使用酱油调味，卤菜容易发黑，影响卤菜的质量。这里熬制的糖色的质量就显得非常的重要，制好的糖色应该是几乎没有甜味，也没有苦味的。

煮制用的卤水也是长期重复使用的。使用过程中，肉类的蛋白质、酯类及其他风味物质也逐渐渗入卤水中，更增添卤水的滋味，这也是多年使用的卤水能产生独特的香味和风格的原因所在，这便是我们餐饮行业上俗称的"老卤"或"老汤"。

但是，在使用过程中，原料中的污物和杂质也同时掺入卤水，使卤水在使用过程中容易腐败变质。所以卤水应2～3天定期煮沸和清理（过筛或过滤"清底"），除去多余的油脂和杂质，以防止沉渣腐败，当然，盛器的清洁卫生与防止生水渗入也是十分重要的。另外，还要定时增添相应的调料和卤水，以保持卤菜稳定的香味和特色。

严格地讲，卤水分为腌渍卤和煮卤。腌渍卤就是在腌渍动物性食材过程中渗出来的血水，这些血水对下一批的食材腌渍是可以再利用的，这对卤菜风味特色的体现有极大的帮助作用，这种腌渍卤水从食品安全的角度，其保存与使用的要求更高，需要每天加以煮沸、清理，而且，其风味的变化也更加复杂，因为不同食材或同一食材在制作不同的卤菜时，投放的腌渍调料是不一样的，所以，这里没有涉及腌渍卤水的配制。这里介绍的卤水是指的煮卤，现将几种常见卤水的配制方法介绍如下。

1. 红卤水

添加红色着色剂或有色调味料的卤水，味型多呈咸中带甜，鲜香浓郁。根据所用着色剂的不同，又可以分为酱色红卤水和红曲红卤水两种。

（1）酱色红卤水

酱色红卤水品种很多，但一般有精卤水和普通卤水两种区别，在同样类型投料的情况下，精卤水是普通卤水的升级，也就是在用料上更为精致或多样。

1）精卤水 A

配方：八角 75 克、桂皮 100 克、甘草 100 克、草果 25 克、丁香 25 克、沙姜粉 25 克、陈皮 20 克、罗汉果 1 只、花生油 200 克、姜片 100 克、葱段 200 克、生抽 5000 克、料酒 2000 克、冰糖 2000 克、盐 75 克、高汤 50 千克。

制作：将所有的香料装在纱布袋中制成香料袋，锅中加入花生油烧热，投入姜片、葱段煸至起香，加入浅色酱油、料酒、冰糖、盐、高汤和香料袋，大火烧开后改用小火加热约 80 分钟，去葱、姜及浮沫即可。

精卤水除每周换香料一次外，其余原料应根据卤水用耗情况每天按比例增加，如果加入酱油 500 克，则需要加入盐 750 克、冰糖 200 克、料酒 250 克，另外用老母鸡、火腿、瑶柱等制成的上清汤作为卤水汤基，以始终保持精卤水稳定而上乘的质量。

在同等类型的普通卤水的制作中，其方法与精卤水相同，只是将高汤改用清水、冰糖改用白糖而已。

2）精卤水 B

配方：八角 30 克、小茴香 20 克、桂皮 20 克、甘草 15 克、草果 75 克、丁香 25 克、花椒 25 克、花生油 200 克、姜片 100 克、葱段 200 克、母油（上等酱油）1000 克、料酒 500 克、冰糖 750 克、盐 100 克、高汤基 50 千克。

制作：将所有的香料装在纱布袋中制成香料袋，锅中加入花生油烧热，投入姜片、葱段煸至起香，加入上等酱油、料酒、冰糖、盐、高汤和香料袋，大火烧开后改用小火加热约 2 小时，至香味溢出时，去葱、姜及浮沫即可。

（2）红曲卤水

配方：红曲米 750 克、八角 300 克、桂皮 300 克、花生油 100 克、姜片 200 克、葱段 200 克、母油（上等酱油）800 克、料酒 800 克、冰糖 1500 克、绵白糖 300 克、盐 750 克。

制作：将红曲米与八角、桂皮分别装在纱布袋中，锅中加入花生油烧热，投入姜片、葱段煸至起香，加入上等酱油、料酒、冰糖、绵白糖、盐、料袋、水和净光鸭（20 只），大火烧开后改用小火加热卤制（水量以与鸭平为度）。当鸭成熟后，所余下的卤汁即是下次卤鸭的红曲卤水，但每次使用时，都需要按照比例添加或更换其中的调料。

（3）香妃卤水

配方：虾米 500 克、冰糖 2500 克、盐 750 克、味精 250 克、罗汉果 3 只、八角 20 克、桂皮 20 克、丁香 5 克、甘草 50 克、豆蔻 20 克、砂仁 15 克、山奈 20 克、陈皮 10 克、红葡萄酒 150 克、清水 6000 克。

制作：将所有香料装在纱布袋中做成香料袋，锅中加入清水、虾米、香料袋、冰糖、盐，大火烧开后改用小火煲约 50 分钟，然后捞出虾米和香料袋，加入味精、红葡萄酒调匀即成。

2. 白卤水

所谓"白卤水"，是指不添加有色的调味料，色白而清的卤水。味型一般以咸鲜味型居多，其品种也比较丰富，一般没有精卤与普通卤的区别。

（1）盐水鸭卤水

配方：清水50千克、盐200克、八角20克、小茴香80克、桂皮50克、草果50克、甘草50克、沙姜25克、花椒25克。

制作：将所有的香料装在纱布袋中制成香料袋，锅中加水并投入香料袋，大火烧开后加入盐，并用小火加热约30分钟。卤鸭的卤水，可以反复使用，且以陈为美，但每次使用时，都需要按照情况适当添加或更换其中的调料。

（2）肴蹄卤水

配方：清水50千克、盐4000克、明矾15克、八角75克、花椒75克、小茴香50克、料酒200克、姜片125克、葱段250克。

制作：将所有的香料装在纱布袋中制成香料袋，锅中加水、盐、明矾加热烧开后撇去浮沫，再投入香料袋、姜片、葱段、净猪蹄、料酒，大火烧开后改用小火加热煮透。余下的卤汁即为肴蹄白卤水，可以反复使用，且越陈越美，同样，每次使用时，都需要按照情况适当添加或更换其中的调料。

对冷菜原料的卤制加工，卤水是基本条件，卤香味是主要风味特点，一般都采用多卤量，并用中、小火徐徐加热的方式。一般来说，卤制的原料如果没有超前腌渍所卤得的卤水，叫作"鲜卤"，由于原料内部口味不足，因此，常常取一部分卤水收浓至黏稠，浇于成品之上，这在传统上称之为"挂卤"，有的地方又叫"酱"；如果卤制的原料，已具有了超前调味的腌渍过程，所卤得的卤水叫"腌卤"，由于原料内部口味较足，故无需挂卤过程，而是浸卤使用，即用即提，防止干燥和变色，以确保冷菜应有的口感和色泽。

二、风味冷菜常用滋汁的调制

在风味冷菜的制作过程中，冷菜材料经装盘造型后（主要的是单盘）常常需要淋浇一些调制好的滋汁（或带调味碟上桌，供客人蘸食），或冷菜材料经加工处理后，需用滋汁拌制（或浸渍）；另外，还有些冷菜材料不宜过早的调制入味，而要现拌（调味）现吃，因为有些冷菜材料预先调味后会渗水，味易淡薄，还有些冷菜材料如果过早的调味会影响其色泽。可见，掌握风味冷菜常用滋汁的调制技术，也是冷盘制作中不可忽视的重要组成部分。现将风味冷菜常用滋汁配兑比例及制作方法作相应的介绍，供大家参考。

（一）调制滋汁

1. 通用糖醋汁

（1）配方

糖 150 克、香醋 100 克、盐 1 克、姜末 5 克、葱花 5 克、蒜泥 5 克、酱油 3 克、调和油 10 克、清水 150 克。

（2）制作

调和油下锅加热，投入葱、姜、蒜煸炒起香，加入清水、酱油、糖、盐搅匀烧开，待凉后加入醋拌匀即成。

（3）说明

①这是中国传统上最具代表性的酸甜滋汁之一，东西南北广泛适应，并被大量应用。

②值得一提的是，其中酱油的用量应视下醋后的色度而定，且加热不宜久，用量不宜多，否则色深味咸，容易发苦，反而不美；如果用的是黑醋，就不能用酱油，并需要适当掺些白醋调色。

③在糖醋基准口味中，也可以适量增添梅汁、柠檬汁、山楂酱、嗯汁、红椒油、韭黄之类，以增加口味的丰富性。

④该滋汁可以稍长时间的保存和使用，但醋味容易挥发，因此，在保存过程中一定要加盖密封，并在使用时适量加醋。

2. 怪味汁

（1）配方

盐 5 克、酱油 20 克、红油 10 克、花椒粉 2.5 克、白糖 10 克、味精 2 克、香醋 5 克、芝麻酱 20 克、麻油 5 克、姜末 5 克、蒜泥 5 克、葱花 5 克、高汤 30 克。

（2）制作

红油下锅加热，投入葱、姜、蒜煸炒起香，加入芝麻酱、酱油、糖、盐、高汤、味精搅匀烧开，待凉后加入香醋、花椒粉、麻油（或复合油）拌匀即成。

（3）说明

①该滋汁在调制过程中，可以根据需要适当调整其辣度和麻度，酸味的调制也可以用梅汁、柠檬汁或山楂汁等。

②在调制滋汁过程中，还可以在其中适量加些熟芝麻、桃仁末、生仁末、或腰果末等，以增加滋汁的香味。

3. 麻酱汁

（1）配方

芝麻酱 25 克、白糖 10 克、酱油 5 克、葱油 5 克、胡椒粉 1 克、清汤 10 克、麻油 10 克。

（2）制作

将所有调料同放碗内，搅拌均匀即成。

（3）说明

为了使滋汁的味型更具有丰富性和多变性，可以根据情况在其中再分别适量加些海鲜酱、花生酱、八宝辣酱、沙茶酱、甜面酱、南乳汁等。

4. 麻辣汁

（1）配方

辣椒粉 5 克、花椒粉 2.5 克、盐 10 克、酱油 15 克、白糖 10 克、麻油 5 克、豆豉末 10 克、调和油 10 克、味精 1 克、高汤 20 克。

（2）制作

调和油下锅加热，投入辣椒粉、花椒粉、豆豉末煸炒起香，加入高汤、酱油、白糖、盐、味精搅匀烧开，待凉后加麻油拌匀即成。

（3）说明

辣味调味料除辣椒粉之外还有很多，如泡椒、豆瓣酱、红油、辣酱等，有时为了使麻辣风味层次更加丰富，更加醇厚，也可以适当掺和一些调味料。

5. 酸辣汁

（1）配方

盐 15 克、香醋 20 克、胡椒粉 10 克、生姜汁 10 克、麻油 15 克。

（2）制作

将所有调料同放碗内，搅拌均匀即成。

（3）说明

①这是酸辣汁中最普通的一种调制形式，比较适用于蔬菜类冷菜的制作，如果是动物性原料，在调制时可以适当添加些辣椒酱、豆瓣酱、红油以及梅汁、柠檬汁、山楂片（用水溶化）等。

②如果色泽需要也可不用香醋，而用白醋或浙醋（红醋）。

6. 通用辣酱汁

（1）配方

辣椒酱 20 克、番茄酱 10 克、红泡椒末 8 克、白糖 8 克、OK 汁 5 克、噢汁 4 克、花生酱 3 克、葱花 5 克、蒜蓉 3 克、鸡精 1 克、麻油 5 克、调和油 5 克、高汤 15 克。

（2）制作

调和油下锅加热，投入葱花、蒜蓉、红泡椒末、辣椒酱、番茄酱煸炒起香，加入用高汤调散的花生酱烧开，再加入白糖、OK 汁、噢汁、鸡精搅匀，待凉后加麻油拌匀即成。

（3）说明

①该滋汁的味道比较浓厚而复杂，且具有一定的黏稠度，因此，比较适用

于动物性原料的制作。

②该滋汁的黏稠度可以根据情况用汤进行调整。

7. 豉酱汁

（1）配方

豆豉粒 10 克、海鲜酱 2.5 克、葱花 2.5 克、蒜蓉 4 克、洋葱粒 2 克、姜末 3 克、青椒粒 1 克、红椒粒 1 克、陈皮粒 0.5 克、芫荽籽粉 0.1 克、盐 0.1 克、鱼露 0.5 克、美极酱油 0.5 克、蚝油 2 克、料酒 1 克、调和油 6 克、高汤 20 克。

（2）制作

调和油下锅加热，投入豆豉粒煸松起香，再下姜末、葱花、蒜蓉、洋葱粒、青红椒粒、陈皮粒煸炒起香，加入其他用料烧开拌匀即成。

（3）说明

由于该滋汁色呈褐红，豉香浓郁，味感层次丰富，在冷菜调味制作中，经常作为禽类、水产类以及家畜类等原料的淋浇汁或拌汁使用。

8. 海鲜豉油汁

（1）配方

生抽王 700 克、鲮鱼骨 500 克、芫荽 120 克、鲜味王 50 克、文蛤精 50 克、白糖 60 克、白胡椒粉 12 克、老抽 5 克、清水 1500 克。

（2）制作

锅中加清水、鲮鱼骨烧开后撇去浮沫，投入芫荽用小火煮约 30 分钟，过滤后可得汤汁约 1200 克，再加入其他调味料和匀即成。

（3）说明

该滋汁在使用过程中，经常与一些复合油料（如葱椒油、蒜椒油、红油等）混用。

9. 五酱奇香汁

（1）配方

柱侯酱 125 克、叉烧酱 110 克、南乳汁 120 克、磨豉酱 75 克、酸梅酱 40 克、玫瑰露酒 35 克、葱姜汁 25 克、美美椒 20 克、美美蒜 10 克、酒酿汁 30 克、白糖 100 克、味精 2 克、麻油 25 克、高汤 350 克、色拉油 10 克。

（2）制作

调和油下锅加热，投入磨豉酱、柱侯酱煸炒起香，然后再加入其他调味料烧开炒和搅匀即成。

（3）说明

该滋汁多用于风味冷菜的拌制，也可以作为蘸食味酱，在使用过程中可以根据冷菜原料的特性和具体需要调整滋汁的稠稀度。

10. 香辣沙律汁

（1）配方

卡夫奇妙酱 10 克、孜然粉 2 克、吉士粉 3 克、鲜美香粉 1 克、香辣粉 2 克、辣酱油 5 克、葱姜汁 25 克、三花淡奶 10 克、盐 3 克、白糖 5 克、鸡精 2 克、麻油 3 克、高汤 50 克、色拉油 10 克。

（2）制作

色拉油下锅加热，投入香辣粉、孜然粉煸炒起香，然后再加入其他调味料烧开，炒和搅匀即成。

（3）说明

该滋汁用于植物类原料制作的冷菜的调味较为适宜，如黄瓜、菠菜、莴苣、圆白菜、胡萝卜、萝卜、大白菜以及各种水果等。

11. 香红糟汁

（1）配方

红米糟 250 克、浙醋 125 克、冰糖 90 克、玫瑰露酒 2 克、绍酒 45 克、味精 2 克、香槟酒 60 克、盐 3 克、橙肉粒 50 克、清水 200 克。

（2）制作

锅中加入清水烧开，投入冰糖、红米糟小火煮溶（约 20 分钟），过滤去渣，然后再加入其他调味料，炒和搅匀即成。

（3）说明

①适用于猪手、猪肚、鸡爪、虾仁以及毛豆、芸豆等原料的调味制作。

②该味型清鲜爽口、酒香浓郁，尤其适合于春、夏季节使用。

12. 葱椒梅汁

（1）配方

台湾梅 10 只、香葱白丝 20 克、香葱叶丝 5 克、仔（嫩）姜丝 8 克、白胡椒粉 5 克、鲜辣粉 2 克、味精 2 克、盐 3 克、鲜汤 750 克。

（2）制作

锅中加入鲜汤、台湾梅用小火慢煮，待出味以后（约 30 分钟），投入其他调味料搅和均匀即成。

（3）说明

根据需要也可以适当加少量的花椒熬煮起香，此味汁较适用于动物性原料，如牛肉、羊肉、猪肉、猪肚等。

13. 酸辣香汁

（1）配方

番茄沙司 100 克、绿芥末酱 10 克、竹叶青酒 25 克、辣椒粉 1.5 克、吉士粉 2 克、生抽王 25 克、味精 2 克、盐 1 克、白糖 8 克、葱姜汁 10 克、鲜汤 50 克、色拉油 15 克。

（2）制作

色拉油下锅加热，加入番茄沙司、辣椒粉、葱姜汁煸炒起香，出红油后加入吉士粉、生抽王、盐、白糖、鲜汤、味精用小火熬溶，待出味以后（约 10 分钟）起锅，凉透后拌入绿芥末酱、竹叶青酒搅和均匀即成。

（3）说明

该滋汁适用于动、植物性原料的制作，尤其是生料的调制，如活虾、生鱼片、生虾仁、活蟹、紫甘蓝、黄瓜等。

14. 鲜美糟汁

（1）配方

虾油卤 7 克、鱼露 5 克、香糟卤 8 克、生抽 10 克、姜末 5 克、五香粉 0.5 克、白糖 5 克、葱白粒 3 克、盐 1 克、料酒 15 克、高汤 125 克、色拉油 15 克、花椒油 20 克。

（2）制作

色拉油下锅加热，加入姜末、葱白粒、五香粉煸炒起香，然后加入高汤、料酒、虾油卤、鱼露、生抽、白糖和盐用小火熬溶，待稍凉后拌入香糟卤、花椒油搅和均匀即成。

（3）说明

该滋汁既可以作为制熟小型原料（如鸡丝、虾仁、鱼片、肫片、鸭掌等）的淋拌味汁使用，也可以作为中、大型原料（如整鱼、整鸡、整鸭等）的浸泡卤汁使用。

15. 陈芹香汁

（1）配方

陈皮末 30 克、洋葱末 18 克、药芹粒 35 克、白糖 5 克、生抽 5 克、盐 3 克、料酒 10 克、鸡精 2 克、白胡椒粉 5 克、鲜红番茄 35 克、鲜汤 100 克、调和油 15 克。

（2）制作

调和油下锅加热，投入白糖、鲜红番茄煸出红油，然后再加入陈皮末、洋葱末、药芹粒煸炒起香，最后加入鲜汤和其他调味料用小火熬溶，并搅和均匀即成。

（3）说明

该滋汁多作为风味冷菜的淋拌味汁使用，尤其适用于经过加热（蒸、煮、汆等）成熟后的禽鸟类原料，如"陈芹鸡丝""陈芹鸭掌""陈芹鸽松"等。

16. 香酱汁

（1）配方

芝麻酱 10 克、花生酱 10 克、虾子酱油 25 克、番茄沙司 15 克、白糖 8 克、生抽 3 克、味美思红酒 10 克、鸡精 2 克、白胡椒粉 2 克、高汤 20 克、芝麻油 5

克、葱椒油 10 克。

（2）制作

锅中加少量的高汤加热，加入芝麻酱、花生酱搅匀，再投入其他各料用小火熬溶，并搅和均匀即成。

（3）说明

采用这一方法调制的酱汁比较稠，一般多作为风味冷菜的蘸食味汁使用；这一味型的滋汁也可以作为冷菜的淋拌味汁使用，但在调制时需要增加一些汤汁和盐调整其稠度及咸度。

17. 椒麻汁

（1）配方

花椒末 3 克、老抽 1 克、生抽 3 克、香醋 1 克、糖 1 克、葱花 2 克、麻油 4 克、高汤 10 克、盐 2 克、味精 1 克。

（2）制作

麻油下锅加热，投入葱花、花椒末煸炒起香，然后加入高汤和其他调味料用小火烧开，搅和均匀即成。

（3）说明

该滋汁多作为风味冷菜的淋拌味汁使用，当然也可以根据需要适当增加或减少花椒末的用量，以调整滋汁的麻味程度。

18. 陈皮汁

（1）配方

陈皮 4 克、盐 2 克、虾子酱油 4 克、香醋 1 克、花椒粉 1 克、姜末 1 克、葱花 1 克、糖 1 克、蒜油 5 克、红油 2 克、醪糟汁 1 克、高汤 10 克。

（2）制作

蒜油下锅加热，投入葱花、花椒粉、姜末煸炒起香，然后加入高汤和其他调味料用小火烧开，搅和均匀即成。

（3）说明

这一配方主要用于风味冷菜的淋拌入味，如果作为风味冷菜原料的浸泡卤汁使用，则需要将高汤和其他调味料按 2∶1 的比例增加，经过调配以后方可使用，否则过于稠浓而难以浸泡入味。

19. 红油汁

（1）配方

红油 10 克、生抽 8 克、老抽 4 克、白糖 3 克、盐 6 克、蒜油 3 克、香醋 2 克、麻油 2 克、味精 2 克、鲜汤 5 克。

（2）制作

将所有的调味料同放一碗中，搅和均匀即成。

（3）说明

这一滋汁主要是作为冷菜的淋拌味汁进行使用的，一般不作为冷菜原料的浸泡卤汁使用，如"红油鸡丝""红油鸭掌""红油虾仁""红油鱼片"等。

20. 香糟汁

（1）配方

醪糟汁 30 克、盐 4 克、花椒油 5 克、白糖 3 克、姜末 5 克、葱花 5 克、色拉油 15 克、鸡精 2 克、酒酿汁 5 克、高汤 20 克。

（2）制作

色拉油下锅加热，投入葱花、姜末煸炒起香，然后加入高汤和其他调味料用小火烧开，搅和均匀即成。

（3）说明

该滋汁主要是作为风味冷菜的淋拌味汁使用；另外，滋汁在凉透后一定要密封保存，否则香气容易挥发。

21. 姜汁

（1）配方

生姜汁 10 克、盐 5 克、酱油 5 克、香醋 4 克、麻油 3 克、色拉油 10 克、豆瓣酱 4 克、白糖 3 克、高汤 10 克。

（2）制作

色拉油下锅加热，投入豆瓣酱煸炒起香，然后加入高汤和其他调味料用小火烧开，搅和均匀即成。

（3）说明

多作为风味冷菜的淋拌味汁使用，尤其适合于用蔬菜原料制作的冷菜，如"姜汁菠菜""姜汁莴苣""姜汁白菜"等。

22. 蒜泥汁

（1）配方

蒜泥 10 克、老抽 2 克、生抽 4 克、白糖 3 克、香醋 1 克、味精 1 克、红油 2 克、色拉油 10 克、葱花 4 克、盐 2 克、高汤 15 克。

（2）制作

色拉油下锅加热，投入蒜泥、葱花煸炒起香，然后加入高汤和其他调味料用小火烧开，搅和均匀即成。

（3）说明

该滋汁主要是作为风味冷菜的淋拌味汁使用，多用于拌类冷菜，如黄瓜、海蜇、圆白菜、药芹、西芹、莴苣等。

23. 芥末汁

（1）配方

酱油 10 克、白糖 3 克、盐 2 克、芥末酱 4 克、味精 2 克、麻油 4 克、高汤 5 克。

（2）制作

将所有的调味料同放一碗中，搅和均匀即成。

（3）说明

芥末酱具有强烈的刺激味道，在调制时可以根据具体情况调整其投放量，正因为如此，该滋汁多作为蘸食味汁使用。

24. 鱼香汁

（1）配方

泡红椒末 12 克、盐 3 克、生抽 4 克、老抽 2 克、糖 4 克、香醋 2 克、姜末 3 克、蒜泥 3 克、葱花 4 克、色拉油 5 克、高汤 20 克。

（2）制作

色拉油下锅加热，投入蒜泥、姜末、葱花、泡红椒末煸炒起香，然后加入高汤和其他调味料用小火烧开，搅和均匀即成。

（3）说明

根据需要还可以加适量的豆瓣酱，该滋汁主要是作为风味冷菜的淋拌味汁使用。

25. 香槟汁

（1）配方

卡夫奇妙酱 50 克、雪碧 16 克、柠檬汁 2 克、香槟酒 5 克、盐 0.2 克、炼乳 3 克、鸡精 1 克。

（2）制作

先将卡夫奇妙酱用雪碧调成糊状，再加入其他所有的调味料，搅和均匀即成。

（3）说明

该滋汁既可以作为风味冷菜的淋拌味汁使用，也可以作为蘸食味汁使用，多用于蔬菜和水果类原料，如圆白菜、黄瓜、莴苣、哈密瓜、菜瓜等。

26. 鲜皇汁

（1）配方

虾油卤 75 克、喼汁 100 克、生抽 120 克、老抽 3 克、鱼露 60 克、绍酒 30 克、蒜泥 10 克、姜末 10 克、葱花 5 克、泡红椒末 20 克、盐 1 克、黑胡椒粉 1 克、味精 2 克、色拉油 20 克、芝麻油 15 克、高汤 50 克、芫荽末 20 克。

（2）制作

色拉油下锅加热，投入蒜泥、姜末、葱花、泡红椒末煸炒起香，然后加入高汤和其他调味料用小火烧开，凉透后放入芫荽末，搅和均匀即成。

（3）说明

该滋汁主要作为风味冷菜的淋拌味汁使用，一般不作为风味冷菜原料的浸泡卤汁。

（二）调制复合调味品

上文介绍的是目前餐饮企业中比较常用的风味冷菜调味滋汁，在实际工作中，远不止这些，只不过这些滋汁具有一定的代表性和相对的典型性，我们在掌握了这些调味滋汁的基本技术以后，可以举一反三，组合变化。另外，一些经过简单加工的复合调味品也具有鲜明的调味特征，现将其调制方法介绍如下。

1. 红油

辣椒粉放入盛器内，将烧热练熟的豆油倒入辣椒粉内，并搅拌均匀，待油呈红色即成。为了增加红油的色泽和香味，还可以在其中适量加些豆瓣酱、大蒜头、番茄酱等。

2. 葱油

将拍松的葱段放入锅内，加色拉油，用小火焙至呈枯黄色，捞去葱段，晾凉后倒入盛器内，加盖（或用玻璃纸封口）即成。花椒油、蒜油、芥末油等均可按此方法进行制作。

3. 京葱茴香油

将京葱 400 克切碎，大茴香 20 克洗净用粉碎机打碎，加入盐 1 克、绍酒 10 克拌匀，与色拉油一同下锅，用中小火加热，当京葱炸至焦黄色时用细筛滤去渣滓即可。

4. 椒麻香油

把干红辣椒 100 克投入水中浸泡回软后切碎、香叶 10 克与花椒 25 克用水浸泡回软后加黄酒 25 克及盐 1 克拌匀；将生姜片 50 克和以上物料同投入放有色拉油 500 克的锅中，用中小火加热并保持油温在 110 ～ 120℃，待油色起红并生香时，提高油温至 130 ～ 140℃，当红辣椒起脆时用细筛捞出所有物料即成。

5. 丁桂五香油

将丁香 6 克、肉桂 4 克、小茴香 8 克、草果 4 克、白蔻 4 克用水浸泡回软后与葱段 5 克、姜片 3 克、大曲酒 1 克一同投入放有色拉油 100 克的锅中，用中小火慢加热至 160℃左右，待出香时离火，晾凉后用细筛捞出所有物料即成。

6. 复合油

把京葱段 300 克、洋葱丝 200 克、药芹段 150 克、蒜片 100 克、香叶 5 克、花椒 10 克、八角 5 克一同投入放有色拉油 500 克的锅中，用中小火加热并保持油温在 110 ～ 120℃，持续加热 60 分钟，用细筛捞出所有物料即成。

7. 花椒盐

将花椒与盐按 1 : 5 的比例配量投入锅中,用小火加热慢炒至起香,碾成粉末,待凉透后加入适量的味精拌匀即可,主要用于蘸食或拌食。花椒盐在炒制过程中切忌用大火,否则花椒容易焦枯而失去香味。

8. 葱椒盐

以花椒盐为基础,将一定量的葱切成细蓉与之拌匀即可,主要用于拌食或制作冷菜时前期调味使用。

9. 五香盐

将大茴香 5 克、小茴香 5 克、丁香 3 克、桂皮 4 克、花椒 3 克分别用小火炒香并碾碎,再加入适量的盐、味精拌匀即成,主要用于拌食、蘸食或制作冷菜时前期调味使用。

10. 咖辣盐

将干红椒用油焙至香脆并碾成粉末,与咖喱粉按 5 : 1 的比例配量拌和,再加入适量的盐、味精拌匀即成,主要用于拌食或蘸食。

11. 四合粉

又称辣麻盐,将干辣椒粉、孜然粉、花椒粉、甘草粉按 4 : 1 : 2 : 1 的比例配量再加入一定量的盐,用小火炒香,待凉透后加入适量的味精拌匀即可,主要用于蘸食或拌食。

12. 姜汁醋

用香醋 50 克、生姜汁 3 克、白糖 5 克拌和均匀即成,主要用于味碟蘸食。

13. 蘸料酱油

将黄豆酱油 100 克、虾子 3 克、葱姜汁 10 克、八角 2 克同放锅内,用小火煮开,再调入白糖 5 克、味精 1 克拌和均匀即成,主要用于味碟蘸食。

14. 京葱酱

锅中加入 20 克豆油烧热,加入甜面酱 50 克、白糖 10 克用小火炒香,再加入葱花 15 克和适量的味精、麻油拌炒均匀即成,主要用于味碟蘸食。

15. 肉末辣酱

锅中加入 10 克豆油烧热,投入猪肉末 10 克(鸡肉、牛肉也可)和干红椒末 5 克用小火煸干起香,加入黄豆酱 50 克、麻油 6 克炒至起黏出香后再加入水 20 克、糖 3 克、味精 1 克烧开至稠黏即成,主要用于味碟蘸食。此酱中也可以加适量的香干小丁、花生仁、药芹丁、香菇丁、笋丁等物料炒制,用作开味(调味)小碟。

16. 沙姜油卤

用调和油 60 克、沙姜粉 18 克、盐 2 克、味精 1 克、白糖 3 克、高汤 20 克拌和均匀即成,主要用于味碟蘸食。花生油卤、芝麻油卤、蒜蓉油卤、桂花油卤、姜黄油卤等均可按此方法进行制作。

17. 复合味汁

将京葱段 500 克、洋葱丝 300 克、药芹段 200 克、蒜片 200 克、香叶 5 克、花椒 10 克、八角 3 克散铺在烤盘中，在烤箱中 150 ~ 160℃烤制 20 分钟，放入锅中，加清水 1500 克，用大火烧开后再用中小火熬煮 40 分钟，投入酱油 200 克、糖 80 克、料酒 20 克、盐 100 克，再用中小火熬煮 10 分钟，用细筛捞出所有物料即成。此汁多用于卤制动物性原料。

18. 复合酱

两种以上的酱类按一定的比例混合称为复合酱，一般以两种和三种酱混合为多。但应该注意的是，多种酱的相加并不是盲目的，而应是具有明确的互补特性，同时，一般还需要用油炒香并加入适量的糖、醋、味精和葱、姜、蒜等小料。现介绍数种常用复合酱的组合形式，供大家参考：

麻辣鲜酱＋番茄酱	甜面酱＋山楂酱
番茄酱＋苹果酱	卡夫奇妙酱＋番茄酱
沙茶酱＋花生酱	辣酱＋虾酱
海鲜酱＋柱侯酱	虾酱＋豆腐乳
沙爹酱＋芝麻酱	豆瓣酱＋蛤蜊酱
麻辣鲜酱＋海鲜酱＋番茄酱	海鲜酱＋花生酱＋柱侯酱
豆瓣酱＋排骨酱＋芝麻辣酱	豆豉酱＋虾酱＋南乳汁
甜面酱＋果酱＋芝麻酱	沙爹酱＋花生酱＋柱侯酱
豆腐乳＋海鲜酱＋花生酱	八宝辣酱＋沙茶酱＋海鲜酱

一些本身含有芳香物质的植物油料种子所榨取的香味油，我们一般并不认为是浸出物，而是萃取物，如麻油、葵花籽油等。用于冷菜调香的香味油浸出物指的是一些本身没有明显香味的油脂，用辛香原料的加热熬炼使其香味物质溶解，通过风味物质的转移作用所形成的香味油脂，它们往往具有复合香型，其品种繁多，香型各异，是冷菜调香的重要材料。由于这些复合油料并不是直接从油料种子中榨取的，而是将辛香原料中可溶于油的呈香物质充分地溶解出来，这样油就成为良好的溶香剂与保香剂。然而，这些辛香原料中的呈香物质一般耐热性较差，也有相当部分不溶于油而溶于水，因此，制作香味复合油有时需要借助于水的作用，形成水油合剂。一方面可以控制油的温度不至于过高，以免呈香物质的挥发；另一方面有助于辛香原料中呈香物质的充分溶出，并在油中乳化。目前，有研究认为添加黄酒和盐，有助于这些辛香原料中各种呈香、呈味、呈色物质的充分溶出。在冷菜的调味过程中，香味复合油具有除臭、附香的重要功能。

香味复合油的品种虽然很多，但其加工方法大致相近，关键是对其特征性香气的组配，组配要有目的性，风格要鲜明，如果给人以似是而非的感觉，则失去了调香油的实际作用。另外，由于香味复合油中的香味有效成分是易挥发性的，因而在保持这些香味复合油的过程中，必须密封冷藏，以尽量减少其香味的散失。

本章小结：

本章主要介绍了风味冷菜调味的基本作用，风味冷菜调味的基本程序和方法，风味冷菜制作的常用方法，常用风味冷菜的制作，特殊风味冷菜的制作（松类、卷类、糕类），风味冷菜常用滋汁的调制以及风味冷菜常用卤水的配制、使用方法与保存方法等；其中，风味冷菜调味的基本原理、风味冷菜的特质与制作方法之间的对应关系、特殊风味冷菜的制作、风味冷菜常用滋汁的调制是本章学习的难点。

思考与练习

1. 卤是制作冷菜的常用方法之一，一般适用于哪些烹饪原料？

2. 常见的冷菜品种有哪些？试举例说明。

3. 常用的冻法有哪几种具体类型？各适用于哪些烹饪原料？

4. 以酥法制作冷菜的主要形式有哪几种？其主要环节是什么？

5. 腌法可分为哪几种形式？各分别适用于哪些烹饪原料？

6. 炝适用于哪些烹饪原料？在制作过程中调味品的选用有何规律？

7. 拌在制作形式上与生炝有何异同点？

8. 蒸在制作冷菜时一般如何运用？与烹制热菜区别何在？

9. 烤适用于哪些烹饪原料？其制品有什么特点？在制作过程中应掌握哪些规律？

10. 腌渍原料所使用的卤水一般如何配制？腌渍的时间该如何掌握？

11. 卤水在使用过程中应注意哪些问题？应如何保存？

12. 何为"老卤"？老卤对冷菜的风味有怎样的影响？

13. 冷菜调味的基本作用是什么？

14. 冷菜调味的基本方法有哪些？试举例说明。

15. 鱼胶冻制作的方法有哪几种？各有什么优缺点？

16. 泡菜制作的工序有哪些？在制作过程中应注意哪些操作关键？

17. 挂厚霜常用的具体方法有哪些？

18. 叙述风味冷菜的特质与制作方法之间的对应关系。

第三章

冷菜的营养平衡及卫生与安全控制

本章内容： 介绍风味冷菜制作过程中主要营养素的变化、风味冷菜的营养平衡、冷菜间环境的卫生要求、风味冷菜制作过程中卫生与食品安全的控制等。

教学时间： 6课时。

教学目的： 通过对风味冷菜的营养平衡及卫生与食品安全控制的学习，使学生对卫生、食品安全与营养在风味冷菜制作过程中的重要性有比较清晰的认识；使学生掌握风味冷菜在制作过程中卫生与食品安全控制的基本方法。

教学方式： 课堂讲述和实验理解。

教学要求： 1.使学生了解风味冷菜在制作过程中营养素变化的基本规律。

2.使学生理解风味冷菜营养平衡的重要性。

3.理解冷菜间制定严格的卫生与食品安全管理制度的目的及意义。

4.让学生掌握风味冷菜在制作过程中卫生与食品安全控制的方法。

作业布置： 课后阅读相关食品卫生与安全方面的法律、法规，模拟制定冷菜间的卫生与食品安全管理制度；了解其他主要国家（日本、美国、法国、英国、德国）"饮食业服务卫生规范"的主要内容。

学习重点： 1.冷菜制作过程中主要营养素的变化。

2.营养素损失的主要途径。

3.冷菜制作过程中的营养保护。

4.冷菜的营养平衡。

5.冷菜的卫生与食品安全控制。

6.制作冷菜工具及设备的卫生控制。

7.冷菜制作过程中的卫生与食品安全要求。

8.冷菜操作人员的个人卫生要求。

9.风味冷菜原料的卫生与食品安全控制。

学习难点： 1.冷菜制作过程中的营养保护。

2.冷菜的营养平衡。

3.冷菜的卫生与食品安全控制。

第一节　冷菜的营养平衡

一、冷菜制作过程中营养素的变化

烹饪可以使菜品具有独特的风味特色，如鲜美的滋味、悦目的色彩、美观的形态、多变的质感和诱人的香气，从而激发人们旺盛的食欲。而且，经烹饪后的菜品有助于人体的消化吸收，同时，还可以杀灭烹饪原料中有害的微生物，再加上对原料进行科学而合理的选择，就能保证菜品的营养、卫生与安全。然而，由于烹饪原料的种类不同，其属性不一，在烹饪过程中所采用的烹制方法也各不相同，如调味的类型、加热过程中火候的使用、初步加工过程中方法的选用等。这样，烹饪原料中各种营养素也会因采用不同的初加工方法、烹制方法、调味的类型以及调味品的使用而产生不同程度的变化，因此，我们了解和掌握营养素损失的途径是十分必要的。

（一）营养素损失的途径

菜品中的营养素，可因加工方法、调味类别、加热形式等因素而受到一定程度的损失，使其原有的营养价值降低，这主要是通过流失和破坏两个途径而损失的。

1. 流失

流失是指菜品中的营养素失去了其原有的完整性。在某些物理因素，如日光、盐渍、淘洗等因素影响下，原料中的营养物质通过蒸发、渗出或溶解于水中而丢失，致使营养素遭到损失。

（1）蒸发

由于日晒或热空气的作用，使食物中的水分蒸发、脂肪外溢而干枯。阳光中紫外线作用是造成维生素破坏的主要因素。在此过程中，维生素C损失较大，同时还有部分风味物质被破坏，因而食物的鲜味也受到一定的影响。

（2）渗出

由于食物的完整性受到损伤，或添加了某些高渗物质如盐、糖等，改变了食物内部的渗透压，使食物中水分渗出，某些营养物质也随之外溢，从而使营养素如脂肪、维生素等不同程度受到损失，主要见于盐腌或糖渍等菜品。

（3）溶解

烹饪原料在初加工、切配和烹制过程中，因方法不当，使水溶性蛋白质和维生素溶于水中，这些营养物质随淘洗水或汤汁而被丢弃，造成营养素的损失。

如蔬菜切洗不当可损失20%左右的维生素类，大米多次搓洗可丢失43%左右的维生素B_1和5%左右的蛋白质，动物性原料焯水不当可失去部分脂肪和5%左右的蛋白质等。

2. 破坏

食物中营养素的破坏是指因为受到物理、化学或生物因素的作用，使营养素分解、氧化、腐败、霉变等，失去了食物原有的基本特性。其原因主要有食物的保管不善或加工不当等。蛋品的胚胎发育、烹制时的高温、不适当的加碱、加热时间太长以及菜品烹制后放置的时间过长等，都可使营养素遭到破坏。

（1）高温作用

烹饪原料在高温环境烹制时，如油炸、油煎、烟熏、烘烤或长时间炖焖等，菜品受热面积大、时间长，使某些容易损失的营养素破坏。如油炸菜品，维生素B_1将损失60%左右，维生素B_2会损失40%左右，烟酸的损失接近50%，而维生素C几乎全部破坏。

（2）化学因素

化学因素造成食物营养素的破坏，有下列三种情况：首先是由于配菜不当，将含鞣酸、草酸较多的原料与蛋白质、钙类含量较高的食物原料一起烹制或同食，这些物质可形成不能被人体消化吸收的鞣酸蛋白、草酸钙等，从而大大降低了食物的营养价值，甚至还可以引起人体的结石症；其次是不恰当地使用食碱，在菜品的烹制过程中，食碱的不恰当使用（如绿色蔬菜焯水时加碱等），可使原料中的B族维生素和维生素C在很大程度上遭到破坏，若需加碱的菜品一定要限量添加；再则脂肪氧化酸败也是营养物质受损的一种因素，动物类脂肪和植物类脂肪，在光、热等因素的作用下容易氧化酸败，从而失去其脂肪的食用价值，同时还能使脂溶性维生素受到破坏。

（3）生物因素

这主要是指食物自身生物酶的作用和微生物的侵袭，正如蛋类的胚胎发育、蔬菜的呼吸作用和发芽，以及食物的霉变、腐败变质等，都可造成食物食用价值的改变。

（二）冷菜制作过程中的营养保护

1. 调味对营养素的影响

调味是冷菜制作工艺中的重要组成部分，各种调味品在运用调味工艺进行合理组合和搭配之后，可以形成多种多样的风味特色，这也是近十几年来我国冷菜品种日益变化、翻新、丰富的重要因素之一。

我们知道，冷菜调味工艺的客体是烹饪原料，而每类烹饪原料在营养素的种类和含量上各自都有自己的特点。如肉类烹饪原料的蛋白质、脂肪含量较高，无机盐及一些脂溶性维生素占有一定的比例，而缺乏碳水化合物（包括膳食纤维）、水溶性维生素、部分脂溶性维生素、纤维素和果胶类物质；而有些蔬菜中含有丰富的可消化的碳水化合物；动物内脏类原料含有丰富的维生素、无机盐、蛋白质、脂肪等营养物质。在调味过程中，应根据各类烹饪原料在营养素种类和分布上的特点，合理地选用调味品，科学地运用调味方法，在不影响冷菜调味效果的前提下，尽量保持原料中的营养成分。倘若调味方法、调味原料及味型的选择都很得当，则会使烹饪原料中的各种营养素充分地被人体消化、吸收；相反，如果调味方法、调味原料和口味类型的选择或使用不当，则会使原料中的营养素遭到很大程度的破坏，有的不但影响菜品的消化、吸收过程，甚至还会对人体产生不良的后果。

例如，我们常见的冷盘菜品"酥燸鲫鱼""糖醋排骨""五香熏鱼"等，在制作过程中加醋来调味，促进了肉骨、鱼骨中钙离子的析出，便于人体对钙的消化吸收，增加和提高了原料中钙元素的利用率，这种对调味的选择和对调味方法的运用，充分发挥了动物性原料骨骼中含钙量高的优势。而且这类酸甜的味型，又易诱发食欲，更适合正在生长发育的青少年及儿童，是比较成功的提供钙离子的风味冷菜；当然，对口腔咀嚼功能较好的老年人也非常适宜，这样可以改善老年人对钙的吸收，对预防老年性骨质疏松症有一定的积极意义。

再如，含维生素C较为丰富的植物性原料，如黄瓜、青椒、莲藕、萝卜、莴苣、白菜等，在调味过程中也宜用醋和酸味调味品。因为维生素C对光很敏感，且易遭氧化破坏，但在酸性环境中维生素C较为稳定，可免遭破坏损失。因此，"酸辣莲藕""糖醋萝卜""果味黄瓜""糖醋青椒""酸辣白菜"等冷菜，都最大限度地保护了烹饪原料中的维生素C，从而增加了维生素C的供给量。

我们从以上这些成功的例子中可以看出，在冷菜的制作过程中，调味的方法、味型和调味品的选择及运用，对烹饪原料中的营养素都会产生很大的影响。如果我们选择、使用适当，可以最大限度地保存原料中的营养素；反之，则会使原料中的营养素遭到一定程度的破坏，甚至损失殆尽。因此，我们在冷菜的制作过程中，调味方法、调味类型和调味品的选择和使用，应根据烹饪原料在营养素种类和分布上的特点来选择，不可违背这一规律，否则，就是一个不合格的冷盘，至少可以说，不是最完美的冷盘。

2. 制作方法对营养素的影响

我国有制作冷菜的精湛技法，且技法繁多。这些精湛的技艺，使得烹饪原料转变为各种各样的美味佳肴，增加了冷菜的色、香、味，同时也便于就餐者消化、吸收风味菜品中的各种营养素。在制作冷菜的常用方法中，有些方法虽然丰富了冷菜的口感和色泽，也增添了冷菜的香味，有的甚至还能使菜品具有特殊的风味特色，但不可否认，它同时也破坏了食物原料中部分营养素，或使某些营养素转化成不能被人体消化吸收，甚至是有毒的物质；或由于是制作冷菜工艺和冷菜风味的需要，在菜品中增加了某些对人体健康不利的物质。从我国冷盘发展的历史、现状以及目前人们的生活习惯、生活水准等方面来看，完全不采用这些加工方法和制作技法似乎不大可能，但是，运用现代营养科学知识，在进行冷盘加工和制作过程中做一些调整，使这些不利因素降到最低限度，是我们应该做的，而且是可以做到的。

多少年来，"风鸡""风鱼""腊肉"或者"水晶肴蹄""干切牛肉""五香狗肉"等风味冷菜深受人们的青睐，但这些菜品在加工过程中均是先用盐进行腌渍。在腌渍过程中，肌肉中蛋白质在微生物和酶的作用下，会分解产生大量的胺，或者腌渍用的粗盐中含有杂质——亚硝酸盐，胺与亚硝酸盐结合成亚硝胺，使这些腌腊制品中亚硝基化合物含量大大增高。况且，在我国传统的烹饪工艺中，很多的肉类风味冷菜为了增色的需要，在腌渍过程中常加入一定量的发色剂——亚硝酸盐（烹饪界称为"硝"），这就更增加了腌腊制品中亚硝胺的含量。我们知道，亚硝基化合物对人体具有强烈的致癌作用。然而，可喜的是，营养学家通过实验又发现维生素 C 可以抑制亚硝胺对人体的致癌作用，维生素 E 也有抑制亚硝基化合物形成的作用。因此，在冷盘的制作过程中，如果使用了"风鸡""腊肉"等动物类的腌腊制品时，则应多组配一些维生素 C 含量较高的新鲜蔬菜或水果，这样，可以使亚硝胺等有害物质对人体的危害程度降到最低。

在冷菜的制作过程中，烟熏和烘烤也是我们常用的两种制作方法，在四川、湖南、贵州和安徽等地，烟熏和烘烤制品是其地方风味特色的典型代表。在烟熏或火烤过程中，燃料的燃烧会产生稠环芳烃类物质而使菜品受到污染；冷菜原料中的油脂在高温下热解也可产生苯并（α）芘。苯并（α）芘等稠环芳烃类物质同样具有强烈的致癌作用。值得庆幸的是，近年来营养学家又发现，维生素 A 具有保护消化道黏膜，并有抑制苯并（α）芘对消化道黏膜的致癌作用。因此，当我们在制作冷盘时，若使用了经烟熏或火烤等方法制作的冷菜品种时，就应该有意识地增加配以含维生素 A 或含胡萝卜素较高的风味冷菜品种，如用动物的肝脏原料制作的"卤猪肝""盐水鹅肝""三鲜肝糕"等，或用有色蔬菜原料制作的"葱油金笋""五彩素丝"等，以尽量减少稠环芳烃类物质对人体的危害。

二、冷菜的营养平衡

营养平衡是指人体所需要的营养素供给量达到全面的平衡。这意味着：第一，使就餐者在热能和营养素上达到生理上的需要；第二，各种营养素之间建立起一种生理上的平衡，如三种生热营养素作为热能来源比例的平衡，热能消耗量与在代谢上有密切关系的维生素 B_1、维生素 B_2 和烟酸之间的平衡，蛋白质中必需氨基酸的平衡，饱和与不饱和脂肪酸之间的平衡，可消化的碳水化合物与膳食纤维之间的平衡等。营养平衡的观点运用于风味冷菜制作的过程中，主要体现在以下几个方面。

（一）原料选择的多样化

随着我国改革开放的不断深入，我国在农业、畜牧业、水产养殖业和种植业等方面都有了长足的发展，为我国烹饪选用丰富而广泛的原料提供了丰厚的物质基础。加之近十多年来，我国冷菜工艺的不断提高发展以及与热菜工艺的有机融合，再加之全球范围内饮食文化和烹饪技术的交流日益加深和频繁，使得冷盘菜品所使用的原料也越来越丰富和广泛。但就冷盘的发展而言，冷盘菜品所选用的原料仍然存在着一定的倾向性，即动物性原料如禽类、水产类及畜类肉制品使用的比例较大，而乳制品、豆及豆制品和植物性原料所占的比例较小，我国历来就有把冷菜作"冷荤"的称呼也足以证明了这一点。虽然肉类制品含有丰富的优质动物蛋白质和饱和脂肪酸以及一些脂溶性维生素，但是，这种以肉制品为主要原料的冷盘菜肴往往会缺乏碳水化合物、水溶性维生素、无机盐以及膳食纤维等营养素。所以，为使冷菜中各种营养素都能满足人体的需要，在进行原料的选择时，最基本的要求是所选择的原料种类应多样化。只有选用多种原料进行搭配使用，才有可能使冷菜所含的营养素种类较为齐全，符合人体正常的生理需要。既然我们不能从单一的烹饪原料中得到人体需要的所有营养素，我们在选择冷盘菜肴的原料时必须尽量多样化。

"五谷为养，五果为助，五畜为益，五菜为充。"我们的祖先对这一问题早已有了精辟的论述。所以，在冷菜的制作过程中，应按照每种原料所含有的营养素种类和数量进行合理的选择和科学搭配，使各种原料在营养素的种类和数量上取长补短，相互调剂，改善和提高冷盘菜品的营养水平，以达到冷菜营养平衡的要求。用现代营养学的观点来说，就是要合理膳食或平衡膳食，这对保持人体健康是非常重要的。因而可以说，冷菜原料品种的多样化和营养素种类的齐全是衡量风味冷菜质量的一个非常重要的标准。

（二）保持各种营养素之间功能和数量上的平衡

冷菜的营养平衡还要求各营养素之间在功能和数量上的平衡，这主要包括以下几个方面内容。

1. 三种热能营养素作为热能来源比例的平衡

一般情况下，在一组冷盘菜品中，菜品所含的蛋白质、脂肪含量较高，而碳水化合物则一般较低，特别是淀粉所占热能比例较少。虽然冷盘菜品中这三种营养素的比例不能根据我们日常膳食所规定（人体正常需要）的比例供给，但应尽量保持他们之间比例的平衡，以便适应我们日常的生活习惯，不至于给胃、肠及消化系统增添过重的负担，也只有这样才能有利于营养素的消化和吸收。

2. 热能消耗量与维生素 B_1、维生素 B_2 和烟酸之间的平衡

我们知道，维生素 B_1 进入人体后，被磷酸化为硫胺素焦磷酸，以辅酶的形式参与羟化酶和转羟乙醛酶的形成，催化 α – 酮酸的氧化脱羧反应，使来自糖酵解和氨基酸代谢的 α – 酮酸进入三羧酸循环；维生素 B_2 是机体许多酶系统中辅酶的成分，如黄素蛋白在组织呼吸过程中起传递氢体的作用，与能量代谢有密切的关系；烟酸以烟酰胺的形式在体内构成辅酶 I 和辅酶 II，是组织代谢中非常重要的递氢体。这三种维生素与人体的能量代谢关系密切，所以，其供给量是根据能量消耗按比例供的。因此，热能供给量与维生素 B_1、维生素 B_2 和烟酸之间的平衡就显得非常重要。

3. 饱和脂肪酸与不饱和脂肪酸之间的平衡

冷盘原料中动物性原料相对比例较大，动物性脂肪中饱和脂肪酸的含量较高，而冷盘菜品在烹制过程中多用植物油，植物油中不饱和脂肪酸含量较高。因此，在风味冷菜中又存在着饱和脂肪酸与不饱和脂肪酸之间的平衡问题。这两种脂肪酸对人体的生理功能各有利弊。一般而言，不饱和脂肪酸熔点低、消化吸收率较高，并且还含有必需脂肪酸，因而其营养价值比较高；而饱和脂肪酸熔点高，消化吸收率较低，因而其营养价值比较低，但这仅是一个方面。虽然不饱和脂肪酸能降低心血管系统疾病的发生，但如果摄入量过多则会增加体内的不饱和游离基团，有关研究表明，这可能与癌症的发生有关，特别是肠道肿瘤和乳腺癌；当然，饱和脂肪酸摄入量过多会增加和提高动脉粥样硬化的发病率，这是已被证实了的，但饱和脂肪酸对人体大脑的生长和发育又有一定的促进作用。所以，我们对饱和脂肪酸与不饱和脂肪酸应该有个正确的认识，要从辨证的角度去分析和理解。有关研究认为，饱和脂肪酸、不饱和脂肪酸与单不饱和脂肪酸之间的比例最好控制为 1:1:1。

4. 酸性和碱性的平衡

人体有较强大的缓冲系统，能维持机体 pH 的正常水平。尽管如此，我们还是应该注意冷盘菜品的酸碱性，尽量使它们维持平衡，以减轻机体生理功能的负担。总的来说，蛋白质含量较高的菜品一般是酸性的，很多蔬菜和水果都是碱性的（尽管有的菜品在食用时呈酸味）。一组冷盘菜品，其酸碱性应保持一定的比例，哪一种过多或过少都对机体不利。虽然由于饮食引起的酸中毒或碱中毒的情况非常罕见，但饮食的酸性或碱性会影响尿液的 pH，将对人体产生一定的影响。研究发现，尿液的 pH 与某些结石的形成有一定的关系。临床调查数

据证明，通过饮食调节来调整、改变尿液的 pH，对尿道结石有一定的预防作用。对一个正常人来说，我们所配伍的风味冷菜，其酸性与碱性应保持一定的比例，使人体尿液的 pH 维持在正常范围内（5.4 ~ 8.4）。

第二节　冷菜的卫生与安全控制

春秋时期，著名教育家孔子就很重视食品卫生与安全的教育，并提出"鱼馁而肉败不食，失饪不食"，意即禁止食用腐败变质的鱼、肉类以及半生不熟、未经彻底灭菌的食物；同时也很重视容器盛具的卫生，提出"食不共器"的理论。

清代顾仲在《养小录》中提出"饮食之道，关于性命，治之之要，唯洁唯宜"，这是对食品安全与人类健康关系的高度概括；清代袁枚的《随园食单》专设"洁净须知"一节，论述了厨房清洁卫生制度，并提出："闻菜有抹布气者，由其布之不洁；闻菜有砧板气者，由其板之不净也；良厨先磨刀，多换布，多刮板，然后治菜；至于口吸之烟灰，头上之汗汁，灶上蝇蚁，锅上之煤烟，一沾入菜中，虽绝好烹庖，人皆掩鼻而过之矣。"可见我们的祖先对餐饮卫生管理的认识和要求早已比较全面而具体了，生活在当今时代的我们，对食品的卫生与安全概念的理解和要求，应该更主动、更深刻、更全面和更具体。

我们知道，冷菜和热菜在制作工艺程序上最大的差别就是：热菜一般是先切配后烹制调味，而冷菜一般则是先烹制调味后切配装盘。也就是说，风味冷菜原料经过刀工处理和拼摆装盘后直接供客人食用，加之风味冷菜原料在经刀工处理和拼摆过程中，因周围环境的影响以及其自身的氧化等因素而极易被污染或腐败变质，一旦疏忽，就会带来某些传染疾病，甚至引起食物中毒等现象，其后果的严重性是可想而知的。故而，风味冷菜的制作需要更加严格的卫生控制，更需要符合食品安全的规范化操作。

一、制定严格的冷菜间卫生制度

制定严格的冷菜间卫生与安全制度和标准，并以此要求检查、督导员工执行，可以强化冷菜生产过程中卫生与安全管理的意识，起到防患于未然的效果。

①冷菜间的生产、成品保藏必须做到专人、专室、专工具、专消毒、单独冷藏。

②操作人员严格执行洗手消毒规定，洗涤后用 70% 浓度的酒精（或免洗消毒液）消毒；操作中接触生原料后，在切制冷菜或接触与成品相关器皿、工具之前必须再次消毒；使用卫生间后必须再次洗手、消毒。

③冷菜装盘出品，员工必须戴口罩操作，不得在冷菜间内吸烟、吐痰。

④冷菜制作、保藏要做到生熟分开，生熟工具（刀、砧板、盆、称、盘、冰箱等）严禁混用，避免交叉污染。

⑤冷菜专用刀具、砧板、抹布，用前要消毒，用后要清洗。

⑥盛装冷菜的盛器必须专用，并要做到用前要消毒，用后要清洗。

⑦可以生吃的冷菜（水果以及部分蔬菜等），必须洗干净后方可进入冷菜间。

⑧冷菜间生产操作前必须开启紫外线消毒灯 30 分钟，进行消毒杀菌。

⑨风味冷菜必须按需定制，一市一烧、一市一配，确保冷菜质量和卫生安全；冷荤熟肉在低温处存放超过 24 小时必须回锅加热。

⑩留样食品应按品种分别盛放于清洗消毒后的密闭专用容器内，并在冷藏条件下存放 48 小时以上，每个品种留样量不少于 100 克。

⑪冰箱有专人管理，始终保持清洁卫生，放入冰箱内的物品必须加盖或用保鲜膜包好，并定期对冰箱进行洗刷消毒。

⑫非本岗位工作人员不得进入冷菜间。

二、冷菜间环境的卫生要求

由于冷菜在制作工艺程序上有它的特殊性，因而在饮食行业中往往被列为一个相对独立的部门，谓之"熟食间""冷盘间"或"冷碟房"。这种专门从事冷盘制作的场所应具备无蝇、无鼠、无蟑螂、四壁光亮、窗明几净、无油腻污垢、无灰尘等的相对隔绝条件，以防止冷盘菜品受到污染；冷菜间还应具有换气通风设备及恒温设施，以保持环境空气新鲜及控制操作人员的体液排泄，创造无汗操作的工作环境，环境温度一般控制在 10 ~ 20℃为宜，这样可以防止操作者的汗液通过手而污染风味冷菜，并一定程度地控制在操作过程中冷盘菜肴的自氧程度。同时，也是控制冷盘菜品腐败变质的重要措施。

三、制作冷菜工具及设备的卫生控制

1. 冷菜加工工具的卫生控制

在风味冷菜的制作过程中，离不开与风味冷菜原料直接接触的加工工具，如各种刀具、用具（包括夹子和镊子及模具等）、砧板和各类盛器等，这些工具始终都在与风味冷菜原料直接接触着。因此，这些工具应该专门使用，不受其他部门的干扰，并在使用前必须经过严格的杀菌消毒措施（如高温消毒或消毒液清洗等），而且还要做到生、熟分开加工（即所谓烹饪行业上称的"双刀双板"），以确保加工冷盘材料的刀具、砧板等决不加工生料，以防止生料的血渍、黏液或生水等通过工具对冷盘菜品造成污染。

2. 冷菜间设备的卫生控制

冷菜间常用的设备就是存在冷菜原料和成品的冰箱、冰柜、货橱以及摆放冷盘菜品原料或冷盘菜品的操作台、货架等。冰箱或冰柜内的温度控制在5 ~ 10℃为最适宜，这一温度范围既不会影响所存放冷菜的风味特色，同时也能有效地抑制微生物的生长繁殖。冰箱或冰柜要每天清理，并定期彻底清洗（每周一次），始终保持其清洁卫生。冰箱或冰柜内所存放的冷菜原料或冷盘菜品需要加盖或用保鲜膜分别密封，以防止各种材料的互相"串味"。无论是操作台、货橱或货架，都应该是用不锈钢材质制作，既可以防止因环境潮湿生锈而污染冷盘菜品，又便于清除油腻污物，彻底铲除微生物生长繁殖"根基"。这些设备每天都要清洗、消毒，以保持其整洁卫生。

四、冷菜制作过程中的卫生与安全要求

1. 洗手消毒

在风味冷菜的制作过程中，手与冷菜原料和冷菜成品的直接接触是难免的，因此，冷菜间的操作人员在进入冷菜间加工操作之前对手的清洗、消毒就显得尤为重要，切不可忽视。一般可用3%的高锰酸钾溶液或其他消毒液浸洗，也可用70%的酒精擦洗，确保操作人员手的清洁卫生。

2. 穿工作服、戴工作帽和口罩

冷菜间的工作人员在进冷菜间操作之前必须穿工作服、工作鞋，戴工作帽和口罩，并严禁他人随便出入冷菜间，以免冷盘菜品或工作环境受到污染。

3. 冷菜制作的时间与速度的要求

冷菜间的工作人员其冷菜制作工艺技术应该娴熟、迅速，做到快速而准确，要尽量缩短冷菜的切配和成形的时间。因为冷盘的拼摆时间越长，菜品遭受污染的可能性就越大。一般而言，小型单蝶冷盘宜在数分钟内完成，即使是相对较为复杂的大型"花式冷盘"，亦要求在30分钟之内完成。

4. 冷菜的保鲜要求

所有的冷盘菜品成形后，均应立即加盖（有的冷盘餐具带盖）或用保鲜膜密封放置，直至就餐者就座后由服务生揭去保鲜膜（或盖）供就餐者食用。这样既可以防止冷盘菜品受到污染，同时也可以保持其应有的水分，以免冷盘菜品在放置过程中失水而变形、变色，影响菜品应有的风味特色。

5. 冷菜隔日使用的卫生要求

在餐饮行业中，冷菜的制作往往是相对批量生产的，尤其是选用动物性烹饪原料和制作工艺比较烦琐或制作过程相对费时的风味冷菜，如"腐乳叉烧肉""五香酱牛肉""盐水鸭""盐水鹅""水晶肴蹄"等，其制作生产的量

不可能与当日的供应消费量完全吻合，在实际工作中，这些冷菜制作的量往往都是在预计量的基础上略有放大，因而，这些冷菜在当日营业结束后有一定的剩余量是完全正常的，当然，这些冷菜在第二天继续使用也是合情合理的。但是，对于前日剩余冷菜的使用是有条件的，绝不是在没有适当地保存和重新回锅加热的情况下使用，前提是绝对卫生和安全。当日所剩余的冷菜，当天一定要重新回锅加热，待冷却后加以冷藏保存，并在次日使用前仍需加以入锅重新烹制，以免风味冷菜受污染而变质；另外，夏季时的冷菜每隔4小时就应该再回锅加热烹制一次。这样，才能确保风味冷菜的清洁、卫生与安全。

当然，我们在冷菜的制作过程中，根据本店的经营状况掌握烹制冷菜的数量，使其与当日的销售量能基本相符，尽量使当日制作的冷菜少剩余或不剩余。这样，既能最大限度地保持冷盘应有的风味特色，又确保了每天的冷菜品质新鲜、卫生与安全。

6. 冷盘点缀中的卫生与食品安全要求

在冷菜制作工艺中，点缀是一种非常常用的装饰方式。通过点缀能使冷盘菜品在色、形等方面更加和谐与完整，点缀物品一般并不具有食用的直接意义。然而，从卫生与食品安全的角度而言，点缀的卫生与安全程度与冷盘菜品的质量有着密切的关联，因此同样不可大意。在冷盘的制作过程中，我们常选用一些小型的瓜果或蔬菜原料进行点缀装饰，虽然这些点缀物品并不是冷盘菜肴中供食用的主体，但它们毕竟也是整个冷盘菜品的组成部分，并且与冷盘菜肴中供食用的主体部分同放在一个盘子之中，因而，我们在使用前必须清洗干净并消毒。严禁使用不可生食的瓜果或蔬菜原料（如土豆、南瓜、茄子、四季豆等）和对人体容易造成伤害的物料（如铁丝、竹篾、牙签等）进行点缀，更不可以使用对人体健康有影响的人工合成色素和化学胶水等，以免造成对冷菜的污染和对人体的伤害。

五、冷菜操作人员个人的卫生要求

冷菜间的操作人员，要切实注意个人卫生。要勤洗澡、理发，勤换衣服，勤剪指甲等，操作人员严禁佩戴金银等首饰（尤其是手指上）直接操作；另外，冷菜间的操作人员还需定期进行身体检查，严格做到持证（健康证）上岗。如果一旦发现患有传染病者，应立即调离，并将冷菜间进行彻底的消毒处理，待其痊愈后方可调回。

六、冷菜原料的卫生与食品安全控制

制作冷菜的原料选择与使用要特别严谨，因为它对冷菜的卫生质量与食品安全保障有着举足轻重的影响。据有关资料统计，食物中毒事件中，绝大部分都是由于冷菜原料质量不符合卫生及食品安全要求而引起的，对于腐败、变质、发霉或虫蛀以及有异味的原料要杜绝使用，把好原料卫生与食品安全这一关。对于一些瓜果蔬菜原料，应选用"绿色蔬菜"，严禁使用农药残留量超标的原料。只有这样，我们才能使冷盘菜品的卫生与食品安全从根本上得到保障。

附1　日本厚生省对厨房操作人员的洗手程序要求

①在手上擦肥皂，充分起泡，用刷子仔细刷洗；

②用流动水充分冲洗手上的肥皂泡；

③把消毒肥皂原液（又叫药皂、逆性肥皂）滴在手中数滴，双手涂擦、十个手指交叉搓动，进行消毒；

④最后用一次性餐巾或新毛巾擦手，或用暖风吹干。

附2　美国《饮食业服务卫生规范》对抹布使用的规定

①用于擦拭餐具（如供客人使用的碗、盘、碟等）的抹布，必须是清洁的、干的，禁止挪作他用；

②用于擦拭炊事用具、厨房设备以及与食品接触的抹布或海绵必须干净，而且经常用消毒液漂洗，并禁止挪作他用，不用时应保存在消毒液中；

③用于擦拭不与食品直接接触（餐桌、柜台、餐具柜等）的抹布或海绵应当是清洁的，并加以漂洗，不许挪作他用，不用时应保存在消毒液中。

本章小结：

本章主要介绍了冷菜制作过程中主要营养素的变化、冷菜的营养平衡、冷菜间环境的卫生要求、冷菜制作过程中卫生与食品安全的控制等。其中，冷菜制作过程中的营养保护、冷菜的卫生与食品安全控制是本章学习的难点。

思考与练习

1. 冷盘菜品在制作过程中其营养素损失的途径有哪些？

2. 调味对冷盘菜点的营养素有哪些影响？在操作过程中，我们可以采取哪些措施进行保护？

3. 冷菜材料的制作方法对营养素有怎样的影响？在操作过程中，我们可以采用怎样的措施加以弥补？

4. 冷菜的营养平衡包括哪些内容？具体又体现在哪几个方面？

5. 冷菜间的环境卫生应符合哪些要求？

6. 冷菜间工具及设备的卫生应如何控制?

7. 冷菜间在制作过程中应达到怎样的卫生要求?

8. 冷菜间的操作人员应符合怎样的卫生要求?

9. 冷菜原料的卫生应如何控制?

10. 了解其他国家"饮食业服务卫生规范"的相关内容,对我们在冷菜制作过程中卫生与食品安全的控制有哪些借鉴与启发?

第四章

冷盘造型艺术规律

本章内容： 介绍冷盘造型的构图及其变化规律和变化形式、冷盘造型美的形式 法则、冷盘造型美的色彩及冷盘造型的分类等。

教学时间： 8课时。

教学目的： 通过对冷盘造型的构图及其变化规律和变化形式、冷盘造型美的形 式法则、冷盘造型美的色彩及冷盘造型分类的学习，使学生在理论 上对冷盘造型构图的基本形式有一定的认识；通过本章的学习，使 学生对冷盘造型的形式与内容的关系有深刻的理解。

教学方式： 课堂讲述和实验理解。

教学要求： 1.使学生了解冷盘造型的构图及其变化规律和变化形式。

2.使学生理解冷盘造型美的形式法则，并掌握其运用方法。

3.使学生掌握冷盘造型中色彩的运用规律、方法和技巧。

4.使学生了解冷盘造型的分类。

5.通过实验练习，使学生理解色彩的客观表现力。

6.通过实验练习，使学生理解色彩与味觉的关系。

作业布置： 课后阅读相关色彩和美学原理方面的书籍；针对冷盘造型美的形式 法则画出相应的示意图或找出相应的构图造型。

学习重点： 1.冷盘造型的构图及其变化规律和变化形式。

2.冷盘造型美的形式法则。

3.冷盘造型美的色彩及冷盘造型的分类。

学习难点： 1.冷盘造型的构图及其变化规律。

2.冷盘造型美的色彩运用规律。

第一节　冷盘造型的构图及其变化

一、冷盘造型的构图

构图是冷盘造型艺术的组织形式。冷盘在拼摆过程中，如果缺乏构图上的合理组成，就会显得杂乱无章，极不协调。因此，在冷盘造型构图时，必须灵活运用造型美的法则，对造型的形象、色彩组合需要进行认真地推敲和琢磨，处理好整体与局部的关系，使冷盘造型获得最佳的艺术效果。

冷盘造型的构图不同于一般绘画艺术，它是与一定的食用目的相联系的，同时还需要选用烹饪原料，通过工艺制作来体现。因此，它既受到食用目的的制约，也受到原料制作工艺条件和原料物性特征与工艺方法是否吻合等方面的限制。

冷盘造型的构图具有显著的特点，我们应该有规律、有秩序地安排和处理各种题材的形象。它具有一定的形式，有较强的韵律感。掌握冷盘造型的构图规律，要从以下几个方面入手。

1. 构思

精心构思是冷盘造型构图的基础。在构图过程中，必须考虑到内容与形式的统一，做到布局合理、结构完整、层次清晰、主次分明、虚实相间。构思可以取材于现实生话，也可以取材于某些遐想。因此，在构思过程中，可以充分发挥想象力，尽情地表达内心的思想感情与意境，逐渐把整体布局与结构确定下来，再深入细致地去表现每个局部形象，作进一步的艺术加工。

冷盘是中国烹饪技艺创作中极具典型的艺术品之一，它具有生动而鲜明的艺术形象和感染力，冷盘的整个制作过程，就是一个艺术的创作过程。因此，它要求冷盘制作者除了具备相应的烹饪操作基本功外，还需要具有丰富的想象力和善于进行艺术构思的能力，并能精心组配冷盘材料，把冷菜的质地、色泽和风味同冷盘的造型、寓意完美地统一于整个冷盘作品之中。

精巧的构思是冷盘造型的关键所在，其中题材的选择和确定尤为重要。构思的内容务必与宴饮的主题和形式相吻合，与宴饮的对象和时令季节相适应；题材宜选用人们喜闻乐见的花木鸟兽、山水园林以及象征吉祥、和美、幸福的图案或形象，这会给就餐者带来欢欣、愉悦、美好的艺术感受。切忌选用宾客忌讳、视而不快的题材。

在构思过程中，一定要全面考虑冷盘造型的特点，既要考虑到冷盘的艺术欣赏价值，又不可忽视冷盘的食用价值，要使两者有机地结合在一起，并让它们能相得益彰、珠联璧合，偏废任何一面都不能称作是完美的冷盘，更不能体现中国烹饪技艺的精妙所在。

2. 主题

冷盘造型的构图要从整体出发，不论题材、内容如何，结构简繁各异，要主次分明，务必使主题突出。突出主题可采用下列方法：一是把主要题材放在显著的位置；二是把主要题材表现得大一些，刻画得细致一些，或色彩对比鲜明、强烈一些。

3. 布局

布局要合理、严谨。在冷盘造型过程中，解决布局问题是至关重要的，主要题材的定势、定位，要考虑整体的气势和趋向，其余题材物象都从属于这个布局和总的气势，气韵生动、虚实合理且具有较强的艺术感染力。

4. 骨架

骨架是冷盘造型的重要格式，它如同人体的骨架、花木的主干、建筑的梁柱，决定着冷盘造型的基本构图与布局。

在构图时，初学者必须在盘内先定出骨架线，其方法是：在盘内找出纵横相交的中心线，使之成为"十"字格，如果再加平行线相交，就成为"井"字格，便于冷菜原料的准确定位和拼摆。

5. 虚实

任何冷盘造型都是由形象与空白共同组成的，"空白"也是构图的有机组成部分。中国绘画的构图中讲究"见白当黑"，也就是把虚当作实，并使虚实相间。对于冷盘造型构图来说，巧妙的虚实处理也是构图的关键之一。在冷盘的构图过程中，如果盘中的虚处理得当，可以使"虚"而不虚，实而更实，使冷盘造型更具有艺术感染力，更耐人寻味。

6. 完整

冷盘造型构图无论是在表现形式上，还是在内容上都要求完整，避免残缺不全。在构图形式上要求有可视性，结构上要合理而有规律，不可松散、零乱，对题材的外形也要求完整，从头至尾不使意境中断；形式和内容要统一，相互映衬。

二、冷盘造型的变化

冷盘造型的变化是把取之于自然或遐想中的题材处理成冷盘造型形象，它是冷盘造型设计的一个重要组成部分。

现实生活中的自然形态或遐想中的理想形态，虽然从视觉角度而言有非常好的效果，但有些造型并不适合冷盘造型的要求，或不符合冷盘工艺拼摆的条件，因而不能直接用于冷盘造型。所以，很多自然或遐想中题材的造型形象需要经过选择、加工、提炼，才能适用于烹饪原料的拼摆制作，也才能真正成为冷盘造型的形象。因此，冷盘造型的变化是我们获得较为理想的冷盘造型形象的重要手段。

冷盘造型的变化，不仅要求在构图上完美生动，具有源于生活而又高于生活的艺术效果，同时又要求经过变化，具有造型设计密切结合冷盘工艺要求的特点，使冷盘符合"经济、实用、美观"的原则。造型变化的过程正是提炼、概括的过程，变化的目的是为了造型设计，而造型的设计是为了美化冷盘造型。不管在任何时候，冷盘造型都不能脱离冷盘拼摆制作工艺而孤立存在，必须与冷盘拼摆制作工艺的特点和原料的基本特征密切结合，才具有可运用性（可操作性）、实用性和可推广性，也才有发展前途。

（一）冷盘造型变化的规律

冷盘造型的变化，是在选取自然生活或遐想中的题材的基础上，加以分析和比较，提炼和概括的过程。为此，我们必须对题材进行不断地认识，反复地比较和全面地理解。例如，我们粗看梅花、桃花的花朵，认为它们的花瓣外形是一样的，花瓣也都是五瓣，但仔细观察后，我们会发现桃花花朵的花瓣是尖的，而梅花的花瓣是圆的。这就是通过仔细观察，找出了它们之间的共性和个性以及形态特征。只有经过一定的观察、思考和比较，才能在造型变化时对每类花的品种（当然也包括各类动物以及山水风景等）特征有较为透彻的认识、理解和掌握。在认识了自然界的物象之后，如何把它们变化成适合冷盘造型的图案，就需要进行一番认真而又仔细的设想和构思，这一过程在冷盘造型艺术中显得尤为重要。所谓设想，就是如何体现作者进行制作的意图，例如要变化一朵花或一片叶，就必须先考虑它在冷盘造型中起什么作用、选择何种原料进行拼摆、我们需要达到什么样的效果等；所谓构思，就是如何把设想具体地表达出来，我们又将采用什么表现手法、什么样的构图造型形式、运用何种色彩，以及选用何种原料等。

冷盘造型图案的设想，源于丰富的生活知识、大胆的想象和创造。既要符合客观对象的基本规律，却又不为客观物象所束缚。我们要紧紧抓住物象形式美的基本特征，敢于设想，敢于创造，这样才能获得优美的冷盘造型，并达到冷盘造型变化的目的，使冷盘造型丰富多彩。从鱼造型的变化（图4-1）可以看出，经过一定的变化以后，使鱼的外形由繁到简，由具体到抽象，每一步变化的图样，都能被冷盘造型工艺所采用。

图 4-1　鱼造型的变化

（二）冷盘造型变化的形式

冷盘造型是一种艺术创造，但造型的变化并不是随意的，更不是盲目的，其变化的原则是要为宴饮主题服务的，同时，这种变化必须与冷盘拼摆制作工艺的要求、规律以及烹饪原料的特点、特征相结合。冷盘造型变化的形式和方法有多种多样，为了使冷盘造型形象更典型、更生动、更完美、更感人，掌握冷盘造型变化的基本形式是非常有益的。

1. 夸张变形

夸张是冷盘造型变化的重要手法，它采用加强的方法对物象代表性的特征加以夸张，使物象更加典型化，更加突出，更加感人，更加引人注目。

冷盘造型的夸张是为了更好地写形传神。夸张必须以现实生活为基础，不能任意加强什么或削弱什么。例如：梅花的花瓣，将其五瓣圆形花瓣组织成更有规律的花形，使其特征、特点经过夸张后更为完美；月季花的特征是花瓣结构层层有规律的轮生，则可加以组织、集中、强调其轮生的特点；还有向日葵的花蕊、芙蓉花的花脉等特征，都是启发我们进行艺术夸张的依据。对动物造型的夸张也是如此，要抓住其具有代表性的本质特征，如孔雀的羽毛是美丽的，尤其是雄孔雀的尾屏，在构图以孔雀为题材的冷盘造型时，可以夸张其鲜艳美丽的长尾巴，头、颈、胸的形象都可以有意识地缩小些，当选用原料进行拼摆该造型时，就应该选择一些色彩较为鲜艳的原料；同样，松鼠的尾巴又长又大，大得接近它的身躯，然而那蓬松的大尾巴却又很灵活，其小的身躯和大的尾巴形成一种明显的对比，冷盘构图造型时就可以强调这一对比，使松鼠显得更加活泼，动作更敏捷，更令人喜爱；而熊猫就没有那么灵敏，圆圆的身体、短短的四肢、缓慢的动作，特别是它在吃嫩竹或两两相戏的时候，动作不紧不慢，憨态可掬，因而，在构图造型时动态要少一些，静态就可以夸张得多一些，让人感受到它的可爱和稚趣。

　　由此可见，恰当地夸张能增加感染力，使被表现的物象更加典型化（图4-2）。如金鱼的长尾，恰当夸张会更美丽传神；蝴蝶的双须、小尾翅若适当加长，会使蝴蝶更具灵性和飘逸感；雄鹰的双翅变大、变长，能增加其凌空翱翔、搏击长空的动势；松鼠尾巴的加长、加粗，能显得更敏捷可爱……如果说，写实只是按照物象原来的样式靠摹仿造型反映物象、再现物象的话，那么，夸张则是在不失去物象原有精神风貌的前提下，靠变形创造、夸张物象本质特征来塑造形象、表现形象。所以，夸张离不开变形，只有变形才能夸张。但是，夸张是有度的，不可以过分，应该夸张其本质特征，反映物象的神韵；变形不可以离奇，应使物象变得更美，更具有感染力。那种只凭主观意想、牵强造作夸张或那种只见局部而不顾整体的变形，以及那种刻意追奇逐丽而忽视冷盘食用的特点和不顾冷盘造型工艺制作的要求与规律的做法，都有违背冷盘造型艺术的初衷，是不可取的。

图4-2　动物尾部夸张造型

2. 简化

　　简化是为了把形象刻画得更单纯、更集中、更精美。通过简化去掉烦琐的不必要部分，使物象更单纯、简洁，却仍然是完整的。正如牡丹花、菊花、梅花、月季花等，它们自然的花形本都是很丰满的，但它们自然的花瓣往往比较多，如果全部如实地加以描绘、反映，不但没有必要，而且也不适宜在实际冷盘造型中进行拼摆，在这种情况下我们就得进行简化处理，可以把多而曲折的牡丹花瓣（菊花、梅花、月季花等）概括成若干瓣，使得在进行冷盘造型的拼摆具有可行性。

　　但简化也不是随意的。我们不能把物象的主要特征简化掉，相反，我们正是需要突出物象的典型特征而简化，主要是把不代表物象主体特征的部分或已经多次重复体现物象主体特征的部分进行简化。如果简化后的物象已失去了物象原有的基本特征，这就不是简化了，而是改变。如描绘松树，一簇簇的针叶成为一个个半圆形、扇形，其正面又成圆形，苍老的树干似长着一身鱼鳞，当我们抓住这些特征，便可以删繁就简地进行松树构图造型。为了避免单调和千篇一律，在不影响松树基本形状的原则下应使其多样化，将圆形的松针拼摆成椭圆形或扇形，并使圆形套接作同心圆处理，让松针分出层次。在工艺造型时再依靠刀功和拼摆技术的处理，便使松树的松针得到了简化，并有疏密、粗细、大小和长短的变化，同时，还符合冷盘造型拼摆的规律。这种对松树松针的概括和提炼，使其简化成数根具有代表性的松针，可以使松树的形象更典型集中、简洁明了和主题突出（图4-3）。

图 4-3　松树简化造型

我们常将竹叶简化成"个"或"介"字形排列、茂密的松叶简化成只有几片蓑衣片的排列、密密的向日葵花蕊简化成菱形网格、禽鸟多毛的躯体简化成数片片形的排叠等，如是简化，不仅无损形象的完整，反而使形象更加精美柔和、更加集中和典型。

3. 添加

添加不是抽象的结合，也不是对自然物象特征的歪曲，而是把不同情况下的形象以及各形象具有代表性的特征结合在一起，以丰富形象，增添新意，使形象更加饱满、丰厚，其主要目的是加强艺术想象和艺术效果。

添加手法是将简化或夸张的形象，根据冷盘造型构图的需要，使之更加丰富的一种表现手法。它是一种"先减后加"的手法，但先减后加并不是对原先的形态，而是对原先的物象形态进行加工、提炼，使之更加完美、更有变化。正如传统纹样中的"花中套花""花中套叶""叶中套花"和"叶中套叶"等，就是采用了这种表现手法。

有些物象已经具备了很好的装饰因素，如动物中的老虎、长颈鹿、梅花鹿等身上的斑纹，有的成点状，有的成条纹。梅花鹿身上的斑点，远看象散花朵朵；蝴蝶的翅膀，上面的花纹很有韵律。还有像鱼的鳞片，叶的茎脉等，这些都可视为各自的装饰因素。但是，也有一些物象，在它们的身上找不出这样的装饰因素，或装饰因素不够明显。为了避免物象的单调，可在不影响突出物象主体特征的前提下，在物象的轮廓范围之内适当添加一些纹饰，使形象更加丰富和圆润。当然，所添加的纹饰，可以是自然界的具体物象，也可以是几何图形纹样，但要注意附加物与主体物在内容和形态上的合理呼应，不能随意套用。有在动物身上添加花草的，也有在其身上添加动物的。例如在肥胖滚圆的猪身上添加"丰"字，在猫的身上添加蝴蝶，在奖杯上缀花，牛身上挂牧笛，扇面里套梅花等。但值得注意的是，在冷盘造型艺术中，要因材取胜，不能生硬拼凑或画蛇添足。

除了多个形象的相互添加结合外，在冷盘造型中还常常把一个简单形象通过增加结构层次的方法，使其变得丰富多彩。如"蘑菇"造型，本来其外形简单，色彩单一，但是，如果我们采用多层刀面和多种色彩的原料来塑造其形态，就会使蘑菇变得丰满和精神，使本来一个很平常的蘑菇形象富有趣味感，并使之产生一种美的意境（图4-4）。

图4-4　以繁胜简的冷盘造型

4. 理想

理想是一种大胆而巧妙的构思，在冷盘造型时，采用理想的手法可以使物象更活泼生动，更富于联想。我们在冷盘造型工艺中，应充分利用原料本身的自然美（色泽美、质地美、形状美等），加上精巧的冷盘刀工技术和巧妙的拼摆手法，融合于造形艺术的构思之中，用来表达对某事物的赞颂或祝愿。如在祝寿宴席中，用万年青、松树、仙鹤以及寿、福等汉字加以组合，以增添宴席的气氛。

在某些场合下，我们还可把不同时间或不同空间的事物组合在一起，成为一个完整的理想造型。例如把水上的荷叶、荷花、莲蓬和水下的藕同时组合在一个造型上；把春、夏、秋、冬四季的花卉同时表现出来，打破时间和空间的局限，这种表现手法能给人们以完整和美满的感受，达到完美冷盘构图造型的目的。

如图 4-5 所示，"翠鸟赏花"即是一个典型的理想造型。鲜花、小鸟、树枝和花苞的相互组合，自然而贴切；呈"S"形的小鸟与"S"形的树枝的巧妙组合，显得自然而流畅；小鸟的视线和姿态与树枝底部的花卉上下呼应而连贯；再加之色彩的合理搭配，使整个造型达到了非常和谐、完美的境地。

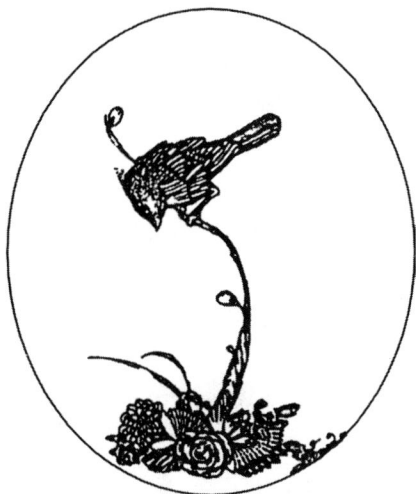

图 4-5　翠鸟赏花

第二节　冷盘造型美的形式法则

我们知道，一切美的内容都必须以一定的美的形式表现出来，冷盘造型艺术当然也不例外。冷盘造型的美应该是美的形式和美的内容的统一体，是两者的有机组合。美的形式为表现美的内容服务，美的内容必须通过美的形式表现出来，冷盘造型美离不开形式的美。所以，冷盘造型美的研究不仅要重视具体的冷盘造型的外在形式，而且还要特别重视冷盘造型外在形式的某些共同特征，以及它们所具有的相对独立的审美价值。冷盘造型的形式美是指构成冷盘造型的一切形式因素（如色彩、形状、质地、结构、体积、空间等）按一定规律组合后所呈现出来的审美特性。因此，研究并掌握冷盘造型各种形式因素的组合规律，即形式美法则，对于指导冷盘造型美的创造具有重大的实践价值和实际意义。

一、单纯与一致

单纯一致又称整齐一律，这也是最简单的形式法则。在单纯一致中见不到明显的差异和对立的因素，这在单拼冷盘造型或组合造型的围碟中最为常见，如单纯的色彩构成有碧绿的"姜汁菠菜"、褐色的"卤香菇"、嫩黄色的"白斩鸡"、酱红色的"卤牛肉"、乳白色的"炝鱼片"等，这种单纯可以使人产生简洁、明净和纯洁的感受；一致是一种整齐的美，"一般是外表的一致性，说得更明确一点，是同一形状的一致的重复，这种重复对于对象的形式就成为起赋与定性作用的统一"（黑格尔：《美学》第1卷，第173页）。如长短一致、乌光闪亮的鳝鱼脊背肉构成的"炝虎尾"，大小相似、红润如钩的"盐水虾"，厚薄均匀、形如网状的"酸辣莲藕"，都给人以整齐划一、简朴自然的美感。可见，再简单的冷盘造型，只要它符合冷盘造型美的形式法则，即便是最简单的单纯一致的形式法则，也能成为纯朴简洁、平和淡雅等愉悦视觉效果的来源。

二、对称与均衡

对称与均衡是构成冷盘造型艺术形式美的又一基本法则，也是冷盘造型求得重心稳定的两种基本结构形式。

对称是以一假想中心为基准，构成各对应部分的均等关系，是一种特殊的均衡形式。在冷盘造型艺术中，对称的具体运用又可以分为两种，即轴对称和中心对称。

轴对称的假想中心为一根轴线，物象在轴线两侧的大小、数量相同，作对应状分布，各个对应部分与中央间隔距离相等。根据冷盘造型构图的基本形式，轴对称有左右对称和上下对称两种形式。

对称是生物体自身结构的一种符合规律的存在形式。早在狩猎和农耕时代，我们的祖先就发现了动物体、植物叶脉的对称规律。人体的外部结构，就是以鼻、嘴中心线为轴左右对称的；物体在水中的倒影，则是上下对称的。在长期的生活实践中，人们认识到对称对于人的生存和发展的重要意义，并将对称规律应用到物质生产、艺术创造、环境布置等许多方面。在冷盘造型实践中，为了顺应人们观察事物的习惯，即视觉的舒适、省力的需要，对称造型多采用如图4-6所示的天平式左右对称，创造出了如"花篮灯"（图4-7）、"宫灯""双喜盈门""迎宾花篮""金榜提名""万年长青"等优美的冷盘造型。

图 4-6　天平式左右对称

图 4-7　左右对称花篮灯造型

中心对称的假想中心为一点，经过中心点将圆划分出多个对称面。如我们称冷盘造型中经常运用的几何造型图案的三面对称为"三拼"，五面对称为"五星彩拼"，八面对称为"什锦排拼"（图 4-8）等。在多面对称的冷盘造型形式中，可以表现某种指向性，在具体冷盘造型构图的运用中，有放射对称、向心对称和旋转对称等形式，但在严格的多面对称形式中，各对应面应该是同形、同色和同量的。总的说来，数目为偶数的多面对称冷盘，各对应部分多为同形、同量但不完全同色，其对称性较强。而奇数的多面对称冷盘，如"五角彩星"，则是用五种不同色彩的原料构成的组合，与偶数的多面对称冷盘相比，多了点律动感（图 4-9）。

图 4-8　八面对称冷盘造型

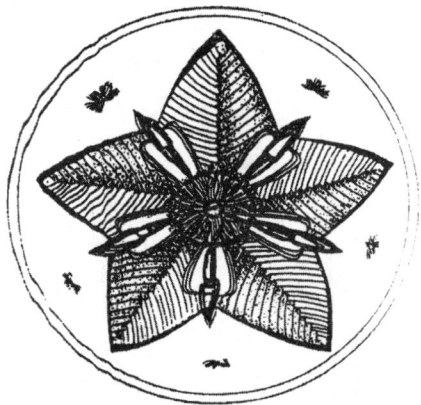

图 4-9　五面对称冷盘造型

除了上述绝对对称之外，冷盘造型还经常使用相对对称的构图形式。所谓相对对称，就是对应物象粗看相同，细看有别，正如我国传统文化中经常出现的成对石狮，雄雌成对，均取坐势，虽然雄狮足踏绣球，而母狮却足抚幼狮，但在人们的心理视觉效果中，它们是对称的，因为在这种情况下，人们的注意力完全集中在两只狮子的大姿态上，视觉完全被狮子的威武和气势所吸引，没有必要也没有闲暇再去过问它们的细节。在实际工作中，我们也经常利用这一点来对冷盘进行构图造型，从而达到视觉效果上的相对对称。如以一只蝴蝶为构图形式的冷盘造型"蝶恋花"中，以蝶身为中线的左右两侧的大小蝶翅、蝶尾、蝶须，往往都在形状、色彩和大小上做适当的微调、变化，以达到蝴蝶两侧相对对称效果的基础上还要显示蝴蝶的飞舞和灵动；在"鸳鸯戏水"造型中，两只鸳鸯相对而置，雌雄成双，在它们头部、背部造型和色彩的处理上，也有所不同；在"双桃献寿"造型中，左右两侧无论是品种、大小，还是在色彩的选择上并不完全一致，都是为了增加造型丰富、多样之感（图4-10）。

图4-10　相对对称的冷盘造型（双桃献寿）

　　关于对称的美，美学家乔治·桑塔耶纳的描述甚为精当。他认为，对称往往是一切最大价值的条件——使人愉快的持久力量，它助成一种美满的效果，这种效果使人心旷神怡而不感到刺激。这种宁静美的真谛和实质来自构成它的那种快感的固有属性，它不是偶然发现的魅力，你的眼睛在陆续浏览这些对象之时总是发现一样的感应，一样的合适；对象之适合于领悟，使得你就在知觉的过程中也眉飞色舞。欣赏对称形式的冷盘造型，会给人以宁静、端庄、整齐、平稳、规则以及装饰性的美，但当它被滥用或用之不当时，也会给人以呆板、单调、贫乏、浅薄的印象。因此，能见到有差异、有变化的非对称形式的均衡，会令人耳目一新并心旷神怡。

　　均衡又称平衡，是指上、下或左、右相应的物象的一方，以若干物象换置，使各个物象的量和力臂之积，上下或左右相等。在冷盘造型构图中，均衡有两种形式，一种是重力（力量）均衡，另一种是运动（势）均衡。

重力均衡原理类似于物理力学中的力矩平衡，从图4-11和图4-12中可以看出，在力矩平衡中，如果一方重力增加一倍，该方力臂缩短一半或他方力臂延伸一倍，便能取得平衡，即重力与力臂成反比。在冷盘造型构图过程中的力臂，无非是指物象与盘子的中心距离，使整个盘面形成立体的平衡关系。可见，平衡反映在冷盘造型中，盘中的物象是在有限的平面和空间里寻求平衡。

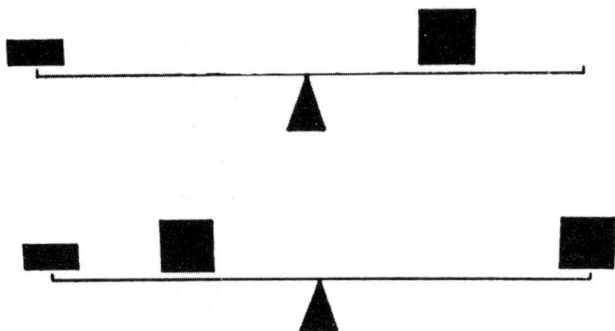

图4-11　均衡示意图

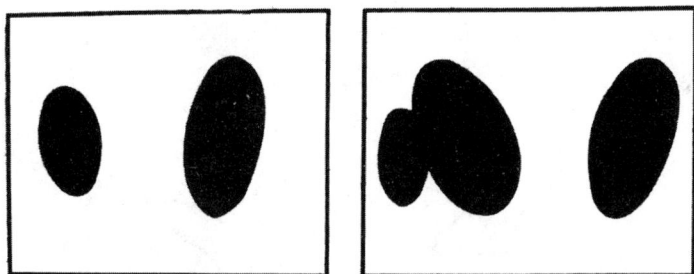

图4-12　由图4-11转化的平衡模式示意图

用力矩平衡解说重力均衡，仅仅是一种比喻。对于冷盘造型来说，这种均衡是通过盘中物象的色彩和形状的变化分布（如上下、左右、对角等方面不等量分布和色彩的浓淡变化等），根据一定的心理经验获得的在感觉上的均衡与审美的合理性。如冷盘"梅竹报春"（图4-13），一枝梅、一截竹、几簇花朵与"L"形的坡地，从物理力学的角度上看，无论如何是不均衡的，因为盘子的右上半部分有大片的空白，而下半部分是土坡，密度也比较大，盘子的上半部分加起来的分量要比下半部分轻得多，但盘子上半部分的诸物象（梅、竹和蜜蜂）与人的情感关系密切程度远高于盘子的下半部分土坡，再加上生长在土坡上的茂密的花草和天空的开阔完全符合人们正常的视觉习惯，因而，造型整体在感觉上是均衡的。这是理解冷盘造型均衡形式的关键所在。

图 4-13　视觉均衡示意图

运动平衡是指形成平衡关系的两极有规律的交替出现，使平衡被不断打破又不断重新形成。图 4-14 为运动平衡的两种骨式图，在冷盘造型中，运动平衡是用来表现运动着的物象，如飞翔、啄食、嬉闹的禽鸟，纵情飞驰的奔马，翩翩起舞的蝴蝶，欢跃出水的鲤鱼，逐波戏水的金鱼等。在这种情况下，在冷盘造型构图时一般总是选择它们最有表现力的瞬间那种似乎不平衡的状态来展现，通过合理的构图，从而达到平衡的效果，以凝固最富有暗示性的瞬间，表现运动物象的优美形象，给人们以最广阔的想象空间。

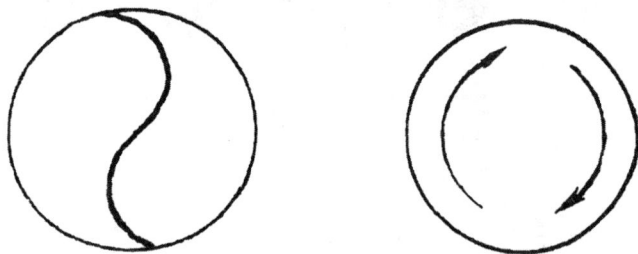

图 4-14　运动平衡骨式图

然而，运动是有方向的，当人们观察运动着的物体时，其视点往往是追随着物体的运动方向而略超前的，因而在冷盘构图造型时，我们必须在物体运动的前方留有更多的余地，使人们的视觉畅达，而不会使人感觉眼前堵塞。另外，一个冷盘造型中的各个物象是构成这一整体不可或缺的组成部分，所有的物象之间是相互联系、彼此呼应的。冷盘"飞燕迎春"（图4-15）在构图上就非常合理：左下侧是一只正在向上振翅翻飞的燕子，其运动方向显然是由左下向右上，因而，盘子的右侧为燕子留下了大片的空白作为运动空间；燕子张嘴而鸣，又似乎是飞燕在对春天的向往和呼唤，所以在右侧的空白处设计了数条随风飘动的嫩绿的柳枝，巧妙地做出了回应，与燕子的运动方向遥相呼应。如果我们对此造型如是注目审视一番，定会倍觉其清新秀丽，灵动飞扬，生机勃发，浑然天成，该冷盘造型堪称运动平衡的典范。

图4-15　运动平衡造型图（飞燕迎春）

均衡的两种形式，强调的是在不对称的变化组合中求平衡。在冷盘造型构图的实践中，凡是运动均衡的造型，只要处理得当，都显得生动活泼，富有生命力和动感，让人振奋。倘若处理失当，就会显得没有章法，零乱无序。由此可见，当我们在运用均衡这一冷盘造型美的形式法则时，只有准确地把握各种形式因素在造型中的相互依存关系，并契合人们的视觉和心理经验，才能够获得理想的均衡美的效果。

三、调和与对比

调和与对比反映了矛盾的两种状态，说的是对立与统一的关系。在冷盘造型构图时，只有处理好调和与对比的关系，才可能有优美动人的冷盘造型形象。

调和是把两个或两个以上相接近的因素相并列，换言之，是在差异中趋向于一致，意在求"同"。例如，色彩中的红与橙、橙与黄、深绿与浅绿等，恰似杜甫《江畔独步寻花》诗中所云："桃花一簇开无主，可爱深红爱浅红。"任人赏玩的桃花，千枝万朵，深红浅红并置，融和协调，令人喜欢。在冷盘造型中不乏此类调和形式的例子，如图4-16"鹿鸣春"中梅花鹿的造型，以烤鸭作为原料，利用鸭皮在烤制过程中形成的皮面颜色的深浅变化，切割成与鹿各部位肌肉结构相似的块面状拼摆而成，观之虽然有枣红、金红、金黄等色彩差异，但对于整个鹿的造型来说，却有浑然一体的感觉；又如图4-17所示，如果从抽象的形的意义分析，圆盘中的花色围碟造型，盘中间几个同心圆和外围相隔排列的若干个近似圆构成，它们之间存在着更多的是相同点，差异点相对比较少，因而，整个造型就给人一种协调、和谐的美感。以上两个例子可以说明，在冷盘的构图造型中，调和这一法则的巧妙运用是非常重要的。

图4-16　利用调和形式的冷盘造型之一

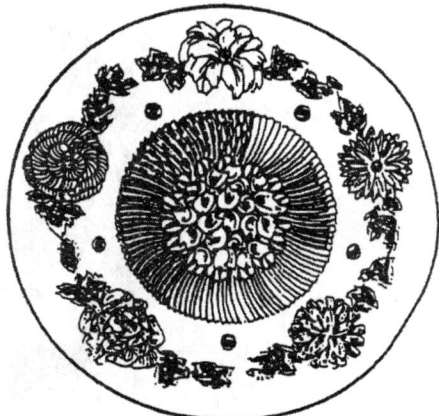

图4-17　利用调和形式的冷盘造型之二

对比是把两种或两种以上极不相同的因素并列在一起，也就是说，是在差异中倾向于对立，强调立"异"。在冷盘构图造型中，对比是调动多种形式因素来表现的，例如：形态上的动与静、肥与瘦、方与圆、大与小、高与低、宽与窄的对比，结构上的疏与密、张与弛、开与合、聚与散的对比，分量上的多与少、轻与重的对比，位置上的远与近、上与下、左与右、前与后的对比，质感上的软与硬、光滑与粗糙的对比，色彩上的浓与淡、明与暗、冷与暖、黑与白、黄与紫的对比等。对比的结果，彼此之间互为反衬，使各自的特性得到加强，变得更加明显，给人留下的映象也更加深刻。宋代诗人杨万里"接天莲叶无穷碧，映日荷花别样红"的名句，刻画的正是这种映象。

在冷盘造型中利用对比形式的例子也很多，图4-18为"雄鹰展翅"冷盘造型，其中山的静止、低矮、紧凑和一定面积的空间，都是为了衬托雄鹰凌空展翅飞翔时的快疾、高远、舒展的恢宏气势和苍劲勇猛的个性。而在以蝴蝶和花卉为题材的冷盘造型"蝶恋花"中，花的造型往往比较小，且色彩也比较单一，这主要是以花来衬托蝴蝶之大和蝴蝶之美艳，使花与蝴蝶形成明显的对比和反差，因为这里蝴蝶是主体。再比如红与绿的色彩对比，莫过于采用"万绿丛中一点红"

的方法来塑造的红嘴绿鹦鹉的形象，"一点"红嘴是红得那么的娇艳，"万绿"鹦鹉身绿得那么碧翠，给人以鲜明、强烈对比的震撼。

图 4-18　利用对比形式的冷盘造型

　　调和与对比，各有特点，在冷盘造型中皆可各自为用。调和以柔美含蓄、协调统一见长，但如果处理失当，反而会有死板、了无生机之累；对比有对照鲜明、跌宕起伏、多姿多彩之美，但正因如此，也容易因对比过于强烈或刺激太甚，而使人产生烦躁不安之恶。所以，从冷盘造型实际需要出发，要多表现亲和性而少表现对抗性内容；从有助于加强食用效果和艺术感染力出发，调和与对比同存共处，更为妥帖。但处理的方法绝不是双方平起平坐，各占一半，而是要根据需要以一方占主要地位，另一方处反衬地位——即所谓大调和小对比，或是大对比小调和。我们完全可以以静止为主衬之小动，以聚集为主显之小散，以暖色为主辅之冷色；亦或者，形态对比强烈以色彩来调和，结构对比强烈以分量来均衡。这样，在一个冷盘造型中既容纳了调和与对比，又兼得了两者之美。

四、尺度与比例

　　尺度与比例是形式美的又一条基本法则。尺度是一种标准，是指事物整体及其各构成部分应有的度量数值，形象地说则是"增之一分则太长，减之一分则太短。"比例是某种数学关系，是指事物整体与部分以及部分与部分之间的数量比值关系。古希腊毕达哥拉斯学派从数学原理出发，最早提出 1 : 1.618 的"黄金分割律"，认为是形式美的最佳比例关系。

　　冷盘造型都是适合体造型——即都是在特定形状和大小的盘子里构造形象。因此，尤为重视尺度与比例形式法则的应用。

尺度与比例是否合适，首先要看造型是否符合事物固有的尺度和比例关系。比如说，物象哪一部分该长、该大、该粗、该高，哪一部分该短、该小、该细、该低，要准确地在造型中反映出来，而且必须和人们所熟悉的客观事物的尺度与比例大体吻合，不能凭臆想去胡乱拼凑，否则，只会拼凤不成反类鸡，画虎不似反类猫。如果连起码的形似都丧失了，还有什么真实感和美感可言呢？所以，我们只有讲究了尺度与比例，并在冷盘造型时灵活而合理地运用，冷盘造型才会有真切、准确、规范、鲜明的形象，也才会吸引人、打动人。

另一方面，冷盘造型中的尺度与比例又不像数学中的那样确定和机械，也不完全等同并照搬客观事物的尺度与比例，它必须是有助于造型需要的艺术化的表现形式。况且，客观事物的尺度与比例也不是绝对不变的，具体事物的尺度与比例也是有区别的。因此，在冷盘造型实践及其审美欣赏活动中，尺度与比例在实质上是指对象形式与人有关的心理经验形成一定的对应关系。当一种造型形式因内部的某种数理关系，与人在长期实践中接触这些数理关系而形成的愉快心理经验相契合时，这种形式就可以被称为符合尺度与比例的艺术化的形式，换句话说，这种形式是合规律性与合目的性相统一的尺度与比例的形式。

以上所谈的尺度与比例，主要是从"似"的角度，强调造型形象摹拟客观事物的艺术真实性，但是这不是唯一的表达形式。为了更有力地表现造型形象，有时需要刻意地去破坏事物固有的尺度与比例关系，追求"不似似之"的艺术效果。从前面的图4-1可以比较得出，左侧的鲤鱼是写实的，合乎比例与尺度，看起来与真的一样；右侧的鲤鱼是经过夸张变形后的形象，嘴变小变圆了，须变粗变长了，头变圆背变厚了，背鳍向前移位了……细究起来这一切都不符合真实及其尺度与比例，但更加突出地表现了鲤鱼的主要特征和典型形象，虽不像却又相似，整个造型灵动可爱，神采飞扬，生机勃勃，活泼有趣，更加传神了。因此，尺度与比例形式法则的应用不是死板、教条的，需要根据实际情况灵活掌握。

五、节奏与韵律

节奏是一种合规律的周期性变化的运动形式。节奏是事物正常发展规律的体现，也是符合人类生活的需要的。正如昼夜交替、四时代序、人体呼吸、脉搏跳动、走路时两手的摆动等都是节奏的反映；韵律则是把更多的变化因素有规律地组合起来加以反复形成的复杂而有韵味的节奏，例如音乐的节奏，是由音响的轻重缓急以及节拍的强弱和长短在运动中合乎一定规律的交替出现而形成的，它比简单反复的节奏更为丰富多彩。在冷盘造型中，我们是通过运用重复与渐次的方法来表现节奏与韵律形式美的。

重复即反复，是一个基本单位有序的多次连续再现。将一个基本纹样作左右或上下的多次连续重复，以及向四周的连续重复排列的构成形式（图4-19），是冷盘造型借用的一种简洁鲜明的节奏形式。图4-20是冷盘"四色排拼"的一种造型形式，每一层次都是由同一形状的原料按照一定的方式有规律地重复排列而成，各个层次采用不同的色彩，观之有整齐明快的节奏美；又比如冷盘"太极排拼"，主体正八边形的中心顶端是黑白分明的圆形太极图，在主体外层又围了相间排列的八个小圆形太极，该造型中主体部分的八个等量同形的梯形刀面的连续及其每一面色彩的变化，与整个造型中内外相同结构的太极图形的重复出现和呼应而带来了"太极排拼"造型的节奏美；再看图4-21"吉庆有余"的造型，鱼身两侧的鳞片，是同一种原料切成的相同片形，经过有规律的连续重复排叠，形成了活生生的鱼的生命的律动之美；禽鸟类羽毛的连续重复排叠也是如此。由此可见，重复表现节奏对于冷盘造型具有重要的价值和实践意义。

图4-19 连续重复示意图

渐次是逐渐变化的意思，就是将一种或多种相同或相似的基本要素按照逐渐变化的原则有序地组织起来（图4-22）。在单碟冷盘造型中，渐次方法的运用和形式非常普遍与广泛，如"蓑衣杨花萝卜"（或"蓑衣蘑菇""蓑衣黄瓜"等）、"盐水虾""紫菜蛋卷""香肠""芝麻鸭卷""糖醋萝卜卷"等，都是利用相同的原料按照渐次原理组构的同心圆式的馒头形造型，虽然很常见，在拼摆过程中对技术的要求也很简单，但它们同样具有旋转向上、渐次变化的律动感。

图 4-20　四色排拼

图 4-21　吉庆有余

图 4-22　渐次变化示意图

　　渐变的形式很多，如形体上由小到大、由短到长、由细到粗、由低到高的有序排列，空间上由近及远的顺序排列，色彩上由明及暗、由淡及深、由暖及冷、由红及绿的顺序排列等，都表现出渐变形式。在冷盘造型的实际拼摆过程中，我们既可以用比较单一的形式来表现渐变，也可以用多种形式共同来表现渐变。一般来说，渐变中包含的变化因素越多，冷盘造型的效果就越好，图 4-23 是冷盘"海螺彩拼"造型，其海螺的拼摆处理手法堪称是这种渐次变化造型的范例，它具有变化无穷、绵延不绝和回味悠长的美感。

　　有人说"建筑是凝固的音乐"，此话用在以古建筑为题材的冷盘造型中也十分贴切。图 4-24 "文昌古阁"是摹拟扬州名胜古迹——文昌阁而拼制的建筑景观造型冷盘，它直观而形象地再现了文昌阁古朴端庄、轻灵秀气之美。此造型采用了对称的构图形式，阁底座外层为双层扇面围拼，层层相叠，环环相合，流转起伏，宛如美妙轻盈的圆舞曲；阁底座用三种色彩的原料，以扇面的拼摆形式组合成同心圆并缓缓隆起，拥阁身于正中间，并与外层形成间隔，仿佛是两支乐曲相互间转换的自然停顿；阁身、阁檐自下而上且每层皆由大及小、由低及高、由粗及细，色彩由深而淡，渐次变化；阁尖顶指天而立，宛如又奏响了一曲激越昂奋的主旋律，袅袅余音飘向无际的天穹。可以毫不夸张地说，在冷盘造型中它非常科学而合理地运用重复渐次的手法，并淋漓尽致地表现了节奏韵律撼人心魄的美。

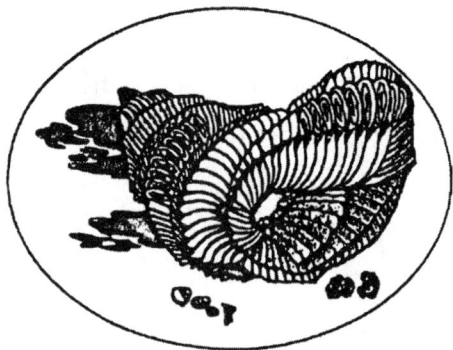

图 4-23　海螺彩拼

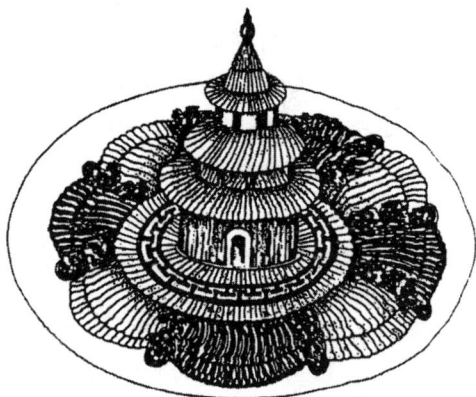

图 4-24　文昌古阁

六、多样与统一

多样与统一，又称和谐，是形式美法则的高级形式，是对单纯与一致、对称与均衡、调和与对比等其他法则的集中概括。早在公元前 7 至公元 6 世纪，老子就说过："道生一，一生二，二生三，三生万物。万物负阴而抱阳，冲气以为和。"（《老子》，四十二章），表达了万物统一于一以及对立统一等朴素的辩证法思想。公元前 6 世纪，古希腊毕达哥拉斯学派最早朦胧发现了多样统一法则，认为美是数的比例关系见出的和谐，和谐是对立因素的统一。直到黑格尔才明确提出了和谐概念中的对立统一规律，并对此进行了归纳和总结，把和谐解释为物质的矛盾中的统一。

所谓"多样"，是指整体中包含的各个部分在形式上的区别与差异性；所谓"统一"，则是指各个部分在形式上的某些共同特征以及它们相互之间的联系。换而言之，多样统一就是寓多于一，多统于一，在丰富多彩的表现中保持着某种一致性。

多样与统一应该是冷盘造型所具有的特性，并应该在具体的冷盘造型中得到具体的表现。表现多样的方面有形的大小、方圆、高低、长短、曲直、正斜等，势的动静、聚散、徐疾、升降、进退、正反、向背、伸屈、抑扬等，质的刚柔、粗细、强弱、润燥、松紧等，色的红、黄、绿、紫等，这些对立因素统一在具体的冷盘造型中，合规律性又合目的性，创造了高度的形式美，形成了和谐。

为了达到多样统一，德国美学家立普斯曾经提出了两条形式与原理，这对我们冷盘造型来说很是实用。一是"通相分化"的原理，就是每一部分都有共同的因子，是从一个共同的因子（也就是所谓的通相）分化出来的，这样就统一起来了。如图4-25之"孔雀开屏"，其翎羽分数层并有很多花纹，但每一层的每一片翎毛都有共同的或者说相似的因子——近似椭圆形弧形刀面。每个相同椭圆形弧形刀面相连接构成每层相同起伏的波状线，但每层之间的波状线的起伏又是不完全相同的；每层的每个椭圆形弧形刀面的纹样相互之间是相近的，但又不完全相同。由此可见，一个造型的各部分把一个共同的因子分化出来，分化出来的每一部分虽然都有共同的因子，但它们之间又存在一定的变化，这种既相似却又不完全相同的因子构成了一个冷盘的整体，这就是通相分化原理的具体运用。

图4-25 孔雀开屏

另一个就是"君主制从属"的原理，也就是中国传统美学思想中所说的主从原则。这条形式原理，要求我们在冷盘造型构图的设计过程中，各部分之间的关系不能是等同的，要有主要部分和次要部分的区别。主要部分具有一种内在的统领性，其他次要部分要以它为中心，并从属于它，就像臣子从属于君主一样，并从多方面展开主体部分的本质内容，使冷盘造型构图的设计富有变化、丰富多样；而次要部分具有一种内在的趋向性，这种趋向性又可以使冷盘造型显出一种内在的聚集力，使主体部分在多样丰富的形式中得到淋漓尽致的展现，也就是说，次要部分往往在其相对独立的表现中起着突出和烘托主体部分的作用。因此，主与次是相比较而存在，相协调而变化；有主才有次，同样，有次才能表现出主，它们相互依存，矛盾而又统一。这种类型的冷盘造型很多，如"金鱼戏莲""蝴蝶恋花""锦鸡报春""丹凤朝阳""雄鹰展翅""迎宾花篮"等，在这些冷盘造型中，主次分明而又统一、协调。图4-26和图4-27是两种不同的表现方式，图4-26是单碟冷盘造型，图4-27是多碟组合冷盘造型，前者在一只盘子里尽显主次分明、多样统一的"海底世界"的美；后者则是用了一只大盘子和十只小盘子，如众云托月般地渲染"百花齐放""姹紫嫣红"的春天之美。

图4-26 海底世界

图4-27 百花齐放

多样与统一是在变化中求统一，统一中求变化。如果没有多样性，就见不到丰富的变化，冷盘造型就会显得呆滞单调，缺少"参差不齐""和而不同""意态万千"的美；如果没有统一性，看不出合规律性、合目的性，冷盘造型又会显得纷繁杂乱，缺少"违而不犯""乱中见整""不齐之齐"之美。因此，只有把多样与统一两个相互对立的方面有机地结合在一个冷盘造型中，才能达到完美和谐的境界，也才能展现出冷盘造型的艺术效果以及其艺术价值。

第三节 冷盘造型的色彩

我们生活在五彩缤纷的色彩世界里，蔚蓝的天空、苍郁的群山、绿绿的草地、白浪翻滚的江海、姹紫嫣红的花卉、青砖红瓦的屋宇……这一切，构成了一幅幅璀璨绚丽、丰富多彩的大自然图画。色彩，为我们认识和研究客观世界开辟了一条重要的、必不可少的途径，也在人类生活的所有领域显示出了不可低估和难以替代的作用。

色彩美是自然美、生活美和艺术美的重要组成部分，烹饪工作者在烹饪过程中利用原料的色彩规律在"盘面"上创造烹饪自己的色彩世界，显示出了烹饪色彩的独特风格。色彩是冷盘造型构成的主要因素之一，无论是简单的还是复杂的冷盘造型，在加工制作的过程中都不能回避色彩问题，都不能不考虑色彩与食用、色彩对生理和心理的影响。所以，为了使我们能更自觉地应用并更有效地发挥色彩在冷盘造型中的作用，本节着重介绍与冷盘造型有关的色彩基本知识和应用规律。

一、色彩的基本知识

（一）色彩与光

色彩的本质究竟是什么？自然界各种物体的色彩是从哪里来的呢？这样一个既简单而又复杂的问题，曾使许多画家、科学家煞费苦心，难觅其解。直至17世纪，英国科学家牛顿的光色学说的出现，人们对色彩的本质才有了真正的认识。

现在我们知道，一切色彩都离不开光。科学证明，波长在400～750纳米范围内的光能引起我们的视觉，称为"可见光"，在可见光范围内，不同波长的光又能使人获得不同的光感，这就形成了不同的色彩。因此，色彩是一定波长的光映在我们眼睛的视网膜上所形成的感觉。

只有通过光，我们的眼睛才能感觉到这些颜色，这是由于我们的眼睛里有三种感色单元——即感红、感绿、感蓝。在红色光波的照射下，红色单元受到刺激，就有感红反应，绿色和蓝色也是如此。当两种感色单元同时受到刺激时，感色就是中间色，即由红、绿而产生黄色；绿、蓝而产生青绿；红、蓝而产生紫色。如果三种单元同时受到三种色光同等程度的刺激时，即产生黑、白、灰的消失感觉，强刺激则产生白色感，弱刺激则产生黑色感，中等刺激则产生灰色感。正是由于这三种感色单元受到不同程度的刺激，我们才感觉到色彩是千变万化的，客观世界是五彩缤纷的。

（二）色彩三要素

色彩三要素是对色彩定性和分类的依据。任何一种颜色都同时具有色相、明度和纯度三方面的属性，一般称为色彩的"三要素"。当我们需要表述或寻求某一色彩时，需从这三个方面去把握，进行定性、定量的分析。

1. 色相

色相顾名思义，即颜色的相貌，就是一种颜色区别于另一种颜色的表相特征。色相，我们又称之为色别、色种，是颜色种类的名称，如红、黄、绿、黑、白、橙黄、紫红等，从光学意义上来说，色相便是波长的别名。各物体色彩上的差异，便称之色相上的差异，色相是色彩最根本的也是最重要的属性。

色相，除了它本身各自具有特征以外，还会由于光源的色相倾向、光度的强弱、环境色彩的衬托以及空间的关系等因素而随时变异万千，所以，有专家认为有一百万种以上的不同色相。我们平时所说的"红、橙、黄、绿、青、紫"，只不过是六种标准色相。

2. 明度

明度又称光度、亮度、明暗度，指色彩本身因光照强度不同而产生的明暗程度。同一色在强光照射下其明度就高，在弱光照射下其明度就低。通常我们将正常强度的柔和光线照射下的色相，称为该色相的正色，而将那些光度高于正色的，称为该色相的明调，反之，则为暗调。

各种色相本身的明度也是不同的。六种标准色相按明度从强到弱的排列顺序为：黄、橙、红、绿、青、紫，在冷盘造型中也是如此，烹饪原料中，柠檬黄色明度最高，紫色明度最暗，绿色居中。

黑、白两色是明度的两极，白色为所有颜色中最亮的颜色，黑色是最暗的颜色，灰色是由黑白两色相拌和的，居于中性。其余各色相，我们习惯上将接近光谱红端区的光度较高的各色称为明色，接近光谱紫端区的光度较低的各色称为暗色，如红、橙、黄等为明色，青、紫、蓝等为暗色。

3. 纯度

纯度又称饱和度、鲜艳度，是指色相本身的纯净程度。分布在色环上的原色或系列间色都是具有高纯度的色。如果将上述各色与黑、白、灰或补色相混合，其纯度会逐渐降低，直至鲜艳的色彩感觉逐渐消失。

色彩的三种属性，主要都是由其物理性质所决定的，三者之间具有互相区别、各自独立的意义。这在理论研究上可以达到科学性、严密性的要求，但在事实上不可能存在这样一种色彩：它只具有一种或两种属性，却不具备另外的属性。在实际的色彩上，这三种属性总是互为依存、互相制约、"三位一体"的。在色彩学上是用图 4-28 的色彩三要素立体表示法，展示色彩三种属性有系统地排列组合的全貌。

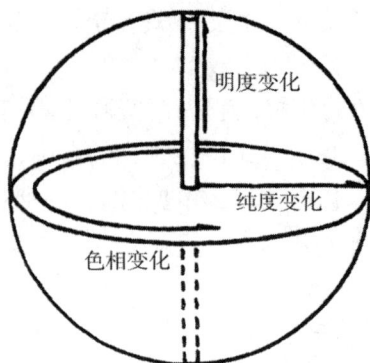

图 4-28 色彩三要素立体表示法

（三）物体的基本色彩

人的视觉所感受到的色彩现象称之为视觉色彩。物体的基本色彩，即光源色、固有色、环境色，是视觉色彩最基本的构成部分，现分述如下。

1. 光源色

光源色是指光源本身的色彩。如自然光源中的日光是白色的，人造光源中的白炽灯、烛光是橙黄色的，日光灯是带蓝紫色的，弧光灯是带青白色的，氯气灯是带青绿色的，霓虹灯是带各种光色的等。光源本身的色彩相对稳定，它笼罩着我们所要描绘的一切对象，是构成物体基本色彩的决定性因素，没有光源，也就没有物体色。

光源色的变化，势必导致在它照耀下的物体色彩的变化。不同色相的光源色变化时，对于物体色彩变化的影响能力各有大小，大致以红光最强，白光次之，再次依次为绿光、蓝光、青光、紫光等。在餐饮活动中，光源色的变化与人的食欲密切相关，心理学家伊顿在其《色彩艺术》一书中向我们报告了这样一个实验事实："一位实业家准备举行舞宴，招待一批男女贵宾……当快乐的宾客围住摆满了美味佳肴的餐桌就座之后，主人便以红色灯光照亮了整个餐厅，肉类食物看上去质地很嫩，使人食欲大增……当红光变成了蓝光，烤肉显出了腐烂的样子，马铃薯像是发了霉，宾客立即倒了胃口。而当黄灯一开，就把红葡萄酒变成了蓖麻油，把来客都变成了行尸，几个比较娇弱的夫人急忙站起来离开了房间，没有人再想吃东西了。主人笑着又开了白色灯光，聚餐的宾客兴致很快就恢复了。"我们从这一实验可以了解到，不同色相的光源色对于物体色彩变化的影响能力非常大。

现将不同的光源色使各种物体固有色彩发生的变化列表，以供烹饪餐饮活动用光的参考。

①阳光直射时，光线强烈，常带有橙味，各种物体的色彩可以产生下列变化（表4-1）。

表4-1　阳光直射对各种物体色彩产生的变化

物体原色相	红	橙	黄	绿	青	紫
变化后色相	绯	红橙	带橙色	黄绿	带紫色	有红紫倾向
观　感	特别明亮美观	特别晦暗				

②普通灯光，强光带黄白色，弱光带红色，照射在物体上引起的色彩变化（表4-2）。

表4-2　普通灯光照射在物体上引起的色彩变化

原色相	普通灯光下的变化	原色相	普通灯光下的变化
暗红	减少紫光而呈纯红色	绿	倾向灰绿色
红	特别明快，有橙色的倾向	青	有灰紫倾向
橙	特别显明	紫	增加红色而倾向红紫
黄	有白色，其明调与白无别		

③烛光带橙色，使物体的色彩产生变化（表4-3）。

表4-3　烛光照射在物体上引起的色彩变化

原色相	烛光下的变化	原色相	烛光下的变化
暗红	减少紫色、呈纯红色	青绿	倾向青色
红	特别明快，有橙色的倾向	青	有灰紫色
橙	特别显得浓厚	青紫	倾向紫色
黄	呈白色	紫	增强红色而呈红紫
黄绿	不变	浓紫	呈暗褐色
绿	倾向灰色		

④物体在特种灯光下的色彩变化（表4-4）。

表 4–4　特种灯光下物体的色彩变化

灯光种类	灯火外观光	原色相	红	绿	青	褐	黄
弧光灯	带青白		淡红	绿	淡青	褐	淡黄
碳丝灯	带黄白	色彩变化	淡灰	淡青	暗紫	带红褐	金黄
金属丝白炽灯	橙黄色		薄晕红	淡青	暗紫	带红褐	浓橙
氯气灯	带青绿		暗红	淡绿	淡青	褐	浓橙
煤气灯	青白		红	绿黄	淡青	红褐	橙黄

⑤在有色灯光的照射下，物体的色彩变化（表 4–5）。

表 4–5　有色灯光照射下物体的色彩变化

灯光色	原色相	色彩变化	灯光色	原色相	色彩变化	灯光色	原色相	色彩变化
红	黄	有红色	绿	红	染有绿的浮光	紫	红	辉煌而染有青的浮光
	绿	略暗		紫	有褐色		黄	带绯红
	青	暗黑		黄	呈黄绿		绿	暗黑
	紫	变红		青	暗黑		青	浓丽而带有红的浮光
黄	红	变红橙	青	红	有紫色	琥珀色	红	不变
	紫	有红色		黄	有褐色		黄	增浓
	青	呈绿色		绿	暗黑		绿	染有黄的浮光
	绿	有黄色		紫	呈青紫		青	暗黑
	—	—		—	—		紫	变红

2. 固有色

固有色是指物体本身的颜色。每一种物体都有区别于其他物体的颜色，在通常情况下，这种颜色是比较固定的，例如：鲜血是红的，青草是绿的，这红或绿便是它们各自的固有色。

虽然外界条件的变化会引起物体颜色的改变，但是一般不会动摇人们对固有色的概念。例如，有一张白纸在白光照射下是白色的，但如果在红灯的照射下便呈现出红色，而在黑暗中见不到它的白色，然而习惯与经验仍然告诉人们，这张纸是白色的，白色是这张纸的"固有色"。

然而，经验不能替代科学理论，也不能用来曲解光色变化的基本规律。没有光就没有色，不同的光照可以产生不同的色。在自然界，每种物体都有一定的吸收和反射光线的特性，其颜色感觉，是由它所能反射出的色光决定的。白色光是包含各种色光的复合体，在没有其他干扰的情况下，当白光从特定的照射角度照射各物体时，各种物体均能把它自己所能反射的色光反射出来，只要在一定的距离并保持一定的观察角度，人们看到的物体颜色才会是稳定不变的。只有这样，物体所反射出来的色光，才可能是一个稳定值。因此，从这种意义上说，所谓的"固有色"，应该说是物体在特定条件下的一种呈色状态，以及这种呈色状态在人们头脑中的固化。

3. 环境色

环境色是指由环境色彩所产生的物体固有色的变化。例如：一片灰色纸片，将其放在黑色底子上观察显得发亮，而放在亮底上又显得发暗，放在暖底上会显得发冷，放在冷底子上又显得发暖。在现实生活中也经常遇到这样的情况，如用同样的墨汁写在白纸上的字迹显得乌黑，而写在红纸上的字迹显得就有青绿色；一朵白花在红色背景映衬下会呈现粉红色，在绿色背景映衬下则呈现粉绿色。

上述事例说明，任何一种物体的色彩都不是孤立存在的，而是彼此互相辉映，既受到特定色彩环境的影响，又成为构成这一特定环境的组成部分，并将一部分色光反射出来影响着其他物体。

物体的基本色彩由光源色、固有色、环境色三者共同构成，并且由于在不同的情况下，三者作用的此强彼弱，为物体色彩增添了许多奇趣多变的内容。

二、色彩的味觉联想与表情作用

我们知道，色彩的本质是波长不同的光线，本无什么"感情"可言，但是，在人们眼里，世界的一切变化及其对人生带来的影响，无不通过色彩记忆的形式在人们的心灵深处留下烙印。所以，当人们看到某种颜色（或色组）时，便不由自主地联想到在生活经历中所遇到过的与此相关的感觉，从而引起心理上的共鸣。

色彩引起的感觉，有冷暖感、重量感、距离感、运动感、质感、味感和新鲜感等。其中，色彩与味的联觉作用，在我国古老的"阴阳五行说"中早有论述，该理论认为青色的相应味觉是酸味，赤是苦味，黄是甘味，白是辣味，黑是咸味。现代心理学家在这方面也做了广泛的调查试验，美国一家色彩研究所曾经做过实验，将同样浓度的咖啡分盛在红、黄、绿三种颜色的玻璃杯中，人们品尝后报告的味觉印象却是：黄杯中的味淡，绿杯中的味酸，红杯中的味美而浓；日本的一位学者调查的结果是：黄、白、桃红色是甜，绿色是酸，灰、黑是苦味，白、青是咸味。从这些报告中我们可以看出，色彩的味觉作用受多种因素的影响，我们不能把它绝对化，认为某一种色彩就一定代表着某种味觉。但是，大量的生活经验的积累，又使人们对很多具体食物的色彩与味觉的联系形成了带有共同性的认识。

1. 红色

红色常被人们称为是火色。它色性最暖，容易使人产生热烈而兴奋的感觉，是与味觉极为密切的颜色。红色系列的冷菜或常用的原料有：熟火腿、盐水大虾、酱肉、肴肉、酱鸭、红曲卤鸭、烤鸭、熟虾脑、熟蟹黄、红肠、香肠、胡萝卜、心里美萝卜、红萝卜、红辣椒、草莓、番茄、山楂糕、红枣、西瓜、红樱桃、红腐乳、咸鸭蛋黄等。它们使人感觉到鲜明浓厚的香醇、甜美、成熟、温蕴、有营养、够刺激的快感。

红色是我国民间婚姻喜事、寿辰、重大节日等喜庆场面的代表色，象征着幸福美满、喜庆吉祥、友好真诚。

2. 黄色

黄色光度很高，色性亦暖，具有光明、高贵、豪华、神秘、超然的意味。黄色系列的冷菜或常用的原料有：熟鲍鱼、蛋黄糕、熟鸡蛋黄、油发鱼肚、肉松、鸡松、玉米笋、橘汁鱼条、黄胡萝卜、黄玉米仁、竹笋、嫩姜、菠萝、黄豆芽、黄西红柿、罐装白果、豆腐衣、香蕉、柠檬、咖哩粉、挂全蛋糊油炸类菜肴等。黄色的食物给人明快、清新、甘美、香酥、甜酸、娇嫩的感觉，黄色与金色的组合，具有华丽、富贵的心理视觉效果。

3. 橙色

橙色是红与黄的混合色，是一种兼有红色的火热和黄色的光明的色彩，它具有热烈、温暖、富丽、辉煌、华美的感觉。橘红色和橘黄色就是以两种成熟水果为名的橙色的同类色。橙色的系列冷菜或常用的原料有：椒盐鳜鱼条、红卤蘑菇、油焖冬笋、橙汁鸡柳、素火腿、素烧鸭、酱汁腐竹、油炸糖制"琉璃"类菜肴、橙子、橘子等，它们令人产生成熟、香甜、纯正、鲜美的味觉快感。

4. 绿色

绿色是生命色，是大自然的主宰色。绿色象征着春天、新生、青春、和平、希望、茂盛和生机，它和人类生活有着极为密切的关系，所以，人们对于绿色的认识与感受也是尤为深刻。

冷菜或常用的原料有很多来自于绿色植物，如拌药芹、仔姜莴苣、菠菜松、油菜松、盐味青椒、生拌黄瓜、姜汁荠菜、盐味豌豆苗、凉拌香椿、美味西芹、拌苦瓜、糖醋青萝卜、熟嫩豌豆、五香嫩蚕豆、糟毛豆、油焐蒜苗、炝韭菜苔、开洋拌丝瓜、生菜、绿圆白菜、茼蒿、菊叶等。在众多的绿色食物中，有的呈嫩绿色，有的呈浓绿色，有的呈淡绿色，有的呈葱绿色，有的呈青竹色，还有的呈墨绿色、橄榄绿等，它们给人以清鲜、鲜嫩、爽口、淡雅、平和的味感享受。

绿色的冷菜在炎热的夏季能给人以凉爽、舒适的感觉，有解心中烦燥闷塞的功效。掺和在暖色、浓厚、油腻的菜肴中，给人以清淡、醒目、宁静、舒坦的感觉。

在绘画色彩中，绿色属于冷色调，而在烹饪色彩中，绿色则属于中性色调。

5. 紫色

紫色中既含青色又含红色，因而紫色也具有双重性格。如果用之不当，会令人忧郁、厌烦、不安，损害味感；一旦用之恰当，使人有幽雅、脱俗、神圣之感，增益于味觉。紫色的冷菜或常用的原料有：紫茄子、紫菜、紫球葱、紫圆白菜、紫葡萄等。紫色夹于他色之中，色彩效果尤佳，尤其是和色调比较明亮的色彩搭配，暗淡分明，色差鲜明，如"紫菜蛋卷"即是。而用紫葡萄作"硕果累累"冷盘造型的构成部分，在白色盘底的映衬下，则有妙趣天成的感觉，又可带来自然果味的体验。

6. 褐色

褐色又称茶色、咖啡色。褐色的冷菜或常用的原料有：葱油海蛰头、卤猪肝、酱牛肉、卤茶叶蛋、卤香菇、香酥海带、凉拌石花菜、鸡汁花菇、鹅肝糕、咖啡虾糕、茶香鸡糕、五香茶干、蛋白干等。褐色给人以浓郁、芬芳、香酥的味感。褐色象征着温暖、朴实、庄重、刚劲、健康。

7. 白色

白色是极色之一，它属于明、阳、进、近、轻的极端色。白色的象征意义是光明、纯洁、皎美、清雅、脱俗和圣洁等。

白色的冷菜或常用的原料有：熟蛋白、蛋白糕、熟虾仁、熟鱼肉、熟鲜贝、茭白、绿豆芽、豆腐、银耳、熟鸡脯肉、白萝卜、菱角肉、莲藕、山药、杏鲍菇、大白菜、鲜鱿鱼、鲜墨鱼、熟蟹肉等，白糖、白醋、盐等也具有味觉的白色。白色给人的味感大多是清鲜、爽快，而咸鲜味、本味突出以及清洁、卫生是白色类冷菜留给人的特别印象。

8. 黑色

黑色是与白色相对的极色，属于冷、阴、暗、退、远、重的极端色。黑色多被看作是消极色，代表着悲哀、不幸、阴郁和恐怖的意义，但黑色同时又象征着庄重、坚实和刚毅。

黑色的冷菜或常用的原料有：五香熏鱼、发菜、海参、木耳、松花蛋、鳝鱼脊背肉、鹌鹑变蛋、黑松露、墨鱼汁等。黑色具有胡苦、味浓、干香、耐人寻味等味觉特点。黑色在冷盘色彩应用中是一种很可贵的色彩，使用得当，效果极佳。

9. 青色

青色与蓝色为同类色，在习惯称呼上两者经常被混为一谈，蓝色是自古以来就被人们拒绝在食品中使用的色彩。虽然在自然界中我们可以直接利用的冷菜或原料呈蓝色的极为少见，尽管现代的烹饪技术也完全能够做到改变原料本来的色彩，但人们的视觉习惯和心理也是很难接受的，如果把"白斩鸡"做成深青色的或把"虾子卤笋"做成蓝色的，将会产生什么结果是完全可以想象的——让人恐惧而不敢下箸。但是，青花瓷盘作为菜肴盛器而被广泛使用，可见，青色作为餐具的点缀色彩是完全可以被人们所接受的，实践证明，将青色接纳为冷盘色彩，尤其是白色和浅色冷菜的一种陪衬，能带给人们一种清静、幽雅、大方和别致的感觉。

三、色彩在冷盘造型中的应用

（一）冷盘造型色彩应用的特点

冷盘造型色彩是烹饪师根据由自然色彩所获得的丰富深刻的感受，把自己的思想感情和创作才能融进去，运用各种艺术和技术的手法，根据冷盘造型的实际需要，对烹饪原料固有色相进行组合，使色彩及其被赋予形象的艺术感染力得到充分的发挥，达到更为理想的品尝和欣赏并进齐辉的效果。其特点可归纳为以下四点。

1. 实用性

冷盘是供人们食用的，这是冷盘不可改变的根本特征和最基本的性能。所以，我们一定要使冷盘在服从和服务于实用的前提下，让其色彩的视觉效果得以充分发挥，因此，冷盘造型应该使色彩的感情象征意义和食用意义紧密地结合起来，取得高度统一的效果。

为了达到可食用性要求，冷盘造型色彩的设计和运用，必须特别注意以下几个方面。

①如果以牺牲原料的品质特性为代价，再好的色彩视觉效果的获取也是毫无意义的，所以，冷盘色彩的运用最好和原料的品质特征相吻合。

②如果以损害菜肴的美味为交换，再好的色彩搭配也会变得一文不值。冷

菜的色彩最好与其口味相协调，两者之间应该是相互映衬的，一味地追求冷盘色彩的视觉效果而不顾冷菜味道的做法是不可取的。

③如果以损害人的健康为代价，滥用人工合成色素，即便最美艳的色彩也会令人憎恶。因而，我们在对冷盘菜肴赋色时，以体现和展示原料的自然色彩为准则，尽量使用天然色素，少用或不用人工合成色素，即使在特殊情况下需要使用，其用量也一定要在国家规定的范围以内。

2. 理想性

冷盘造型的色彩不是对自然物象的写实，也不以自然色彩的美为满足，而是一种理想化的表现。大家都知道，自然界中的荷叶是绿的，如果冷盘"荷叶"也选用绿色原料拼摆成绿色的，不但刀面层次不清晰，而且会反而显得荷叶不真实、不自然，在冷盘造型构图过程中，我们采用的是多种色彩的原料，把荷叶拼摆成五颜六色的，虽然表面上看它与自然界的荷叶不符，并不完全真实，但正是这种处理方法，使单调贫乏的荷叶变得生动活泼、丰富多彩了；又如自然界中的孔雀、锦鸡、鸳鸯、雄鸡、蝴蝶等动物，其色彩纷繁，而冷盘造型中它们的色彩化繁为简了，但特征却更加突出了，形象也更完美了。

当然，理想性不是随意性，而是以自然色彩的某些特征为基础，以对理想色彩效果的向往为依据，通过合理的大胆夸张，创造出来的更富有暗示性、装饰性的理想化的色彩。从这种意义上说，冷盘造型的色彩，是一种更讲究形式美的"人造色彩"。

3. 因材制宜

冷盘造型应根据烹饪原料的质地，特别是其固有色的美，加以充分的利用，在此基础上进行设计构思，使原料原有的色彩美得以充分地保持和发挥，使形象更为典型，更为理想。很多冷盘原料色彩本来就取有天然之美，如红色的火腿、碧绿的西芹、黄色的蛋糕、洁白的鱼片、紫色的海带、褐色的香菇等。如果不能通过设计来利用和发挥原料色彩的天然之美，而是全凭臆想，滥施乱敷色彩，为西芹着上红装，为鱼片染上绿色，其结果只能是糟蹋了原料的天然美，反见丑陋。

总之，在冷盘造型色彩设计中，要充分利用和发挥原料本身的固有色彩，获得设计思想与材料特性的高度统一和谐，由材料得到设计的启发，由设计而使材料的美感达到更理想的效果，相得益彰，创造出优秀的冷盘造型来。

4. 必须符合冷盘造型工艺条件

冷盘色彩应用既受原料色彩的制约，也受到冷盘造型工艺的制约。所谓受原料色彩的制约，是因为可供选择和应用的原料色彩毕竟是很有限的，所以要扬长避短，因材制宜；所谓受冷盘造型工艺的制约，是因为冷盘造型的工艺条件、工艺方法有其自身的特点和某种规定性，违背了这种规定性反而不美。比如说咸鸭蛋适合切块而不适合切片，如果不考虑这种特性，硬是切成薄片反落得破碎不堪；再如酱牛肉适宜于顶丝切薄片，而不适合切成大块食用，否则即便设色再好，也是徒劳，因为这样不便于食用。再说，有些原料在加热制熟以前，其色彩艳丽，但一旦加热制熟后，其色泽变得灰暗，而有些原料色泽变化的情况则刚好相反；还有些原料则需要在加工过程中控制色彩变化的条件，才能获得美好的色彩。所以，冷盘造型色彩的应用，要与冷盘制作工艺方法和条件相适应，不能脱离和无视加工工艺的制约与规定，或凭想当然去应用色彩。只有这样，我们才能拼制出具有较高的食用价值和艺术价值的优秀冷盘作品来，也才能凸显出具有冷盘造型工艺特点的意趣之美。

（二）冷盘造型的色彩组合

冷盘造型色彩组合的总的要求是：既要有对比，又要有调和。如果没有对比就无法传达造型形象，没有调和就不能形成统一的艺术美感。因此，冷盘造型的色彩组合，就是要妥善处理好色彩的对立统一关系。

1. 对比色的组合

对比就是一种差异，当并置两种或多种色彩比较效果能看出不同时，就是对比。对比色运用得当，能以其鲜明的对照、浓郁的气氛和强烈的刺激，赋予冷盘造型独特的效果。对比色的组合方式很多，从色彩属性看，有色相对比、明度对比和纯度对比；从色彩对比效果看，有强烈对比和调和对比；从相对色域的大小看，有面积对比等。这里主要从色彩属性的角度谈一谈对比色的组合问题。

（1）色相对比

色相对比是指由两种或多种色彩并置时因色相不同而产生的色彩对比现象。在色相对比中，临近色的对比属于调和对比，如红色与紫红、橙红的对比。在这些色彩中，红是它们的共同性因素，比较接近于调和色的组合效果。在色相环上，每相隔120°～180°的颜色，相同的因素变少，相异的成分增加，色彩的对抗性显著增强，这类对比色的组合就属于强烈对比。

最强烈的对比色组合莫过于补色对比，如黄与紫、红与绿等。它们的组合，双方都互相非常有力地反衬着对方，彼此都得到了明显的增强，如红与绿的组合，使红者更红，绿者更绿。所以，在冷盘造型色彩的应用中，补色的组合尤其要避免等量配置，以免显得过于刺激，并且还会因为相互抗衡与排斥，产生没有调和余地的感觉。恰当的组合方法是扩大补色各自相对色域多与少、大与小的差别，从而使各自的色彩表现产生增值作用，诚如我国古代诗歌中所描绘的"万绿丛中一点红，恼人春色不须多""两只黄鹂鸣翠柳，一行白鹭上青天"那样，这是典型的补色对比处理的最佳效果，这既是色彩对比美的赞歌，也是启发对比色组合在冷盘造型中应用的最形象的范例。

（2）明度对比

在明度对比中，既有同色与异色明度对比之分，又有强对比与弱对比之别。同色明度对比有如绿孔雀拼盘之深绿、绿、浅绿的亮度差异；异色明度对比则在普通冷盘的造型与点缀和盛器或花式冷盘的色彩配置中，利用不同色彩的明暗差别形成对比。

在明度对比中，特别值得引起注意的是黑与白的对比。黑与白，一个是最暗的极点，另一个是最亮的颜色，明暗跨度最大，对比也最为强烈。如果运用得当，就能获得强烈的色彩效果，给人以清晰醒目、情怀激荡之感，例如，冷盘"太极八卦排拼"最中间的太极造型，在周围八面排拼的簇拥下，黑与白相互衬托，白的显得更亮，黑的显得更乌，在强烈的反差下使之成为整个造型中最引人注目的中心和重点，使人倍感明艳夺目。

另外，在明度对比中，还要处理好冷盘菜肴与盛器之间的色彩关系。在白色和淡色盛器里，所有冷盘菜肴的色感明度会变暗，尤其是黄色冷盘菜肴与白色和淡色明度差较小，可视度将会变低；在灰色的盘子里，绿色、橙色等色彩的冷盘菜肴，由于它们之间色彩明度比较相近，对比减弱，反差很小；而在黑色和深色盛器中，黄色、橙色等色彩的冷盘菜肴其色彩明亮而鲜艳，对比效果好。总之，在冷盘造型过程的实际应用中，要准确把握色彩明度关系的处理，排除成见，并通过反复比较、实验和调配，从纷乱中找出秩序，提高冷盘造型整体的表现力。

（3）纯度对比

从前面图 4-28 "色彩三要素立体表示法"中完全可以看出，一种色彩的纯度序列是由最外围的高纯度向中心轴沿水平方向展开的。在冷盘造型色彩运用中，我们也发现了这样的纯度对比规律，即在同一色相中，纯度不同的颜色产生对比时，纯度高的颜色越显鲜艳，纯度低的颜色越加浑浊。

纯度较高的冷盘菜肴，其色彩鲜明、突出，富有动感，因其艳丽夺目，可称为"鲜艳色"。在一个冷盘造型中，纯度高的鲜艳色彩是最引人注目的，那怕是一小点或一小块便有"点石成金"的妙用，使整个冷盘造型活跃起来。例如，冷盘造型"蝶恋花"中蝴蝶须的色彩设置，就是用了晶莹透红的一点"红樱桃"装饰在蝴蝶须的末端，白色的盘面与红色的反差，正是这"一点红"，整个蝴蝶造型就有了灵气，并形成了动感，让人容易产生蝴蝶翩翩起舞的想象。

但是，自然界中具有鲜艳色彩的冷菜原料并不是很多，因而，要利用这有限的色彩原料表现物象色彩的丰富变化，在冷盘造型中，我们主要是借助色彩对比来增加表现效果。因此，色彩鲜艳的原料切不可盲目滥用，而且要"惜墨如金"。当我们认真研究一些优秀的冷盘造型时，就会发现色彩明快、响亮的并不一定都使用鲜艳色彩的原料，而往往是以大面积不甚鲜艳的原料与少量或极少量色彩鲜艳的原料互相配合，互相调节，从而达到丰富、鲜明而和谐的效果。以冷盘造型"孔雀开屏"中的设色为例，尾屏的基色（即上复羽）是用蓑衣黄瓜或葱油海蜇铺垫，其色彩纯度较低，"翎眼"则是用瓷白色的卤鹌鹑蛋与鲜红的樱桃镶嵌，其纯度较高，对比明显，也正是由于是这样的组合，才有了整个冷盘造型都是五彩斑斓、光华四射的感觉。

2. 调和色的组合

调和色又称姐妹色或类似色。调和色在某种属性方面具有较强的共同因素，关系显得亲近，共处或并置时能互相调和。调和色的组合形式有两种，一种是同种色的组合，另一种是同类色的组合。

（1）同种色的组合

同种色是基本色相相同的一组颜色，它们相互之间的主要区别在于明度不同。当它们并置在一起时，显得异常亲近与相像，犹如同一血统的亲姐妹一样，属姐妹色中关系最亲近的一类。如酱红色的牛肉、深红色的火腿、鲜红色的大虾、粉红色的火腿肠……在这些以红色为基本色相的系列冷盘菜肴中，酱红色的牛肉与深红色的火腿并置在一起，它们的颜色因相距不远，调和的意味比较浓；而酱红色的牛肉与粉红色的火腿肠并置在一起，因两者的颜色相距较远，调和的意味便淡了许多。如果将这些不同红色的冷盘菜肴组合到一个造型中去，总体说来，它们仍然是属于调和色的组合。

（2）同类色的组合

同类色在色相上互有区别，又互相类似，是属于彼此之间你中有我、我中有你的一组颜色。尽管它们各自所含的两种色彩比例不等，但当它们并置在一起时，我们依然不难发觉它们相互之间也是颇为亲近和相像的。

同类色的组合应用于冷盘造型中，如带红橙、橙、黄橙不同颜色的冷盘菜肴，虽然其调和印象稍弱于同种色，相异的因素与同种色相比也增强了，但由于它们在色相上比较接近，它们之间有共同的色相因素，所以它们的组合总的色彩效果仍是较为调和的。

但这里值得一提的是，无论是同种色或是同类色的冷盘菜肴，当它们用于单碟冷盘造型时，尽量使它们在台面上保持一定的距离，也就是说，两个同种色或同类色的冷盘菜肴，在台面上不要放置在一起，它们之间要间隔放置一些与之色差比较大的冷盘菜肴；当它们用于花色冷盘造型时，除特殊情况以外，尽量不要把它们作为相邻的刀面进行拼摆，也就是说，刀面与刀面之间的冷盘菜肴其色彩要有一定的色差，以避免刀面与刀面之间混沌不清，没有层次感。

3. 色彩效果的调和

怎样才能使冷盘造型色彩的运用更美呢？清代画家方熏曾指出："设色不以深浅为难，难于画色相和，和则神气生动，否则形迹宛然，画无生气。"的确，冷盘造型只有整体色彩效果的调和，才能给人以和谐的美感。

色彩效果的调和，是一种恰到好处的安排，即是包容多种色彩因素而又要有机组合的整体印象，这种印象从任何一个优秀冷盘造型的使人愉快的色彩中都可以获得。比如，对比色的调和，在面积相近时，因两者势均力敌而没有调和感，当改变面积对比，提高其中一种颜色的主导地位，而另一种颜色的抗争能力便被削弱，这样它们的组合效果就趋向调和，而这种调和又是以强烈的对比为基础的，所以就显得十分的生动。当然，冷盘造型中在过于以调和色为主的组合中，可以采用对比色作为点缀，形成局部的小对比，使冷盘造型原本平淡、单调、缺乏精神的色彩，变成了充满活力的色彩画面，这种活力是蕴藏在调和色之中的，也是从这其中勃发而生的，所以，它是生机无限的。

在冷盘造型中，有相当一部分采用的是多种色彩组合而成的，因此，其色彩布局的总体调和效果就显得尤为重要。"五色彰施，必有主色，以一色为主，其他附之"，这来自前人的设色经验，可谓是一语中的。为主的一种色彩，是整个冷盘造型中全体色彩的统治者、主宰者，其余各色都在不同程度上倾向于它，并起着衬托它的作用，形成以它为代表的整个色彩效果的协调与和谐。这种色彩整体布局的基本方法，通常是以大块面为统治色彩的方法，或是各色之中都包含有某种共同色彩因素等方法来取得协调，形成冷盘造型整体色彩效果的调和，而在这调和之中，又常以面积大小对比或补色对比等手法，产生丰富的变化，从而达到冷盘造型色彩美的目的。

4. 色调的处理

色调是我们从冷盘造型中所见到的色彩的主要特征与基本倾向，是与冷盘造型要表现的内容、艺术处理意图、应用的环境、特定的气氛条件等密切相关的。

色调的划分，因角度不同，其分类也不一样。依据色相来分类，则分为红调子、黄调子、绿调子、紫调子等；依据纯度来分类，则分为艳调子、灰调子等；依据明度分类，则又分为亮调子、中间调子、暗调子等。但是，用整体观察的方法，最先引人注目的又能见出微妙差异的是色性的冷暖倾向，这是提挈一切色彩因素的纲。为了我们在冷盘造型过程中，对色彩的运用能得心应手，现将色性的冷暖与色调的明暗再做一定的介绍。

（1）冷调与暖调

色调倾向于红、橙、黄色为暖调，色调倾向于青、蓝、绿、紫色为冷调。暖调具有膨胀感、近色感，冷调则有收缩感、远色感。暖调色彩使人兴奋，冷调色彩让人沉静。

在单色菜肴组成的冷盘造型中，其冷暖倾向显而易见，而在多色菜肴组成的冷盘造型中，其冷暖倾向因表现的主题不同而各有不同。如"龙凤和鸣""丹凰朝阳""锦鸡报春""吉庆有鱼""金鸡唱晓""吉庆宫灯""双喜临门"等冷盘造型，表现的主题是喜庆、向上的，其色彩布局上就要以暖色调为主，渲染的便是欢快的节奏和炽热的气氛；又如"翠鸟赏花""迎客松""荷塘映月""兰亭望月""宫廷玉扇"等冷盘造型，表现的主题是宁静、悠闲的，因而在色彩布局上就要突出冷色，这样才能让人观之倍觉幽雅、疏旷和空明。当然，色彩上所谓的冷调与暖调，它又是相对的，是在具体的色彩环境中以及在既定的对比条件下，我们所获得的色性感觉。

色彩的冷调与暖调，互相对立，又相辅相成。暖调要靠冷色来反衬才更加绚丽光辉，冷调要靠暖色来烘托和调节才具有更深的韵味，所以，我们要巧妙地运用色彩冷暖变化的节律来调节视觉上的平衡。一旦我们掌握了冷暖色彩运用的基本规律，无论是单碟冷盘造型，还是花色冷盘造型或是多碟组合造型，在色彩上都能取得很好的艺术效果。

（2）暗调与亮调

在分析色彩的冷暖统调的同时，我们也不应该忽视色彩的明暗变化，这是色调设计的关键。暗调沉稳厚重，如山、石、土坡、河堤、海岸、松树、雄鹰等造型，便是以深色的冷盘菜肴为主拼摆而成；亮调鲜明艳丽，如"春色满园""向日葵""锦绣花篮"等冷盘造型，即是以饱和度较强的色相为主来处理的。

但是，无论暗调还是亮调，都是由色与色之间的光度、色度所产生的关系影响的。暗调虽然没有五彩缤纷的绚丽感觉，但是需要亮色的点缀和衬托，否则，会给人以阴郁消沉或沉重寂闷的印象；亮调虽没有浑厚古朴的凝练感觉，然而需要暗色来均衡与制约，否则会给人以飘忽不定、浮躁不安的刺激。所以，在冷盘造型的设色中，暗调或亮调的选择，应根据造型形象和题材个性的需要来进行设计。

（三）色彩在冷盘造型应用中常见的问题及处理方法

冷盘造型中色彩的运用，需要经过长期的实践才能运用自如。在这一过程中，经常会由于"心有余而力不足"，出现这样或那样的问题。对于初学者来说，在冷盘造型的设色过程中很容易出现的问题主要体现在以下几个方面。

1. 脏

所谓"脏"，是指冷盘造型的整个画面视觉感觉不洁，或某些局部的设色违背了客观规律给人感觉到不清爽。如在拼摆冷盘造型"雄鹰展翅"时，如果选用鲜红色的冷盘原料来制作鹰嘴，或选用亮黄色的冷盘原料来制作鹰爪，这样的设色，给人的感觉是脏的。其实，色彩本身并无所谓脏与不脏，但是，当某种色彩用到具体的题材造型中以后，与形象的色调形成错误的色彩关系时，脏的感觉便油然而生。鲜红、亮黄这两色虽然漂亮，但它们分别成为鹰之嘴、爪的颜色，便成了"脏"的颜色，也破坏了冷盘造型的整个色彩基调。纯度高、亮度大的色彩虽然鲜艳、夺目，但它们给人们的心理感觉是"轻"和"飘"的，与雄鹰的凶猛、力量的个性极不吻合，雄鹰造型的拼摆，不仅仅是鹰嘴和鹰爪需要选用色彩相对比较暗的冷盘原料，整个主体形象色彩的基调都应该是比较暗的，这当然包括雄鹰翅膀、头部、颈部和身部的羽毛。

克服设色"脏"的办法最主要的是多观察被塑造的物象的色彩特点和个性特点，熟悉和掌握色彩冷暖、明暗的变化规律以及它们与物象个性之间的对应关系；平时注重对色彩审美能力的培养，并在每次完成冷盘造型的拼摆以后，注意观察和体会整个画面的色彩是否协调，学会调整画面的色彩关系。

2. 乱

"乱"是指各个部分的颜色互不相干、杂乱无章地凑合在一起，不能形成统一的色调，色彩的表现力大部分被削弱在"内耗"中，它给人的感觉是混乱的、烦躁的，画面的主题也被淹没在一片浮躁和喧嚣之中。如在拼摆冷盘造型"蝶恋花"时，有的作品把多种色相的冷盘菜肴不分层次地错杂摆放，错误地认为这是创造绚丽多彩的色彩感觉。殊不知，由于主观的错误判断，忽视了色彩之间的种种联系，没有真正地清楚色彩之间的关系既要求对比，更要求统一，在这种情况下，"乱"也就在所难免了。

要避免在冷盘造型中设色的"乱"，其办法有多种多样，其中相对直接而有效的手段是用比较的方法认真区别各种色相的冷盘菜肴，并筛选出最适合的不同色彩的原料。从冷盘造型适合近距离欣赏的特点出发，通过分层次、有序的变化，注意整体的冷暖倾向，并从整体上把握色彩的对比与统一。

3. 火

"火"主要是指用色生硬，造型的局部或全部用色简单化或过度夸张等，使人产生一种不舒服的感觉。造成色彩"火"的最主要原因是制作者对烹饪原料色彩认识的简单化，如果用孤立、静止的认识方法对客观物象实行简单归类，片面地突出某种颜色的个性，过于追求所谓的亮丽鲜艳，不能对不同色彩的冷盘菜肴进行认真的观察和区分，不进行认真的选择与调配，不善于表现色彩的丰富变化，就会造成整体色彩效果的不协调。曾有这样一个"孔雀开屏"冷盘造型，其设色的布局是用人工合成色素将蛋卷、蛋糕调制成红艳艳的，在孔雀的屏尾上分隔摆放了两层、翅膀的最上层羽毛也用该色拼摆了一层，身上的羽毛又摆了两层，让人一看就有僵直、生硬和刺目的不和谐感觉。因为在孔雀羽毛色彩的处理上，过于明亮而生"火"了。

在冷盘造型的设色上要抑制"火"情况的出现，其方法主要是认真观察和分析客观物象，总结其色彩上的特点、特征和规律；并认识色彩的冷暖变化，研究其丰富性、多样性，慎重使用极鲜艳色彩的冷盘原料，逐步掌握色彩应用的基本规律，把不同色彩的冷盘菜肴安置得恰到好处，给人清新明快、活泼爽朗的美感。

第四节　冷盘造型的分类

分类是科学地认识对象体系的一种非常重要的手段。冷盘造型是一个系统，运用科学的方法对多样而又复杂的冷盘造型进行分类，划定各种冷盘造型的界限，总结并确定它们之间相同和异同的关系，将有助于深入探讨冷盘造型的特点和规律，更有利于促进冷盘造型的完善和发展。

冷盘造型的分类，因所依据的分类角度和标准不同，分成的类别和种别也不同。根据冷盘造型的个性特点，一般从以下几个角度和标准进行分类：以组成冷盘造型的原料品种数目作为分类标准、以冷盘造型形象的艺术特征作为分类标准、以冷盘造型形象的空间构成作为分类标准、以冷盘造型工艺的难易繁简程度作为分类标准等。

一、单层次分类

1. 以组成冷盘造型的原料品种数目作为分类标准

以此标准分类，一般有单拼、双拼、三拼、四拼……什锦全拼等类别。单拼是盘中只有一种冷盘菜肴，故又有单盘或独碟之称，单拼是应用最为普遍的一类冷盘造型，可以说任何一种冷盘菜肴都可以用于制作单拼；至于双拼、三拼，或六拼、八拼，是指组成冷盘造型的原料数目则相应的为两种、三种或六种、八种，而什锦全拼所用的原料品种多达十种或十余种，这里的"什锦"是虚词而并非实指，实际上是泛指冷盘造型中的原料品种是多种多样的意思，并不一定恰好是十种原料。由单拼到什锦全拼，每类又有若干种拼摆形式和式样，各地也都有不同的习惯和专长，这里就不再作详细的介绍。

2. 以冷盘造型形象的艺术特征作为分类标准

以此标准分类，一般可以分为图案造型和绘画造型两类。图案造型是以理想化或程式化的方式塑造的并具有装饰效果的造型，绘画造型是以写意传神的方式创造的具有深邃意境的造型。

3. 以冷盘造型形象的空间构成作为分类标准

以此标准分类，一般有平面造型与立体造型两类。平面造型是类似浮雕式的造型，是在盛器的平面上拼摆成有凹凸不平但起伏并不大的造型形象，这类造型适合于从特定的角度进行审美欣赏，像"锦鸡抱春""雄鸡唱晓""丹凤朝阳""红烛颂"等许多冷盘造型都属于此类；立体造型是类似于圆雕式的造型，是在盛器的平面上塑造的三维空间的形象，可以从任何一面进行审美欣赏，如"逸圃花篮""虹桥修契""文昌古阁""天坛雄姿"等冷盘造型就属于此类。在冷盘造型中，采用平面造型形式的冷盘要远比采用立体造型形式的冷盘普遍得多，因为在拼摆制作过程中，立体造型形式的冷盘对材料的要求比较高，相对要整形大块的材料，而平面造型形式的冷盘相对难度比较小，耗时也相对较短，所以，在实际工作中平面造型形式的冷盘相对要实用些。

4.以冷盘造型工艺的难易繁简程度作为分类标准

以此标准分类，有简单造型和复杂造型两类。简单造型又称一般冷盘，这类冷盘操作工序少、简便快捷比较实用，也符合形式美要求，如随意式馒头形冷盘中的"葱油罗皮""酱汁茭白""虾子春笋""姜汁菠菜"等，以及整齐式刀面馒头形冷盘中的"干切牛肉""水晶肴蹄""腐乳叉烧""盐水鸭脯"等；复杂造型又称花色冷盘（或花式冷盘），其操作程序多，形式考究，拼摆难度较大，有一定的艺术情趣和意境美，如各种各样的仿生象形冷盘中的"鸳鸯戏水""荷塘情趣""锦绣花篮""一帆风顺"等。

二、多层次分类

我们从以上几种冷盘造型的分类方法中可以看到，它们都是根据一定的分类标准从一个方面来说明各种冷盘造型的特点和异同点。然而，实际上冷盘造型现象是相当复杂的，各种冷盘的特点和异同关系也是多方面和多方位的，如果只是从表面现象上作粗略的或是肤浅的划分，不仅难以自圆其说，更难以满足科学认识冷盘造型体系的需要。因此，我们应该寻找一个更为全面而又合理的新的分类方法来置换这些明显不足的旧的分类方法。目前，相对比较合理并为大多数烹饪研究者和工作者所接受，同时也是被广为引用的就是"多层次分类法"。

"多层次分类法"就是以造型形象为核心，沿着"展示形象的形式→表现形象的方式→形象依据的题材"的路线，由表及里，层层递进，条分缕析地说明冷盘造型体系的内在结构及其相互间的关系和异同点。根据这一分类法，冷盘造型可作如下划分。

（一）第一层次

以冷盘造型形象的展示形式作为划分标准，将冷盘造型分为单碟造型和多碟组合造型两大类。单碟造型是以一个盛器中形象的完整性来表示自身存在的独立性；多碟组合造型则是以若干个盛器中的形象及其相互联系来表示一个整体存在的完整性。正是冷盘造型形象存在方式的不同决定了它的展示形式的不同，例如，"迎宾花篮"只需要一个盛器（盘子）盛载"花篮"的形象，如果是分餐以各客冷碟的形式，也是将形象塑造在一个盘子中供各个宾客赏食；而"百鸟朝凤"中的"凤凰"是中心主要形象，"百鸟"则是周围配角形象，双方互为依存，缺一不可，因此，由一盘"凤凰"形象的主拼，再加上多盘"百鸟"形象的围衬，才能算是意义完整的"百鸟朝凤"造型。

（二）第二层次

以冷盘造型形象的表现方式作为划分标准，把单碟造型和多碟组合造型均分为抽象造型、具象造型和混合造型三个类别。抽象造型表现纯粹的形式美，如单碟造型中的"扇形拼盘""四色排拼""什锦拼盘"等，多碟组合造型中的"菱形组拼""桥形组拼""馒形组拼""方印拼盘"等；具象造型表现象形及其象形以外的美，如"蝴蝶冷盘""梅竹报春""吉他风韵""金杯拼盘"等单碟具象冷盘造型，"桃李天下""群鹤献寿""百花争艳"等多碟组合具象冷盘造型，它们既有形象美，又有形象带来的意趣美和意境美；混合造型兼有抽象造型和具象造型的美，如单碟造型中的"古塔排拼""太极拼盘"，多碟组合造型中的"蝶扇组拼"（一个蝴蝶主拼加六个或八个扇形围碟组成）、"梅竹报春"（一个梅竹主拼加六个或八个各色花卉围碟组成），即属于此类。

（三）第三层次

以冷盘造型形象所依据的题材作为划分标准。不同类的题材是不同类造型形象的源头，这样单碟抽象造型就有基本几何形造型与几何图案造型两类。单碟基本几何形造型有半球体、长方体、正方体、菱形体、扇形体、椭圆体等造型；单碟几何图案造型又由一种基本几何形重复组构的图案造型、几种基本几何形组构的图案造型和基本几何形加点缀装饰的图案造型等。

单碟具象造型有动物类造型、植物类造型、器物类造型、景观类造型和其他造型五类。

1. 动物类造型

（1）禽鸟类造型

益鸟飞禽，历来备受人们喜爱，如凤凰、孔雀、鸳鸯、锦鸡、寿带鸟、雄鹰、丹顶鹤、大公鸡、翠鸟、喜鹊、燕子、鹦鹉等，都是冷盘造型选择较多的理想题材，并且，我们还可以借助这些题材传达多种美好的意愿。

（2）畜兽类造型

我们通常多选择那些与人类比较亲和、可爱的，并在我国传统文化中有一定吉祥意义的物象作为冷盘造型的题材，如牛、马、兔、梅花鹿、大象、松鼠、熊猫、龙、麒麟、狮子等。

（3）鱼类造型

我们选择较多的是金鱼、鲤鱼、燕子鱼、神仙鱼、蝴蝶鱼等，而虾、蟹、海星等水产类物象形象，虽然也偶尔作为冷盘造型的题材，但因其可选择利用的品种较少，再加之冷盘拼摆工艺技术的局限性，目前这类题材的冷盘造型相对比较少见，所以这里以鱼类为代表。

（4）蝴蝶造型

蝴蝶是昆虫类中最适合于作为冷盘造型题材的，它们虽然形象多样，色彩各异，但它们有一个共同的特点，就是美丽动人、讨人喜爱。

（5）其他造型

就是以上四类之外的动物造型。

2. 植物类造型

植物类造型中，有花卉造型（如牡丹花、荷花、月季花、菊花、大丽花、绣球花、马蹄莲、百合花等）、树木造型（松树、柳树、梅花树、椰树等）、果实造型（如葡萄、桃子、枇杷、葫芦等）、叶类造型（如枫叶、荷叶、柳叶）和其他造型（如综合性的植物类造型）五类。

3. 器物类造型

一些具有馈赠价值、收藏价值和审美价值的礼器或日常生活中我们常用的器物都是冷盘造型中绝好的表现题材，它又可以分为花篮类造型、花瓶类造型、奖杯类造型、宫灯类造型、扇子类造型、船类造型和其他造型七类。

4. 景观类造型

由于来源、内容或文化背景的差异，我们可以把景观类造型分为自然景观造型（如南海风光、锦绣山河、太湖春色、华山日出等）、人文景观造型（如文昌古阁、天坛雄姿、虹桥修契、三潭映月、白塔风光等）和综合类景观造型（如金山全拼、西湖十景、漓江颂等）。

在第三层次中，为简洁明了起见，抽象组合造型、具象组合造型和混合式组合造型，皆分为对应的有主拼式组合造型与无主拼式组合造型两种类型，每种类型中都可以依据题材细分若干种。

冷盘造型多层次分类法见表4-6。

表 4-6　冷盘造型多层次分类法

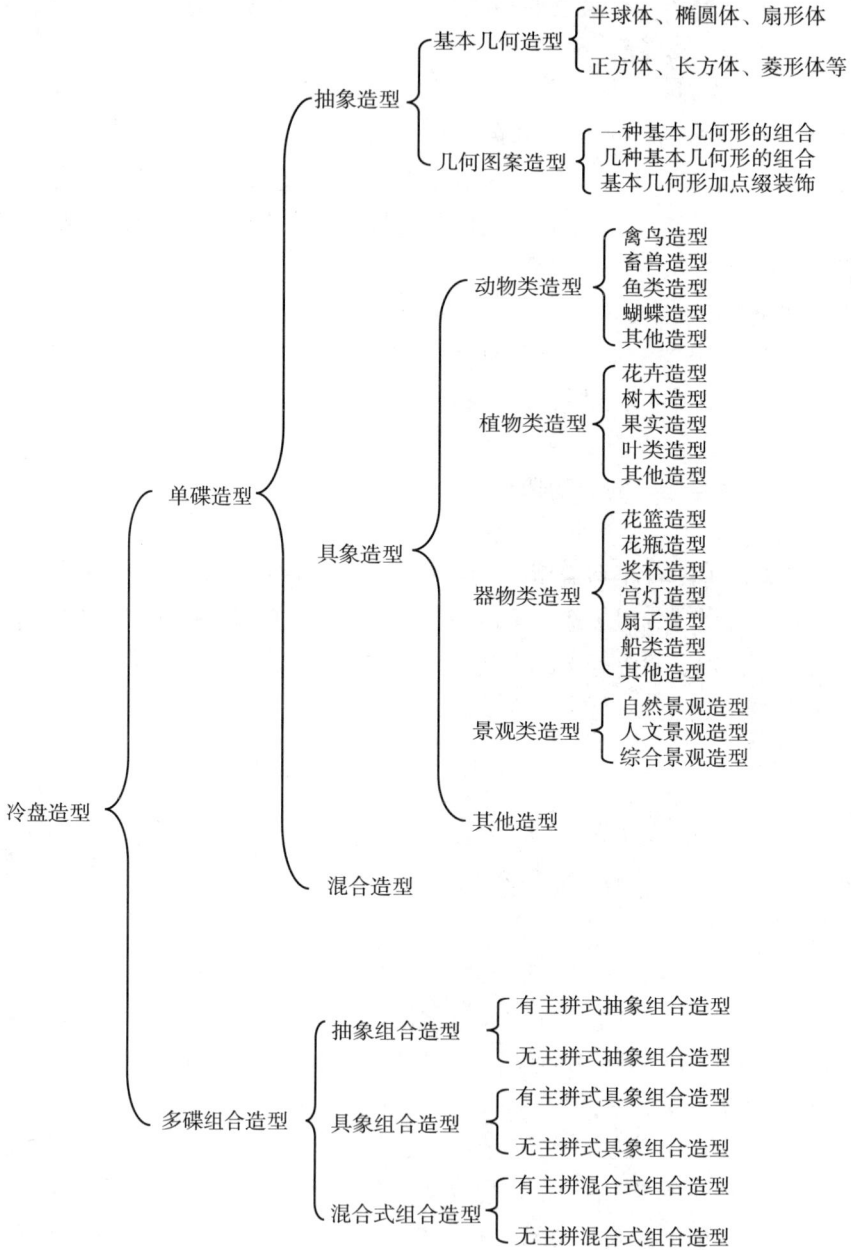

冷盘造型	单碟造型	抽象造型	基本几何造型 半球体、椭圆体、扇形体
			正方体、长方体、菱形体等
			几何图案造型 一种基本几何形的组合
			几种基本几何形的组合
			基本几何形加点缀装饰
		具象造型	动物类造型 禽鸟造型 畜兽造型 鱼类造型 蝴蝶造型 其他造型
			植物类造型 花卉造型 树木造型 果实造型 叶类造型 其他造型
			器物类造型 花篮造型 花瓶造型 奖杯造型 宫灯造型 扇子造型 船类造型 其他造型
			景观类造型 自然景观造型 人文景观造型 综合景观造型
		其他造型	
	混合造型		
	多碟组合造型	抽象组合造型	有主拼式抽象组合造型
			无主拼式抽象组合造型
		具象组合造型	有主拼式具象组合造型
			无主拼式具象组合造型
		混合式组合造型	有主拼混合式组合造型
			无主拼混合式组合造型

本章小结：

本章主要介绍了冷盘造型的构图（构思、主题、布局、骨架、虚实、完整）及其变化规律和变化形式、冷盘造型美的形式法则（单纯一致、对称均匀、调和对比、尺度比例、节奏韵律、多样统一）、冷盘造型美的色彩基本知识以及冷盘造型的分类等。冷盘造型的构图及其变化以及色彩在冷盘造型中的应用规律是本章学习的难点。

思考与练习

1. 冷盘造型的构图具有哪些显著的特点？

2. 从哪些方面来掌握冷盘造型的构图规律？

3. 什么是冷盘造型的变化？冷盘造型的变化有哪些规律？

4. 冷盘造型变化的形式有哪些？在造型的变化过程中应注意哪些问题？

5. 冷盘造型美的形式法则有哪些？

6. 试举例说明"单纯与一致"在冷盘造型中的运用。

7. 冷盘造型中，如何才能使"变化"与"统一"结合完美？试举例说明。

8. "平衡"和"对称"在冷盘造型中如何运用？它们在冷盘造型中又是如何结合运用的？

9. 在冷盘造型中怎样才能使"对比与调和"运用得当？

10. 冷盘造型中，色彩的运用应掌握什么原则？

11. 冷盘色彩的实用性体现在哪些方面？

12. 色彩在冷盘造型中的应用是如何在"因材制宜"上体现的？试举例说明。

13. 在冷盘造型的制作过程中，我们应该采取哪些有效的手段来避免色彩上的"脏"？

14. 在冷盘造型的制作过程中，相邻的原料在色彩上为什么要有明显的差异？

第五章

冷盘制作方法

本章内容： 介绍冷盘材料的选择、整形与拼摆之间的关系，材料的修整形状与题材个性之间的关系，冷盘拼摆的基本原则和常用方法，食品雕刻在冷盘造型中的运用以及冷盘在主题性展台中的运用等。

教学时间： 8课时。

教学目的： 通过本章的学习，使学生对冷盘材料的选择、整形与拼摆之间的关系、材料的修整形状与题材个性之间的关系有一定的认识和理解；并通过实验掌握冷盘拼摆的常用方法，对冷盘拼摆的基本原则有深刻的理解，并能基本掌握食品雕刻在冷盘造型中的运用方法以及冷盘在主题性展台中的运用技巧。

教学方式： 课堂讲述和实验理解。

教学要求： 1.了解冷盘材料的选择、整形与拼摆之间的关系。

2.理解材料的修整形状与题材个性之间的关系。

3.掌握冷盘拼摆的基本方法和技巧。

4.通过实验理解冷盘拼摆的基本原则。

5.通过实验练习，掌握食品雕刻在冷盘造型中的运用方法。

6.通过实验练习，掌握冷盘在主题性展台中的运用技巧。

作业布置： 收集一定数量的各种花卉、禽鸟、畜兽、山体、蝴蝶等题材的构图造型，并根据冷盘拼摆的基本规律和要求加以改编和绘制。

学习重点： 1.冷盘材料的选择、整形与拼摆。

2.材料的修整形状与题材个性之间的关系。

3.冷盘拼摆的基本原则和常用方法。

4.食品雕刻在冷盘造型中的运用方法。

5.冷盘在主题性展台中的运用技巧。

学习难点： 1.冷盘材料的整形与拼摆之间的关系。

2.冷盘材料的修整形状与题材个性之间的关系。

第一节　冷盘材料的选择、整形与拼摆

在冷盘的制作过程中，我们首先要根据冷盘的题材和构图形式选择适当的冷盘材料，并利用冷盘材料的性质特征和自然形状，将材料修整成我们所需要的形状，然后经过刀工处理，再通过合理而巧妙的拼摆方法，来完成冷盘造型的拼摆制作，从而达到我们预期的目的和效果。显而易见，在冷盘的制作过程中，对冷盘材料的选择和整形是拼摆的基础，也是关键，它在冷盘制作中显得非常重要。

我们在对冷盘材料进行选择和整形时，需要把握的最重要的原则，就是最巧妙地运用冷盘材料的性质特征、最大限度地利用其原有的形态，使冷盘材料的修整形状（局部）与冷盘题材的个性特征（整体）相协调。在实际工作中，很多烹饪工作者都忽视了这一点，于是，在进行冷盘制作时，其构图的形式、色彩的搭配和拼摆的方法都很合理，而冷盘的整体效果却始终不能令人满意，难以达到比较为完美的境地，有些冷盘造型甚至显得有点儿不伦不类。究其原因，一个非常重要的因素，就是冷盘材料的修整形状与冷盘题材的个性特征互相不协调、不一致、不吻合，从而破坏了整体效果。

我国的冷盘，尤其是我们平常所说的"花式拼盘"或"艺术冷盘"，其品种之多、变化之大，难以数计。如果我们静下心细细地梳理一下这些众多繁杂的冷盘造型，不难发现一个特点，就是它们往往是运用一些适合于制作冷盘的常用题材的相互组合，正如冷盘造型中的"山湖映月""华山日出""锦绣山河""龙门山色""青山秀水""雀谷鹤鸣""曲径通幽"等，它们共同的主要题材都是"山"；而冷盘造型中的"江南春色""百花齐放""春艳""姹紫嫣红""蝴蝶闹春""塞外情思""春色满园""秋菊""一叶情深"等，它们共同的主要题材都是"花"，如是例子，这里就不一一列举了。为了讲清楚冷盘材料的选择、整形与拼摆的基本要求和规律，我们不妨列举一些冷盘制作的常用题材，并将冷盘材料的选择、形状的修整与这些常用题材之间的协调关系分别加以叙述，使读者能从中掌握一定的规律，并能准确而又灵活地加以运用。

一、花卉类

这里的花卉是指在冷盘造型中起组合作用的小型花卉，这些小型花卉的单个拼摆方法，也经常用于围碟之中。由于花卉的品种极其繁多，这里将对在冷盘的制作中常用的花卉作一定的介绍，以便于大家能从中掌握一定的规律，得到一定的启发。

1. 牡丹花

牡丹花的花瓣呈近圆形，并且其花瓣的边缘呈锯齿状。因此，我们在制作牡丹花时要表现出它的自然形态，在对原料进行选择或形状修整时，必然要将原料整修成圆形、半圆形或椭圆形，并且其边缘要呈凹凸不平的锯齿状。要达到这一目的，我们可采取两种方法：一是选择符合以上两个条件的自然原料，如海蜇头、龙眼、红毛丹、银耳等；二是利用呈圆形、半圆形或椭圆形的原料，如鸡脯肉、鸭脯肉、火腿肠、红肠等，通过一定的刀工处理（批薄片或批片后用力压或用刀修切）使其边缘成锯齿状。然后再将片形原料一片一片地圈叠成牡丹花。

牡丹花的拼摆方法有两种。一种是先用一片原料卷成花心，左手捏住花心，右手将片由小到大一片一片地圈叠而成，放在所需的位置上（图 5-1、图 5-2）；另一种是直接在需要的位置上，将片形原料（先大后小）由外向内层圈摆叠而成，当然，也可以按此法将片形原料在砧板上拼摆成形后，用刀铲入盘中所需的位置（图 5-3、图 5-4）。第一种方法适用于可塑性较强、油性较大的软性原料，如熟鸡脯肉、熟鸭脯肉、午餐肉、火腿肠白切肉、红肠等；第二种方法适用性比较广，油性小、可塑性较差的原料（如海蜇头、龙眼、红毛丹、银耳等）以及可塑性较强、油性较大的软性原料均可用第二种方法进行制作。这些原料的色彩随其品种的不同而变化，如海蜇头有棕红色和白色之分；鸡脯肉有酱红色的酱鸡，有白色的醉鸡、糟鸡和白嫩油鸡等，也有枣红色的烤鸡、烧鸡等；鸭脯肉有鲜红色的红曲卤鸭，有浅黄色的盐水鸭，黄色的咖喱鸭，也有橘黄色的橘汁鸭等。所以，利用这些原料制作的牡丹花，其色彩也是变化多端的，我们可以根据具体需要选择适当的原料来制作。

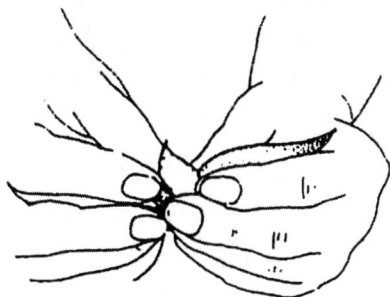

图 5-1　牡丹花拼摆方法（1）

图 5-2　牡丹花拼摆方法（2）

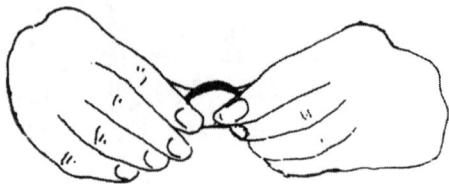

图 5-3　牡丹花拼摆方法（3）　　　图 5-4　牡丹花拼摆方法（4）

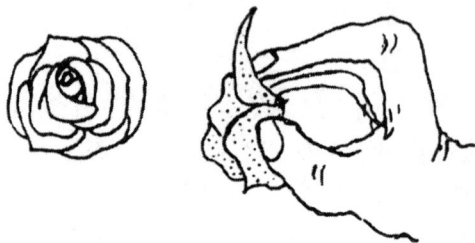

　　牡丹花，花朵硕大，色彩鲜艳，富丽堂皇，变化多样，品种繁杂，被誉为花卉之冠。在我们需要表现雍荣富贵的意境时，常用牡丹花来表现。因此，在冷盘造型中，牡丹花常与孔雀、凤凰、寿带鸟等物象相组合。

　　在冷盘造型制作过程中，牡丹花可以在单碟花式围碟和多碟组合造型中使用，在这种情况下，牡丹花拼摆的花形需要相对比较大，否则其实用性（可食用性）不够。另外，还可以在单碟花式冷盘造型中与其他相关题材组合使用，在这一情况下，牡丹花拼摆的花形需要相对比较小，如果花形过大，除会失去玲珑之气外，还容易喧宾夺主。牡丹花与其他相关题材组合使用，往往有三种作用，一是烘托主题，如冷盘造型"锦鸡报春"中土坡上拼摆的牡丹花、"太湖春色"中湖堤上拼摆的牡丹花等；二是它本身就是主要题材之一，如"凤穿牡丹"中的牡丹花、"富贵孔雀"中的牡丹花、"锦绣花篮"中的牡丹花、"蝴蝶恋花"中的牡丹花和"翠鸟赏花"中的牡丹花等；三是起点缀作用，如冷盘造型"红烛颂"中蜡烛底部摆放的牡丹花、"中华魂"中华表底部拼摆的牡丹花等。

　　2. 月季花

　　月季花的花形、花瓣与牡丹花极为相似，不同的是月季花其花瓣的外沿呈圆滑弧形，无锯齿状。因此，在选择原料或对原料进行修整时，要保证原料的外沿呈圆滑弧形。要做到这一点，我们同样可以采取两种措施：一是选择表面呈自然圆滑弧形的原料，如鱼肉（黑鱼肉最佳，因为经水泡后会有自然卷曲状）、鸭肫（或鸡肫、鹅肫）、鲍鱼、海螺肉、猪心、鸡脯肉（或鸭脯肉）、火腿肠、白切肉、红肠、大熟虾仁等；二是我们在批片时要比牡丹花的花瓣厚些，其中禽类原料最好带皮，以确保片形原料的外沿呈圆滑弧形，另外，由于皮面的色泽与肉色有一定的色差，用带皮的原料拼摆出的月季花更有层次感。

　　这里需要说明的是，质地较硬、油性相对较少的原料，如牛肉、叉烧肉、口条、笋等，不宜用来做月季花。月季花的拼摆方法与牡丹花相同。

　　月季花，花冠大，花瓣重叠生长，层次丰富，以含苞待放时的姿态最美。因而，我们在拼摆月季花时，要注意把握其形态，尽量使片形原料的外沿略呈内卷，使月季花呈现出最美的含苞待放的姿态。月季花有红、橙、黄、白、紫、蓝、浅绿色等颜色，是人们喜爱的花卉，也是"幸福、爱情"的象征。

自然界的月季花其花形相对比较大，而且花瓣也比较多（30～50瓣）。但冷盘造型中的月季花，我们要遵循既尊重自然又不能一味地模仿的原则，在拼摆过程中，要注意月季花在冷盘造型中与其他物象的比例关系和人们的审美效果，切忌将花形拼摆过大而显得笨拙，失去花卉的玲珑之气。

3. 大丽花

大丽花五彩缤纷、绚丽多彩，其花形呈球形状，因此，在冷盘造型中我们通常以半球体来表现大丽花的花形。

我们在制作大丽花时，多选用色彩较为丰富而艳丽的卷类原料，如"珊瑚雪卷""火腿圆白菜卷""金瓜萝卜卷""三丝黄瓜卷""五彩笋卷""白玉翡翠卷"等，拼摆时将其切成菱形厚片圈摆而成。

大丽花既可以以单拼的形式（更多的是用于单碟花式围碟中）；也可以是多碟组合的形式，如"百花争艳""蝶恋花""繁花似锦"等；还可与其他题材共同组合成以自然景观为题材的景观造型拼盘，如"春艳""江南春色""锦绣河山"等。

其名虽为大丽花，但我们在拼摆时同样不宜过大，否则失去了花卉的玲珑之气。因此，我们在制作用于此花的卷类时，不宜过粗，否则，拼摆出来的大丽花会显得太拙。另外，在切卷类冷盘材料时，刀纹不能太直，要稍微斜一点，这样的菱形厚片圈摆而成的大丽花其花形比较自然、美观（图5-5）。

图5-5　大丽花拼摆方法

4. 菊花

菊花，色鲜而艳丽，花稀茎疏以傲霜寒，素萼攒翠而矜晚节，故在百花中允享逸品之雅誉。

菊花的种类非常繁多，品种不同，其花瓣的形状也不一样，其颜色也是丰富多彩，有白色的、黄色的、红色的、茶色的、绿色的，也有紫色的、粉红色的；

而且花形也是多种多样，有尤如"主帅红旗"呈扁平形的，也有像"桃园绣女"般秀发蓬松的，又有似"千手观音"样洒脱舒展的。

在冷盘造型的制作中，菊花的拼摆形式往往有三种。一种是将原料切成菱形厚片或菱形小块，由下往上交错圈摆三至四层而成，这种方法宜用于较大的平板形原料，如鸡脯（或鸭脯、鹅脯等）、水晶肴蹄、叉烧肉、黄瓜、茭白、莴苣、冻羊糕、虾糕（或双色鱼糕、鹅肝糕等）、西式火腿等（图5-6）；第二种方法是将原料切成细丝（或自然形的丝状原料）堆摆而成，这种方法多用于形较小的碎形原料，如鸡丝、鸭丝、罗皮丝（或佛手罗皮）、火腿丝、金针菜、金针菇、里脊丝等（图5-7）；第三种方法是用盐水虾、盐味凤尾虾或油爆虾等整虾类冷盘材料，利用熟虾自然的弧曲状，相互镶嵌平排围叠三至四层而成，在拼摆时，盐水虾等带壳的冷盘材料将虾尾朝外，盐味凤尾虾或盐水对虾仁等去壳的虾类冷盘材料，尾部朝里，这种菊花多用于单碟或多碟组合造型之中。

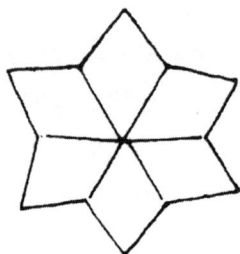

图5-6　菊花拼摆方法（1）　　　图5-7　菊花拼摆方法（2）

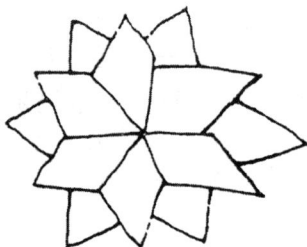

由于第一种方法是采用块形或厚片形拼摆而成的，其形较为整齐，所以这种菊花既可用于围碟或多碟组合冷盘造型中，也可用于大型的单碟花色冷盘造型之中，作为整个构图的一部分；第二种是采用丝状原料堆摆而成，虽然拼摆手法比较简单，制作快捷，其形较为随意，但这种菊花更加自然，更为逼真，常用于冷盘造型多碟组合或围碟之中。

另外，在冷盘造型的制作过程中，我们还经常采用鸡心形模具将厚片形原料（如蛋黄糕、蛋白糕、山楂糕、红胡萝卜、火腿、鱼胶、紫萝卜、哈密瓜等）刻切成近月牙形条，圈摆成菊花。这种菊花用料较少，形体相对比较单薄，因此，很少用于单碟或多碟组合造型之中，我们多用它起点缀作用，如冷盘造型"菊蟹排拼""秋韵"以及"霜晓菊蟹鲜"中的菊花等。

菊花根据其自然开花期，有迟早的差异，虽有夏菊、秋菊及寒菊之别，但以秋菊为正宗，因而长期以来在人们的心目中已形成了固定概念——菊花是秋季的象征。所以我们要选择与秋季时令相协调的题材进行组合，并与主题吻合一致，切忌在主题与秋季相悖的冷盘造型中拼摆菊花，如"春艳""江南春色"等。

5.马蹄莲

马蹄莲，以形似马蹄，舒展、飘逸和大方的形象而深受人们的喜爱。在冷盘造型中是用片形原料卷叠而成的，因此，制作马蹄莲可以选择两类原料进行拼摆，一类是油性较足的软性原料，如鸡脯、鸭脯、火腿、火腿肠、红肠、鱼糕或虾糕等；另一类是脆性原料的薄片，如黄瓜、紫萝卜、熟红胡萝卜、莴苣等。对原料进行修整形状时，要将原料修切成三角形或梯形（图5-8）。

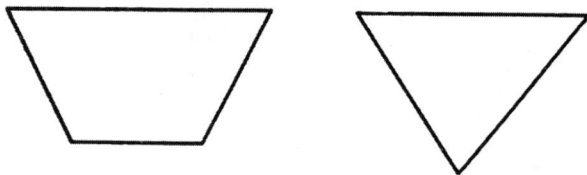

图5-8　马蹄莲原料修整形状

为了使马蹄莲花更加自然逼真，在选择原料并对其进行修整形状时，尽量能使三角形的长边（或梯形的长底边）与其他部分有一定的色相差，这样制作的马蹄莲花色更美，形态更佳，层次更丰富，效果更好。要达到这一目的，我们通常有三种方法：一是利用原料自身的自然色差，如黄瓜、红肠或选用带有皮面的卤鸭脯、烧鸡脯等，它们本身的表皮或外层与里面的肉或内层就存在一定的色彩差异；二是在对原料进行修整形状时，采取相应的措施使原料内外保持一定的色差，如火腿略留一定的肥膘等；三是在对冷盘材料进行制作时，采用一定的手段使其形成一定的"人造"色差，如制作鱼糕、虾糕等冷盘材料时，制成双色的，只是施色的部分要相对薄一些（图5-9）。

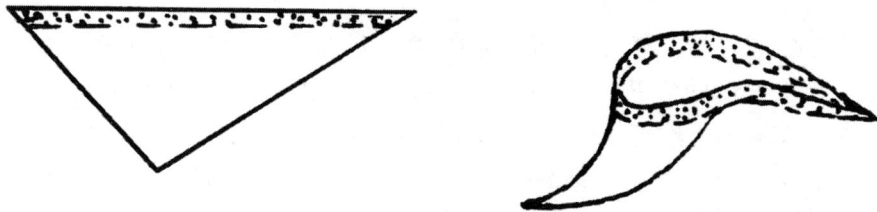

图5-9　马蹄莲原料色差示意图

马蹄莲花在冷盘造型的制作中，一般不以单个花的形式出现，因为单个花的形式相对比较单薄，我们往往将若干朵马蹄莲花层层圈摆组合在一起，以一簇组合花的形式出现，这种形式的马蹄莲花形态饱满、丰富而大方。

这里需要一提的是，我们在对火腿进行初步加工时，要以火腿刚熟为度。如果蒸制（或煮制）时间过长，火腿则会失去油性，肉质发硬，色泽变暗，卷制时较为困难，或卷制后花形不整，色不艳，也很不服贴，难以达到预期的效果。

6. 绣球花

绣球花其色彩不如其他花卉那么丰富多彩，以白色和淡黄色最为常见，其形呈球状，在冷盘造型中往往以半球体来表现绣球花的花形。

在冷盘造型中，我们主要是表现出绣球花的形态，而不是着重表现其色彩，最好选用单色原料，即用一种原料制作而成的冷盘材料来进行拼摆。因此，我们在拼摆绣球花时，多选用自然呈圆弧形的冷盘材料，如油爆虾、盐水凤尾虾、盐味对虾仁等。利用熟虾的自然圆弧形，或将原料整修成椭圆形、鸡心形等形状后，再切成片由下而上层层圈叠而成。当然，呈圆柱形的冷盘材料，如火腿肠（或香肠、粉肠等）、素蟹肉等，我们可以采取斜切的形式，使片成自然的椭圆形。

我们在用盐水虾或油爆虾拼摆绣球花时，为了便于拼摆，使拼摆的绣球花形更整齐，更加服贴，我们可以将盐水虾或油爆虾批半，取同向的半边进行拼摆，这样所拼制的绣球花更加完美。

这里需要提醒的是，我们说在冷盘造型中并不着重表现绣球花的色彩，但并不意味着就可以把绣球花拼摆得五颜六色。在拼摆绣球花时，我们最好用单色来表现，即用一种冷盘材料来进行拼摆。用多种原料制成的冷盘材料，如三丝圆白菜卷、火腿蓉黄瓜卷、珊瑚卷、紫菜蛋卷、紫菜鱼蓉卷等，就不适宜用来制作绣球花。

绣球花既可以用于单碟冷盘造型中，如花色围碟，也可以用于多碟组合造型中，如"蝴蝶闹春""姹紫嫣红""锦鸡报春"等。另外，还可与其他花卉及其他题材共同构成单碟景观造型，如"锦绣河山""春艳"等。

7. 荷花

荷花的寓意极为丰富，集中表现为真、善、美。通常用于形容善良美好的姑娘、纯洁的爱情和高尚的情感，被历代文人称为"翠盖佳人"，不仅因为它具有色彩艳丽、婀娜多姿的天然美，还具有"出污泥而不染"的高尚品格，古代文人都喜欢用荷花来象征出污泥而不染的人品、朋友之间深厚的友情和幸福美满的爱情等。《诗经》中便有将莲花比作美女的记载；王勃《采莲曲》中"牵花恰并蒂，折藕爱连丝"，便以并蒂莲和藕丝不断，表示男女之间的爱情；荷花即青莲，青莲与"清廉"谐音，因此荷花也被用以比喻为官清正廉洁。

自然界的荷花其色彩不如其他花卉那么丰富多彩，往往以白色和淡粉红色最为常见，在我国传统的文化内涵中，荷花以白色为典型代表，用"出淤泥而不染"来表达人们对荷花纯洁的赞誉，这充分体现了荷花在人们心目中的理想色彩。随着科学技术的发展，经过人工杂交培植后，其色彩丰富多彩，现在的荷花有黑色的、黄色的，还有紫色的。

在冷盘造型中，荷花的表现主要有平面与立体两种形式，我们主要是表现出荷花的形态，而不是着重表现其色彩，因此，我们在拼摆荷花时，多选用单一色彩（红色或白色）的冷盘材料进行拼摆，如煮熟的鸡蛋白、蛋白糕、粉肠、红肠、胭脂鹅脯、红曲卤鸭脯、熟红胡萝卜、白萝卜、心里美萝卜等。其中，动物性的冷盘材料一般多用来拼摆平面的荷花，植物性的冷盘材料往往更多的用来拼摆立体的荷花，这就要根据冷盘造型中的需要来合理选择。

（1）平面荷花的拼摆

平面的荷花一般以小型的花形呈现为主，更多是用于冷盘构图的需要，在冷盘的某区域或位置拼摆一朵，目的是为了使画面更加完整或进一步突出主题或色彩。这种情况下适宜用小型的荷花花形来呈现。从冷盘拼摆工艺的角度出发，拼摆平面的荷花，最佳的选择就是将动物性的冷盘材料修整成橄榄形，直接摆放，方便快捷（图5-10），一般不采用片形材料来排叠。

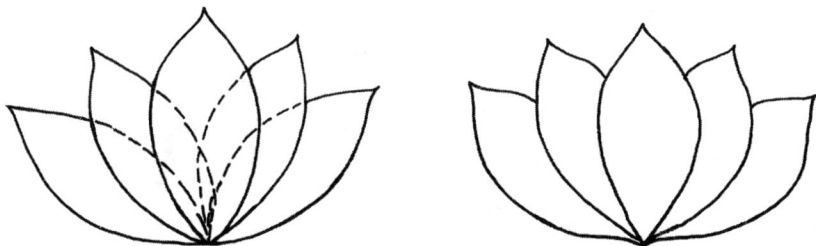

图5-10　平面荷花原料修形及拼摆方法

（2）立体荷花的拼摆

在冷盘的构图中，当荷花作为主体造型时，一般需要用立体的荷花来呈现，采用相对大型的花形就理所应当，因为大型的花形才能充分展示荷花在冷盘构图中的主体地位，显然，这时荷花的拼摆需要涵盖冷盘制作工艺的技术成分。如果采用橄榄形的片形材料直接拼摆成荷花，其造型就会显得十分粗糙。

拼摆立体的荷花，要先将材料修整成宽柳叶形（图5-11），然后用刀将边缘稍微修切成边缘薄中间厚，纵切面呈窄柳叶的形状（图5-12），用拉刀的方法顺长拉切成薄片，再用手指将中间部位轻轻捻开成排叠状（图5-13），这一方法的运用，既方便快捷，同时又可以使荷花花瓣中间微微弯曲向一边隆起，这样拼摆而成的荷花更加自然、逼真（图5-14）。为了使荷花的立体感更加明显、花形更为自然，在拼摆过程中，往往需要在荷花的底部先制作一个圆形底座，以稳定荷花，便于成形。

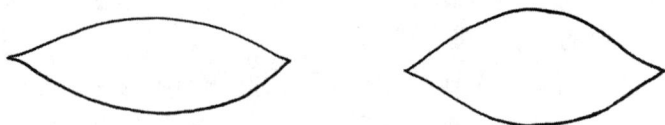

图 5-11　荷花花瓣原料修整形状示意图

图 5-12　荷花花瓣原料纵切面示意图　　　图 5-13　荷花花瓣拉切示意图

图 5-14　荷花拼摆成形示意图

　　荷花不管是平面的造型形式还是立体的造型形式，都不适合用于单碟冷盘造型，一般多用于景观造型中，如"荷塘月色""亭亭玉立""夏趣"等。

　　当然，花卉在冷盘造型中的应用相当广泛，其种类也十分繁多，这里所列举的绝非是花卉的全部，仅仅是指这些花卉在冷盘造型中使用的频率较高，出现的机会较多，也较为实用，同时它们都可以相对以较大的个体独立造型。而那些相对形体较小的花卉，如色似玉、香似兰的玉兰花，清高素雅、花香扑鼻的水仙花，还有人们所熟悉和喜爱的山茶花、迎春花、丁香花、梅花等，以及那些无名的花草，我们当然不可忽视，但它们在冷盘造型中往往起到点缀作用，这里就不一一细说了。我们可以根据以上介绍的花卉的造型规律和拼摆方法来"依葫芦画瓢"，并举一反三。

二、禽鸟类

禽鸟类题材在冷盘制作中使用广泛，大到孔雀、凤凰，小到燕子、鸳鸯。在众多的禽鸟类中，无论是体大或形小者，不管其羽毛的色彩是否鲜艳，它们的羽毛都有共同的特点，即尾部、翅膀的羽毛相对比较大，并且较长而尖；而腹部、颈部和背部的羽毛较小，且相对较短而秃。因此，我们在制作以禽鸟类为题材的冷盘时，用于尾部和翅膀的原料，在整修其形状时应修成长柳叶形、长月牙形或长三角形；用于腹部、颈部和背部的原料，其形状要修成短柳叶形、鸡心形或椭圆形。

当然，这也不是一概而论的，冷盘材料整修的形状和大小应该根据其具体情况而定，要灵活变化。有些凶猛的禽鸟类，如雄鹰、雄鸡等，其身部的羽毛可采用三角形或菱形片层层排叠而成，这样更显其凶猛、刚劲而有力的个性；有些性格较为温和的鸟类，如和平鸽、鸳鸯等，则要采用圆弧形片，如椭圆形、长鸡心形或宽柳叶形等，这样显得更为得体、和谐。另外，在对冷盘材料进行修整形状时，还要根据具体冷盘的构图造型和使用餐具的大小，来确定其形状的大小，以免相互脱节。

所有的禽鸟类，它们在构图造型上都有一个共同的规律，即它们的头部和身体都呈椭圆形。不管它们的姿态如何，或站、或蹲、或飞，其轮廓均是由两个椭圆构成的。

由于禽鸟的种类很多，它们的形态千变万化，并且每一类禽鸟的特点、性格和生活习性也不相同，每一种类的禽鸟都有不同于其他的个性特征、形状或性状。在冷盘造型中，我们除了要把握禽鸟类的共性外，还要把握每一类禽鸟的个性特征，这样才能把我们所要拼摆的造型巧妙而又准确地表现出来，否则就会感到别扭、不舒服，有时甚至会让人感到畸形或不健康。为此，下面将冷盘造型中常用的禽鸟分别作一定的介绍，以便更好地掌握其中的规律。

1. 孔雀

孔雀乃"百鸟之君"，也是富丽堂皇、光明祥瑞的象征。其羽毛的色彩虽然并不丰富，却十分华丽。孔雀与其他禽鸟类相比的独特个性主要在于它的尾屏，因而，在冷盘造型中，我们就要着重表现其尾屏，甚至可以说，以孔雀为题材的冷盘造型成功与否，一半因素在于孔雀的尾部。

在拼摆孔雀的尾屏时，我们往往以绿色为主色调，因而，我们可选用一些绿色的冷盘原料，如黄瓜、青椒、苦瓜、莴苣等，并刻切成鸡心形的厚片或小块后，再打上蓑衣刀纹（图5-15），由后向前交错排叠呈扇形或鸡心形作尾屏；用黄色或白色鸡心形片（或蛋黄糕、黄色鱼糕、蛋白糕、三鲜虾糕、卤鸽蛋、卤鹌鹑蛋等）上覆红色鸡心形片（如红樱桃、山楂糕、红胡萝卜等），作屏部羽翎毛（图 5-16）。

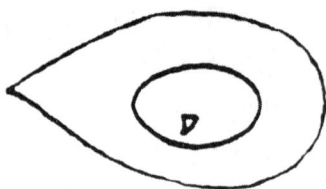

图 5-15　孔雀尾屏拼摆方法（1）　　　　图 5-16　孔雀尾屏拼摆方法（2）

孔雀的性格较为温和，在拼摆其身部羽毛时，一般不宜用三角形、菱形或窄柳叶形的片形材料，而要将冷盘材料修整成窄鸡心形、长椭圆形或宽柳叶形。

孔雀的冠羽也有其独特性。在冷盘造型中我们一般用两种形式来表现，一种方法是用片形原料拼摆而成（图 5-17），这种方法多用于平面（卧式）的冷盘造型之中；另一种方法是用冷盘材料雕刻而成或质地较硬的原料与其他材料相组装而成（如粉丝顶端装红樱桃粒），这种方法多用于立体的冷盘造型之中（图 5-18）。

图 5-17　孔雀冠羽拼摆方法（1）　　　　图 5-18　孔雀冠羽拼摆方法（2）

以孔雀为主要题材的冷盘造型，可以与其他题材相组合，比如与牡丹花、山体等；如果以多碟组合造型的构图形式出现，也可以将孔雀的尾屏分割成若干份，分装于鸡心形的小碟中，再与孔雀的头部、身部以组合造型的构图形式出现。

2. 凤凰

在我国传统文化中，凤凰在人们的心目中是吉祥、如意和幸福的象征，同时，凤凰也已经在人们的脑海中形成了相对固定的结构形态特征。因此，我们在拼摆以凤凰为主要题材的冷盘造型时，要把握好其结构特征，不可随意更动，以避免不符合人们的审美习惯和要求。

　　凤凰与其他禽鸟类相比，最有独特个性与表现力的，要算是它那飘拂流畅的三根彩尾了（冷盘造型需要时也可用两根）。因此，我们在拼摆凤凰的彩尾时，一般要选用色彩比较鲜艳的冷盘材料，如蛋黄糕、火腿、红肠、红胡萝卜、叉烧肉、肴肉、莴苣、蛋白糕等。凤凰彩色长尾的拼摆形式很多，最常见的有三种形式，第一种是将冷盘材料整修成羽翎形（图5-19），再切成片后，从后往前排叠而成；第二种是将一种冷盘材料切成羽翎片，从后往前排叠成彩尾的底部，上层用另一种色彩的冷盘材料切椭圆形片（或鸡心形），由后向前排叠而成（图5-20）；第三种是选用色彩较艳的冷盘材料（多用蔬菜中的黄瓜、莴苣、胡萝卜、紫萝卜、苦瓜等），从两侧同向打上蓑衣刀纹排成彩尾的底层，上层用另一种色彩的冷盘材料切椭圆形片或鸡心形片排叠而成（图5-21）。

图5-19　凤凰彩尾原料修整形状　　　　图5-20　凤凰彩尾拼摆形式（1）

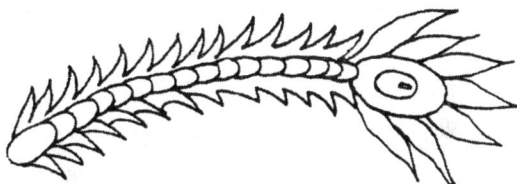

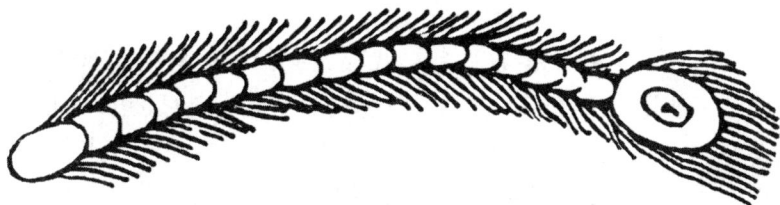

图5-21　凤凰彩尾拼摆形式（2）

　　由于在我国有"金凤凰"之说，因此，我们拼摆凤凰的身部、翅部和头颈部的羽毛时，可以适当地多选用一些黄色的冷盘材料，如黄胡萝卜、蛋黄糕、橙黄色鱼糕等，以便体现出凤凰"金色"的特点，也符合人们的审美习惯和审美心态；凤凰的冠羽一般选用鲜红色彩的冷盘材料刻切而成，如红椒、红胡萝卜、红肠、火腿、心里美萝卜等，其形状往往用三种形式来表现（图5-22）。

图5-22　凤凰冠羽拼摆方法

冷盘造型中，凤凰的形态一般以动态为多，即呈飞翔姿态，且常与花卉中的牡丹花相组合。当然，也有以静态出现的，如"丹凤朝阳"就是凤凰立于山顶，但呈静态时，凤凰一般不与树枝或树干相结合，因为在人们的思维习惯和传统理念中，凤凰是从来不栖息在树枝或树干上的。否则，会让人感到别扭或极不协调。

3. 仙鹤

仙鹤在我国历来是用以比喻人之长寿不老的，在我国的民间一直有"松鹤延年""松鹤同寿"之说。因此，仙鹤也是冷盘造型中非常常用的题材之一，尤其是生日聚会或寿宴之中。并且，常与松树相组合，给人生命之树常青的感受。

仙鹤与其他禽鸟类相比，其鲜明的特色在于腿部和颈部较长，因而，不管仙鹤呈何种姿态，其颈部和腿部都要有一定的长度，否则就不像了（图5-23、图5-24），为了张扬仙鹤鲜明的个性，其颈部和腿部的长度甚至可以比自然形态比例再夸张些。虽然说仙鹤是属体形较大的鸟类，但其性格温和，所以我们在拼摆仙鹤造型时，除了其尾部和翅尖部的羽毛选用深色的冷盘材料，并整修成柳叶形或月牙形以外，其他部位的羽毛一般多用浅色的冷盘材料（更多的选用白色原料，如卤鸡蛋、蛋白糕、鱼糕、虾糕等），并用圆弧形比较明显的片，如椭圆形片、鸡心形片等排叠而成。

仙鹤的头、颈部的拼摆也有三种形式和方法，一种是用片形原料从后往前排叠而成；另一种是用山药泥、土豆泥或色拉等冷盘材料直接堆码而成；另外，还可以用冷盘材料雕刻而成。在冷盘造型艺术中，前两种方法主要用于平面的冷盘造型中，后一种方法主要用于立体造型中。

图5-23　仙鹤头颈部造型　　　　　图5-24　仙鹤腿部造型

4. 雄鹰

雄鹰在现实生活中常寓意宏图大志、前程远大或前程似锦，因此，在冷盘造型中，雄鹰往往是以展翅的形式出现。

雄鹰在构图造型上较为明显的特征，就是其大而有力的翅膀（图5-25）和利尖的嘴和爪（图5-26）。

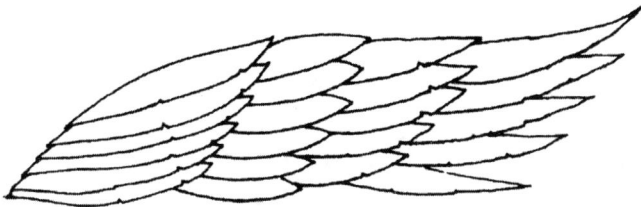

图 5-25 雄鹰翅膀造型

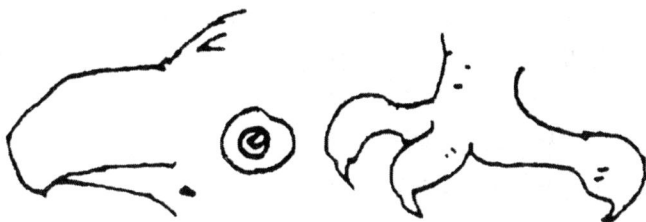

图 5-26 雄鹰的嘴、爪造型

为了更好地显示出雄鹰凶猛的特性和气吞山河的雄伟气势，在拼摆其翅部羽毛时，我们可以选择色泽相对较深的冷盘材料，如酱牛肉、卤猪肝、卤口条、叉烧肉等，并修切成长三角形或长柳叶形；拼摆身部羽毛时，应选择明暗度适中的冷盘材料，如烧鸡脯、烤鸭脯等，并整修成菱形或三角形。雄鹰羽毛不管是哪个部位，只要是色调较亮、色泽较浅的冷盘材料，如蛋白糕、蛋黄糕、三鲜虾糕等都不宜选用。

5. 鸳鸯

鸳鸯性格较为温和，也是现实生活中夫妻相敬如宾、相亲相爱、一往情深的形象写照，因此，在冷盘造型中，鸳鸯更多的是以成双成对的构图形式出现，并常与水、荷叶、荷花、莲花、杨柳等池塘中的物象相组合。

我们在拼摆鸳鸯的羽毛时，多选择色彩较为艳丽的冷盘材料，尤其是红色和黄色为多，如红色的火腿、红胡萝卜、红肠、红曲卤鸭脯、盐水虾、肴肉、腐乳叉烧等；黄色的蛋黄糕、橘黄鱼糕、紫菜蛋卷、黄胡萝卜、鱼蓉蛋卷、咖喱卤笋等。拼摆其尾部和翅膀羽毛的冷盘材料多整修成长鸡心形或窄柳叶形，身部和颈部的冷盘材料多整修成短鸡心形或椭圆形，头部的冷盘材料多整修成宽柳叶形。

雄鸳鸯后背处上翘的一簇羽毛，我们往往采用两种方法拼摆而成，一种是用黄色的冷盘材料切成鸡心形厚片排叠成扇形；另一种可用黄色的冷盘材料刻切成类似的扇形，上端呈波浪纹状（图5-27）。

图5-27　雄鸳鸯背部上翘羽毛造型

鸳鸯的嘴，虽然与鸭嘴极为相似，但其头部和颈部与鸭子差异较大，鸳鸯的颈部很短，眼形近似丹凤眼。在拼摆鸳鸯时，要准确地把握这一点，如果把鸳鸯的颈部摆长了，则鸳鸯不成，鸭子不似了。在冷盘造型的实际拼摆过程中，有时为了更好地突出鸳鸯的"俊俏"，我们可以有意识地把鸳鸯的嘴巴拼摆得"翘"一些，这样更能显示出鸳鸯的可爱之处（图5-28）。

图5-28　鸳鸯（左）、鸭（右）头及颈部造型对比图

三、畜兽类

畜兽类中的鹿、马、牛、狮等，也是冷盘造型中常用的题材，它们在个性上虽然各自有明显的差异，但我们在拼摆过程中一个共同之处，就是宜选用色泽较深的动物性冷盘材料，如烧鸡、烤鸭、卤鸽、酱鸭、酱牛肉等，并以块面

的形式来进行拼摆，而一般不宜用片形的冷盘材料排叠。尤其是它们的腿部，用块面的形式进行拼摆，与畜兽类的固有色、质比较相符，并且也符合畜兽类的肌肉解剖结构，采取这种方法拼摆而成的鹿、马、牛、狮等的冷盘造型，形象生动而自然。当然，如果是在构图造型上的需要，或为了富有变化，在其腹部和颈部的处理上，也可以用适量的片形原料排叠而成，但在拼摆过程中要注意与其他部位的协调性，要注意避免有脱节感（见动物造型中"东方雄狮""马到成功"等造型）。

四、山体、土坡及围堤类

山体、土坡及围堤（河堤、湖堤、海岸等）也是制作冷盘时常用的题材，尤其是景观造型中。山体在冷盘构图造型中有两类：一类是用片形的冷盘材料排叠而成的平面造型，另一类是用小型的脆硬性原料（如琥珀核桃仁、脆鳝、素脆鳝等）堆积而成或用片形的冷盘材料竖立排叠而成的立体造型。由于第二类中用小型的脆硬性原料堆积而成的立体造型的山，与冷盘材料的修整形状关系不大，其拼摆方法也比较简单，仅仅是堆积而已，所以这里仅介绍用片形的冷盘材料排叠而成的山。

山体大体可分为两种风格。一种是陡崖峭壁、山势险峻、气势磅礴，这类山多以斧劈石构成。因此，这类山在构图造型时，冷盘材料多修切成长方形、长三角形或长梯形，并采用斜平行排叠的形式拼摆而成（图5-29）。另一种是山势绵延柔和、典雅秀丽，这类山多以太湖石组成，我们在拼摆这类山时常与水相组合，这样可以使其更显示柔美和秀丽。在拼摆以这类山为主要题材的冷盘造型时，可以采用两种拼摆手法，一是将冷盘材料修切成弧曲状，如鸡心形、椭圆形或圆形等（当然也可以选用呈自然弧曲形的冷盘材料，如香肠、紫菜蛋卷、捆蹄、卤口条、盐水虾、红肠、胡萝卜、火腿肠等），拼摆时往往采用弧形拼摆法层层排叠而成（图5-30）；二是将冷盘材料修切成弧曲状，切片后以推刀片的拼摆方法竖立排叠而成，以这种拼摆手法制作而成的山体，简洁明了，立体感极强（图5-31）。但用于制作这种山体的冷盘材料，其质地相对要硬些，内张力相对要大些，如酱牛肉、卤口条、叉烧肉、卤猪肝等，并且在切片时相对要厚些，否则推刀片无法竖立。

另外，在冷盘造型的制作过程中，我们也时常涉及到河提、湖岸、海岸或小山坡等题材，其风格与第一类山体极为类似，所以，对冷盘材料的选择、整形和拼摆等均可以依照第一类山体的方法，故这里就不再赘述。

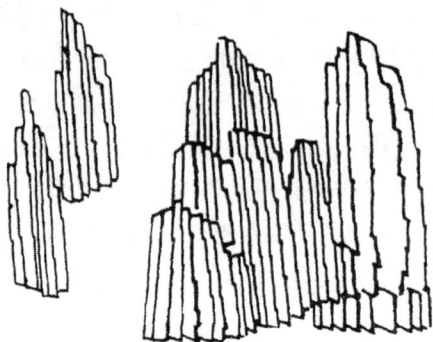

图 5-29　山体造型拼摆方法（1）

图 5-30　山体造型拼摆方法（2）

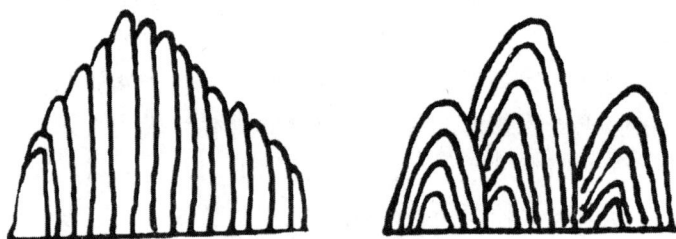

图 5-31　山体造型拼摆方法（3）

五、蝴蝶及其他类

世界上蝴蝶的种类多达数千种，其斑斓的色彩、玲珑的体态和优美的舞姿，十分惹人喜爱，因此，蝴蝶同样也是我们冷盘构图造型中极为常用的造型题材之一。到目前为止，成功地以蝴蝶为题材的冷盘造型品种，已不下十余种，如"蝶恋花""群蝶闹春""花香蝶舞""彩蝶双飞""彩蝶迎春"等。即使是同样的菜名，选用不同的蝴蝶品种，其构图造型与色彩搭配也不尽相同，但所有的蝴蝶都有一个共同的特点，就是色彩鲜艳，翅膀和身段都呈弧形（曲弧形），典型的柔性美。如果我们把握了这一规律，制作以蝴蝶为题材的冷盘造型也就容易多了。

当我们在掌握了这些规律以后，就能非常清晰地理解在制作以蝴蝶为主要题材的冷盘造型时，首先，应该选用色彩较为艳丽、色调比较明亮的冷盘材料，如火腿、蛋黄糕、紫菜蛋卷、火腿蓉蛋卷、红胡萝卜、豆蓉蛋卷、基围虾（或基围虾仁）、蛋白糕、红肠等；其次，要把冷盘材料修整成鸡心形、椭圆形等，或选用自然呈曲弧状的冷盘材料，如盐水虾、紫菜蛋卷等各种卷类冷盘材料、蓑衣口蘑（或蓑衣黄瓜等）、香肠（或火腿肠、素蟹肉等圆柱形加工食品）等。这样，局部与整体之间就显得非常协调和一致（图 5-32）。而切忌将冷盘材料修整成长方形、方形、三角形和菱形等棱角比较明显的形状，如果用棱角分明的冷盘材料来拼摆蝴蝶的翅膀，则蝴蝶会让人觉得刚不成，柔不是，不伦不类。

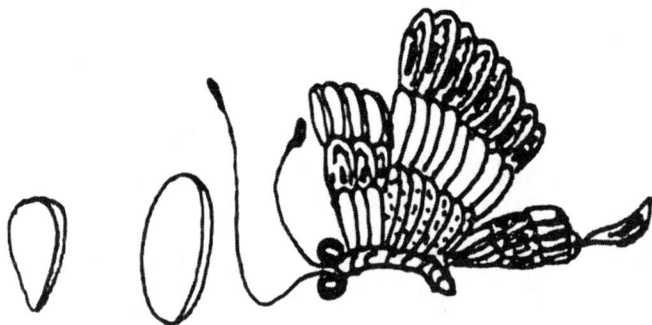

图 5-32　料形与蝴蝶个性一致性示意图

另外，我们在对冷盘材料进行形状修整时，还应顾及到冷盘材料的性质特征，尤其是一些组织纤维比较粗的冷盘材料，如酱牛肉、盐味笋、咖喱茭白等，一定要顶丝将这些材料修切成我们所需要的形状，这样才符合原料加工的基本规律和要求，材料的形状和刀工处理要求两者之间才能完全吻合，否则，就会顾此失彼。

第二节　冷盘拼摆的基本原则及方法

冷盘造型最终是通过拼摆装盘来实现的，拼摆时，各种冷盘材料首先经过一定的刀工处理，然后按照一定的顺序、位置，在盘内拼摆成一定的形状，构成美的形式，使冷盘造型具有一定的节奏感和韵律感，以烘托宴席的主题，增加宴席的氛围。冷盘造型的构图设计即使很完美，拼摆时如果没有掌握正确的步骤或准确的拼摆方法，也很难达到预期的目的和效果，事倍功半。因此，掌握冷盘拼摆的基本原则和基本方法是非常重要的。

一、冷盘拼摆的基本原则

1. 先主后次

在选用两种或两种以上题材为构图内容的冷盘造型中，往往以某种题材为主，而其他题材为辅。如"喜鹊登梅""飞燕迎春""长白仙菇""凤穿牡丹"等冷盘造型中，分别以喜鹊、飞燕、仙菇、凤凰为主，而梅花、嫩柳、山坡、牡丹花则为次。在这类冷盘造型的拼摆过程中，就应该首先考虑主要题材（或主体形象）的拼摆，即首先给主体形象定位、定样和定色，然后再对次要题材（或辅助形象）进行拼摆，这样对全盘（整体）布局的控制就容易把握了，正所谓解决了主要矛盾，次要矛盾也就迎刃而解了。相反，如果在冷盘造型的拼摆过程中，我们首先拼摆的是辅助物象，那么主体物象就很难定位、定样和定色，即使定了，整体效果也不尽人意，在这种情况下为了弥补以上的不足，又只能将盘中的辅助物象或左或右、或上或下地移动和调整，或增或减、或添或删，这样既浪费时间，又影响效果，犹如一堆乱麻，难以理出头绪。

2. 先大后小

在冷盘造型中，两种或两种以上为构图内容的物象，在整体构图造型中都占有同样重要的地位，彼此不分主次，如冷盘造型"龙凤呈祥""鹤鹿同春""岁寒三友"等，其中的龙与凤，鹤与鹿，梅、竹与松，它们在整个构图造型上无法分出谁是主，谁是次，它们彼此之间只存在着造型上大与小的区别；另外，在以某一种题材为主要构图内容的冷盘造型中，这一物象经常以两种或两种以上姿态形式出现，如"双凤和鸣""双喜临门""比翼双飞""鸳鸯戏水""争雄""群蝶闹春""双鲤逐波"等，其中的两只凤，一对喜鹊，两只飞燕，一对鸳鸯，两只斗鸡，数只蝴蝶，两尾鲤鱼，它们彼此之间在整体构图造型中，同样也不分主次，它们之间仅有姿态、色彩、拼摆方法以及大小上的差异。在这种情况下，我们拼摆这两类冷盘造型时，则要遵循"先大后小"的基本原则。

根据美学的基本原理，这两类冷盘造型在构图时，多个物象在盘中的位置、大小比例和色彩处理不能完全相同，往往是或上或下，或左或右，或大或小。我们尤其要通过物象在形体上的大与小来寻求冷盘造型在构图上的变化，以得到一定的动感。因此，从这一角度而言，这两类冷盘造型中的物象还是有主次之分的，我们可以把形体相对比较大的认为是主要的，把小的认为是次要的。这样，在这两类冷盘造型的拼摆过程中，我们应先将相对较大的物象定位、定形，正所谓"大局已定"，再拼摆相对较小的物象，也就得心应手，不至于"左右为难"了。

3. 先下后上

冷盘造型，不管它是以何种构图造型形式出现，即使是平面的构图造型，冷盘材料在盘子中都有一定的高度，都具有一定的三维视觉效果。在盘子底层的冷盘材料离盘面的距离相对较小，我们称其为"下"；在盘子上层的冷盘材料，离盘面的距离相对较大，我们称其为"上"，"先下后上"的拼摆原则，也就是我们平常所说的先"垫底"后"铺面"（盖刀面）的意思。

冷盘造型的拼摆过程中，往往都需要垫底这一程序，其主要目的是使造型更加厚实、饱满、美观（造型角度而言）。为了便于堆积造型，也为了使上层的片形冷盘材料比较服帖，我们在选用垫底的冷盘材料时，往往以小型的冷盘材料为主，如丝、米、粒、蓉、泥、片等。当然，为了使冷盘材料能物尽其用，我们经常将冷盘材料修整下来的边角碎料，充当垫底材料。

　　垫底，在冷盘造型的拼摆过程中是最初的程序，也是基础，所以显得特别的重要。如果垫底不平整，不服帖，或者是物象的基本轮廓形状不够准确，在拼摆时想要使整个冷盘造型整齐美观，是绝不可能的。正如万丈高楼平地起，靠的是坚硬而扎实的基础。因此，在"先下后上"冷盘拼摆的基本原则中，除了要先垫底后盖刀面在程序上的先后以外，也还包含着在冷盘造型的拼摆过程中首先要重视垫底这一对待冷盘造型拼摆的"态度"问题。

　　冷盘造型中的物象，往往是由多层"刀面"组成，这些多层刀面之间多是有一定程度的交错或重叠的，在冷盘造型的拼摆过程中，我们把下面一层的刀面摆好以后，再覆盖上面一层的刀面并使它们相互交错或重叠是很容易的，也是很自然和顺手的。如果我们先拼摆上面一层的刀面再拼摆下面的一层刀面，势必又要将上层的刀面先掀起来以后再将下面一层的刀面插进去，这样既浪费时间和消耗精力，又还会影响上面一层刀面的拼摆质量。可见，"先下后上"是我们在冷盘造型的拼摆过程中是十分重要的原则之一。

　　4. 先远后近

　　在以物象的侧面形为构图形式的冷盘造型中，往往存在着远近（或正背）问题。而这远近（或正背）感在冷盘造型中，主要是通过冷盘材料先后拼摆层次结构来体现的。以侧身凌空飞翔的雄鹰形象为例，从视觉效果角度而言，外侧翅膀要近一些，里侧翅膀要远一些，因而，在拼摆过程中外侧翅膀一般要展现出它的全部，里侧翅膀（尤其是翅根部分）由于不同程度地被身体和外侧翅膀所遮挡，往往只需要展露出它的一部分。因此，在拼摆两侧翅膀时，我们就要先拼摆里侧翅膀，然后再拼摆外侧翅膀。这样，雄鹰双翅的形态、结构就显得自然而又逼真，同时，也符合人们的视觉习惯。如果雄鹰的两侧翅膀没有按以上先后顺序拼摆，它们也就没有上下层次的差异，当然也就不存在远近距离的变化，这样，翅膀与身体在视觉效果上就有脱节感，看上去非常别扭，极不自然。

　　当然，在冷盘造型中，要表现同一物象不同部位的远近距离感时，除了要遵循"先远后近"的基本原则外，还要通过一定的高度差来表现。较远的部位要拼摆得稍低一点，近的部位要拼摆得稍高一些，这样，物象的形态就栩栩如生了。

　　在景观造型类冷盘中，也存在着远近距离问题，尤其是不同物象之间在距离上的远近关系。在拼摆过程中，我们同样在遵循"先远后近"基本原则的同时，为了使不同物象之间的远近距离感更加明显，如远处的塔、桥，或水中的鱼、水草、月亮等，往往还在远距离的物象上加一层透明或半透明的冷盘材料，如琼脂冻、鱼胶冻、皮冻等，即先将远处的物象拼摆成形以后，在盘中浇一层熬溶的琼脂（或鱼胶、皮冻等），待冷凝成冻后，在其上面再拼摆近处的物象。如果是相同物象之间的远近距离关系，如山与山之间、树与树之间等，我们除了可以用上面"隔层"的方法以外，还可以用构图和造型大小的形式来表现它们的远近距离感，即把远处的山或树拼摆得小一些，而近处的山或树拼摆得大一点，同时，在构图造型上，远处的物象往往安置在盘子的左上方或右上方，而近处的物象一般安置于盘子的右下方或左下方。这样，在构图造型上既符合美学造型艺术的基本原则，也能较理想地表现出物象之间的距离上的远近感，可谓是一举多得。

5. 先尾后身

正如前面所说，禽鸟类的题材在冷盘造型中的运用是非常广泛的，大到孔雀、凤凰、雄鹰，小到鸳鸯、燕子，而"先尾后身"这一基本原则，主要是针对以禽鸟类为题材的冷盘造型的拼摆制作而言的。

禽鸟类，不管它们是大还是小，它们的性格是凶猛还是温和，但它们的羽毛在生长上都有一个共同的规律性，就是顺后而长（由前往后）。因此，我们在拼摆制作以禽鸟类为题材的冷盘造型时，应首先拼摆其尾部的羽毛，然后再拼摆其身部的羽毛，最后拼摆其颈部和头部的羽毛，即按"先尾后身"的基本原则进行拼摆。这样所拼摆而成的羽毛才符合禽鸟类羽毛的生长规律，同时，才与冷盘拼摆的技术特点相吻合。

在有些冷盘造型中，禽鸟的大腿部也是以羽毛的形式出现的，在这种情况下，我们当然应该先拼摆大腿部的羽毛，然后再拼摆其身部的羽毛；如果在构图造型上，禽鸟有翅膀，我们当然应该先拼摆翅膀的羽毛，然后再拼摆其身部的羽毛。总之，我们拼摆而成的羽毛一定要自然，要符合禽鸟类羽毛的生长规律，在视觉效果上要达到羽毛是长出来的，而不是生硬地装上去的效果。

值得一提的是，在冷盘造型的拼摆制作过程中，有的物象所处的地位与以上所有的原则不可能同时完全吻合或相符，如"江南春色"和"华山日出"中的"山体"都是主要题材，处于主要地位，但它们却又都属于近处物象，这种情况下，我们就应该从冷盘造型的整体构图与布局来考虑，再确定先拼摆什么，后拼摆什么，而不应该死板地单独去套用以上的每一个原则。如果我们将以上所有的原则割离开来，或孤立对待，在冷盘造型的实际拼摆制作过程中单独分别按以上原则进行拼摆，那么我们的冷盘拼摆制作就无法进行。总的说来，以上拼摆的基本原则，我们要灵活掌握，切不可生搬硬套。

二、冷盘拼摆的基本方法

1. 弧形拼摆法

弧形拼摆法即是指将切成的片形材料，依相同的距离按一定的弧度，整齐地旋转排叠的一种拼摆方法。这种方法多用于一些几何造型（如单拼、双拼、什锦彩拼等）、圆形或扇形排拼（如菊蟹排拼、腾越排拼等）中弧形面（或扇形面）的拼摆，也经常用于景观造型中河堤（或湖堤、海岸）、山坡、土丘等的拼摆。可见，这种拼摆方法在冷盘造型中的运用是非常广泛的。

在冷盘造型的拼摆过程中，根据冷盘材料旋转排叠的方向不同，弧形拼摆法又可分为右旋和左旋两种拼摆形式（图5-33、图5-34）。

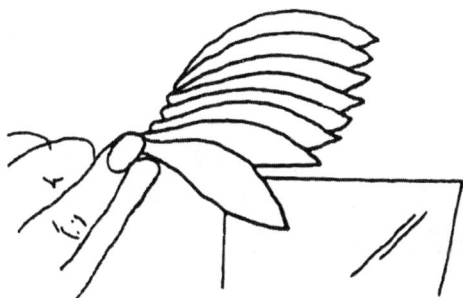

图 5-33 右旋弧形拼摆法示意图   图 5-34 左旋弧形拼摆法示意图

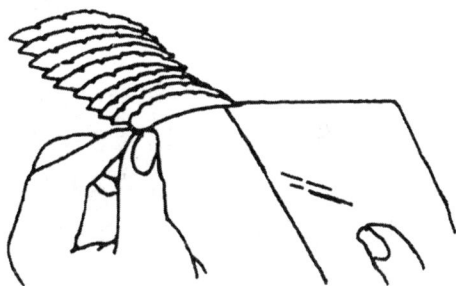

在冷盘造型的拼摆制作过程中，运用哪一种形式进行拼摆，要按冷盘造型的整体需要和个人习惯而定，不能一概而论。另外，在冷盘造型中某个局部采用两层或两层以上弧形面拼摆时，我们还要顾及到整体的协调性，切不可在同一局部的数层刀面之间或若干类似局部共同组成的同一整体中，采用不同的形式进行拼摆。比如"什锦彩拼"采用的是双层刀面，第一层刀面运用的是右旋弧形拼摆法，而第二层刀面运用的却是左旋弧形拼摆法，这样，两层刀面就会因变化过于强烈而显得零乱，不一致，不协调，从而影响了冷盘造型的整体效果。

2. 平行拼摆法

平行拼摆法是将切成的片形材料，等距离地往一个方向排叠的一种拼摆方法。在冷盘造型中，根据冷盘材料拼摆的形式及成形效果，平行拼摆法又可分为直线平行拼摆法、斜线平行拼摆法和交叉平行拼摆法三种拼摆形式。

（1）直线平行拼摆法

直线平行拼摆法是将冷盘材料切成片形以后按直线方向平行排叠的一种形式（图5-35、图5-36）。这种形式多用于呈直线面的冷盘造型中，如"梅竹图"

中的竹子、直线形花篮的篮口、"中华魂"中的华表、直线形的路面、桥梁式单拼的最上层刀面等，都是采用了这种形式拼摆而成的。

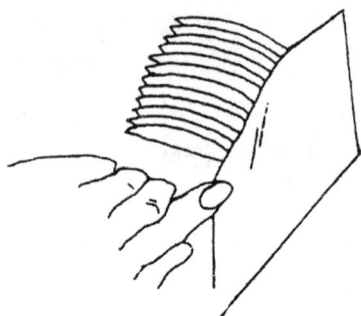

图 5-35　直线平行拼摆法（1）　　　　图 5-36　直线平行拼摆法（2）

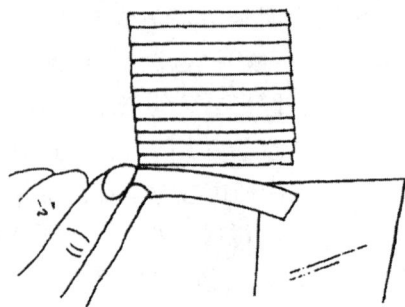

（2）斜线平行拼摆法

斜线平行拼摆法是将片形冷盘材料往左下或右下的方向等距离平行排叠的一种形式（图 5-37）。景观造型中的"山"多是采用这种形式拼摆而成的，用这种形式拼摆而成的山，更有立体感和层次感，也更加自然。

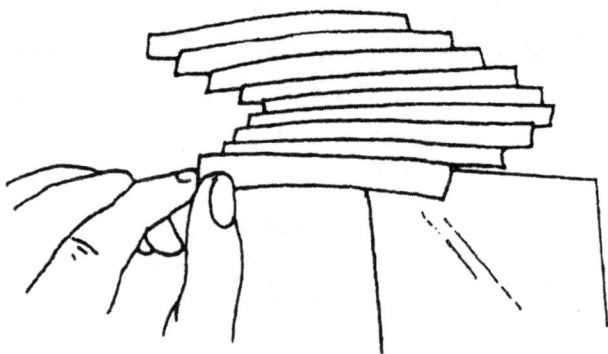

图 5-37　斜线平行拼摆法

（3）交叉平行拼摆法

交叉平行拼摆法是将片形冷盘材料左右交叉等距离平行往后排叠的一种形式（图 5-38、图 5-39）。这种方法多用于器物造型中的编织物品的拼摆，如花篮的篮身、鱼篓的篓身等。采用这种形式进行拼摆时，冷盘材料需要多修整成柳叶形、半圆形、椭圆形或月牙形等；拼摆时所交叉的层次根据具体情况而定。

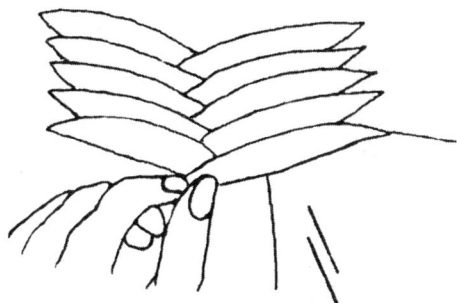

图 5-38　交叉平行拼摆法（1）　　　图 5-39　交叉平行拼摆法（2）

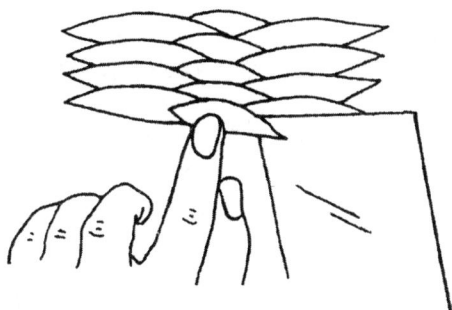

3. 叶形拼摆法

叶形拼摆法，就是指将切成柳叶形片的冷盘材料，拼摆成树叶形的一种拼摆方法（图 5-40 ～图 5-42）。这种方法主要用于树叶类物象造型的拼摆，有时以一叶或两叶的形式出现在冷盘造型中，如"欣欣向荣"中百花的两侧、"江南春色"中花卉的四周等，这类形式往往与各种花卉相结合；有的冷盘造型中则以数瓣组成完整的一枚树叶形式出现，如"蝶恋花"中的多瓣树叶、"秋色"和"一叶情深"等中的枫叶即是。由此看来，叶形拼摆法在冷盘造型的拼摆过程中，运用也非常广泛。

图 5-40　叶形拼摆法（1）　　　图 5-41　叶形拼摆法（2）　　　图 5-42　叶形拼摆法（3）

4. 翅形拼摆法

由于禽鸟的种类不同，其形状、性格和生活习性也不一样，但它们翅膀的形态、结构和生长规律是相同的。因此在以禽鸟类为题材的冷盘造型中，拼摆禽鸟类翅膀的方法也是相近的（图 5-43）。当然，禽鸟类在动态中其翅膀的形状也是千变万化的，但万变不离其宗。只要我们掌握了禽鸟类翅膀的基本形态、结构及拼摆方法，不管它处于什么状态，翅膀的拼摆也就不成问题了。

图 5-43　两种翅形拼摆法比较示意图

在禽鸟类翅膀的拼摆过程中，对冷盘材料的选择（色泽和品种）以及所拼摆的层数，要根据具体冷盘造型而定。有的禽鸟类的翅膀较宽，那么拼摆的层数就多一些；有的禽鸟类的翅膀较窄，那么拼摆的层数则少一些，不能千篇一律。

第三节　冷盘拼摆的基本步骤及常用手法

一、冷盘拼摆的基本步骤

从本质上来讲，冷盘是被人食用的，只要装入盛器给进餐提供方便即可。冷菜无论如何装盛，它总是具有一定的形式、形态，总是具有具象性质的造型物体。最初的这种冷盘造型形态属于原始功能主义的，是一种实用技术，正如原始的餐具是为了装盛食物而产生的一样。可以认为，从彩陶文化开始，中国精美的餐具是为了完美进餐形式，美化装饰食物形态的。从"周八珍"开始，食物的自然美与技艺美被逐步认识，到了"唐宋花式菜点"发展到一个高潮，菜点成品造型已在实用功能主义的技术中融入了更多的艺术性。况且，冷菜之所以从热菜的"大集体"中分离出来而自成一体，就是因为我们的祖先早就认识到冷菜除了可以相对较长时间的品尝而不失其风味特色以外，还可以相对较长时间的观赏，而观赏对冷盘造型的形式美和形态美在视觉效果上的要求是可想而知的，具有一定美感的冷盘可以调节就餐者的心情，产生对食欲的刺激。

现代工业与艺术设计思想的成熟，已为冷盘造型找到了自己的艺术位置，它既是技术的又是艺术的，具有双重属性的功能性性质，属于工业产品设计的造型范畴，其本质是从食用功能出发，注重结构美化的技术与艺术的统一，强调的是造型的有用性和功能美，并通过特定的形式充分证明其合理性与完善性，犹如相应的形式与合理的材料结构才能体现冷盘造型的有用性和功能美一样。可见，冷盘造型只有在有用性和功能美的合理条件下才能具有实质性的内容与形式美特征，因此，对冷盘造型形式创造的自由度上，不能背离其食用目的，现代冷盘造型艺术，更多的具有了工业产品的图案艺术设计的特征，是冷盘造型内容美与形式美的共同载体。在冷盘造型制作工艺功能目的、成本价格与美感的共同制约下，对冷盘造型的形态、色彩、空间等视觉要素进行组织，并通过特定的加工方法来实现，强调的是冷盘材料的材质与形态自身固有的审美效果，而较少借助与食用无关的材质与装饰。

冷盘造型的食用性和艺术性，最终是通过装盘（拼摆）来实现的，因此，掌握冷盘拼摆的基本步骤是非常重要的。冷盘拼摆可分为垫底、围边、盖面和点缀四个基本步骤。

1. 垫底

对于绝大多数的冷盘造型来说，垫底是拼摆过程中最初、最早，也是最基础的操作步骤。垫底的作用主要体现在三个方面，一是充分利用冷盘材料的边角小料或散形碎料，做到物尽其用，最大限度地降低冷菜的成本，提高餐饮企业的经济效益；二是起陪衬、烘托主料的作用，并使冷盘造型更加饱满、丰富和充实；三是弥补因造型题材所限而引起的分量不足的缺陷，提高了冷盘的食用价值，使冷盘造型的实用性与艺术性能有机地融为一体，并得以完美的统一。由于冷盘造型的形式不同，垫底时对冷盘材料的选择和要求也不尽相同，在实际运用中，我们需要从两个方面来掌握垫底。

第一类就是针对普通的单碟冷盘造型（围碟），我们在拼摆这类冷盘造型时，刀工切配处理过程中必然有一些修整下来的不成形的小块、片、小条、丝等边角小料或碎料，这时，我们在垫底时就应该将这些边角小料或碎料垫于（或堆砌在）盘子的中间底部。用这些边角小料或碎料垫底，倒不是因为它们质次，而是它们的料形不整齐，摆在冷盘造型的表面不美观而已，另外，垫底需要平整和服帖，而相对较大的冷盘材料无法做到这一点，只有相对较小的料形才能使垫底平整和服帖，当然，用于垫底的冷盘材料其料形也不能过小或过碎，如米、粒等，否则不便于食用。对这类冷盘造型的垫底还需要注意一点的是，垫底的材料品种与其表面的刀面一定要一致，如表面刀面的冷盘材料是酱牛肉，它的底部垫底材料也一定是酱牛肉，而不可以衬垫如葱油罗皮、糖醋萝卜等之类的其他品种的冷盘材料，否则，既有"挂羊头，卖狗肉"之嫌，又有"串味"之弊。

第二类就是对艺术性较高的冷盘造型（也就是我们平常所称的"花式冷盘"）的垫底。由于这类冷盘对构图的完整性、造型的逼真性以及色彩搭配的协调性等方面的要求都比较高，因而，这种形式的垫底多选用比较细腻、比较柔软或可塑性较强的冷盘材料，如三鲜土豆泥、什锦山药泥、葱椒鸡丝、肉松、鸡松、鱼松、姜汁菠菜松、葱油罗皮、蛋松等。因为这些冷盘材料在堆码过程中相对比较容易塑造形象，同时，也很容易使造型轮廓清晰、平整而服帖，这样就为我们能顺利地进行冷盘拼摆的下一个步骤打下了良好的基础。

2. 围边

围边也称盖边，就是将相对比较整齐的冷盘材料经过刀工处理以后，拼摆覆盖在垫底材料的边沿上，犹如房屋的墙壁，具有支撑主体刀面的作用，故行业内又称为"砌墙"。围边的冷盘材料除要切得厚薄均匀、大小一致以外，还需要拼摆整齐，并要注意垫底粗坯的轮廓和角度，以免没有覆盖到位、"露底"而影响冷盘造型的美观。

3. 盖面

盖面就是根据冷盘构图造型的需要，选择相应的冷盘材料，经过一定的刀工处理及拼摆后使之整齐地覆盖在垫底材料的最上层，使整个冷盘造型饱满、整齐、象形而美观。对于普通的单碟冷盘造型，用于盖面的材料都应该是该冷盘材料中质量最好，最肥美、最完整的部分，使该冷盘更为突出，风味更为明朗，如盐水鸭，最适合作为盖面材料的部位是鸭脯；而对于花式冷盘来说，冷盘材料的品种、质地、形状和色彩等，则需要根据我们冷盘造型中的具体题材（物象）的要求而进行恰当地选择，不能一概而论。

一般来说，盖面是冷盘造型主体拼摆的最后一个步骤，它对冷盘造型质量的好坏起着决定性的作用，因此，我们要把冷盘材料中最能作为其代表的部分用于盖面，这样的冷盘造型才能使其技术性和艺术性得到充分的发挥，冷盘造型的魅力也才能得以真正地展现。

4. 点缀

点缀就是在冷盘造型主体拼摆结束以后，为了使冷盘造型更加完整和完美而选择异质性冷盘材料进行适当的装饰和美化的过程。对冷盘的主体部分进行适当的装饰和美化是需要的，有时甚至是必要的，但点缀的主要作用和价值应该是体现在对冷盘主体部分的装饰与美化上，而不是它自身是多么的悦目和完美，喧宾夺主和适得其反的点缀都是不可取的。

冷盘造型的点缀，所用的材料色泽比较鲜艳，一般是可以食用的但不具有实质性，其常用的方法主要有以下几种形式。

（1）点角点缀

点角点缀就是在冷盘的一侧点缀以装饰性材料，与主菜形成呼应，使冷盘在视觉上能重点突出，一般有 1 ~ 3 个，具有灵活生动和可爱的效果，在对角或等角点缀给人以均衡的感觉。这种形式主要运用于围碟冷盘造型的点缀中。

（2）围边点缀

运用色彩和形状特征鲜明的材料圈于冷盘的一周，起到装饰图形的作用。这种形式多运用于散、碎等形较小（如丝、米、粒、末等形状）的冷盘的点缀中，它有收拢、聚缩视觉的效果，在形式上有周密、完善的美感。

（3）组合点缀

为了使冷盘造型更形象和更完整而配合采用的一种点缀形式。如各色花卉形状的冷盘造型，在花卉的一侧用材料制作成花柄、花叶点缀，这样花形更自然、更形象和更完整；又如以拼摆成寿桃形状的冷盘造型，给桃子装以一柄和两片桃叶，使桃子的形象更玲珑、更生动和更可爱。这种与冷盘造型相组合的点缀形式，更多地运用于围碟冷盘造型之中。

（4）补充点缀

补充点缀是为了遮盖在冷盘拼摆过程中无法避免的局部刀面不整齐的部分，或为了使冷盘造型的意境更深邃而采用的一种点缀形式，具有"补缺"或"增彩"的作用。如在拼摆"飞燕迎春""锦鸡报春"等冷盘造型中，在燕子的前方和在锦鸡的上方摆放数根柳枝，点出了春天已经来到的意境，这里选用数根柳枝的点缀形式就属于补充点缀，它是锦上添花的"增彩"；又如在"华山日出""荷塘情趣"等冷盘造型中的山或湖堤中刀面与刀面的连接处或刀面与盘面衔接处盖以香菜、法香、西蓝花等也是补充点缀，这就属于挡丑的"补缺"。这一形式在冷盘的点缀中运用非常广泛。

（5）盖帽点缀

盖帽点缀就是将色艳而量少的原料覆盖在冷盘的表面（顶部），犹如戴帽子一般。例如，"烫干丝"和"水晶肴蹄"中用一簇姜丝放在其最上端以及"水晶鸡丝"的顶部放半粒红樱桃（或红樱桃末）等。这种形式多运用于花色围碟冷盘造型中花心的处理，也经常与调味相结合。

（6）垫底点缀

垫底点缀就是运用对比色彩，在冷盘菜肴底部铺垫可以直接食用的原料进行点缀，如紫圆白菜叶上放"葱椒鸡丝"、生菜叶上放"香辣慈姑片"等。

在点缀过程中，我们也要注意"适可而止"，千万不能见缝就"插针"或盘中有余地就"填空"，把整个盘子塞得满满的，使画面既没有疏密之分，也没有虚实之别。当然，点缀作为冷盘造型拼摆的最后一个程序有时并不需要。另外，以上这些点缀方法也不是彼此完全孤立的，有时需要有两种或更多种同时运用。因此，我们要灵活掌握，而不要死板教条。

二、冷盘拼摆的常用手法

冷菜的装盘是比较复杂的，拼摆的手法也是多种多样的，我们把众多而复杂的拼摆手法进行归纳和总结，最为常用的拼摆手法有堆、排、叠、围、贴、复等。

1. 堆

堆就是将一些料形不规则的冷盘材料堆放在盘中。此法多用于料形不规则的普通的单碟冷盘造型，如"挂霜生仁""梁溪脆鳝""琥珀桃仁"等。当然，也可以用于艺术性较高的冷盘造型之中，如"春色满园""曲径通幽"等冷盘造型中形态逼真、惟妙惟肖的假山，就是用脆鳝或糖稀桃仁自然堆砌而成的。

堆的手法可以给我们以内容充实、饱满丰厚的视觉感受。堆的要求一般是下面大、上面小，呈宝塔状。

2. 排

排就是将加工处理的冷盘材料并列成行地装入盘中。排具有易于变化、朴实大方、整齐美观的特点，大多用于叫厚的方块或椭圆块状的冷盘材料，如"蒜香酥腰""酱牛肉""腐乳叉烧"等。根据冷盘材料的品种、色泽、形状、质地以及盛器的不同，又有多种不同的排法，有的适宜排成锯齿形，有的适宜排成椭圆形，有的适宜排成整齐的方形，也有的适宜逐层排，还有的适宜配色间隔排或排成其他式样。总之，以排的手法拼摆的冷盘造型需要有整齐美观的外形才是。

3. 叠

叠就是把切成片形的冷盘材料一片一片整齐地叠起来装入盘中。一般用于片形材料，是一种比较精细的拼摆手法，以叠阶梯形为多。叠时要与刀工密切配合，随切随叠，叠好后一般都是用刀铲放在已经垫底及围边的冷盘材料上，可见，叠较多地运用于盖面刀面的拼摆之中。

采用叠手法进行拼摆的冷盘材料一般以韧性或脆、软性而又不带骨的居多，如火腿、肴肉、香肚、猪舌、盐水鸭脯等。叠要求厚薄、长短、大小一致，且间隙相等、整齐划一，这样，装盘造型方可美观悦目。

4. 围

围是将切好的冷盘材料在盘中排列成环形，能起到烘云托月、强烈对比的作用。

具体方法有围边和排围两种。所谓"围边"，是指在中间主要冷盘材料的四周围上一层不同色彩的材料，这种手法可以使冷盘造型产生变化和富有对比的效果，如"姜汁菠菜松"的四周围一圈"紫菜蛋卷"即是；所谓"排围"，是将冷盘材料层层间隔排围成花朵形，中间再缀以其他色彩的材料为花心。采用围的手法拼摆冷盘时，一定要注重冷盘材料之间色彩的搭配。

5. 贴

贴又称摆，就是运用精巧的刀工和多样的刀法，把多种不同质地、色彩的冷盘材料切配加工成一定的形状，在盘内按照构图设计的要求摆成冷盘造型图案。这种手法相对难度较大，对拼摆的技术要求比较高，需要有熟练的拼摆技巧和一定的艺术素养，才能运用自如，将冷盘造型拼摆得生动形象。

6.复

复就是将加工成形的冷盘材料，先排放在碗中或刀上再复扣在盘中的一种手法，因此，又称"扣"。采用这一手法拼摆冷盘时，一定要把相对整齐、质佳的材料排放在碗底，这样扣入盘内的冷盘才能主料突出，造型整齐美观而大方。

第四节 食品雕刻在冷盘造型中的运用

食品雕刻是运用特殊的刀具直接塑造形象的操作方式，是冷盘造型的另一种重要手段。食品雕刻不但能以全雕的形式来塑造形象，如"群鹤献寿""龙凤呈祥""瓜灯之韵""八骏图"等，也可以与冷盘材料的拼摆相结合，共同塑造形象，完成一个完整的冷盘造型，如冷盘造型"孔雀争艳"中孔雀的头部和胸部就采用了食品雕刻的手法，而其身部羽毛、尾屏和双翅则采用了冷盘拼摆的手法，经过两者的结合，使得整个冷盘造型既协调统一，也富有变化，同时，孔雀的造型形象更加栩栩如生。

用可食性的材料雕刻而成的局部形象与冷盘材料的拼摆融合为一体的冷盘造型，既能使宾客大饱眼福，又能一饱口福，属于冷盘造型的一个重要组成部分。

一、冷盘造型中运用食品雕刻的性质与目的

将具有良好固有性质的食物原料雕刻成具有象征意义的图像或模型的加工，谓之食品雕刻。食品雕刻对冷盘造型表现形式的装饰与美化，是在不影响其食用性前提下的艺术造型加工，并通过这种对原料形体的美化加工，得到某种审美精神的感受，进而实现提高饮食情趣、增强饮食效果的目的。

食品雕刻起源于古代的祭祀活动，现代则广泛地应用于宴会、宴席之中，对提高宴席的意境、渲染宴席的气氛、使冷盘造型绚丽多姿，起到了重要的作用。

二、食品雕刻原料的选择

用于食品雕刻的原料极为广泛，可以因时因地制宜，各种瓜果、蔬菜、动物性熟食品以及经过加工成为良好块状的蛋糕、鱼糕、虾糕等，都是食品雕刻的上好材料，一般可以把它们归纳为动物性和植物性两类。

1.动物性原料

适用于食品雕刻的动物性原料必须是熟食品，如蛋白糕、蛋黄糕、彩色蛋糕、鱼糕、虾糕、琼脂、鱼胶、白煮蛋、松花蛋、火腿肠、午餐肉、红肠、西式火

腿等质地相对比较细腻的材料。往往可以用这些材料来雕刻各类禽鸟的头部（如孔雀、凤凰等）以及一些花卉（如梅花、荷花、白兰花、牡丹花）等。

2. 植物性原料

仅对于食品雕刻而言，可以选用的植物性原料非常多，但作为用于冷盘造型食品雕刻的材料，其选择范围相对要小些，它必须是可以生食的才行，如西瓜、黄瓜、苹果、梨子、西红柿、青萝卜、白萝卜、心里美萝卜、莴苣、生菜、红薯、马蹄等。利用这些原料都可以采用一定的方式雕刻出不同的艺术形象。在这些植物性原料中，萝卜的艺术造型力最强，因为它具有质地脆硬、水分充足、不易干枯变形以及易于雕刻的特点。

三、食品雕刻的基本方法

食品雕刻使用的材料主要是质地脆嫩的植物性原料或质地硬韧的动物性原料，雕刻刀法的选择与运用需要根据原料的质地和特性来决定。如质地脆嫩、水分含量相对较少的红薯、苹果等原料，操作时宜轻巧，用力实而不浮，韧而不重；质地脆嫩、水分含量相对较多的萝卜、梨子、黄瓜、莴苣等原料，要轻拿、少盘转，动作要稳健，行刀有度。我们在掌握了操刀、运刀用力均衡的基础上，还要熟练地掌握雕刻的基本方法，主要有削、刻、凿、挖、镶等。

1. 削

削是食品雕刻中运用最广泛，也是最基本的方法之一。它既可以单独完成一些雕刻项目，又可以配合其他方法做精细的修饰。

削，按其行刀的基本特点可分为顺削和叠削两种。顺削是顺势削出物象的基本形态而没有其他的妨碍，如孔雀头、凤凰头等，都是一气呵成顺削出来的；叠削则相对比较复杂，如月季花、牡丹花等，是在修好的馒头形坯上削出最外层花瓣，再在内圈修出球形轮廓后削出第二层花瓣，位置与第一层花瓣交叉，这时刀口极易损坏第一层花瓣，必须小心谨慎，以此类推，使得花瓣外层大内层小，层次清晰，自然而又逼真的花朵就展现出来了。因此，叠削不但要细心，而且要操作有序。

2. 刻

用平口刀或斜口刀在原料的表面割出一定深度的刀纹，刻的刀纹一般比较直。刻常与削紧密配合，相互补充，削适用于线条较长、面较大的物体形象；而刻相对适用于线条较短、面较小的物体形象。

3. 挖

挖主要用于造型的内孔或凹陷部分的操作，如龙的眼窝、假山的山孔等都是用刀挖出来的。操作时落刀要稳，用刀要实，不可把造型需要的部分挖破。

4. 凿

凿主要用于雕刻花卉、禽鸟类的羽毛等，方法与叠削有相似之处。凿刀的大小要根据我们所要凿的花瓣或羽毛的大小、长短而选择，如果要凿较长的菊花花瓣时，落刀不要直翻到底，要轻轻地将刀柄抬起，使花瓣瓣尖薄、瓣根厚，这样的花瓣舒展，形态较为自然。

5. 镶

有些物象的部位，由于原料的大小有限或配色的需要，不能用一个整体雕刻而成，为了达到预期的目的和效果，需要用另外的材料配合时，这就需要用镶来完成。如凤凰和孔雀的冠羽、仙鹤的丹顶等，分别用红胡萝卜、红菜头、心里美萝卜等制作，然后镶嵌在用青萝卜雕刻而成的头顶上，这样更突出了造型的神韵，更丰富了造型的色彩，使雕刻的造型更加动人。

四、食品雕刻在冷盘造型中的巧妙运用

冷盘在宴席中的特殊性，也就决定了食品雕刻在冷盘造型中的特殊性。众所周知，冷盘是宴席中的第一道组合菜肴，是宾客入席后的"见面礼"，宾客在用餐之前有相当的时间对冷盘的色彩、造型、搭配形式等方面进行评价，有时甚至会把冷盘的质量作为衡量整桌宴席档次的一个重要标准，冷盘的重要性也就可见一斑了。而冷盘质量的高低、好坏与食品雕刻是不可分割的，无论是在大型宴会、鸡尾酒会或冷餐会中虽然不可以食用的"雕刻欣赏"，还是作为冷盘造型的一个组成部分的雕刻形式，或是起点缀作用的小型雕刻，与冷盘造型都是紧密联系在一起的，如果食品雕刻处理得当，与冷盘造型可以相得益彰。食品雕刻在冷盘造型中的运用，主要体现在对冷盘造型的烘托运用、与冷盘拼摆的组合运用以及对冷盘造型的点缀运用。

1. 食品雕刻对冷盘造型的烘托运用

在高档次的宴会、鸡尾酒会、冷餐会或冷盘采用分餐形式的宴席中，为了使在宴饮在开始时台面不至于过"空"或增强整个宴饮过程中台面的观赏性，增加整个宴饮的氛围，我们在台面的最中间设置一组相应的食品雕刻作品，这时的食品雕刻就起到了对冷盘造型的烘托运用。

虽然这样的食品雕刻作品是不可食用的，但它具有很强的装饰性和观赏性，同时对冷盘造型也有一定的烘托作用。当然，食品雕刻物象题材的选择与冷盘造型和宴席的主题一定要吻合，否则就会因不伦不类而让人感到别扭。例如在寿宴的设计上，台面的最中间设置一组相应的食品雕刻作品"群鹤献寿"，围碟是由八个桃子造型的单盘组成，仙鹤和桃子都是对宾客延年、长寿的祝福，食品雕刻和冷盘造型与宴席的主题是一致的，在这种情况下，食品雕刻和冷盘

造型除了对宴席的主题有共同的烘托作用外，食品雕刻对冷盘造型本身也有一定的烘托作用，使冷盘造型的食用性、寓意性和观赏性更为明显，并在原有的基础得以提高。在以分餐形式的宴席中同样也是如此，在接待外来宾客的宴席中，台面的最中间设置一组以各色花卉簇拥的食品雕刻"满园春色"，各客冷碟以花篮造型，均表示主人对宾客的热情和欢迎之情，而这时食品雕刻的"花"与冷盘造型的"篮"就融为了一体，篮装花，花于篮中，食品雕刻的"花"对冷盘造型的"篮"就起到了很好的烘托作用。

从表面上看，食品雕刻和冷盘造型相互烘托，难分伯仲。但是，在这种情况下，冷盘是食用的主体，而食品雕刻作品是不可以食用的，是为了增加宴会的生动性和氛围而设置的，它可以帮助丰富和提高冷盘造型的内涵，所以从这一角度而言，是食品雕刻在烘托着冷盘造型。

2. 食品雕刻和冷盘拼摆的组合运用

在很多冷盘造型中，尤其是需要借助食品雕刻来增加立体感的冷盘造型，就需要通过与食品雕刻的组合运用来实现。

所谓食品雕刻和冷盘拼摆的组合运用，是指整个冷盘造型中的某个题材形象（或某个题材形象的某个部位）是以食品雕刻的形式出现的，而其他主体造型部分是以冷盘拼摆的形式，即食品雕刻和冷盘拼摆共同组成了整个完整的冷盘造型。如冷盘造型"孔雀开屏"就有用可以食用的材料（如黄瓜、莴苣、蛋糕、萝卜等）雕刻而成的孔雀头和用冷盘拼摆的形式拼摆而成的身部及尾屏羽毛组合而成；再如冷盘造型"龙凤呈祥"中的龙和凤凰的头部、龙爪是采用食品雕刻的形式，而龙的身部、凤凰的身部和长尾都是运用冷盘拼摆的形式。这种食品雕刻和冷盘拼摆的组合运用可以增强冷盘造型的立体感，使冷盘造型形象更加生动，更富有动感，也更加充实和饱满。

但是，在食品雕刻和冷盘拼摆的组合运用过程中需要注意的是，冷盘造型的主体部分必须是采用冷盘拼摆的形式来完成，只是冷盘造型的极少部分或附件部位（是从占整个冷盘造型的比例大小角度而言的）可以由食品雕刻的形式，也就是说，在冷盘造型中冷盘拼摆的形式始终占据着主要地位，切不可以喧宾夺主、本末倒置。

3. 食品雕刻对冷盘造型的点缀运用

为了使冷盘造型更加完整和完善，我们经常运用一些小型的食品雕刻（如花卉、小鸟、小鱼等）进行点缀。这种运用非常广泛，多用于围碟冷盘和大型花色冷盘造型的点缀之中。

总之，食品雕刻的艺术处理及制作近似于美术雕刻，在表现方法上同样存在着写实、变形、夸张、简化和添加等多种形式。在食品雕刻的造型中，要达到形外有意，意中见情，情中存味的效果，使食品雕刻的形象与冷盘造型、宴席主题融为一体。

第五节　冷盘在主题性展台中的运用

一、主题性展台的特点及作用

1. 主题性展台的特点

（1）构思精妙、主题突出

主题性展台都是围绕某一个明确而具体的主题展开实施的，因此，主题性展台的主题非常突出，否则也就不称其为"主题性展台"了。例如主题性展台——"清荷宴"，其中间的主雕是"荷花仙子"，四周的展示菜品全都是用各种特色水产原料制作而成，显然，它所体现和展示是该餐饮企业经营的项目是以江南水乡各种特色水产原料制作的特色菜品为主，紧紧围绕"荷"这一主题。如果中间的主雕是"猪八戒捧西瓜"，四周的展示菜品全都是用猪身上的各种原料制作而成，显然，它所体现和展示是该餐饮企业以擅长制作猪肉原料和猪肉菜品。可见，通过精妙的构思和合理的摆布，展台的主题一览无余，且非常突出，因此，"构思精妙、主题突出"是主题性展台非常明显的特点之一。

（2）艺术性高于制作性

主题性展台的所有单元作品都是紧紧围绕展台的主题而设计、制作的，它最主要的是能体现整体展台的主题。因此，在制作过程中，无论是从选料角度、调味品的使用和调味手段的选择，还是在火候的把握与控制等方面都已经是极为次要的了，重要的是这些单元作品本身能否具有一定的艺术性，给人以美的艺术享受。可见，"艺术性高于制作性"是主题性展台又一个非常明显的特点。

（3）观赏性大于食用性

一方面，主题性展台的所有单元作品其真正的目的并不是为了让顾客能直接食用或品尝，有时为了能充分展示本餐饮企业的烹饪技艺水平、体现员工的艺术素养等，制作过程就更加精工细作、精雕细刻。因此，主题性展台为了能达到展台"好看"的效果、充分体现展台"精美"的艺术性，所有单元作品在制作过程中已超出了该菜品"正常烹饪工艺制作技术"的范畴；另一方面，主题性展台有时为了能尽量延长它的"寿命"，充分发挥其能让顾客多看一眼或让更多的顾客能看到的作用，所有单元作品在制作过程中经常选用一些不可食用的替代物品。有些单元作品并不能食用，有的单元作品虽然从理论上讲可以食用，但在制作时考虑的主要不是以食用为目的，尤其是在调味上往往不"到位"，从这一角度而言，主题性展台的所有单元作品是不能食用的，只要"好看"就行，好不好吃无所谓。因此，"观赏性大于食用性"也是主题性展台一个非常明显的特点。

2. 主题性展台的作用

（1）大造声势、扩大影响

餐饮企业的主题性展台，往往都是放置或摆设在顾客进出该店必须经过或容易看到的位置、地方（如饭店门口、大堂、大餐厅入口、大餐厅的中央、饭店入口大通道的两侧等），由于主题性展台本身具有的艺术性和观赏性，主题性展台在展示过程中必然会吸引大量顾客和众多观众的眼球，使他们驻足或特地赶来细细"浏览"一番，这无疑是在扩大该餐饮企业在社会上的影响，有助于提高该餐饮企业的声誉。

（2）宣传企业文化、树立企业品牌

当前，品牌战略已成为企业发展战略的核心，近年来，餐饮企业的经营管理者中的有识之士，已经非常清晰地认识到，"拥有市场的唯一途径就是拥有具有竞争力的品牌，谁拥有品牌，谁就拥有市场，拥有竞争力。"于是，越来越多的餐饮企业都在把主题性展台作为企业文化的载体向社会作大力的宣传，把主题性展台作为创建和树立企业品牌的平台。当人们驻足在主题性展台面前观摩之际，也就是他们在欣赏本企业文化之时，同时，也是人们在对本餐饮企业特色菜品进行观赏、比较与鉴定的过程，某一特色菜品如果被接纳和认可的人多了，那么品牌也就树立起来了。

（3）展示烹饪技艺水平

主题性展台的所有单元作品都包含着一定的烹饪工艺技术，单元作品质量的好坏标志着本餐饮企业烹饪技艺水平的高低，无论是刀功、切配水平，还是对火候、勾芡的掌握情况，或是食品雕刻的水准都是一目了然。主题性展台的所有单元作品有足够的时间让观众细细"品尝"，并会在众多的观众面前"过堂"，所有的餐饮企业都会组织具有最高烹饪技艺水平的人员进行制作，因为这是本店烹饪技艺水平的代表。主题性展台的单元作品往往是本餐饮企业最具特色的菜品，亦或者是最能体现本餐饮企业高超的烹饪技艺的菜品。虽然主题性展台的所有单元作品，并不能将本餐饮企业的烹饪技艺水平客观而全面的展示出来，但它可以比较直接和直观地展示烹饪技艺，且具有相当的典型性和代表性。

（4）体现员工的艺术素养

主题性展台的所有单元作品从烹饪工艺角度而言，虽然包含着一定的技术性，但从单个菜品的制作形式、餐具的选择、装盘的造型、色彩的搭配、点缀的形式等到整个主题性展台的摆布形式、布局式样、单元作品的组合方法、台布色彩的选择、灯光的运用等，无不包含着艺术性。一个精美的主题性展台，其所有单元作品之间层次分明、错落有致、相互衬托而和谐，给人以美的享受；

反之，则会让人有杂乱无章、生硬拼凑的感觉。可见，一个主题性展台完全可以体现一个餐饮企业员工的综合艺术素养。

（5）吸引和引导消费

主题性展台本身所具有的独特的艺术魅力以及人们对烹饪工艺造型的好奇心，都能产生引导消费的作用。当人们听说某一餐饮企业在举办主题性展台时，有些会顺便甚至特意赶来观赏一番，凑个"热闹"，尤其是当一些饕餮之徒在展台上看到自己平时没有遇见过或没有品尝过的菜肴，当然会按捺不住那份激动的心情，及早来享用，这无疑是在吸引和引导人们的消费。

（6）培养员工的团结和合作精神

任何规模和形式的主题性展台，都需要本餐饮企业内部很多部门以及相当数量的员工的共同参与和努力才能完成。制作主题性展台的所有单元作品所需要的烹饪原料以及搭建和装饰展台所需要的设备、器材（企业内没有的）等物品的购买和供给，得依靠餐饮企业的采供部门；主题性展台上所展示的单元作品的制作，需要餐饮部厨房部分员工来协同作业完成；展台中所需要的装饰性的物件（如灯光照明所需要的电灯、电线、灯架等设备器材），还得依靠工程部协作等。所有这些餐饮企业内部由于岗位的不同、分工的差异、制度的规定以及主题性展台包含着极大的工作量等因素，客观上决定了个人的作用在完成整个主题性展台的制作过程中只能是局部的，虽然有些部门或个别员工的作用较大，如餐饮部或厨师长对展台上所展示的单元作品的制作起着至关重要的作用，然而，它或他们终究不可能独立地将整个主题性展台制作完成。如果部门与部门之间或员工与员工之间不团结、合作，完美的主题性展台是无法完成的。因此，需要多部门、多员工共同参与制作的主题性展台，确实为培养员工的团结和合作精神提供了良好的机会。

当然，一个制作精美的主题性展台，在展台的周围肯定会吸引大量的参观者，当参观者们给予高度的评价，赞美之声不绝于耳时，说明本餐饮企业员工的艺术素养、烹饪技艺水平和团结合作的精神等综合实力得到了承认和肯定，本餐饮企业的员工们定会感到十分高兴和自豪，喜悦溢于言表，这无疑在给本餐饮企业的员工增加了荣誉感的同时，增强和提高了员工的自信心，使员工在今后的工作岗位上做任何事情都信心百倍。

二、主题性展台的设计

（一）确定主题

确定主题是主题性展台设计的首要内容。犹如作文首先得有题目、走路得先知道方向，我们对展台的设计同样首先得需要确定主题，如果主题不确定，后面的设计、操作都是盲目的，出来的展台也是杂乱无章的。展台的主题一旦确定了，其设计的方向也就把握了，技术路线也就确定了，设计的思路也就明确了。

（二）了解、熟悉场所

我们在确定了展台的主题后，紧接着的操作步骤就是需要了解设置、摆放主题性展台的场所、场地（位置），因为主题性展台需要一定的平面和空间场所，主题性展台的设置、摆放需要相应的占地面积和空间，我们只有在掌握了所提供设置、摆放主题性展台的场所（位置）有多大、多高、什么形状等信息后，才能构思、确定展台的形式、形状、大小、高低等，否则后面的一切工作都是无的放失，也都是徒劳的。

（三）巧妙构思

所谓构思，就是作者对自然界观察后的认识加以提炼、综合，进而设计出适合主题要求的优美造型。主题性展台是一种供人欣赏、展示菜品制作技艺以及体现作者（烹调师、面点师等）综合美学素养和事务组织能力的烹饪艺术。因此，主题性展台不但要主题鲜明，让人一目了然，同时还要具有强烈的艺术性、观赏性和感染力，使观赏者在得到美的享受的同时又能领略到菜品制作的精湛技艺，所以，主题性展台的构思首先要在充分突出主题的前提下，立足于美的追求和表现，使菜品的题材、构图造型、色彩等能符合烘托主题的要求，从而达到主题、题材、造型、意境四者的高度统一。构思的具体内容包括：展台的形式——平面的还是立体的，展台的形状——圆形、圈形还是"一"字形的等，展台的大小——适宜的占地面积，展台的高低——适合的高度，题材的选择——与主题相和谐的单元品种，单元作品的数量和大小——与展台的大小相协调的单元作品的数量（件数、道数）以及大小、多少（包括餐具的大小、形状和色彩）等。

（四）单元制作

当主题性展台的构思结束后，单元作品的品种、数量和大小也就完全确定了，下一步的操作步骤就是对单元作品进行制作。在单元作品的制作过程中，当然首先是根据构思的内容有目的地选择原料的品种、部位、大小、质地、色泽等符合单元作品制作要求的原料，然后进行准确地制作，如果需要，我们还要对单元作品进行适当的修饰点缀。

（五）组装成形

在单元作品制作完后，下一步的操作步骤就是对单元作品进行组装或定位放置。组装成形包括三个内容，第一是布置台位，就是根据构思、利用物件搭建展台（形式、形状、大小、高低等）；第二是将大型雕刻作品的多种配件进行组装并定位放置；第三是将单元作品合理的定位放置。

任何一件单元作品都有一个最佳的视觉角度，而主题性展台的"主面"是参观者最早看到的一面，也是观摩者看得最多的一面，我们要把整个主题性展台最美（也是每个单元作品最佳视觉角度的总和）的一面首先展示在观众面前，给他们留下一个美好的"初步印象"，正如俗话所说"良好的开端等于成功了一半"。

另外，在众多的展示菜品中，有高有矮，有主有次，有大有小，有亮有暗，在放置展示菜品时其位置要合理。高的应该放在后面，矮的放在前面，否则高的会挡住视线；大的或亮的应该放在后面，小的或暗的放在前面，因为后面距离远，小的和暗的菜品看不清。

（六）装饰点缀

当单元作品在展台上全部组装并定位放置后，即进入最后完成阶段，这一阶段就是装饰点缀，是主题性展台设计的最后一个操作步骤。就是在单元作品之间、层面与层面之间或展台的某个部位放置（或安插）相应的花草（或符合主题的修饰物品），或为了充分展示展台效果所需要的灯光等。

三、主题性展台的布局类型

（一）正方型布局

正方型布局就是将主题性展台的台面作正方形摆布的一种类型，这种布局类型的主题性展台的占地面积相对较大，适用于设置在正方形的大堂和餐厅的中央，四周留有一定的空间可以供顾客参观和行走，展台的形式宜采用单层立体式或多层梯形立体式。正方型布局的主题性展台，虽然四周都可以观看，四周都是观望面，但一般以首先能进入客人视线的一面为"主面"，也称为"正面"，左右两侧面为"副面"或"侧面"，对面为"次面"或"背面"，有时根据主题性展台所放置的场地的具体情况，展台的观望面只有"正面"和"侧面"之分或"正面"和"副正面"之别；如布置在饭店大堂中间的主题性展台，迎大门的一面就是"主面"，也就是客人从外面进入饭店大堂首先能看到的一面，对面则是"副正面"，因为从饭店里面出来的客人首先看到的就是这一面，左右两侧面则为"侧面"；如果主题性展台布置在饭店大餐厅的中央，那么，迎餐厅正大门的一面就是"主面"，其他三面都是"副正面"，因为就餐客人从外面进入饭店大餐厅后可能会散坐在餐厅的各个餐桌，也就是说，餐厅里的各个餐桌都有可能有客人在用餐，除了迎餐厅正大门的一面以外，其他的三个方位无法区分主、次或正、副，只好"一视同仁"。

正因为如此，主题性展台上的单元作品，在组合、放置的时候就要充分考虑这一因素，要把展台上单元作品最"好看"的一面朝"正面"，其他依照"副正面""侧面""背面"的顺序依次类推。

（二）长方型布局

长方型布局就是将主题性展台的台面作长方形摆布的一种类型，这种布局类型的主题性展台的占地面积也相对较大，适用于设置在长方形的大堂和餐厅的中央，四周留有一定的空间可以供顾客参观和行走，如果展台长方形的宽度较宽，其展台的形式宜采用立体式；如果展台长方形的宽度较窄，其展台的形式则宜采用平面式。

（三）圆型布局

圆型布局就是将主题性展台的台面作圆形摆布的一种类型，这种布局类型的主题性展台的占地面积相对较小，适用于设置在面积较小的大堂和餐厅的中央，四周留有一定的空间可以供顾客参观和行走。由于这类展台的面积较小，为了增加展台的容量，其展台的形式宜采用多层梯形立体式。

（四）"一"字型布局

"一"字型布局就是将主题性展台的台面设置成细长"一"字形状的一种类型，这种布局类型的主题性展台的占地面积也相对较小。由于这种展台台面的宽度很窄，因此，它仅适用于设置在面积较小的餐厅或如果设置在中间会影响其整体效果的餐厅（迎餐厅正大门的墙面）以及饭店的走廊中，且靠墙设置，只能从展台的一面观看，所以，只要在观看的一面留有一定的空间可以供顾客参观和行走就可以了。这种布局类型的主题性展台，宜采用平面式或单层立体式的形式进行设置。

（五）"回"字型布局

"回"字型布局就是将主题性展台的台面设置成方框的"回"字形状的一种类型，这种布局类型的主题性展台的占地面积较大，但实际上是由四个细长的一字形头尾相接而组成，中间部分是空的，因此，这种展台较适用于设置在面积较大而中间有立柱的餐厅或大堂，展台的台面围立柱而设，四周留有一定的空间可以供顾客参观和行走。由于展台的台面也较窄，且台面背部没有墙面，这种布局类型的主题性展台，宜采用平面式的形式进行设置。

四、主题性展台的展示形式

（一）平面式

主题性展台的台面是一个平面，所有的单元作品没有明显的高度，单元作品在展台上的放置相互之间也没有明显的高度差，这种形式我们称为平面式。由于所有的单元作品基本上处于一个水平面，即使个别单元作品之间因餐具的原因，存在着一定的高度差，但这高度差非常有限，并不明显，因此，平面式较多的运用于台面较窄的小型主题性展台，如"一字型"和"回字型"布局的展台。如果展台的台面面积较大或长度较宽也用这种形式的话，放置在展台中间位置的单元作品，参观者无法看清，也就谈不上让人观摩和欣赏了，这样也就失去了菜品展示的意义，更无法体现主题性展台的价值。这种形式多运用于仅仅是特色菜品的展示，而没有大型食品雕刻的组合。

（二）立体式

1.单层立体式

单层立体式，就是主题性展台的台面是一个平面，但能主要体现展台主题的单元作品比其他的单元作品要明显的高的一种展台形式，也就是说，主作品在展台上的放置与其他单元作品之间有明显的高度差。这种形式，虽然其他单元作品之间也可以存在着一定的高度差，但它们中的最高者也要比主作品矮，因此，主题性展台在采用单层立体式展示时，如果选用的是正方型、长方型或圆型的布局类型，其主作品往往放置在展台台面的中间，其他的单元作品由高到矮依次向外放置；如果选用的是"一"字型或"回"字型的布局类型，其主作品则放置在展台台面的后面（即紧靠墙面或展台台面的内边缘），其他的单元作品单向由高到矮依次向外放置。从正面来看，整个主题性展台上的单元作品仍然呈一定的梯形结构，这样便于人们的观赏。

2.多层梯形立体式

主题性展台的台面不是一个平面，展台本身就有两层或两层以上的台面呈梯形结构组成，每个台面上再分别放置单元作品，整个主题性展台上的单元作品自然形成一定的梯形结构，这种形式我们称其为多层梯形立体式。一般来说，我们在展台的最上层台面（最高层）放置主作品，以此来达到突出展台的主题的作用。这种形式，多用于占地面积相对较大的大型主题性展台，如正方型、长方型或圆型的布局类型，由于各层展台的台面上放置的单元作品之间有明显的高度差，层次分明，立体感较强，而且展台的台面层次较多，台面上放置的单元作品的数量大、品种多，因此，整个主题性展台的内容非常丰富，具有较强的观赏性。当然，从制作角度而言，多层梯形立体式的工作量最大，难度也最高；从效果角度来说，多层梯形立体式是规模最大，也是最有观赏价值的一种主题性展台展示形式。

五、主题性展台的设计与布置需注意的问题

（一）要突出主题

主题性展台应该是围绕某一个明确而具体的主题展开实施的，在设计时要紧紧地抓住主题，无论是所设计的展示菜品题材、菜品名称、菜肴品种，还是点缀或装饰用的大型和小型雕刻作品等，都要非常明显地突出展台的主题，否则也就不能称其为"主题性展台"。如果展台的主题不鲜明、不特出，就不可能给参观者或观摩者留下深刻的印象，更不可能得到他们的肯定和赞许，他们也就没有来本餐饮企业品尝和消费的"冲动"，这样就失去了花费人力、物力和财力去举办主题性展台的价值和意义。因此，主题性展台的设计首先应该突出主题。

（二）大小适宜、高度适合

主题性展台的设置、摆放需要相应的占地面积和空间，如果在一个面积很大、高度很高的大堂或大厅摆放一个很小的主题性展台，就会显得很小气，不够气派和大方，反之，则显得很拥挤、累赘。因此，在作主题性展台的设计时，其大小和高度一定要与主题性展台所设置或摆放的场所、场地（位置）相适应，相协调。

（三）题材与主题相吻合

主题性展台的所有单元作品的题材要与展台的主题相吻合，否则就会不伦不类。如果展台是为了庆祝本餐饮企业一周年而设计的，那么，大型的雕刻作品用题材龙和马，再配以本店一年来顾客所喜爱的菜品、本店近期刚刚创制的创新菜品以及本店员工在各类烹饪比赛中的获奖菜品就非常得体，它们既体现了本店领导与员工在工作中奋发图强、积极进取的"龙马精神"，也展示了本餐饮企业一年来取得的辉煌成就和永不停止、开拓创新的工作作风，同时也表达了本餐饮企业不忘老朋友、顾客至上的温馨和情怀；如果展台是为了举办本餐饮企业特色美食月（美食周或美食节）而设计的，那么，大型的雕刻作品用题材花篮或迎客松，再配以本店美食月（美食周或美食节）期间要推出的特色菜品以及本店拥有的特色招牌菜品就非常协调，它们既表达了本店对顾客光临的热情，同时，也展示了本餐饮企业美食月（美食周或美食节）所供应的特色菜品。可见，主题是通过具体的题材来体现的，只有题材与主题相吻合，展台

的主题才能得以充分的显现，主题才能明确而具体。

本章小结：

本章主要对花卉、禽鸟、畜兽、山体以及蝴蝶等题材的冷盘造型，在拼摆制作过程中对原料的选择规律、原料的修整形状与拼摆方法以及冷盘拼摆的基本原则和方法作了详尽的介绍；同时，还介绍了冷盘拼摆的基本步骤、常用手法和食品雕刻在冷盘造型中的巧妙运用以及冷盘造型在主题性展台中的运用等。其中，冷盘拼摆的基本方法和常用手法是本章学习的难点。

思考与练习

1. 在冷盘的拼摆过程中，材料的选择、整形与题材之间有怎样的关联？

2. 像牛肉这样组织纤维比较粗的材料，在修整过程中应如何处理好与料形的关系？

3. 牡丹花与月季花在花形上有何异同？在拼摆时刀工处理的方法有何不同？各自分别适宜选用哪些原料？

4. 大花瓣类花卉（如月季花、牡丹花等）的拼摆方法有哪几种？分别适用于哪些原料？

5. "拉刀法"在立体荷花的拼摆上是如何巧妙运用的？

6. 平面荷花与立体荷花在冷盘造型中的运用主要区别是什么？

7. 鸳鸯与鸭子在构图造型上有哪些区别？在拼摆过程中怎样把握这一点？

8. 以蝴蝶为题材的冷盘造型，将原料整修成什么形状进行拼摆较为得体？为什么？

9. 冷盘拼摆的基本原则有哪些？在制作冷盘时如何运用？

10. 冷盘拼摆的基本方法有哪些？分别适用于哪类冷盘造型的拼摆？试举例说明。

11. 冷盘拼摆的基本步骤是怎样的？各步骤之间有什么联系？

12. 冷盘拼摆的常用手法有哪些？分别适用于哪类冷盘造型的拼摆？

13. 食品雕刻在冷盘造型中有哪几种运用形式？

14. 主题性展台的作用有哪些？

15. 主题性展台中的展示形式有哪几种？各自是如何应用的？

第六章

冷盘造型实例

本章内容： 介绍比较典型的几何图案造型、植物造型、动物造型、器物造型、景观造型、各客冷碟造型和多碟组合造型的拼摆方法以及变化组合形式。

教学时间： 64 课时。

教学目的： 通过本章的学习，了解各类典型的图案造型中常用题材的构图造型形式并基本掌握各种题材构图造型的拼摆方法与技巧，熟悉各类题材之间的组合规律和变化组合形式，并具有一定的构图造型和拼摆的创新能力。

教学方式： 教师演示、学生实验练习和作品点评。

教学要求： 1. 了解几何图案造型拼摆的基本规律，并掌握基本方法。

2. 了解植物造型拼摆基本方法与技巧，使学生具有一定的植物类题材的构图造型能力。

3. 了解动物造型拼摆的基本规律，掌握基本方法与技巧，并具有一定的动物类题材的构图造型和变化组合的创新能力。

4. 了解器物造型拼摆的基本规律，掌握基本方法与技巧，具有一定的器物类题材的构图造型和变化组合的创新能力。

5. 了解景观造型拼摆的基本规律，掌握基本方法与技巧，具有一定的景观类题材的构图造型和变化组合的创新能力。

6. 了解各客冷碟造型拼摆的基本规律，掌握基本方法与技巧，具有一定的适合各客冷碟造型题材的构图造型和变化组合的创新能力。

7. 了解多碟组合造型拼摆的基本规律，掌握基本方法与技巧，并具有一定的适合多碟组合造型题材的构图造型和变化组合的创新能力。

8. 教师的演示要分步进行，要对学生的实验练习进行现场辅导，同时要对作品进行详尽的点评。

作业布置： 填写相应的实验练习报告，并绘制相应的造型图案。

学习重点： 1. 几何图案造型。

2. 植物造型。

3. 动物造型。

4. 器物造型。

5. 景观造型。

6. 各客冷碟造型。

7. 多碟组合造型。

学习难点： 1. 动物造型。

2. 景观造型。

3. 多碟组合造型。

第一节 几何图案造型

本节的图 6-1 ~图 6-7 介绍了几何图案造型的冷盘。

一、单色拼盘

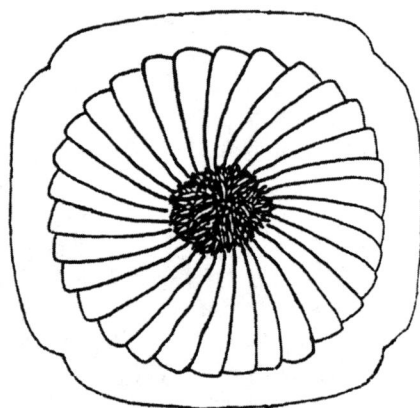

单色拼盘分步图-1

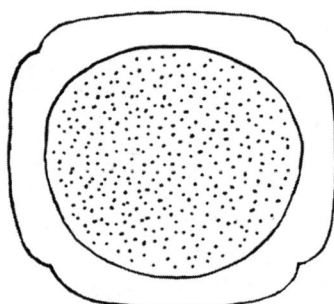

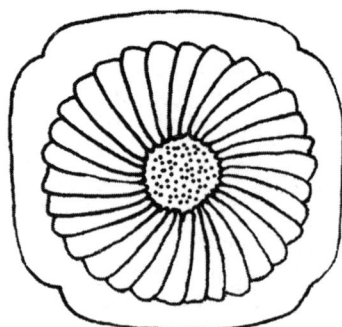

单色拼盘分步图-2

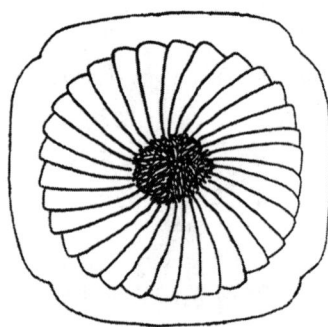

单色拼盘分步图-3

图 6-1 单色拼盘

1. 原料

肴肉、仔姜。

2. 制作方法

①肴肉切长方形薄片，码成馒头形初坯。

②肴肉切成长方形片，按顺时针方向旋叠成馒形体（半球体）。

③生姜切细丝堆于馒形体顶端。

3. 特点

此造型拼摆便捷，色泽艳丽和谐，形象美观大方，质朴素雅，饱满轻灵。

4. 说明

①此造型既可作单碟冷盘，又可作多碟组合造型中的围碟。

②块状、无骨的动物性原料和料形相对较大的植物性原料都适宜采用这一形式进行拼摆。

③单色拼盘的另外一种形式，就是初坯的两侧采用旋叠的手法进行"围边"，中间采用直刀面"盖面"，这种形式叫"桥梁式"。在实际工作中，单色拼盘多采用这种形式。

④通常我们将"单色拼盘"简称为"单拼"。

二、双色拼盘

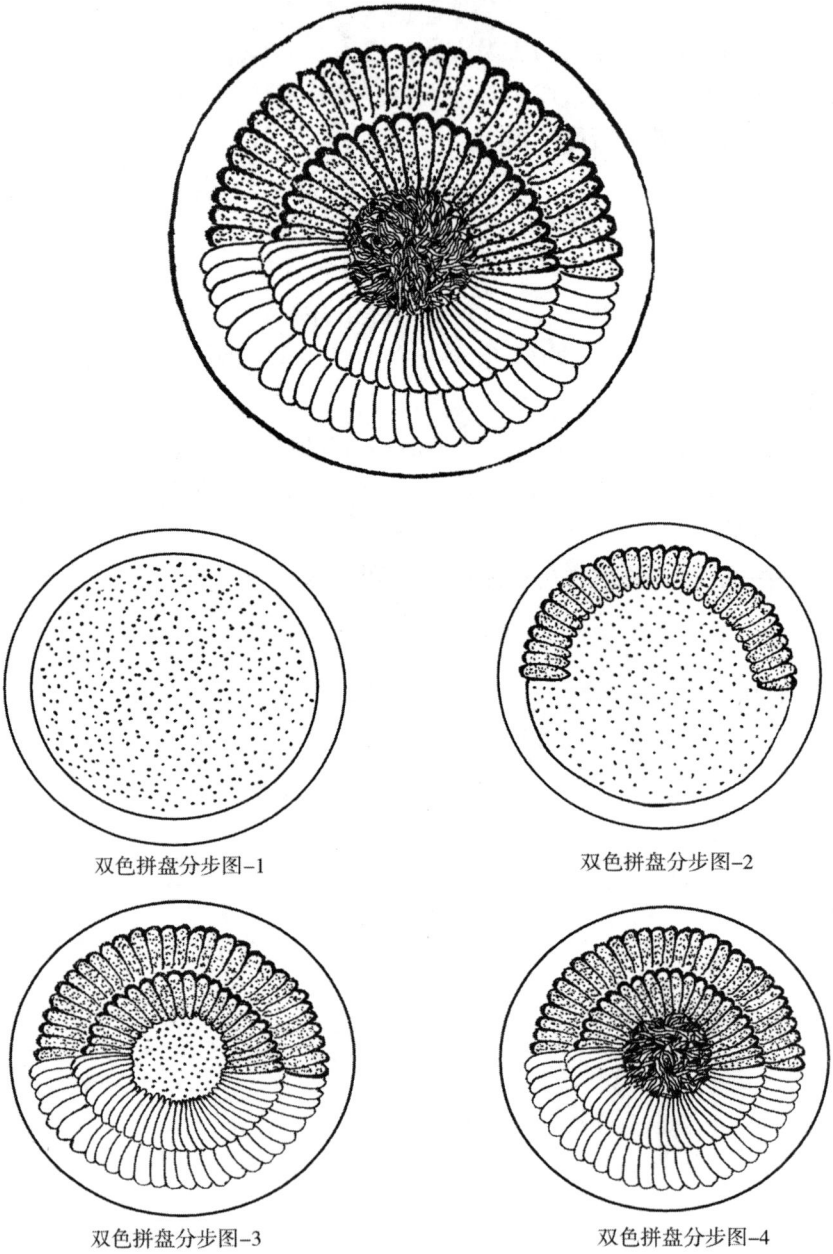

双色拼盘分步图-1

双色拼盘分步图-2

双色拼盘分步图-3

双色拼盘分步图-4

图 6-2 双色拼盘

1. 原料

盐水鸭、五香酱牛肉、仔姜、香菜叶。

2. 制作方法

①取下盐水鸭脯肉，腿肉切成长方形薄片，码在盘子中间的一侧；修出五香酱牛肉的刀面，边角料切成长方形薄片，堆码在盘子中间的另一侧，与盐水鸭腿肉共同组成馒头形初坯。

②盐水鸭脯肉切成长方形片、五香酱牛肉顶丝切成长方形薄片，分别按逆时针方向围叠两层成馒形体（各占1/2）。

③生姜切细丝堆于馒形体顶端，四周缀以香菜叶。

3. 特点

此造型拼构简朴明快、形态饱满、色彩清晰、对称中而略带旋转，有一种敦厚、对称与平和的形式美感。

4. 说明

①两部分一定要各占一半，大小均匀。

②选用的两种原料其色彩要有相对较大的差别（有明显的色差），不可以选用两种近色或同色的原料。

③双色对拼使用圆盘或腰盘均可，但在垫底时要注意，如果是圆盘，初坯呈馒头形；如是腰盘，初坯则要呈橄榄形。

三、三色拼盘

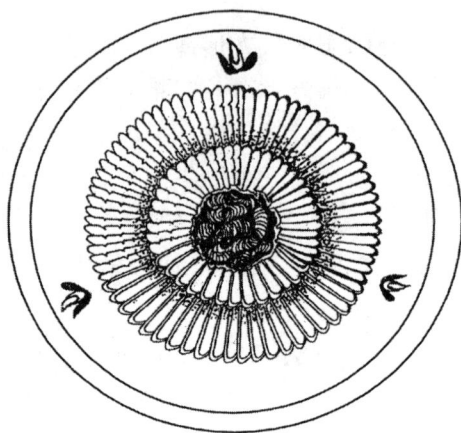

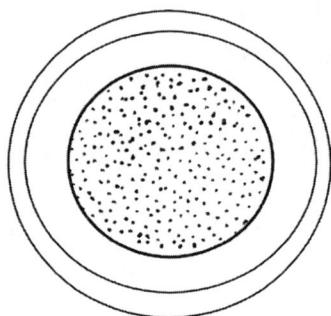

三色拼盘分步图-1

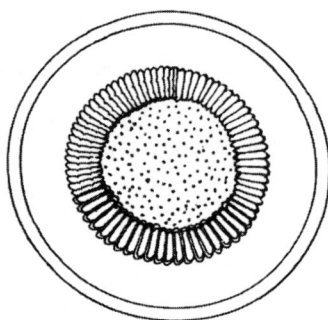

三色拼盘分步图-2

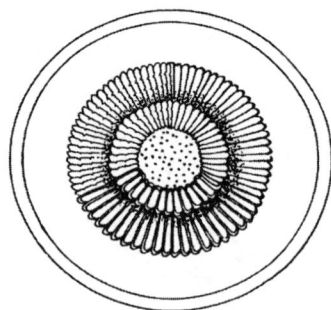

三色拼盘分步图-3

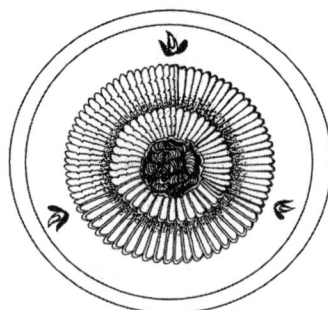

三色拼盘分步图-4

图 6-3　三色拼盘

1. 选择

葱油佛手罗皮、水晶肴蹄、五香牛肉、油焖春笋、盐味青椒、红樱桃。

2. 制作方法

①五香牛肉、油焖春笋的边角料切成薄片堆码成馒头状初坯。

②水晶肴蹄、五香牛肉、油焖春笋（表面剞切成锯齿状）分别切长鸡心形片，在馒头状初坯的底端按逆时针方向旋排一层成扇面状（各占盘面的 1/3），油焖春笋的最后一片压在水晶肴蹄的第一片底部。

③水晶肴蹄、五香牛肉、油焖春笋再分别切长鸡心形片，按同样的方向分别旋排叠第二层，并压住第一层（原料品种上下对齐、统一）。

④葱油佛手罗皮堆叠于圆心处。

⑤盐味青椒刻切成小鸡心形片，每两片一拼；红樱桃切半放在青椒片中间，分别置于两刀面接缝处。

3. 特点

此造型主体部分为一种渐次变化，趋向集中的构图设计，围边部分采用发散形式，与主体构图部分相一致；造型整齐，色彩对比协调，规则、匀称而不呆板。

4. 说明

①材料的选择可以根据情况而定。

②三色拼盘有两种拼摆类型，一种是排拼的形式，原料与原料之间是交叉相连的，没有空隙；另一种是抽缝叠角的形式，每种材料的拼摆需要"砌墙"，原料与原料之间是不相连的，之间有缝隙。第二种的拼摆技术要求和难度比第一种要高。

四、六色拼盘

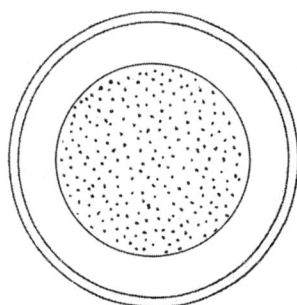

六色拼盘步图-1

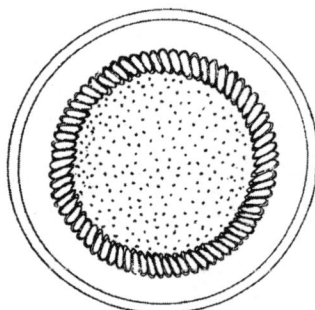

六色拼盘步图-2

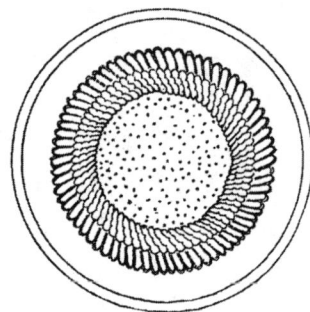

六色拼盘步图-3

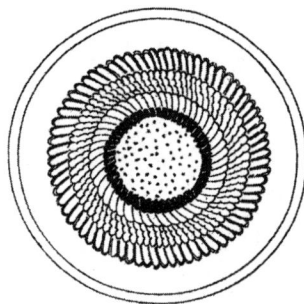

六色拼盘步图-4

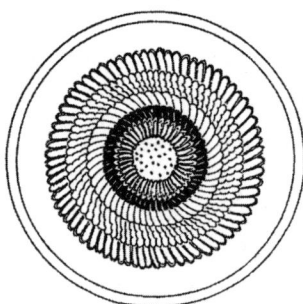

六色拼盘步图-5

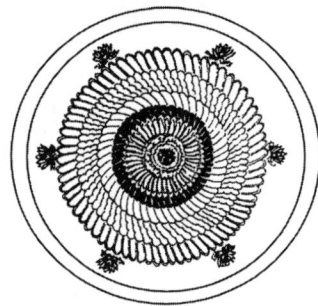

六色拼盘步图-6

图6-4　六色拼盘

1. 原料

绿色虾蓉蛋卷、虾子茭白、鳜鱼蛋卷、咖啡色鱼糕、糖醋红胡萝卜、蒜味佛手乌花、樱桃西红柿、绿樱桃、香菜叶。

2. 制作方法

①蒜味佛手乌花堆码于盘子中成馒头形初坯。

②绿色虾蓉蛋卷切长椭圆形片，按逆时针方向旋排成六拼的第一层（最后一片插于第一片底部，使第一片略压最后一片）。

③虾子茭白、鳜鱼蛋卷、咖啡色鱼糕、糖醋红胡萝卜分别切成长鸡心形片按以上方法依次旋排成第二至第五层。

④樱桃西红柿切月牙形片，以左、右两侧往中间排叠成小花，绿樱桃切半摆于中间，花底端饰以香菜叶。

3. 特点

此造型对称、饱满、端庄，六个圆从高到低、由小变大，富有节奏感，尤其是刀面拼摆略带旋转，使画面增加了动感。

4. 说明

①六色拼盘的构图形式很多，除此以外，还可采用三拼的拼摆方法或四周由五面再加馒形顶端一面而构成六拼。

②六色拼盘在拼摆手法上也有排拼和抽缝叠角的区别。

五、什锦彩拼

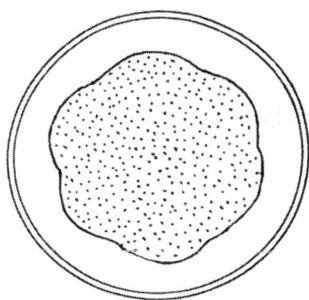
什锦彩拼分步图-1

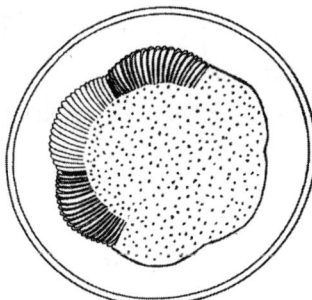
什锦彩拼分步图-2

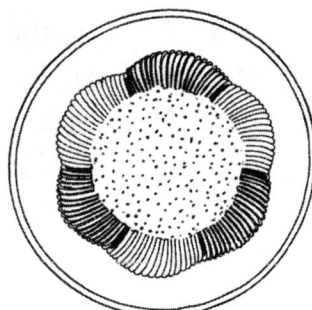
什锦彩拼分步图-3

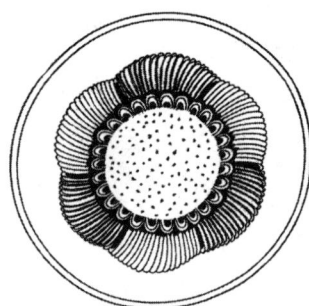
什锦彩拼分步图-4

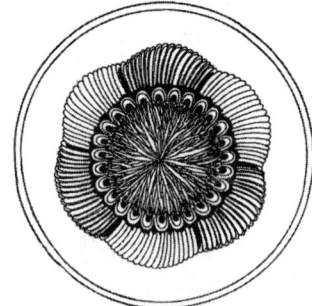
什锦彩拼分步图-5

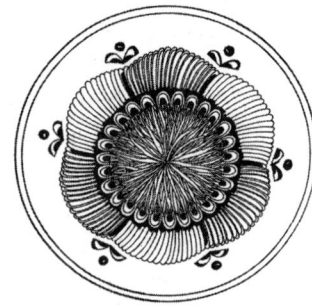
什锦彩拼分步图-6

图 6-5　什锦彩拼

1. 原料

银芽鸡丝、虾蓉蛋卷、红肠、酸辣莴苣、素蟹肉、火腿、虾子卤笋、桃仁鸭卷、卤香菇、酒醉银鱼、伊丽沙白瓜、蜜汁草莓。

2. 制作方法

①用银芽鸡丝堆码成正六边形作围拼的初坯。

②虾蓉蛋卷、红肠、酸辣莴苣、素蟹肉、虾子卤笋、火腿分别切成长鸡心形片，按顺时针方向依次排叠成6个扇形面成围拼。

③卤香菇切片平排于围拼内侧成环形圆面；桃仁鸭卷切成椭圆形片，围拼成环形圆面的第二层。

④酒醉银鱼呈辐射状堆于围拼的正中（周边略压桃仁鸭卷）。

⑤伊丽沙白瓜切橘瓣形片，两两相对拼于两扇形面交接处外侧，蜜汁草莓切半夹于橘瓣形的伊丽沙白瓜片之间。

3. 特点

这是一个以中心对称的几何形体造型。其结构清晰有序，形态饱满充实，色彩朴素和谐，适用于各种宴席。

4. 说明

①什锦拼盘的构图形式有很多的变化，除此以外，既可采用中间由八个扇形面和由两部分组成的外围顶部拼摆而成，还可以采用中间由八个扇形面、一个顶部和一个外围拼摆（在两个扇形面交接处外侧摆一对盐水虾）而成。

②什锦拼盘在拼摆手法上也有排拼和抽缝叠角之分。

③这类拼盘在原料的修形上适宜椭圆形、长鸡心形或梯形等。

六、心心相印

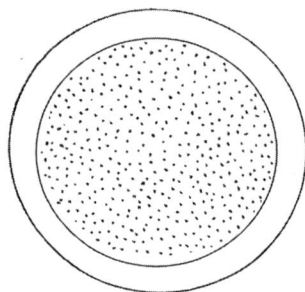

心心相印分步图-1　　　　　　心心相印分步图-2　　　　　　心心相印分步图-3

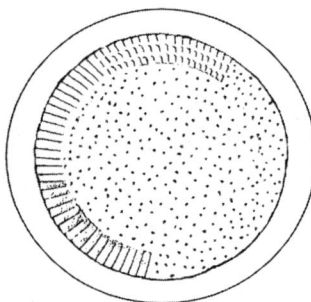

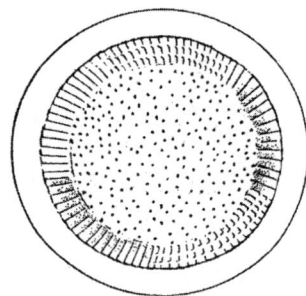

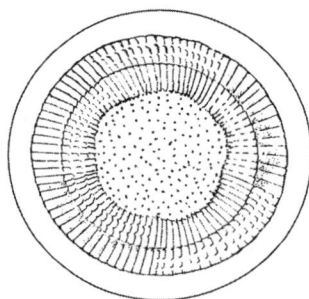

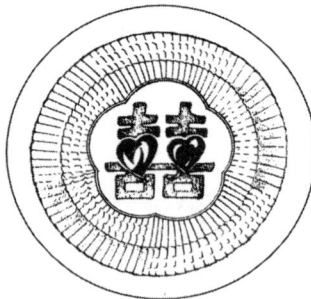

心心相印分步图-4　　　　　　心心相印分步图-5　　　　　　心心相印分步图-6

图 6-6　心心相印

1. 原料

糖醋青椒、葱油罗皮、蒜味黄瓜、酱卤口条、橘黄鱼糕、红曲卤鸭、沙茶白肉、三鲜虾糕、山楂糕、盐味红胡萝卜。

2. 制作方法

①用葱油罗皮堆码成平面圆形初坯。

②糖醋青椒刻切成半圆形片，围摆于初坯外围一圈。

③蒜味黄瓜、酱卤口条、橘黄鱼糕、红曲卤鸭、沙茶白肉分别切长方形片（或长梯形片），从正上方起按逆时针方向，从外向里分两层旋排成五色围拼（五等份）。

④三鲜虾糕刻切成正五弧边形片覆于围拼的正中（周边略压其他刀面）；山楂糕切成条、盐味红胡萝卜刻作"心"形，拼摆成中间的"双喜"字。

3. 特点

此造型采用了对称构图的形式。其造型简朴大方，色彩以红、黄暖色调为主，尤其是中国的红"双喜"字，巧妙地运用心形拼摆而成，预示一对有情人"心心相印"。整个画面充满着喜气、洋溢着欢乐，婚庆宴席用此造型，倍增席间喜庆气氛。

4. 说明

①此造型宜选用圆盘进行拼摆，不宜选用方盘或腰盘，因为"圆"在中国传统文化中代表团圆、和美及圆满。

②整个造型的色彩要处理得亮一些，不要太暗。

七、凌波仙子

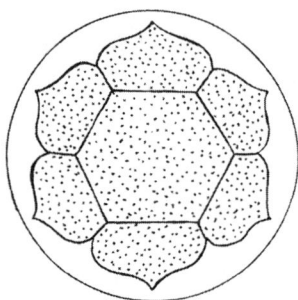

凌波仙子分步图-1

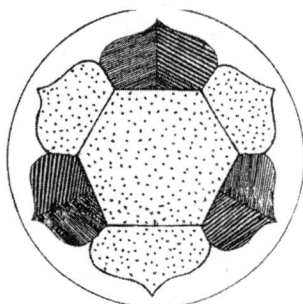

凌波仙子分步图-2

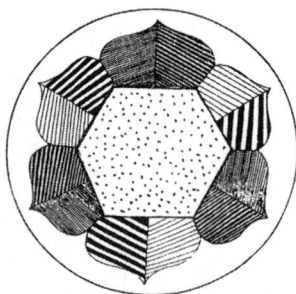

凌波仙子分步图-3

凌波仙子分步图-4

凌波仙子分步图-5

图6-7　凌波仙子

1. 原料

葱椒鸡丝、盐水鸭脯、盐味黄瓜、葱烤鸡脯、橘黄虾糕、腐乳叉烧、酱汁春笋、蒜油粉皮、糖醋青蒜叶、香糟鸽蛋、糖醋红胡萝卜、红樱桃、蛋黄糕。

2. 制作方法

①用葱椒鸡丝堆码成中间高、四周低的六个皇冠形状（也类似宽树叶形）的弧面体的初坯。

②正上方的皇冠形状的弧面体：将盐水鸭脯切成长方形片，按斜平行拼摆的方法从上往下排叠后加以修切，用刀铲摆成皇冠形状弧面体的左半面；将葱烤鸡脯切成长方形片，按斜平行拼摆的方法从上往下排叠后加以修切，用刀铲摆成皇冠形状弧面体的右半面。

③按以上同样的用料和方法，另外拼摆两个皇冠形状的弧面体，构成三面对称。

④正下方的皇冠形状的弧面体：将橘黄虾糕切成长方形片，按斜平行拼摆的方法从上往下排叠后加以修切，用刀铲摆成皇冠形状弧面体的右半面；将腐乳叉烧、酱汁春笋分别切成长方形片，按斜平行拼摆的方法从上往下相间用料排叠后加以修切，用刀铲摆成皇冠形状弧面体的左半面。按同样的用料和方法，另外拼摆两个皇冠形状的弧面体构成三面对称。

⑤正六边形面：盐味黄瓜切成梯形条块，皮面刻几何形纹样拼作正六边形的边面；蒜油粉皮切成正六边形面，镶嵌于盐味黄瓜条内。

⑥水仙花：糖醋青蒜叶拼作水仙花花叶；香糟鸽蛋切 1/3 覆摆作水仙花的根部；蛋黄糕切菱形小片，拼作水仙花，红樱桃切细末饰作花蕊；糖醋红胡萝卜切成三角形小片，横排于水仙花下方。

3. 特点

此造型采用了写实与变形相结合的手法，外层以类似皇冠形状，也类似宽树叶形的弧面体组成图案；正中六边形框像园林的漏窗，"窗"中"一泓清水"里几株亭亭玉立的水仙花，竞相开放，凌波曼舞，仿佛送来缕缕幽香，活灵活现地表现了"凌波仙子"——水仙花的冰清玉洁之美。

4. 说明

①此造型实际上是排拼的一种变格。

②在拼摆过程中，所有刀面斜平行的角度一定要相同。否则，在视觉上皇冠的两侧不对称而显得别扭。

第二节 植物造型

本节的图 6-8 ~图 6-22 介绍了植物造型的冷盘。

一、琼花英姿

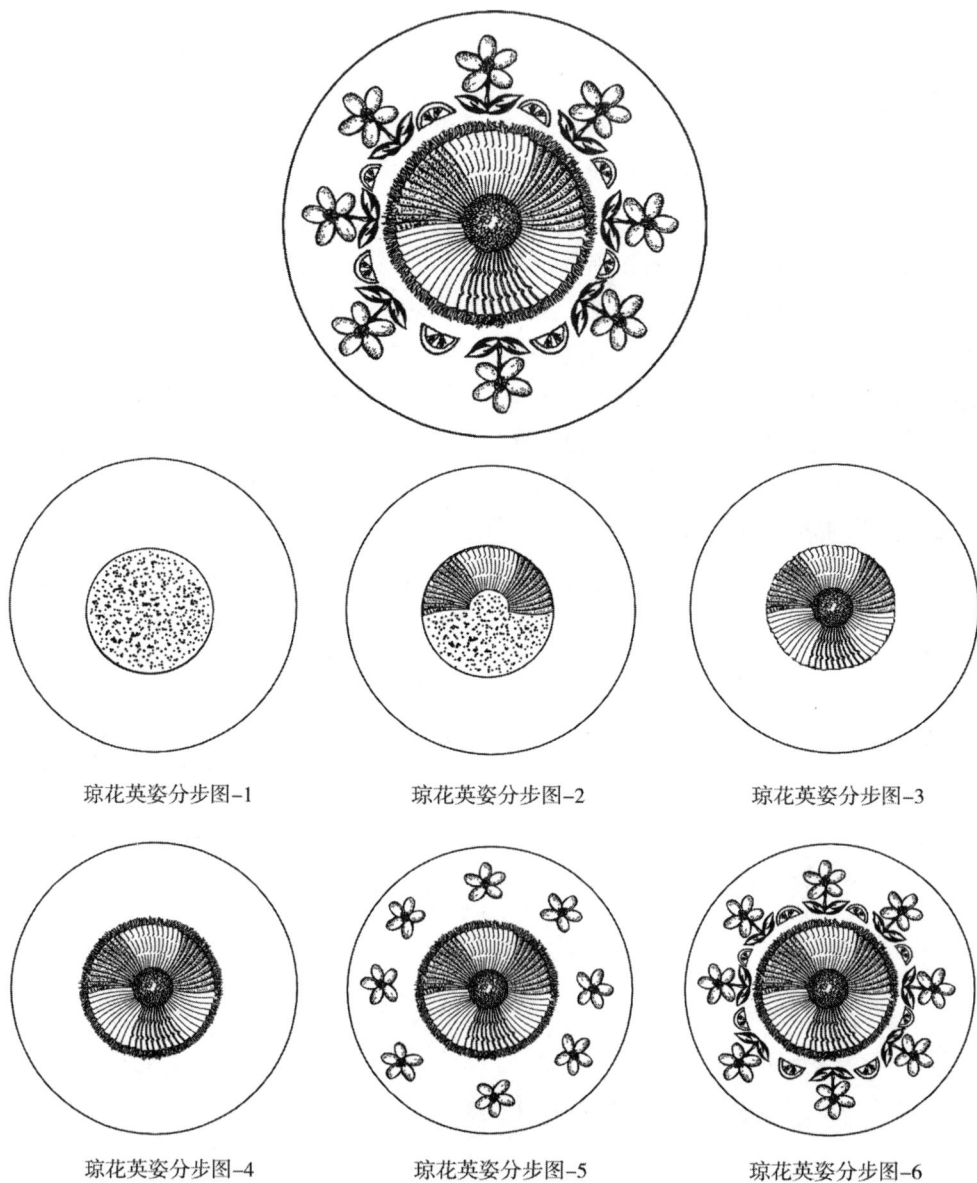

琼花英姿分步图-1   琼花英姿分步图-2   琼花英姿分步图-3

琼花英姿分步图-4   琼花英姿分步图-5   琼花英姿分步图-6

图 6-8 琼花英姿

1. 原料

酒醉鹌鹑蛋、炝西芹、银芽鸡丝、蒜味西蓝花、火腿、虾子卤笋、卤口条、糖醋红胡萝卜、盐水鸭脯、五香牛肉、葱油蛋黄、酸辣黄瓜、柠檬、青菜松。

2. 制作方法

①银芽鸡丝在盘子的中间堆码成馒头形的初坯（用于琼花中间绣球部分）。

②火腿、虾子卤笋、卤口条、糖醋红胡萝卜、盐水鸭脯、五香牛肉分别切成长梯形片，依六等份按序排叠一圈（火腿的第一片略压五香牛肉的最后一片）；蒜味西蓝花修整后摆在其顶部呈圆形，共同组成琼花中间的绣球部分。

③酒醉鹌鹑蛋顺长切鸡心形片（呈花瓣形），在绣球四周按八等份各摆五片成花外瓣；酸辣黄瓜切短丝分别在八朵琼花的花瓣中间放五根（呈放射状排列）；花瓣中间放一小撮葱油蛋黄装饰作花心。

④青菜松于绣球底端围码一圈；酸辣黄瓜刻切成柳叶形片，两瓣一组分别摆于花的底端缀作花叶；柠檬切半圆形片，围排于青菜松外沿。

3. 特点

此造型采用了对称、均衡的构图手法，极其巧妙地勾勒出了琼花外形上的基本特征；中间采用了排拼的形式，半球体状的凝重与厚实却不失琼花的秀气和娇媚，均衡与对称中富有变化。造型新颖，虚实得体，色彩和谐。

4. 说明

①琼花又称"聚八仙"，属绣球科。

②如果以琼花在盘中作为点缀使用时，中间的绣球可以直接用西蓝花堆码而成。

③花瓣如果用蛋白糕切成鸡心形的片形材料拼摆而成，其立体感不强；而鹌鹑蛋顺长切约1/3的鸡心形片，其中间厚四周薄，有一定的立体感。

二、梅花映春

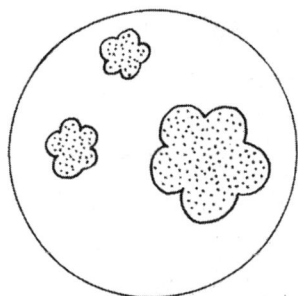

梅花映春分步图-1   梅花映春分步图-2

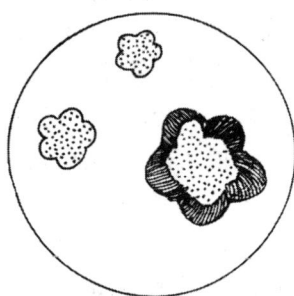

梅花映春分步图-3   梅花映春分步图-4   梅花映春分步图-5

图 6-9　梅花映春

1. 原料

蛋松、三鲜鱼糕、火腿、虾子卤笋、腐乳叉烧肉、五香酱牛肉、咸鸭蛋黄、姜末莴苣、香肠、白嫩鸡脯、肴肉、烤鸭脯、卤香菇、生姜丝、红樱桃、盐味青椒。

2. 制作方法

①用蛋松堆码成大小不等的三朵梅花初坯。

②大梅花：三鲜鱼糕、熟火腿、虾子卤笋、腐乳叉烧肉、五香酱牛肉分别切成长鸡心形片，从上花瓣起依次同色重复排叠两层作梅花花瓣，生姜细丝一小撮摆于梅花中间作花心。

③小梅花：莴苣、熟香肠、白嫩油鸡脯、肴肉、虾子卤笋分别切长鸡心形片，由上花瓣起依次排叠成两朵小梅花，熟咸鸭蛋黄末摆于梅花中间饰作花心。

④梅花枝干及花苞：将烤鸭脯切成条状拼作梅花枝干；红樱桃摆作花苞，盐味青椒刻切成花托；卤香菇刻切成条状拼作盘子上端的"梅"字。

3. 特点

此造型在构图布局上力求遵循"梅以曲为美，直则无姿；以斜为美，正则无景；以疏为美，密则无态"这一古训。梅花枝干苍劲挺秀，梅花生气盎然。人们常用梅来表现不畏严寒、独步早春的精神，象征着人们的刚强意志和崇高品质。此造型中的梅，采用了对称构图的形式，规范精致，简洁清雅，色彩明快而和谐。尤其是梅花花瓣通过面的起伏和色彩的变化，使造型起伏有序，立体感极强，富有律动性、丰富性和完善性。

4. 说明

①三朵梅花在构图时要注意其位置布局和形状上的变化，在形上要有大有小，在位置布局上要高低错落有致，切忌在形状上大小一样，在位置布局上并排平行。

②拼摆梅花的原料以圆弧形（如鸡心形、椭圆形等）为宜，切不可用棱角比较分明的片形材料（如长方形、梯形、柳叶形等）来拼摆，因为梅花的花形和花瓣形都是呈圆弧状的。

三、欣欣向荣（葵花）

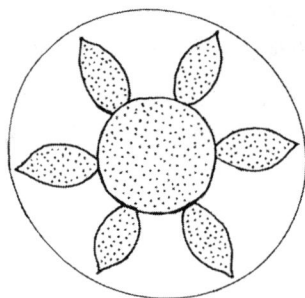

欣欣向荣分步图-1

欣欣向荣分步图-2

欣欣向荣分步图-3

欣欣向荣分步图-4

欣欣向荣分步图-5

图 6-10　欣欣向荣（葵花）

1. 原料

风鸡、火腿、油焖春笋、烧鸡脯肉、虾子茭白、粉肠、白嫩油鸡脯、盐水鸭脯、生菜、柠檬、蛋松、糖醋红胡萝卜、香酥松子仁。

2. 制作方法

①风鸡撕成细丝在盘子的中间堆码成向日葵花花盘的初坯。

②取大小相同的生菜叶六等份围排在花盘初坯的周围（叶尖朝外）。

③将火腿、油焖春笋、烧鸡脯肉、虾子茭白、粉肠、白嫩油鸡脯分别切成柳叶形片，按序各自以左右交叉、对称的形式自叶尖向两侧排叠成六瓣葵花大叶。

④盐水鸭脯切成菱形、三角形块，以皮面朝上，拼摆成网格状花盘；糖醋红胡萝卜切长方形片，嵌于网格空挡之中，在网格交叉处嵌上香酥松子仁饰作葵花籽。

⑤柠檬切半圆形片，圆弧面朝外沿花盘底边围排一圈，使柠檬片略压六瓣大花叶的根部；蛋松围排在花盘圆边一周，略压柠檬片内侧。

3. 特点

此造型中用生菜叶作绿色叶边，独特而形象；花盘形态圆润饱满，构图虽然松散却有节；色彩鲜明强烈，呈现出放射对称的律动节奏。整个造型自然形象，庄重大方。

4. 说明

①花叶在采用左右交叉的拼摆手法时，左右两侧一定要大小和方向对称。

②色泽较深的原料在六瓣葵花大叶的使用要分布均匀，否则会使葵花失去平衡，因为深色的原料在视觉效果上往往比较重。

③在构图时，要注意花瓣与花盘的大小比例关系，否则会不协调。

四、岁寒三友（松、竹、梅）

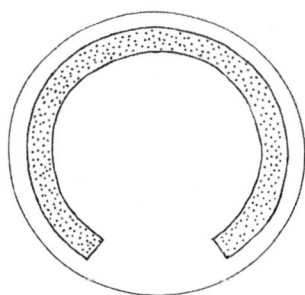

岁寒三友分步图-1　　　　　　　　岁寒三友分步图-2

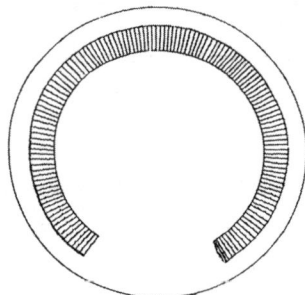

岁寒三友分步图-3　　　　岁寒三友分步图-4　　　　岁寒三友分步图-5

图6-11　岁寒三友（松、竹、梅）

1. 原料

盐水鸭脯、三鲜虾糕、火腿、姜汁莴苣、蒜泥白肉、酸辣黄瓜、蚝油西蓝花、烤鸭脯、椒麻刺参、蜜汁银杏、芝麻菠菜松、红樱桃、紫菜蛋卷。

2. 制作方法

①盐水鸭脯、三鲜虾糕、火腿、莴苣、蒜泥白肉分别切长方形片，依次从右下向左下，沿盘边缘呈弧形等分排叠成围拼；紫菜蛋卷切半圆形片围排于围拼外沿。

②芝麻菠菜松堆码成松树和梅枝的初坯。

③松：烤鸭脯肉斜批成长方形片，从下往上排叠成松树枝干；酸辣黄瓜切蓑衣刀纹，捻开摆作松叶。

④梅：椒麻刺参斜批成片，从上往下排叠作梅花的枝杆；蜜汁银杏雕成梅花缀于梅枝上；红樱桃饰作花心。

⑤竹：酸辣黄瓜刻切成竹竿和竹叶。

⑥蚝油西蓝花缀于松树和梅花树的根部。

3. 特点

此造型构思新颖，别具一格。围拼似古建筑的圆门，隔景为二，里外呼应。苍松虬屈雄健，翠竹挺拔傲立，寒梅坚挺古拙。用梅、竹、松构成的"岁寒三友"，常为人们用来比喻同甘共苦、坚贞如铁的人间友情，故此造型是朋友相聚宴席上的佳肴珍品。

4. 说明

①此造型由"排拼"变格而来。

②外圈排叠原料也可改为两层，而中间构图也可变化，如以菊花和螃蟹组成"菊蟹排拼"，以鲤鱼和龙门组合成"腾跃排拼"等。

五、双桃献寿

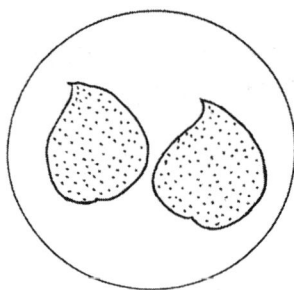

双桃献寿分步图-1

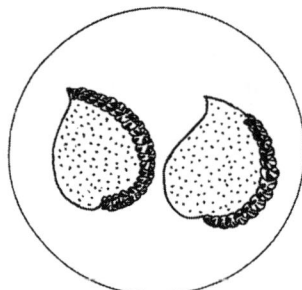

双桃献寿分步图-2

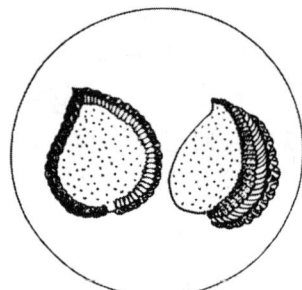

双桃献寿分步图-3

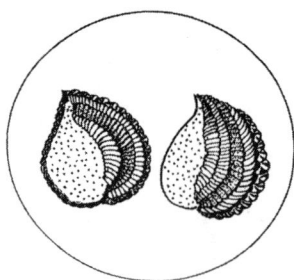

双桃献寿分步图-4

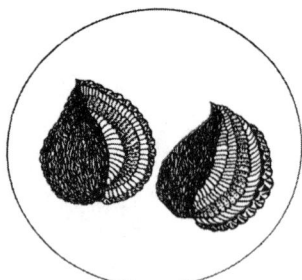

双桃献寿分步图-5

双桃献寿分步图-6

图 6-12 双桃献寿

1. 原料

盐水虾、蒜蓉黄瓜、蛋白糕、火腿、蛋黄糕、糖醋红胡萝卜、油焖春笋、卤口条、卤鸭脯、盐味黄胡萝卜、叉烧肉、红樱桃、绿樱桃、蛋松、姜汁菠菜松、炝青椒、卤冬菇、葱椒鸡丝、山楂糕。

2. 制作方法

①葱椒鸡丝堆码成两只寿桃的初坯。

②左桃：盐水虾批半，蒜蓉黄瓜切蓑衣刀纹，蛋白糕、火腿、蛋黄糕、糖醋红胡萝卜、油焖春笋切鸡心形片，从桃子右半面底部按序往上排叠成桃子的右半部；蛋松覆在寿桃的左半部表面，绿樱桃切半排列在桃子的中间顶端。

③右桃：蒜蓉黄瓜切蓑衣刀纹，盐水虾批半，蛋白糕、卤口条、卤鸭脯、盐味黄胡萝卜、叉烧肉、蛋黄糕切椭圆形片，从寿桃右半面底部按序分别往上排叠成桃子的右半部，姜汁菠菜松覆摆在桃子的左半部表面；红樱桃切半排列在桃子的中间顶部。

④卤冬菇刻切成桃枝，炝青椒刻作桃叶，蛋黄糕厚片刻成蝙蝠缀于盘子上端。

3. 特点

此造型塑造的是肥嫩美丽的寿桃形象。两只寿桃肥大娇嫩，惹人喜爱，一大一小五彩纷呈，虽饱满肥壮，却不失玲珑之灵气。在生日或寿宴上使用，更加增添"献寿"的气氛，以寿桃为造型题材给人以新颖、奇特之感。

4. 说明

①整个寿桃也可全部用刀面拼摆而成，但原料的修整形状还是要带圆弧形（如鸡心形、宽柳叶形等）为宜。

②寿桃组合的形式也很多，与"蝙蝠"组合为"五福寿桃"，与"仙鹤"组合为"鹤桃献寿"等。

六、迎客劲松

迎客劲松分步图-1

迎客劲松分步图-2

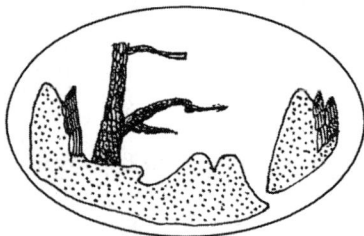

迎客劲松分步图-3

迎客劲松分步图-4

迎客劲松分步图-5

迎客劲松分步图-6

图 6-13　迎客劲松

1.原料

什锦土豆泥、葱油豌豆泥、烤鸭脯、三鲜鱼糕、油焖茭白、紫菜蛋卷、盐水鹅脯、盐水虾仁、酱口条、原味火腿、五香牛肉、蛋黄糕、酸辣黄瓜、糖醋心里美萝卜、蒜味西蓝花、蛋白糕、香菜。

2.制作方法

①用什锦土豆泥堆码成松树枝干、松树两侧近处大山以及松树下端山坡的初坯。

②松树：烤鸭脯肉斜切成长方形片，从上往下排叠成松树的枝干（皮面朝上）；酸辣黄瓜切蓑衣刀纹摆作松叶。

③左侧近处大山：酱口条、三鲜鱼糕、原味火腿、油焖茭白、五香牛肉、盐水鹅脯、糖醋心里美萝卜分别切扁椭圆形片，自上往下、由右向左排叠成两座大山。

④右侧近处大山：原味火腿、蛋黄糕、五香牛肉、三鲜鱼糕、酱口条、油焖茭白、烤鸭脯分别切扁椭圆形片，自上往下、由右向左排叠成三座大山。

⑤中间远处山：用葱油豌豆泥在盘子的中间底端堆码成远处的山景。

⑥山坡及点缀：烤鸭脯肉切长方形片、紫菜蛋卷切椭圆型片、盐水大虾批半，分别依次排叠三层作山坡；蛋白糕刻作白云；蒜味西蓝花排叠于山坡底部作为绿树，香菜分缀于山坡底部和侧面饰作小草。

3.特点

"有朋自远方来，不亦乐乎"，松树、山石、流云组成了欢迎远方来客美好意境。松树枝干以枣红色的烤鸭脯拼摆而成，虬枝刚劲、粗壮苍劲；近山层层叠叠、参差错落，远山葱笼郁翠、隐隐现现，苍松、高山、土坡高低远近相为呼应，并共同巧妙地衬托了主体形象——迎客松。此造型用于迎候宾客的宴席尤为适合。

4.说明

①山与松树的构图造型要高低错落，尤其是松树，在整个造型的所有题材中要有明显的高度，这样才能突出整个造型的主题——松树。

②山体在拼摆过程中，在色彩的处理上总体需要上端色彩相对淡些，下端色彩相对深些。

七、长白仙菇

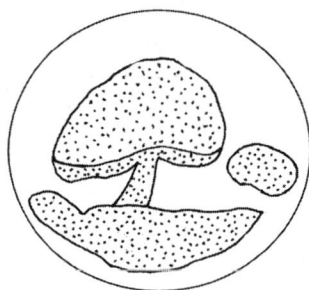

长白仙菇分步图-1　　　　　　　　　长白仙菇分步图-2

长白仙菇分步图-3　　　　长白仙菇分步图-4　　　　长白仙菇分步图-5

图6-14　长白仙菇

1. 原料

炝平菇丝、烧鸭脯、白嫩油鸡脯、油焖香菇、紫菜蛋卷、烤鸭脯、盐水大虾、卤猪舌、火腿、五香牛肉、三鲜虾糕、炝青椒、姜汁西蓝花、山楂糕。

2. 制作方法

①炝平菇丝堆码成香菇菌盖和山坡的初坯。

②左香菇：烧鸭脯肉修切成长条形，皮面朝上斜批成片，从上往下排叠成香菇的菌柄；白嫩油鸡脯肉切柳叶形片，从左右两侧往中间排叠作菌盖的里侧（略压菌柄）；烧鸭脯肉斜批成柳叶形片，从右向左、自上而下排叠两层作菌盖，三鲜虾糕切椭圆形薄片，摆作菌盖表面的菌花。

③右香菇：白嫩油鸡脯肉切柳叶形片，从右往左呈扇形排叠作菌盖内侧；油焖香菇切条状，沿油鸡脯外边围摆一圈作菌盖边缘（呈翻卷状）；烧鸭脯肉修切成条状，皮面朝上斜批成片，自上往下排叠作菌柄（略压菌盖）。

④土坡及花草点缀：五香牛肉切片、紫菜蛋卷切椭圆形片、盐水大虾批半，分别排叠作山坡；姜汁西蓝花排叠于山坡底部；山楂糕刻切成鸡心形片，摆作小花；炝青椒切细条，分缀于山坡顶部饰作小草。

3. 特点

香菇又称花菇，是备受人们青睐的食用菌之一，此造型塑造了一对肥硕可爱的香菇形象，新颖而又奇特。菌盖硕大如伞，娇艳奇丽；菇柄肥壮有力，油光灿灿，擎天傲立；土坡上小巧的花草，更衬托了伞蘑的高大。此造型中香菇一大一小，一正一反，从各个侧面描绘了香菇的形态。造型形象逼真，长白风景跃然而出。

4. 说明

①香菇菌盖的拼摆，刀面不要太多，在三个刀面以内为宜，否则容易显得零乱，另外，刀面过小会失去大气。

②在构图时，要注意给香菇的上端留有一定的余地和空间，要充分展现香菇的硕大和极具生命力之"势"，同时，盘子上端的空白在视觉上也给人有足够的遐想。

八、篱笆情思（马蹄莲）

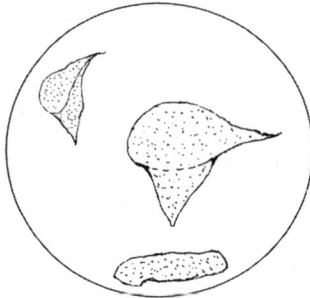

篱笆情思分步图-1

篱笆情思分步图-2

篱笆情思分步图-3

篱笆情思分步图-4

篱笆情思分步图-5

图 6-15 篱笆情思（马蹄莲）

1. 原料

柠檬山鸡丝、糖醋白萝卜、炝西芹、蒜味黄瓜、紫菜蛋卷、酱牛肉、盐水鸭脯、盐味红胡萝卜、咖啡色鱼糕、三鲜虾糕、红肠、腊鸡腿肉、佛手罗皮、红卤猪肝、姜汁西蓝花。

2. 制作方法

①左花：柠檬山鸡丝堆码成马蹄莲花的初坯；糖醋白萝卜切长柳叶形片，从左向右排叠成马蹄莲花形，盐味红胡萝卜细条作花心；炝西芹段作花柄；蒜味黄瓜切柳叶形片，排叠作花叶。

②右花：柠檬山鸡丝堆码成马蹄莲花的初坯；蒜味黄瓜切长三角形片，从左向右排叠成花托；盐水鸭脯斜批成长柳叶形片，从上往下排叠作花的底部外层花瓣（作翻卷状）；红肠切柳叶形片、三鲜虾糕切长鸡心形片、咖啡色鱼糕切柳叶形片，分别从左向右依次排叠三层作花上端花瓣；盐味红胡萝卜切长柳叶形片，从上往下排叠作花的左侧花瓣；紫菜蛋卷切柳叶形片，从右向左排叠作花的下端第二层花瓣；炝西芹段作花柄；蒜味黄瓜切柳叶形片，排叠作花叶，盐味红胡萝卜切细条作花心。

③土坡、栅栏与花草：佛手罗皮、紫菜蛋卷、三鲜虾糕、红卤猪肝、咖啡色鱼糕、腊鸡腿肉切椭圆形片，依次从右上向左下呈弧形拼摆成土坡；酱牛肉刻切成条状拼作"井"字型篱笆；蒜味黄瓜切细条与姜汁西蓝花饰作绿草。

3. 特点

此造型中采用马蹄莲花大小的组合和色彩的搭配，尤其是采用巧妙的拼摆手法，使花瓣呈翻卷状，形态表现得极其自然。底部篱笆、土坡和绿草的小巧，更映衬了马蹄莲花的美姿与秀气，既充满了"鹤立鸡群"的意境，又富有"一枝红杏出墙来"的诗情画意，洋溢着浓厚的自然情趣。

4. 说明

①马蹄莲花的拼摆，其花瓣在垫底时不要太平整，要有意识地带有一定的波浪起伏，这样拼摆出来的马蹄莲花具有相应的"活力"而不死板。

②马蹄莲花在构图造型上也可以采用半立体的形式，上方的刀面采用推刀片的手法呈翻卷状拼摆，这样拼摆而成的花形具有更强的立体感。

九、芭蕉展姿

芭蕉展姿分步图-1

芭蕉展姿分步图-2

芭蕉展姿分步图-3

芭蕉展姿分步图-4

芭蕉展姿分步图-5

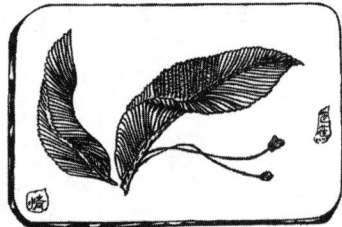

芭蕉展姿分步图-6

图 6-16 芭蕉展姿

1. 原料

葱椒云丝、酸辣黄瓜、姜汁莴苣、蒜味西芹、盐味红胡萝卜、蛋黄糕、酱牛肉、蛋白糕、蜜汁番茄、原味火腿、炝蒜薹。

2. 制作方法

①葱椒云丝在盘中堆码成两片芭蕉叶的初坯。

②左叶：酸辣黄瓜切成长柳叶形片，从下往上排叠成小芭蕉叶的左半片，再用酸辣黄瓜的长柳叶形片，自下而上排叠成小芭蕉叶的右半片，蒜味西芹刻切成长条作叶茎。

③右叶：蛋白糕、原味火腿、酸辣黄瓜分别切成长柳叶形片，从左往右依次排叠相接成大芭蕉叶的上半片；姜汁莴苣、盐味胡萝卜、蛋黄糕、酱牛肉分别切长柳叶形片，从左下向右上依次相接排叠成大芭蕉叶的下半片，然后用竹扦插入莴苣和胡萝卜底部轻轻托起其边缘，使叶片成翻卷状；炝蒜薹刻切成长条形摆作叶茎。

④点缀：蒜味西芹刻切成粗丝作枝，蜜汁番茄刻切成鸡心形缀作花；盐味红胡萝卜刻作印章。

3. 特点

此造型以自然界中的植物——芭蕉叶为题材，使人感到格外亲切而又自然。两片树叶大小不同，形状各异，相得益彰；尤其是叶面采用了特殊（推刀片）的拼摆手法，使叶面成翻卷状，巧妙而又得体，犹如树叶在微风中轻轻摇曳，增加了画面的动感，使人有身临其境的感觉。

4. 说明

①小芭蕉叶也可采用大叶的拼摆手法，使之色彩更加丰富。这里采用单色（即同种原料）拼摆是为了衬托大叶色彩的丰富。

②叶面的翻卷处应选用既较为柔韧而又有一定内张力的原料进行拼摆。如果原料的硬度过大（如牛肉、叉烧等），叶面难以翻卷；如果原料过软（如蛋白糕、山楂糕、油鸡脯肉等），叶面的翻卷处支撑不起来。

十、亭亭净植

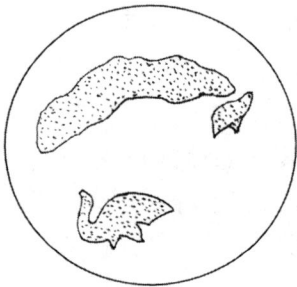

亭亭净植分步图-1 亭亭净植分步图-2 亭亭净植分步图-3

亭亭净植分步图-4 亭亭净植分步图-5 亭亭净植分步图-6

图 6-17 亭亭净植

1. 原料

芹黄拌鸭丝、蜜汁番茄、盐水鸭脯、酸辣莴苣、原味火腿、黄色鱼糕、白色虾糕、红肠、红卤猪舌、炝药芹、蒜泥海带、盐水红椒、红曲卤鸭脯、腊鸡腿、酸辣西蓝花、蒜蓉黄瓜、虾子口蘑。

2. 制作方法

①芹黄拌鸭丝码堆成荷叶、白鹭的初坯。

②大荷叶：盐水鸭脯、酸辣莴苣、火腿、黄色鱼糕、红卤猪舌、白色虾糕、红肠分别切成长柳叶形片，从右下端起，依次围叠成荷叶叶面，虾子口蘑切风轮形，置于荷叶中间作叶心，炝药芹饰作荷叶叶柄。

③荷花：蜜汁番茄剖切成瓣叠作荷花，花柄用炝药芹拼接而成。

④白鹭：蒜蓉海带刻切成长鸡心形片，排叠成尾部长羽毛；蒜蓉黄瓜切柳叶形片，从上往下排叠尾部短羽毛；黄色鱼糕、红曲卤鸭脯、酸辣莴苣切柳叶形片，分别从下往上，依次由后向前排叠三层作背部羽毛；红卤猪舌、白色虾糕、红肠、黄色鱼糕切柳叶形片，分别从上往下依次排叠成两只翅膀；白色虾糕、蒜蓉黄瓜切柳叶形片，分别排叠成颈部和头部；盐水红椒刻作冠羽；红卤猪舌刻切成嘴部；黄色鱼糕与蒜蓉海带圆形片，相叠作眼睛，腊鸡腿肉斜批厚片拼作大腿，火腿刻切成长条摆作长腿。

⑤小草及水波纹：蒜蓉黄瓜刻切成细条和酸辣西蓝花排摆出水波纹和小草。

3. 特点

碧绿的莲叶在红荷的映照下，仿佛变得五光十色，颇有"接天莲叶无穷碧，映日荷花别样红"的意境。白鹭翩翩起舞，引颈鸣唱，欣喜之态维妙维肖。

4. 说明

①两片荷叶的大小、位置以及拼摆方法都要有所变化，切忌完全相同。

②白鹭的构图非常重要，其头部要昂起向上，呈展翅欲飞状，这样才能给画面增加动感。

十一、田园小景（葫芦）

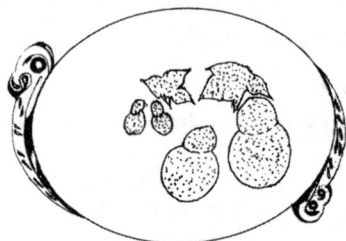

田园小景分步图-1   田园小景分步图-2

田园小景分步图-3   田园小景分步图-4

田园小景分步图-5   田园小景分步图-6

图 6-18 田园小景（葫芦）

1. 原料

椒盐鸡丝、蛋黄糕、火腿、虾子卤笋、红曲卤鸭脯、广式香肠、盐水虾、烧鸭脯、糟鸡脯、酸辣黄瓜、酱牛肉、冻耳糕、卤香菇、香菜叶、山楂糕、油焖茭白、葱管。

2. 制作方法

①椒盐鸡丝堆码成四只葫芦的初坯。

②左大葫芦：酱牛肉、蛋黄糕、虾子卤笋、火腿分别切成长鸡心形片，从下往上排叠四层作大葫芦底部；糟鸡脯肉、烧鸭脯肉切长鸡心形片，分别从左往右排叠两层作大葫芦的上部。

③右大葫芦：虾子卤笋、广式香肠、糟鸡脯肉切长鸡心形片，分别从左往右排叠三层作葫芦的底部；盐水虾批半，从左往右排叠于下部的顶端；油焖茭白、蛋黄糕切长月牙形，分别从左右两边往中间排叠成葫芦的上部。

④小葫芦：糟鸡脯、红曲卤鸡脯切月牙形片，分别排成左右两只小葫芦。

⑤右叶：油焖茭白、山楂糕、虾子卤笋、广式香肠切柳叶形片，按逆时针方向分别排叠成叶瓣的上半部；冻耳糕、蛋黄糕切柳叶形片，分别从左右交错由下往上排作叶瓣的下半部。

⑥左叶：山楂糕、烧鸭脯、虾子卤笋、红曲卤鸭脯切柳叶形片拼摆作叶。

⑦卤香菇刻切成细条作藤，葱管撕成丝作小叶。

3. 特点

此造型采用写实绘画的手法，两对葫芦悬藤而挂，仿佛正吹来一阵清风，葫芦随风摇曳。叶采用多瓣相叠的拼摆手法制作而成，显出藤叶的繁茂。叶形的不规则甚至"散乱"，其翻卷之态更添三分动感。大葫芦与大叶组配，小葫芦于小叶之下，大小的差异同时也产生了视觉上距离远近的效果，整个造型纯朴自然，静中有动，动中有静。

4. 说明

①四个葫芦的大小、位置以及拼摆方法都要有所变化，切忌完全相同。

②整个造型的构图要有虚实的变化，左边相对虚一些，右边相对要实一些。

③南瓜、茄子、辣椒等题材也可以采用类似的构图形式和拼摆手法制作。

十二、翠竹红梅

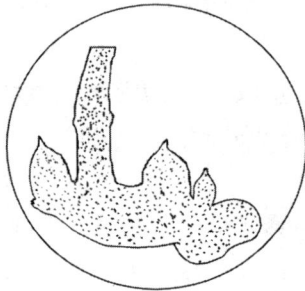

翠竹红梅分步图-1　　　　　　　翠竹红梅分步图-2

翠竹红梅分步图-3　　　　翠竹红梅分步图-4　　　　翠竹红梅分步图-5

图 6-19　翠竹红梅

1. 原料

肉松、葱椒鱼丝、蛋黄糕、五香牛肉、叉烧肉、咖喱卤笋、红曲卤鸭脯、烧鸡脯、酱口条、红肠、火腿（带部分肥膘）、白嫩油鸡脯、葱油海蜇头、蜜汁银杏、卤香菇、虾子茭白、红樱桃、蒜蓉黄瓜、圆白菜卷、蒜味西芹。

2. 制作方法

①将肉松堆码成半圆状竹竿的初坯；葱椒鱼丝码成竹笋及土坡的初坯。

②竹竿与枝叶：咖喱卤笋、五香牛肉、红曲卤鸭脯、蛋黄糕、叉烧肉分别切长方形片，依次由上往下层层排叠作竹竿；黄瓜刻切成条状和长柳叶形拼作竹枝与竹叶。

③竹笋：将蛋黄糕切丝，摆在笋尖部作笋须；酱口条、咖喱卤笋、烧鸡脯、红肠、酱口条分别切长方形片，排叠后依次交叉拼摆成笋子。

④坡面及花卉：酱口条、五香牛肉切成长柳叶形片，从右向左依次排叠作土坡的外侧面；白嫩油鸡脯斜批成半圆形薄片，圈叠成白牡丹花摆于竹子右下端（红樱桃末作花心）；葱油海蜇头批片后转叠成红牡丹花拼于竹子左下端（蛋黄糕末作花心）；圆白菜卷切菱形厚片，转叠成大丽花摆于土坡右侧；蜜汁银杏层层转叠成花置于土坡右下侧；熟火腿切梯形片，卷叠成马蹄莲花；卤香菇刻切成条状作梅枝，红樱桃刻作红梅（蛋黄糕末缀作花心）；黄瓜切细条与蒜味西芹摆作绿草。

3. 特点

此造型以翠竹为主，红梅相映，采用平衡布局手法。翠竹清秀挺拔，色彩淡雅；红梅展曲多姿，色彩艳丽；笋子破土而出，如雨后春笋；各色花卉争妍，一派初春的景象，犹如一幅"梅竹报春图"，给人以生机盎然的感受。尤其是在构图上的梅和竹，一低一高，上下呼应，给整个画面增加了无限的动感和活力。

4. 说明

①整个造型的构图虚实的摆布要恰当，盘子的上半边相对虚一些，下半边相对要实一些。因为下边是大地，"实"在感觉上比较稳；上边是天空，"虚"可以提供伸展的空间，并给人以想象的余地。

②梅枝不能用刀直接切，要用刻切的手法，使梅枝尽量弯曲，这样才能充分体现其"曲线美"。

③竹子的构图上其"势"要向右，而梅花要向左，这样才能使梅、竹构成整体，并左右呼应。

十三、农家田园（白菜、萝卜）

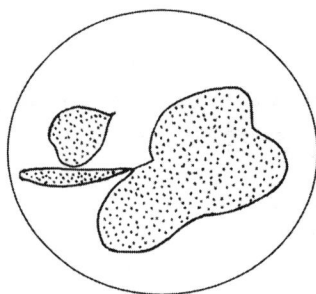

农家田园分步图-1

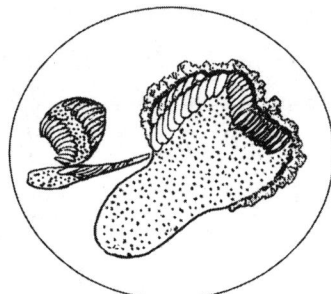

农家田园分步图-2

农家田园分步图-3

农家田园分步图-4

农家田园分步图-5

图 6-20　农家田园（白菜、萝卜）

1. 原料

怪味鸡丝、酸辣白菜、蛋黄糕、陈皮牛肉、水晶肴肉、蒜蓉黄瓜、水晶耳糕、红曲卤鸭脯、蛋白糕、三鲜鱼糕、咖喱卤笋、叉烧肉、生菜叶、香菜叶、炝韭菜薹、蜜汁草莓、姜汁西蓝花、糖腌金橘。

2. 制作方法

①将怪味鸡丝码成白菜、萝卜、胡萝卜的初坯。

②生菜叶沿白菜初坯的边缘围摆成白菜叶的最外层；蒜蓉黄瓜切蓑衣刀纹捻开，围摆成白菜叶的次外层。

③左叶：将蛋黄糕、蛋白糕、水晶耳糕分别切扁椭圆形片，对称在两侧从下往上各排叠三层作左瓣白菜叶；酸辣白菜梗刻切成细条作叶茎。

④右叶：蛋白糕、红曲卤鸭脯分别切柳叶形片，从左下起往右上再向下依次围叠两层作右瓣白菜叶；酸辣白菜梗刻切成细条作叶茎。

⑤白菜梗：用酸辣白菜梗刻切成长鸡心形，错落拼摆成白菜梗；水晶肴肉刻作菜根。

⑥萝卜：咖喱卤笋、陈皮牛肉、三鲜鱼糕分别切柳叶形片和长鸡心形片，从左向右、由上往下依次排叠三层作萝卜茎体；叉烧肉切细条作萝卜的根部；炝韭菜薹切小段一小撮作萝卜樱。

⑦胡萝卜：水晶耳糕切柳叶形片，从上往下成交叉方向排叠三层作胡萝卜茎体；香菜叶饰作胡萝卜樱。

⑧点缀：姜汁西蓝花、香菜叶缀于白菜右下侧；蜜汁草莓、糖腌金橘散摆于白菜右下端。

3. 特点

此造型以农作物中的大白菜、萝卜、胡萝卜为题材，可谓别出心裁。大白菜饱满肥大，层次清晰；萝卜、胡萝卜小巧玲珑，造型逼真而可爱。整个画面呈现出农家田园一派丰收、欣欣向荣的景象。

4. 说明

①在整个造型的构图时，白菜要相对大，萝卜要相对小些，这样大白菜的大以及红萝卜和胡萝卜的小巧、玲珑才能显现出来。

②白菜的叶形刀面拼摆时，其料形要有变化，以免单调。

十四、荷塘情趣

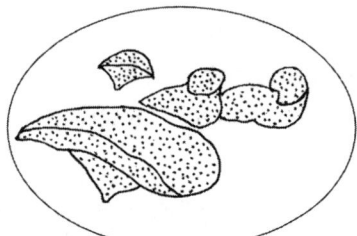

荷塘情趣分步图-1

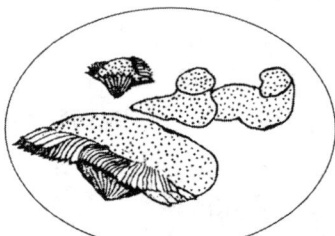

荷塘情趣分步图-2

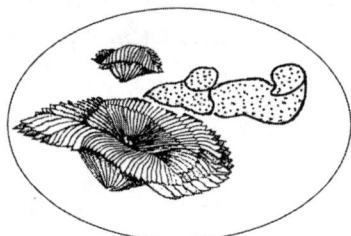

荷塘情趣分步图-3

荷塘情趣分步图-4

荷塘情趣分步图-5

荷塘情趣分步图-6

图 6-21　荷塘情趣

1. 原料

京葱烤鱼、盐水大虾、蛋黄糕、卤牛肉、姜汁莴苣、原味火腿、蒜蓉黄瓜、红曲卤鸭脯、糖醋红椒、虾子冬菇、炝青椒、烤鸭脯肉、本色鱼糕、咖啡色虾糕、卤口蘑、盐水红胡萝卜、酸辣心里美萝卜。

2. 制作方法

①将京葱烤鱼撕成细丝后堆码成两只鸳鸯和两片荷叶的初坯。

②右侧雌鸳鸯：卤牛肉、姜汁莴苣分别切成柳叶形片，从后往前分两层依次排叠作尾部羽毛；盐水大虾批半，从前往后排叠（略压住尾部羽毛）成胸部；蛋黄糕、盐水红胡萝卜、本色鱼糕分别切成宽柳叶形片，从后往前依次排叠三层作背部羽毛；咖啡色虾糕、原味火腿、蒜蓉黄瓜分别切成柳叶形片，从下往上依次排叠成颈部和头部羽毛；糖醋红椒刻作冠羽；本色鱼糕切成柳叶形片，和圆形咖啡色虾糕片相叠作眼睛；蛋黄糕刻作嘴部。

③左侧雄鸳鸯：咖啡色虾糕、酸辣心里美萝卜分别切成柳叶形片，从后往前分两层依次排叠作尾部羽毛；红曲卤鸭脯切柳叶形片，从前往后排叠作胸部；本色鱼糕、盐水红胡萝卜分别切柳叶形片，依次从后往前排叠作背部羽毛，蛋黄糕切成鸡心形片，排叠成扇形后用蒜蓉黄瓜丝点缀作背部上翘一簇羽毛，原味火腿、咖啡色虾糕分别切成椭圆形片从后往前分两层依次排叠作背部前端羽毛；盐水红胡萝卜、姜汁莴苣分别切成柳叶形片，从下往上依次排叠成颈部和头部羽毛；糖醋红椒刻作冠羽；本色鱼糕切成柳叶形片，和圆形虾子冬菇片相叠作眼睛；蛋黄糕刻作嘴部。

④大荷叶：蒜蓉黄瓜切梯形片，排叠成类似扇形的荷叶背面，卤口蘑切蓑衣刀纹捻开，摆作叶背的蒂根部，蒜蓉黄瓜切成长细条作荷叶叶柄；卤牛肉、蛋黄糕分别切成柳叶形片，从上往下依次排叠于右侧作叶面的最外层；卤牛肉、蛋黄糕、盐水红胡萝卜、烤鸭脯肉、姜汁莴苣、咖啡色虾糕、本色鱼糕分别切成柳叶形片，依次围叠成叶面的第二层；本色鱼糕、酸辣心里美萝卜、蛋黄糕分别切成柳叶形片，依次排叠于叶面的右上端作叶面的第三层；姜汁莴苣、咖啡色虾糕、盐水红胡萝卜分别切成柳叶形片，依次排叠作叶面的最里层；卤口蘑切风轮状置于叶面中间作叶心。

⑤小荷叶：叶背、叶背的蒂根部、叶柄的拼摆方法与大荷叶相同；原味火腿、蛋黄糕、盐水红胡萝卜、姜汁莴苣分别切成柳叶形片从左端起依次排叠作叶面。

⑥点缀：蒜蓉黄瓜刻切成椭圆形小片，摆作小莲叶；蒜蓉黄瓜分别刻切成条状、细丝饰作小草和水波纹。

3. 特点

静谧的荷塘里，两片荷叶随风摇曳，一对鸳鸯并肩同行，两头相对，四目相望，犹如一对情人在窃窃私语，给整个画面平添了无限情趣——相随相依、相亲相爱。如此温馨的构图造型尤适宜于婚喜宴席。

4. 说明

①荷叶在垫底时，离叶心的相同位置（同心圆）不要过于平坦而处于同一个水平线上，要有起伏，这样可以增加荷叶的动感。

②在拼摆荷叶时，片形原料的方向要全部朝叶心；立体的荷叶（需要站立的部分）要选择既有一定的柔性同时又具有一定内张力的原料，如莴苣、火腿、蛋黄糕等，当然，这与片的厚度有关。

十五、鸟语花香

鸟语花香分步图-1　　　　　　　　　鸟语花香分步图-2

鸟语花香分步图-3　　　　　鸟语花香分步图-4　　　　　鸟语花香分步图-5

图6-22　鸟语花香

1. 原料

芹黄拌鸭丝、咖啡色鱼胶、多味黄瓜、叉烧肉、红曲卤鸭脯、黄色虾糕、蛋白糕、卤猪口条、西式火腿、糖醋红胡萝卜、油鸡脯、油焖笋尖、姜汁西蓝花、五香酱牛肉、猪耳糕、香菜叶、蜜汁西红柿、卤香菇。

2. 制作方法

①用芹黄拌鸭丝堆码成叶、花以及两只小鸟的初坯。

②叶：将卤猪口条、黄色虾糕、油鸡脯、叉烧肉分别切长柳叶形片，依次从下往上排叠作叶的第一层；五香酱牛肉、西式火腿分别切柳叶形片，依次从上往下、从右向左排叠作叶的第二层；蛋白糕、油焖笋尖、叉烧肉、油鸡脯分别切柳叶形片，依次左右交叉排叠分别作叶的第三层、第四层、第五层和第六层。

③花：将蛋白糕、油焖笋尖、油鸡脯分别切柳叶形片，依次从上往下排叠作花的第一层花瓣；猪耳糕、咖啡色鱼胶、西式火腿分别切柳叶形片，依次从左往右排叠作花的第二层花瓣；糖醋红胡萝卜、红曲卤鸭脯、黄色虾糕分别切柳叶形片，依次从外往里排叠，分别作花的第三层和第四层花瓣。

④上鸟：咖啡色鱼胶切长柳叶形片，分别排叠成鸟的尾部长羽和翅尖羽毛；多味黄瓜切柳叶形片，从下往上排叠成尾部第二层羽毛；卤猪口条、猪耳糕别切柳叶形片，依次从外往里排叠两层作左、右翅膀；黄色虾糕、叉烧肉、蛋白糕分别切小柳叶形片，依次从后往前排叠分别作背部、颈部和头部羽毛；黄色虾糕刻作嘴；糖醋红胡萝卜刻作冠；咖啡色鱼胶切柳叶形小片上叠蛋白糕、黄色虾糕圆形小片作眼睛。

⑤下鸟：咖啡色鱼胶切长柳叶形片，从左往右排叠成鸟的尾部长羽；蛋白糕切柳叶形片，分别从下往上排叠成尾部两侧小羽毛；红曲卤鸭脯斜批成薄片排叠成大腿部；卤猪口条切柳叶形片，分别排叠成两侧翅膀；蛋白糕切柳叶形片，依次从下往上排叠成腹部羽毛；黄色虾糕、西式火腿、油焖笋尖、多味黄瓜分别切小柳叶形片，依次从后往前排叠分别作背部、颈部和头部羽毛；蜜汁西红柿刻作冠；黄色虾糕分别刻作嘴和爪；卤香菇切柳叶形小片上叠蛋白糕、黄色虾糕圆形小片作眼睛。

⑥树枝及点缀：多味黄瓜刻作树枝和小枝叶；蜜汁西红柿切纺锤形片，与姜汁西蓝花分别饰作小花和绿叶；香菜叶缀于盘子底端饰作花叶。

3. 特点

此造型的构图疏密得当，简繁有节，虚实呼应。层层相叠的树叶隐喻着葱郁和茂盛。花叶相依，两鸟相对，自然而贴切，形象而生动地刻画了一个自然界永恒的主题——情。

4. 说明

①从叶子的第一层到第六层要有高度的起伏变化——由低到高，这样立体感才能显示出来。

②在拼摆花瓣时，刀面要层层清晰。

③两只小鸟的构图要有变化，一站一飞，且要两头相对，这样，画面的动感、节奏、变化和韵味才能展现出来。

第三节　动物造型

本节的图 6-23 ～图 6-55 介绍了动物造型的冷盘。

一、只争今朝（雄鸡）

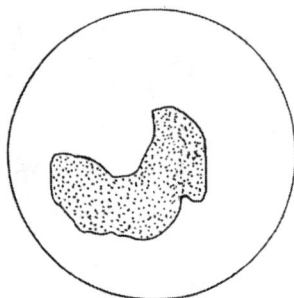

只争今朝分步图-1　　　　　　　只争今朝分步图-2

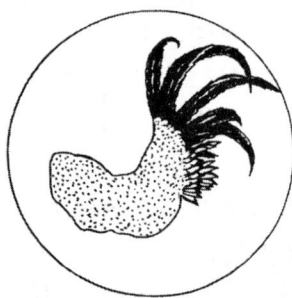

只争今朝分步图-3　　　　只争今朝分步图-4　　　　只争今朝分步图-5

图 6-23　只争今朝（雄鸡）

1. 原料

葱椒鸽丝、原味火腿、蛋黄糕、红肠、盐味红胡萝卜、原味香肠、红曲卤鸭脯、酸辣黄瓜、糖醋青椒、虾子卤香菇、水晶肴肉、蛋白糕、糖醋红椒、炝黄花菜、紫萝卜、相思豆、变蛋肠。

2. 制作方法

①将葱椒鸽丝堆码成雄鸡的初坯。

②鸡的长尾羽：熟火腿、蛋黄糕、红肠、红胡萝卜、香肠分别切月牙形片，依次由上向下，分别从右往左排叠成雄鸡的五根长尾羽；酸辣黄瓜、红胡萝卜分别切柳叶形片排叠两层作雄鸡尾部的短羽毛。

③红曲卤鸭脯斜批长方形片排叠成鸡的胸部、腹部。

④蛋白糕、肴肉、蛋黄糕、红胡萝卜分别切柳叶形片，由后往前依次排叠作雄鸡臀部及背部羽毛；蛋白糕切长鸡心形片，排叠作鸡颈部下端羽毛。

⑤鸡颈及头部：紫萝卜、变蛋肠分别切月牙形片，排叠作鸡颈部羽毛；炝黄花菜由下往上呈蓑衣状排叠作鸡头；蛋黄糕刻成鸡嘴；蛋白糕切成宽柳叶形片，中间嵌相思豆作眼睛；糖醋红椒刻切成鸡冠；用蛋黄糕刻成鸡爪。

⑥土坡及小草：糖醋青椒切丝摆作花叶，红椒切丁缀作花，卤香菇斜批成片排叠作土坡，黄瓜切蓑衣形展开摆作小草。

3. 特点

此造型结构合理，布局大方，雄鸡以张扬的尾羽和鲜红的头冠显得精神抖擞。雄鸡结构转折有力，起伏变化丰富，尤其是尾羽与其左腿成造型中心线，翘尾昂首，姿态优美，奋力向前，给人以"分秒必争""只争朝夕"的启迪。

4. 说明

①雄鸡的尾部羽毛要高高翘起，这样与前倾的头部才吻合。

②雄鸡颈部的羽毛在拼摆时可以随意一点，不要过于整齐，羽毛稍有点零乱才能与雄鸡往前冲的姿态相一致。

二、金鸡争雄（斗鸡图）

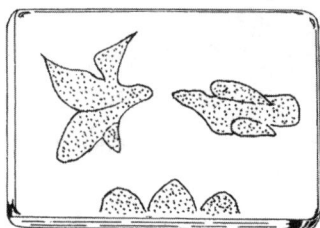

金鸡争雄分步图-1

金鸡争雄分步图-2

金鸡争雄分步图-3

金鸡争雄分步图-4

金鸡争雄分步图-5

金鸡争雄分步图-6

图 6-24　金鸡争雄（斗鸡图）

1. 原料

葱油风鸡、烧鸡脯、卤鸭脯、蛋黄糕、糖醋红胡萝卜、火腿、蒜泥黄瓜、卤口条、松花蛋、盐水明虾、五香牛肉、捆蹄、蛋白糕、蒜味西蓝花、香菜叶。

2. 制作方法

①葱油风鸡撕成丝堆码成两只斗鸡的初坯。

②右鸡：火腿、蛋黄糕、卤口条、蛋白糕、糖醋红胡萝卜刻切成长柳叶形条，分别从后向前排叠作鸡尾部五根长羽毛，烧鸡脯切片拼摆成斗鸡的腹部；卤鸭脯切片拼摆作腿部；松花蛋、蛋黄糕、火腿切柳叶形片分别从上向下、由后往前排叠三层作鸡右翅羽毛；蒜泥黄瓜、火腿接尾部长羽毛从上往下、由后向前排叠两层作尾部短羽毛；松花蛋、蛋黄糕、火腿切柳叶形片分别从右上向下、由后往前排叠三层作左翅羽毛；蛋白糕、松花蛋、蛋黄糕、糖醋红胡萝卜切柳叶形片，从右下往左下、由后向前分别排叠四层作身部羽毛；蒜泥黄瓜切窄柳叶形片，从右向左排叠作颈部羽毛；蛋黄糕切柳叶形片，从右向左排叠作头部羽毛；蛋黄糕刻作爪，糖醋红胡萝卜刻作冠，火腿刻作嘴，蛋白糕、蒜泥黄瓜圆形小片相叠饰作眼睛。

③左鸡：尾部长羽毛拼摆方法与右鸡相同；卤鸭脯斜切片排叠作鸡腹，烧鸡脯斜切片拼摆作腿部；蒜泥黄瓜切柳叶形片，从上往下排叠作尾部短羽毛；火腿切柳叶形片，从左上往右下排叠作背部羽；松花蛋、蛋黄糕、蒜泥黄瓜切柳叶形片分别从左往右、由下向上排叠三层作尾部羽毛（略盖腿部及腹部左端）；蛋白糕、糖醋红胡萝卜、蒜泥黄瓜切柳叶形片，分别从左下往右上、由下向上排叠三层作颈部羽毛（蛋白糕片略盖腹部上端）；蛋黄糕切柳叶形片，从左往右排叠作头部羽毛；鸡冠、嘴、眼的制作方法与右鸡相同。

④土坡及花草：五香牛肉切半圆形片，盐水明虾批半，捆蹄切月牙形片依次排叠作土坡；蒜泥黄瓜切细条，香菜叶、蒜味西蓝花摆在土坡下端作小草。

3. 特点

两只雄鸡腾空而起，扑向对方，毫不示弱，决一雌雄之势不可阻挡。尤其是两只鸡的造型和通过羽毛的巧妙拼摆，把斗鸡的神态表现得惟妙惟肖。

4. 说明

①两只雄鸡已腾空而起，两翅要展开，否则就不自然。

②斗鸡的身部和颈部比"报晓鸡"要略长，并且羽毛拼摆时略有零乱，时有高翘，这样才能表现出斗鸡的"凶相"。

三、晨曲（金鸡报晓）

晨曲分步图-1

晨曲分步图-2

晨曲分步图-3

晨曲分步图-4

晨曲分步图-5

图 6-25　晨曲（金鸡报晓）

1. 原料

银芽鸡丝、葱油海带、酸辣黄瓜、盐味红胡萝卜、糖醋红椒、蛋黄糕、烧鸡脯、红肠、原味香肠、红曲卤鸭脯、紫菜蛋卷、松花变蛋、五香牛肉、盐水虾仁、蒜味西蓝花、姜汁莴苣、糖渍相思豆。

2. 制作方法

①将银芽鸡丝堆码成雄鸡和土坡的初坯。

②鸡的长尾羽：葱油海带、酸辣黄瓜、盐味红胡萝卜分别切长柳叶形片后，再切蓑衣刀纹捻开，由上向下间隔交错排叠作雄鸡尾部的长羽毛。

③尾部的短羽毛：蛋黄糕、盐味红胡萝卜分别切柳叶形片，依次分别从上往下排叠两层作雄鸡尾部的短羽毛。

④胸部及腿部：红曲卤鸭脯斜批长方形片排叠成鸡的胸部；烧鸡脯斜批成柳叶形片排叠作大腿部；酸辣黄瓜、蛋黄糕分别切柳叶形片，依次从下往上排叠两层作雄鸡的大腿上部羽毛。

⑤腹部、颈部及头部：烧鸡脯、松花变蛋、盐味红胡萝卜分别切柳叶形片，依次分别从后往前排叠三层作雄鸡的翅膀羽毛；原味香肠、酸辣黄瓜、蛋黄糕、红肠、姜汁莴苣、盐味红胡萝卜分别切柳叶形片，依次从右下往左上按序层层错落排叠作腹部、背部、颈部及头部羽毛；蛋黄糕圆形厚片中间嵌相思豆作眼睛；糖醋红椒切成鸡冠；用蛋黄糕刻成嘴和鸡爪。

⑥土坡及小草：烧鸡脯、紫菜蛋卷、盐水虾仁、五香牛肉分别切鸡心形片，用弧形拼摆法排叠作土坡；酸辣黄瓜切丝与蒜味西蓝花分别摆于土坡的顶部和底端缀作花草。

3. 特点

金鸡五彩缤纷，长尾飘逸，立山石之上，精神抖擞，昂首高啼，越显健壮高大。"一唱雄鸡天下白"，阳刚之气冲天而起，云开日出，夜去昼始；造型中虽然不见太阳，却有雄鸡迎朝霞之势，东升之意昭然若示，给人一种英雄豪迈的气概。

4. 说明

①雄鸡在拼摆时，红、黄色的原料可以多次使用，这样的"金鸡"才能名副其实。

②此造型在构图过程中，雄鸡的前面和上端要有一定的空白，留有开阔的空间，这样才能达到展现"站得高，看得远"的效果。

③此造型虽然是"金鸡报晓"，但千万不要在雄鸡的前方或上方摆设"太阳"，有时"没有"要比"有"效果更好，更有"味道"，"有即无，无即有"就是这个道理。

四、鸳鸯戏水

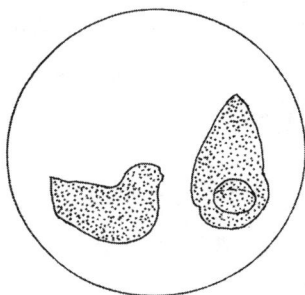
鸳鸯戏水分步图-1

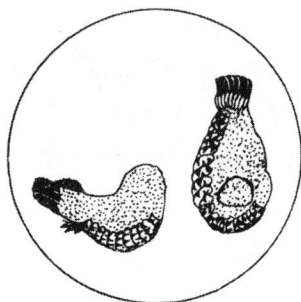
鸳鸯戏水分步图-2

鸳鸯戏水分步图-3

鸳鸯戏水分步图-4

鸳鸯戏水分步图-5

图 6-26　鸳鸯戏水

1. 原料

琼脂、绿菜叶、蛋黄糕、蛋白糕、紫菜蛋卷、红樱桃、炝青椒、盐水明虾、红肠、蚕豆蛋卷、蚕豆紫菜卷、如意蛋卷、番茄、烧鸡脯、卤口蘑、鸡汁发菜、卤香菇、炝蒜苗、黄瓜、醉鸡脯肉、叉烧肉、香菜叶。

2. 制作方法

①琼脂熬溶，加绿菜汁并调味后倒入盘内，并在盘子底端放五片蓑衣青椒（作水中水草），凝成胶冻状作绿水。

②烧鸡脯切成丝，堆码成鸳鸯初坯。

③左边雄鸳鸯：蚕豆紫菜卷切片，自上往下排叠成尾羽毛；蛋白糕切柳叶形片，由下往上排叠作尾部羽毛；盐水明虾去壳批半，由尾部向前排叠至颈部作身部（第一片虾略压蛋白糕）；红肠、蛋白糕、蛋黄糕、蚕豆紫菜卷、如意蛋卷、蚕豆蛋卷切柳叶形片，依次由后向前至颈部排叠作背部羽毛；红肠、如意蛋卷切椭圆形片，由下往上排叠两层作颈部羽毛；发菜末摆作头；蛋白糕刻长鸡心形片，上叠红樱桃片，再加小圆形香菇片作眼；红肠刻作嘴；蛋黄糕修成扇形片状，上部分别嵌五个红樱桃圆形小片，错开摆在背部上端，作上翘的一簇羽毛。

④右边雌鸳鸯：蚕豆蛋卷切片从右向左排叠作尾部长羽毛，蛋黄糕切柳叶形片，自左向右排叠作尾部短羽毛；盐水明虾在左侧由上向下排叠作鸳鸯左侧身部；红肠、蛋白糕、蛋黄糕切柳叶形片，由尾向前排叠三层作左、右翅部羽毛；蚕豆紫菜卷切椭圆形片，左右分别排叠两层作背部羽毛；红肠、蚕豆、紫菜卷、如意蛋卷切椭圆形片，由下向上排叠三层作颈部羽毛；头部缀以发菜；蛋黄糕刻作嘴；蛋黄糕刻成长鸡心片，上叠圆形香菇片和小红樱桃圆形点作眼。

⑤炝青椒切鸡心片，排成椭圆形作荷叶；红肠修切成宽柳叶形片，堆叠作荷花，炝蒜苗缀作荷花枝；炝青椒切细丝缀作水波纹。

⑥叉烧肉、紫菜蛋卷切椭圆形片依次排叠作河堤的上层，红肠、醉鸡脯肉切柳叶形片依次排叠作河堤的下层；黄瓜切丝、香菜叶缀作小草。

3. 特点

鸳鸯形态逼真，四目相对，一往情深，与上端随波起伏的荷叶、荷花呼应而和谐；画面和美优雅，入情入味，婚喜宴席用此造型平添无限情趣，实乃传达甜蜜爱情的理想形象。

4. 说明

①以鸳鸯为题材的冷盘造型，在垫底时要注意，不要刻意地表现它的脖子，因为鸳鸯的颈部很短。

②在拼摆过程中为了充分展示鸳鸯的"俏"，我们在选择原料时可以用相对比较艳丽的材料，同时将其嘴略加夸张得上翘一点。

③以鸳鸯为题材的冷盘造型多以雄、雌成对出现，并常与荷叶、荷花、杨柳等题材组合。

五、飞燕迎春

飞燕迎春分步图-1

飞燕迎春分步图-2

飞燕迎春分步图-3

飞燕迎春分步图-4

飞燕迎春分步图-5

图 6-27　飞燕迎春

1. 原料

糖醋黄瓜、盐味红胡萝卜、蛋白糕、松花蛋、发菜、珊瑚卷、火腿、炝鱼片、葱油海蜇、银芽鸡丝、蒜味西蓝花、香菜、盐水虾、绿豆蓉紫菜卷。

2. 制作方法

①银芽鸡丝堆码成三只飞燕的初坯。

②糖醋黄瓜刻成长条形作尾部长羽毛；盐味红胡萝卜切长柳叶形片，由下至上排叠作尾部短羽毛。

③蛋白糕切柳叶片，交错排叠两层作身左侧内部羽毛；绿豆蓉紫菜卷切椭圆形片，由后往前排叠至颈部作背部羽毛。

④松花蛋切月牙形片由下往上排叠作左翅羽毛；火腿切柳叶形片，由上向下排叠作右翅里层羽毛，松花蛋切月牙形片，同样排叠作右翅外层羽毛。

⑤发菜缀作头颈部；蛋白糕上叠红胡萝卜圆片（下层略大）作眼睛；红胡萝卜刻作嘴。

⑥葱油海蜇、炝鱼片、珊瑚卷、火腿分别堆摆作牡丹花、月季花、大丽花、马蹄莲花；花的下端摆上蒜味西蓝花、黄瓜丝、香菜作草和花叶；黄瓜刻切成细条、柳叶形片饰作柳枝、柳叶。

3. 特点

此造型借随风飘拂的两枝嫩柳、四朵鲜花和数株绿草喻拟春天的来临，三只向着柳枝飞去的燕子正有迎春之意，尤其是回头燕子的神态更令人爱，似乎在得意地向后来者报春，给整个画面更添几分趣味。造型简洁洗练，主题明了。

4. 说明

①整个构图右边密，左端疏，这样才能让燕子飞有余地和空间。

②燕子的尾部长羽毛，也可以用窄柳叶形材料排叠而成。

③在燕子的翅膀外侧可以用色彩比较鲜艳的材料，切成细条状进行装饰，使飞燕的形态更具有灵动感。

六、莺歌燕舞

莺歌燕舞分步图-1

莺歌燕舞分步图-2

莺歌燕舞分步图-3

莺歌燕舞分步图-4

莺歌燕舞分步图-5

莺歌燕舞分步图-6

图 6-28 莺歌燕舞

1. 原料

蛋松、酱拌黄瓜、酸辣红胡萝卜、盐水鲜墨鱼、糟鹌鹑蛋、松花变蛋、红肠、蛋黄糕、葱油香菇、鸡汁发菜、酱口条、虾子冬笋、豆蓉蛋卷、蒜味海带、椒盐土豆丝、炝心里美萝卜、姜汁西蓝花、香菜叶。

2. 制作方法

①用蛋松码成两只燕子的初坯。

②右燕子：酱拌黄瓜切长柳叶形片，从两侧向中间、由上往下排叠作燕子的尾部长羽毛；酱口条切长柳叶形片、红肠切柳叶形片、松花变蛋切月牙形片，从右向左依次排叠三层作右翅膀的羽毛；盐水鲜墨鱼切鸡心形片，从右翅膀的根部至颈部排叠作右侧腹部羽毛；炝心里美萝卜、蛋黄糕、红肠切柳叶形片，从后向前依次排叠三层作尾部短羽毛；酱口条切长柳叶形片、炝心里美萝卜切柳叶形片、松花变蛋切月牙形片，从左上方往右下端依次排叠三层作左翅膀的羽毛；豆蓉蛋卷切椭圆形片、炝心里美萝卜、蛋黄糕、酱拌黄瓜、酸辣红胡萝卜切柳叶形片，从后向前依次排叠五层作腹部和颈部羽毛；发菜切成末摆作头部羽毛；盐水鲜墨鱼和酸辣红胡萝卜圆形小片相叠作眼睛；蛋黄糕刻作嘴。

③左燕子：蒜味海带修切成长柳叶形片，从两侧向中间、由上往下排叠作燕子的尾部长羽毛；酸辣红胡萝卜切柳叶形片，从右向左依次排叠作尾部短羽毛；酱口条切长柳叶形片、松花变蛋切月牙形片、盐水鲜墨鱼切鸡心形片，分别从右向左和从左向右依次由上往下排叠三层作左翅膀和右翅膀的羽毛；盐水鲜墨鱼、蛋黄糕、酸辣红胡萝卜、虾子冬笋、炝心里美萝卜分别切柳叶形片，从后向前依次排叠五层作背部、颈部和下额部的羽毛；发菜切成末饰作头部羽毛；蛋黄糕刻作嘴和爪；盐水鲜墨鱼和葱油香菇圆形小片相叠作眼睛。

④鸟巢及点缀：椒盐土豆丝堆作鸟巢，糟鹌鹑蛋摆于其中作蛋，姜汁西蓝花、香菜叶分缀于鸟巢的周围；酱拌黄瓜刻切成柳叶形片摆作柳枝。

3. 特点

此造型简洁明了，清新秀丽，双燕相对，飞舞活泼，灵动飞扬，勃发着春天的生机，散溢出浓烈的文雅气息。画面中虽然没有莺的身影，却恰恰呈现出了一派莺歌燕舞的美好意境。

4. 说明

①在空中翻飞的燕子，其翅膀的造型可以略微夸张得长一些，这样的造型更舒展。

②在整个造型的拼摆过程中，尤其是翅膀与身体的衔接处，一定要注意拼摆的先后次序，否则，燕子飞舞的动感体现不出来。

七、喜上梅梢（喜鹊）

喜上梅梢分步图-1

喜上梅梢分步图-2

喜上梅梢分步图-3

喜上梅梢分步图-4

喜上梅梢分步图-5

喜上梅梢分步图-6

图 6-29　喜上梅梢（喜鹊）

1. 原料

蛋白糕、咖啡色鱼胶、火腿、拌黄瓜、烧鸡脯、盐水红胡萝卜、蛋黄糕、白嫩油鸡脯、红樱桃、麻酱海参、虾子冬笋、发菜、鹌鹑变蛋、紫菜蛋卷、姜汁西蓝花、香菜叶。

2. 制作方法

①白嫩油鸡脯撕成细丝，码成两只喜鹊的初坯。

②右喜鹊：蛋白糕切长鸡心形片上叠鱼胶片（鱼胶片小于蛋白糕片）为一组，从上往下排叠作尾部长羽毛；蛋黄糕、拌黄瓜、蛋白糕、盐水红胡萝卜切柳叶形片，从后往前层层交错排叠作背部和颈部羽毛；烧鸡脯肉、虾子冬笋、火腿切柳叶形片摆作左右翅膀羽毛；蛋黄糕刻成爪；发菜切成末饰作头部羽毛；蛋白糕和鹌鹑变蛋切成圆形小片，相叠作眼睛；蛋黄糕刻作嘴。

③左喜鹊：蛋白糕切长鸡心形片和咖啡色鱼胶片相叠从下向上排叠成尾部长羽毛；虾子冬笋切柳叶形片从右向左排叠作腹部羽毛；油鸡脯肉切细丝胸部羽毛；蛋黄糕、火腿、虾子冬笋切柳叶形片排叠三层作翅膀羽毛；发菜切成末饰作头部羽毛；蛋白糕、鹌鹑变蛋切圆形小片相叠作眼睛；蛋黄糕刻作嘴和爪。

④麻酱海参切成条状拼摆成梅花枝干，红樱桃刻成五瓣梅花（花蕊用少许蛋黄糕末点缀而成）分饰于梅枝的不同部位。

⑤虾子冬笋切柳叶形片、紫菜蛋卷切椭圆形片排叠于盘子的左下端；火腿、蛋黄糕、盐水红胡萝卜、蛋白糕分别切柳叶形片拼摆成叶状，鹌鹑变蛋切半堆作果实；拌黄瓜切细条、姜汁西蓝花、香菜叶分饰于盘子左下端和右下端作绿草。

3. 特点

此造型色彩热烈明快，可谓开门见山，突出喜字。一只喜鹊立于梅梢，另一只喜鹊飞舞空中。喜鹊是喜气、喜讯的象征，加上"眉"与"梅"谐音，暗喻之为"喜上眉梢"，再次对主题的烘托，使整个画面充满着喜气，洋溢着欢乐。

4. 说明

①喜鹊腹部羽毛的色泽相对要淡些，多选用蛋白糕、三鲜鱼糕、盐水干子、卤冬笋等色泽较淡（浅色）的冷盘材料。

②在拼摆喜鹊翅膀、身部和颈部的羽毛时，层次可以多些，但色彩不要太鲜艳，否则喜鹊的造型就不太自然。

八、鹊跃花红（喜鹊）

鹊跃花红分步图-1

鹊跃花红分步图-2

鹊跃花红分步图-3

鹊跃花红分步图-4

鹊跃花红分步图-5

鹊跃花红分步图-6

图 6-30　鹊跃花红（喜鹊）

1. 原料

酒醉仔鸡、白色虾糕、咖啡色鱼糕、腐乳叉烧、姜汁莴苣、烤鸭脯肉、盐味红胡萝卜、蛋黄糕、糖醋红椒、盐水虾仁、咖喱冬笋、蛋白糕、红卤香菇、五香牛肉。

2. 制作方法

①酒醉仔鸡撕成细丝，堆码成两只喜鹊的初坯。

②上喜鹊：白色虾糕切长鸡心形片，上叠咖啡色鱼糕鸡心形片（咖啡色鱼糕片小于白色虾糕片）为一组，从右往左、由下向上排叠两层作尾部长羽毛；盐水虾仁批半，从上向下排叠作喜鹊的胸部；盐味红胡萝卜、蛋黄糕分别切柳叶形片，从后往前排叠两层腹部羽毛；五香牛肉切长鸡心形片，排叠作翅膀羽毛；蛋白糕、蛋黄糕、姜汁莴苣分别切小柳叶形片，排叠作颈部和头部羽毛；蛋白糕和红卤香菇切圆形小片相叠作眼睛；蛋黄糕刻作嘴，糖醋红椒切细丝饰作于喙的根部。

③下喜鹊：白色虾糕切长鸡心形片，上叠咖啡色鱼糕鸡心形片（咖啡色鱼糕片小于白色虾糕片）为一组，从右往左、由上向下排叠两层作尾部长羽毛；蛋黄糕、盐味红胡萝卜分别切柳叶形片，依次从右往左、由上向下排叠两层作尾部短羽毛；盐水虾仁批半，从上向下排叠作喜鹊的胸部；咖喱冬笋、腐乳叉烧、蛋黄糕切柳叶形片，依次从后往前排叠三层作侧面和背部羽毛；五香牛肉切长鸡心形片排叠作翅膀羽毛；白色虾糕、盐味红胡萝卜、姜汁莴苣分别切小柳叶形片排叠作颈部和头部羽毛；蛋白糕和红卤香菇切圆形小片相叠作眼睛；蛋黄糕刻作嘴和爪；糖醋红椒切细丝饰作于喙的根部。

④树枝干及花：烤鸭脯肉切成条状拼摆成杏花枝干；盐味红胡萝卜切缺口鸡心型片摆成五瓣杏花，用少许蛋黄糕末点缀成花蕊。

3. 特点

两只喜鹊在红杏枝头，蹲站俯仰，相依相偎，顾盼呼应，静中隐含着动感，神情自然而灵动，犹如洋洋的喜气就在眼前，整个画面充满着喜气，洋溢着欢乐。

4. 说明

①此造型更侧重展现喜鹊的侧面，所以在拼摆手法上有所不同。

②虽然此造型描绘的是喜鹊的静态，但在构图、拼摆过程中，要注意两只喜鹊的姿态和神态，一定要表现出静中有动，否则就会非常呆板。

③从喜鹊的头部到尾部，线条和趋势一定要流畅。

九、锦鸡报春

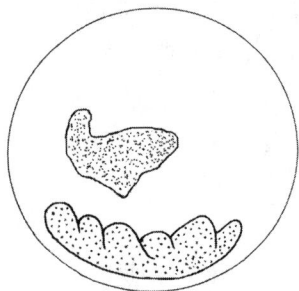

锦鸡报春分步图-1

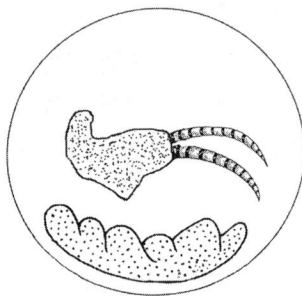

锦鸡报春分步图-2

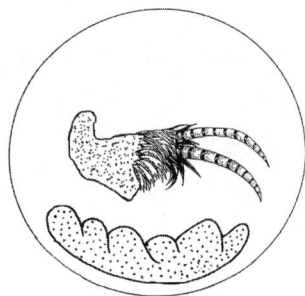

锦鸡报春分步图-3

锦鸡报春分步图-4

锦鸡报春分步图-5

锦鸡报春分步图-6

图 6-31 锦鸡报春

1. 原料

银芽鸡丝、鱼胶、可可粉、牛奶、盐味红椒、糖醋青椒、蛋黄糕、盐味红胡萝卜、红肠、蛋白糕、烤鸡脯肉、盐水虾仁、蒜油西蓝花、火腿、西式火腿、紫菜蛋卷、虾子口蘑、酸辣黄瓜、鸡汁发菜。

2. 制作方法

①用银芽鸡丝堆码成锦鸡和土坡的初坯。

②鱼胶熬化后分别加可可粉和牛奶凉透凝冻，修成半圆形长条状（粗细不等），切成段后由细至粗两种色间隔拼排成两根锦鸡长尾。

③盐味红椒、糖醋青椒修成长柳叶形作尾部羽毛。

④蛋白糕、盐味红胡萝卜切柳叶形片，从尾部向前排叠成身部的第一层、第二层羽毛；西式火腿切柳叶形薄片，从后往前排叠作背部羽毛。

⑤蛋黄糕切柳叶形片，由下往上排叠作腹部羽毛；火腿切柳叶形片，排叠作锦鸡翅膀。

⑥酸辣黄瓜（带皮）、红肠分别切柳叶形片，排叠作身部第三层、第四层羽毛（略压翅部）；蛋白糕、紫菜蛋卷、红肠分别切柳叶形片，由下至上排叠三层作颈部羽毛；鸡汁发菜切成细末缀作头部羽毛。

⑦圆形蛋白糕片上叠圆形红胡萝卜小片饰作眼；蛋黄糕刻成嘴；红椒刻作锦鸡冠；烤鸡脯刻作鸡爪。

⑧西式火腿、紫菜蛋卷、烤鸡脯肉、红肠切成椭圆形片，与切蓑衣刀纹的虾子口蘑，共同排叠作山坡，在山坡的下端摆放西蓝花饰作绿草；酸辣黄瓜刻切成细条、柳叶形片作嫩柳条；酸辣黄瓜刻切成细条，和宽柳叶形片摆作竹。

3. 特点

此造型锦鸡五彩纷呈，翘首扬尾，独立于山坡之上、花草丛中，似乎是在沐浴着和煦的春风，绚丽的羽毛光彩照人。特别是锦鸡回头的姿态与上方摇曳着的柳枝，构成了两相呼应，自然景象跃然而出。

4. 说明

①以锦鸡为构图题材的冷盘造型品种很多，拼摆方法更是多样，诸如"锦鸡闹春""锦鸡梅竹""锦鸡还春""锦鸡争艳"等。

②锦鸡的长尾也可以用黄瓜、红胡萝卜等材料刻切成带锯齿状的条形，再缀以黄色小圆形纹。

十、富贵寿带

富贵寿带分步图-1

富贵寿带分步图-2

富贵寿带分步图-3

富贵寿带分步图-4

富贵寿带分步图-5

富贵寿带分步图-6

图 6-32　富贵寿带

1. 原料

炝黄瓜、火腿、蒜蓉海带、盐水鸭脯、蛋黄糕、紫菜蛋卷、酱鸭脯、蛋白糕、红油鱼片、糖醋红胡萝卜、炝青椒、椒油肚丝、红曲卤鸭脯、香菜。

2. 制作方法

①椒油肚丝堆码成寿带鸟的初坯。

②火腿切柳叶形片（边缘修成锯齿状），排叠成寿带鸟的两根长尾；白蛋糕片、海带切椭圆形片，相叠饰于两根长尾的末端。

③红曲卤鸭脯肉斜批成片，从上往下排叠成寿带鸟的腹部和胸部。

④炝黄瓜、蛋白糕切长柳叶形片，交错排叠作尾部短羽毛；蒜蓉海带、蛋黄糕、糖醋红胡萝卜切柳叶形片，从下往上按序分别排叠三层作左右翅膀；蛋白糕、盐水鸭脯、炝黄瓜切柳叶形片，从下向上分别排叠作寿带鸟的背部、颈部羽毛。

⑤蛋黄糕刻作嘴和爪；糖醋红胡萝卜刻作冠羽；蛋白糕、蒜蓉海带切圆形小片相叠作眼睛。

⑥酱鸭脯切条状，拼摆作牡丹枝干、红油鱼片围摆成牡丹花；炝青椒刻作叶点缀（叶片上有筋络纹）；香菜饰于盘子右端。

3. 特点

整个构图平衡中富有变化，透出一股欢快而又平静的韵味。寿带鸟拥牡丹花而蹲，神态雅逸，构图极为巧妙、和谐。

4. 说明

①寿带鸟的长尾也可以用色彩比较鲜艳的材料，如蛋黄糕、红胡萝卜等刻切成。

②寿带鸟的特征就是尾巴比较长，因此，在拼摆其尾巴时在长度上可以夸张些。

十一、鹏程万里（雄鹰）

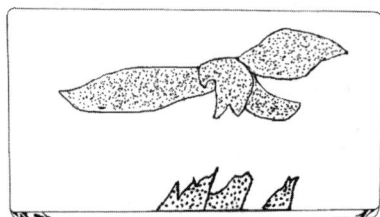

鹏程万里分步图-1

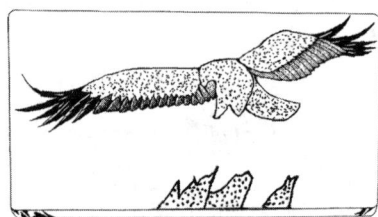

鹏程万里分步图-2

鹏程万里分步图-3

鹏程万里分步图-4

鹏程万里分步图-5

鹏程万里分步图-6

图 6-33　鹏程万里（雄鹰）

1. 原料

葱椒鸡丝、蒜油海带、烧鸡脯、拌黄瓜、红卤口条、盐水鸭脯、松花蛋、虾子卤香菇、蛋黄糕、红卤猪肝、烧鸭脯肉、五香牛肉、蒜蓉西蓝花、猪耳糕。

2. 制作方法

①用葱椒鸡丝码堆成雄鹰身部及翅膀的初坯。

②蒜油海带刻切成鸡心形，从左下往右上排叠作尾部第一层长羽毛。

③烧鸡脯切长柳叶形片，从左下往右上排叠作尾部第二层长羽毛。

④右翅：红卤猪肝切成长柳叶形片，从下往上排叠作翅尖长羽毛；红卤口条、蛋黄糕、盐水鸭脯、虾子卤香菇切柳叶形片，从右上往左下分别排叠四层作翅部羽毛。

⑤左翅：使用原料与右翅相同，只是拼摆方向与右翅相反。

⑥拌黄瓜切蓑衣刀纹，捻开后从下往上层层排叠成雄鹰的两只腿部。

⑦猪耳糕切柳叶形片，从下往上排叠成胸部羽毛；烧鸭脯肉切柳叶形片，从下往上排叠作颈部和头部羽毛。

⑧蛋黄糕、虾子卤香菇切近似椭圆形片，相叠摆作眼睛；蛋黄糕刻作鹰嘴、鹰爪。

⑨卤猪肝、五香牛肉、猪耳糕、红卤口条切长梯形片，分别从右向左排叠作山；虾子卤香菇刻切成长条状作松枝、拌黄瓜切蓑衣刀纹捻开摆成松叶；蒜蓉西蓝花摆于山的右侧作小树；拌黄瓜刻成云状摆在鹰的左右两下侧作云。

3. 特点

雄鹰是冷盘造型中常用的题材，然而"鹏程万里"中的雄鹰造型却有独到之处。首先是在餐具的使用上，突破了传统常见的圆盘或腰盘，而是采用了方形盘，更好地与展翅雄鹰之态相呼应，使四周空旷开阔；其次是造型新颖，尤其是近乎水平状态而展的双翅，更显得刚劲有力；其三是用料广泛，色彩丰富而自然；其四是寓意深远，主次分明、虚实得当的构图，展示了天高地阔、前程远大的意境。横贯左右的双翅，罩群山苍松于其下，更显气吞山河之势，给人以勇气和力量，催人奋进，一展抱负。

4. 说明

①此造型在构图时，一定要画面有大面积的空白，尤其是雄鹰与山体之间要有一定的距离，否则，天空不够开阔，鹏程万里的意境也就无法体现。

②为了更好地雄鹰的刚劲有力和凶猛，在拼摆其翅膀时可以适当放大翅膀与身体的比例，作相应的夸张。

十二、双龙戏珠

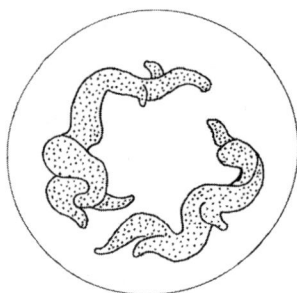

双龙戏珠分步图-1

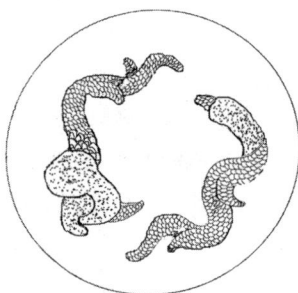

双龙戏珠分步图-2

双龙戏珠分步图-3

双龙戏珠分步图-4

双龙戏珠分步图-5

图 6-34　双龙戏珠

1. 原料

什锦土豆泥、橘黄鱼糕、紫菜蛋卷、蒜泥黄瓜、葱椒莴苣、鹌鹑变蛋、油焖香菇、蛋白糕、糖醋黄胡萝卜、熟炝虎尾、蜜汁绿橄榄、山楂糕、油炸粉丝、烟熏鸽蛋。

2. 制作方法

①什锦土豆泥堆码成龙的初坯。

②上龙：蜜汁绿橄榄、葱椒莴苣切鸡心形片，分别从尾部、爪部向头部呈覆瓦状排叠作身部和腿部鳞片；蒜泥黄瓜刻切成锯齿状片连排作龙背部披甲；油焖香菇刻作龙爪；葱椒莴苣刻作龙头和尾；鹌鹑变蛋横切 1/3 嵌作眼睛；油炸粉丝作龙须。

③下龙：紫菜蛋卷切椭圆形片、糖醋黄胡萝卜切鸡心形片，分别从尾部、爪部向头部呈覆瓦状排叠作身部和腿部鳞片；糖醋黄胡萝卜刻切成锯齿状片连排作龙背部披甲；油焖香菇刻作龙爪；蛋白糕刻作龙头和尾；烟熏鸽蛋横切 1/3 嵌作眼睛；油炸粉丝作龙须。

④珠及火焰：熟炝虎尾整齐地按序堆码一圈成半球状作珠；山楂糕切厚片，刻作火焰。

3. 特点

龙是人们想象中的灵物，也是中华民族的象征。此造型中双龙腾空飞游，龙身拱曲似波浪、云海翻涌，龙头相对，同戏一珠，给人以强烈的动感和力度感。

4. 说明

①在拼摆龙的过程中，尤其是龙腿和龙身的交接处，一定要掌握好拼摆的先后次序，否则龙的身部与腿部之间的衔接就不自然。

②龙既可以单独为题材来构图造型，如"团龙吉祥""游龙飞天""金龙飞舞"等，也经常与凤凰来组合构图造型，如"龙凤呈祥""游龙戏凤""龙飞凤舞"等。

③在拼摆龙的构图造型时，由于我国传统文化和审美习惯，在色彩处理上一般以黄色、白色和绿色为多，很少用其他色彩的原料来进行拼摆。

十三、凤戏牡丹

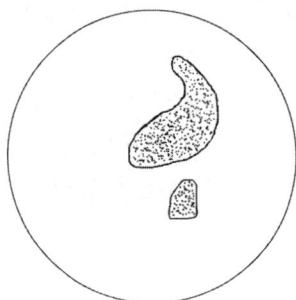

凤戏牡丹分步图-1

凤戏牡丹分步图-2

凤戏牡丹分步图-3

凤戏牡丹分步图-4

凤戏牡丹分步图-5

凤戏牡丹分步图-6

图 6-35　凤戏牡丹

1. 原料

腊鸡腿、拌黄瓜、糖醋红胡萝卜、紫菜蛋卷、火腿、蜜汁番茄、蛋白糕、蛋黄糕、红樱桃、炝红椒、卤鸭脯、炝青椒、生菜叶、酱牛肉、姜汁西蓝花、甜品红毛丹、葱油莴苣。

2. 制作方法

①将腊鸡腿肉切细丝，码成凤凰的初坯。

②尾部：拌黄瓜、糖醋红胡萝卜、葱油莴苣切短柳叶形片，分别从下往上排叠成三根长度不同、弧形弯曲的凤尾初形；火腿、紫菜蛋、蛋白糕切鸡心形片，分别从下往上排叠在黄瓜、红胡萝卜和葱油莴苣上成三根凤尾；蜜汁番茄切柳叶片排叠成鸡心形，上覆蛋白糕、蛋黄糕、红樱桃鸡心形片，饰于凤尾末端；拌黄瓜、蛋白糕切窄长柳叶形片，依次由下往上排叠两层作尾部短羽毛。

③腹部：卤鸭脯肉切柳叶形片，从下往上排叠两层作腹部羽毛。

④背部：蛋黄糕切长鸡心形片排叠成扇形，并缀以炝青椒圆形小片作凤凰背部上翘的一撮羽毛；蛋黄糕、火腿切柳叶形片，从后往前排叠两层作背部羽毛。

⑤头颈部：蛋白糕、蛋黄糕、糖醋红胡萝卜、拌黄瓜切柳叶形片，分别从右往左，由下而上排叠成颈部和头部羽毛；炝红椒刻切成冠；柳叶形蛋白糕片与火腿圆形小片相叠饰作眼睛。

⑥腿部：腊鸡腿肉修切成纺锤形，斜批成片拼作大腿部；蛋黄糕刻作爪。

⑦山石与花草：酱牛肉切柳叶形片排叠作山；姜汁西蓝花缀于山的两侧作绿草；甜品红毛丹一剖为二，由外向里层层交错围叠成牡丹花；生菜叶缀于花的四周作花叶。

3. 特点

高傲美丽的凤凰颇有百鸟之王的气度，一朵洁白如玉的牡丹花，与凤凰相辉映，给人以高雅富丽、吉祥如意之感。

4. 说明

①凤凰的长尾，拼摆形式很多，除以上介绍的两种外，也可将原料修切成长条形，两边打蓑衣刀纹拼摆而成；还可将原料切推刀片推摆而成。

②以凤凰为主题的构图形式很多，如"凤竹牡丹""祥云飞凤""双凤和鸣"等。

十四、金凤飞舞

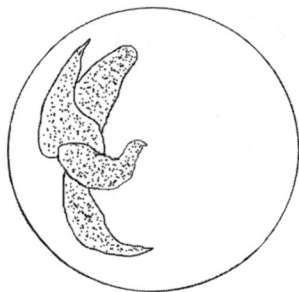

金凤飞舞分步图-1

金凤飞舞分步图-2

金凤飞舞分步图-3

金凤飞舞分步图-4

金凤飞舞分步图-5

图6-36 金凤飞舞

1. 原料

酒醉仔鸡、酸辣黄瓜、盐水红胡萝卜、紫菜蛋卷、橘黄肝糕、红油鱼片、原味火腿、姜汁莴苣、蛋白糕、红樱桃、炝红椒、红曲卤鸭脯、红肠、五香酱兔肉脯、香菜叶。

2. 制作方法

①将酒醉仔鸡肉撕成细丝，码成凤凰的初坯。

②尾部长羽毛：盐水红胡萝卜、姜汁莴苣分别切边缘呈锯齿状的柳叶形片，依次从下往上呈弧形弯曲状排叠成凤凰外围的两根长尾羽，紫菜蛋卷切椭圆形片，按以上方法排叠成凤凰的第三根长尾羽；红肠切月牙形片排叠成近鸡心形，上覆鸡心形蛋白糕片和半粒红樱桃，分别接于三根凤尾的末端。

③尾部短羽毛：酸辣黄瓜、橘黄肝糕、原味火腿切窄柳叶形片，从下往上间隔交错排叠三层作尾部短羽毛。

④背部：蛋白糕、橘黄肝糕、盐水红胡萝卜切柳叶形片，紫菜蛋卷切椭圆形片，分别从右往左、由后向前排叠四层作凤凰背部羽毛。

⑤翅膀及上翘羽毛：五香酱兔肉脯切长柳叶形片、橘黄肝糕切柳叶形片、红肠切窄椭圆形片，分别依次从上往下和从下往上排叠三层作上翅膀和下翅膀；盐水红胡萝卜刻切成近扇形小片，作凤凰背部上翘的一撮羽毛。

⑥胸部、头部及颈部：红曲卤鸭脯斜批成柳叶形片，由后向前排叠成胸部；橘黄肝糕切窄长柳叶形片，从后往前错落排叠成颈部和头部羽毛；炝红椒刻切成凤冠；蛋白糕、红肠分别切圆形小片相叠饰作眼睛；橘黄肝糕刻作嘴。

⑦花卉：红油鱼片由外向里层层交错围叠成牡丹花，橘黄肝糕切成细末饰作花心，香菜叶缀于花的四周作花叶。

3. 特点

此造型以团凤的形式，从凤凰的头到凤凰的尾盘曲婉转，绵延不绝，显得潇洒飘逸。"富贵之花"的牡丹，放于凤凰的头与尾之间，更给人一种欢快、富丽的感觉。

4. 说明

①这是凤凰长尾的又一种拼摆形式，比较简洁。

②此造型虽然是团凤的构图形式，但在拼摆凤凰时要注意头部的姿势，头一定要向上昂，这样才能显得有精神。

十五、鹦鹉玉兰

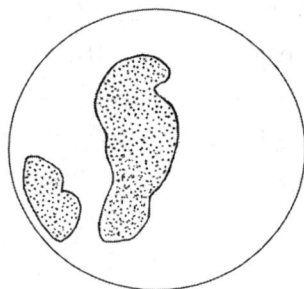

鹦鹉玉兰分步图-1

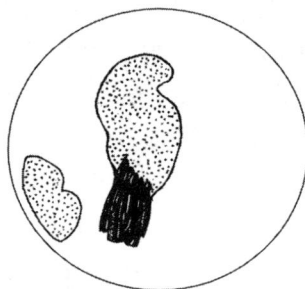

鹦鹉玉兰分步图-2

鹦鹉玉兰分步图-3

鹦鹉玉兰分步图-4

鹦鹉玉兰分步图-5

图 6-37　鹦鹉玉兰

1. 原料

开洋拌干丝、椒麻黄瓜、火腿、姜汁菠菜松、蛋黄糕、蛋白糕、绿豆蓉紫菜蛋卷、烧鸡脯、西式火腿、盐味红胡萝卜、糟鹌鹑蛋、虾子卤香菇、素蟹肉、盐水虾、炝西蓝花。

2. 制作方法

①将开洋拌干丝堆码成鹦鹉初坯。

②椒麻黄瓜刻切成长条形厚片，从左下往右上排叠作尾部长羽毛；火腿、蛋黄糕切长鸡心形，从下往上分别排叠作尾部第二层和第三层羽毛。

③蛋白糕、烧鸡脯肉用斜刀切成长月牙形片，各取一片相叠为一组，分别自下向上排叠作左、右两翅尖羽毛。

④蛋黄糕、西式火腿、绿豆蓉紫菜蛋卷、盐味红胡萝卜、素蟹肉分别切长鸡心片，由下往上排叠作身部羽毛；烧鸡脯切片拼摆作腿部；蛋黄糕刻作爪。

⑤姜汁菠菜松拼摆作头、颈部羽毛；糟鹌鹑蛋白、蛋黄糕、虾子卤香菇切圆形小片相叠作眼睛；西式火腿刻作嘴；盐味红胡萝卜刻作冠羽。

⑥虾子卤香菇刻切成长条拼接作玉兰花枝干；糟鹌鹑蛋白切橄榄形片（一只鹌鹑蛋直切成4块），交错排叠作玉兰花（4片堆小花、7片堆大花、1片作花苞），黄瓜刻作花蒂和树叶。

⑦蛋黄糕切柳叶形片、盐水虾批半排叠作山坡，椒麻黄瓜切细条缀作小草；炝西蓝花排堆于山坡底部作绿草。

3. 特点

鹦鹉矗立玉兰花枝头，回头凝望，鹦鹉与玉兰花遥相呼应，雅味十足，宛如鹦鹉立于树枝，回头观赏玉兰，闲然自得之态跃然盘中。

4. 说明

①鹦鹉的品种很多，如虎皮鹦鹉、红绿鹦鹉等；姿态也是千变万化，构图的方法更是多种多样，既可与桃花组合，也可与花果组合；既可单，也可成双。只是在两只组合时，要注意位置的摆布和姿态的变化。

②在拼摆鹦鹉造型时，修整原料的形状，其线条尽量柔和些，即多用鸡心形、椭圆形等形状的原料进行拼摆，否则与鹦鹉的柔性不符。

十六、孔雀开屏

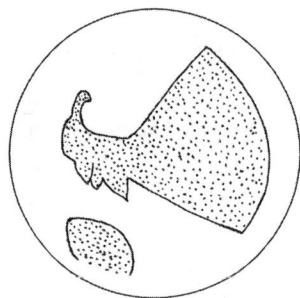

孔雀开屏分步图-1　　　　　　　　孔雀开屏分步图-2

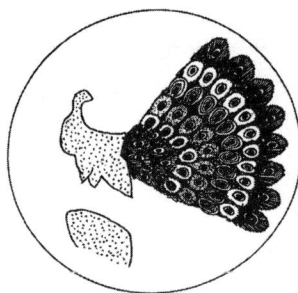

孔雀开屏分步图-3　　　　孔雀开屏分步图-4　　　　孔雀开屏分步图-5

图 6-38　孔雀开屏

1. 原料

糖醋黄瓜、白卤鸽蛋、红樱桃、火腿、烤鸡脯、蛋黄糕、蛋白糕、虾子茭白、卤香菇、熟红豆、香菜、葱油海蜇、红毛丹、肉松、盐味红胡萝卜、捆蹄、卤口条、炝西蓝花、紫菜蛋卷、绿樱桃。

2. 制作方法

①肉松堆码成孔雀的初坯。

②糖醋黄瓜切蓑衣形，捻开按顺时针方向排叠成长翎羽的最外层；白卤鸽蛋切半，光面朝上托半粒红樱桃放在黄瓜中间；紫菜蛋卷切鸡心形片，排叠成尾部长羽毛的第二层；蛋黄糕切锯齿边鸡心形片，上叠半粒红樱桃排叠作尾部长羽毛第三层；火腿切锯齿边鸡心形片，上托半粒绿樱桃排叠作尾部长羽毛的第四层；蛋白糕切锯齿边鸡心形片，上托半粒红樱桃排叠成尾部长羽毛的第五层；糖醋黄瓜切蓑衣形，捻开按顺时针方向排叠成长翎羽的第六层。

③火腿、蛋黄糕、盐味红胡萝卜、蛋白糕切柳叶形片（柳叶形依次由长渐短、由大渐小），由后向前排叠四层作孔雀身部羽毛。

④烧鸡脯斜批成片，从右下往左上排叠作胸脯；蛋黄糕、火腿、糖醋黄瓜切柳叶形片，排叠三层作颈部和头部羽毛；烤鸡腿肉斜批成片拼作腿部。

⑤卤香菇圆形小片上嵌熟红豆作眼睛；蛋黄糕刻作爪和嘴；蛋黄糕丝上接小球形红樱桃粒作冠。

⑥捆蹄切柳叶形片、卤口条切椭圆形片，排叠于盘子的底端作山坡；红毛丹、葱油海蜇分别围叠于山坡两侧作牡丹花；火腿切三角形片圈叠成马蹄莲花；缀以炝西蓝花和香菜作绿草。

3. 特点

此造型以素有"花中之王""富贵之花"的牡丹花与傲然俏立、色彩绚丽的"百鸟之君"孔雀相配，构成了互为辉映、雍容华贵之美。

4. 说明

①我们在展示孔雀的形态时，一般都是以站立的姿势，而很少以空中飞翔的姿势出现。因为孔雀的围屏是其非常重要的特征，也是展示的亮点。

②在拼摆孔雀造型时，其颈部要稍微长一些，否则，孔雀的姿态不够舒展。

十七、群蝶闹春

群蝶闹春分步图-1　　　　群蝶闹春分步图-2

群蝶闹春分步图-3　　　群蝶闹春分步图-4　　　群蝶闹春分步图-5

图 6-39　群蝶闹春

1.原料

如意蛋卷、紫菜蛋卷、蚕豆蓉蛋卷、咖啡色鱼蓉蛋卷、蛋白糕、蛋黄糕、盐味红胡萝卜、烧鸡脯、盐水鸭脯、红樱桃、酸辣黄瓜、火腿、红油鱼片、黄色鱼蓉紫菜卷、盐水虾、椒麻鸡丝、糖醋红椒、卤香菇、香菜叶、油鸡脯。

2.制作方法

①椒麻鸡丝堆码成五只蝴蝶的初坯（翅膀部分）。

②左上蝶：烧鸡脯切长鸡心形片、蛋白糕切长鸡心形片、紫菜蛋卷切椭圆形片、火腿切鸡心形片，依次从外侧向里排叠成蝴蝶的两侧大翅膀；盐味红胡萝卜切长鸡心形片、如意蛋卷切椭圆形片、盐水鸭脯肉切长鸡心形，依次由两

侧往里排叠成小翅膀；卤香菇、蛋白糕切长鸡心形片相叠作小尾翅；酸辣黄瓜切薄片，排叠后内夹椒麻鸡丝作蝶身；蛋白糕、卤香菇小圆片相叠作眼睛；黄瓜切丝（皮面朝上）作须。

③右上蝶：盐水鸭脯切长鸡心形片、咖啡色鱼蓉蛋卷切鸡心形片、蚕豆蓉蛋卷切椭圆形片、火腿切小鸡心形片，依次分别从外侧向内排叠四层作蝴蝶的前翅；盐味味红胡萝卜、黄色鱼蓉紫菜卷切鸡心形片，分别依次由上向下排叠两层作蝴蝶的两侧后翅；蛋白糕、糖醋红椒刻切成长鸡心片，相叠作小尾翅；烧鸡脯料批片，排叠后内夹椒麻鸡丝作蝶身；半粒红樱桃饰作眼睛；黄瓜切丝摆作须。

④左蝶：酸辣黄瓜、蛋白糕切长鸡心形片，黄色鱼蓉紫菜卷切椭圆形片，盐味红胡萝卜、蛋白糕切鸡心形片，依次由上往下排叠五层，分别作蝴蝶的两侧大翅膀；如意蛋卷切椭圆形片由外往里排叠两层作里侧小翅，咖啡色鱼蓉蛋卷切鸡心形排叠两层作外侧小翅；椭圆形蛋白糕片与半粒红樱桃相叠摆在长鸡心形卤香菇片上作小尾翅；盐水鸭脯斜批薄片排叠后内夹椒麻鸡丝作蝶身；蛋白糕、盐味红胡萝卜切圆形片，相叠作眼睛；黄瓜切丝摆作须；卤香菇切丝饰作脚。

⑤右蝶：盐水鸭脯肉、盐味红胡萝卜、蛋白糕切长鸡心形片，紫菜蛋卷切椭圆形片，火腿、蛋白糕切鸡心形片，分别依序从右上往左下排叠六层作蝴蝶的两侧前翅；如意蛋卷、咖啡色鱼蓉蛋卷、蛋白糕切鸡心形片，分别依次由外往里排叠三层作两侧后翅；长鸡心形盐味红胡萝卜片上叠小鸡心形蛋黄糕片和半粒红樱桃作小尾翅；黄瓜切薄片，排叠后内夹椒麻鸡丝作蝶身；圆形糖醋红椒片与蛋白糕片相叠作眼睛；黄瓜切丝摆作须；卤香菇切丝摆作脚。

⑥下蝶：火腿、盐水鸭脯、咖啡色鱼蓉蛋卷、蛋白糕切鸡心形片分别依次由外向内排叠四层作两侧大翅（前翅）；蚕豆蓉蛋卷、紫菜蛋卷、盐味红胡萝卜切鸡心形片，分别依次由外往内排叠三层作后翅；长鸡心形卤香菇片上叠圆形蛋白糕和糖醋红椒小片作小尾翅；盐水虾批半，从上往下排叠作蝶身；半粒红樱桃摆作眼睛；酸辣黄瓜切丝摆作须。

⑦红油鱼片圈叠成月季花；火腿切三角形片，卷叠成马蹄莲花；柠檬切半圆形片，圈叠成茶花；酸辣黄瓜切柳叶形片，排叠成花叶；花的周围缀以香菜叶。

3. 特点

此造型是由品种不同、姿态各异的五只蝴蝶和一簇鲜花构成的。蝴蝶或正面形象，或侧面形象，从不同方向一齐飞向鲜花，春暖花开、群蝶飞舞之状跃然盘中，宛如一大群蝴蝶在大闹春天。此造型动静结合，极富生机。

4. 说明

①蝴蝶在构图时要采用不同的形状和姿态，以免过于雷同。

②蝴蝶的翅膀形状其轮廓线条要缓和一点，不能有明显的棱角，否则与蝴蝶温和的个性不符。

十八、翠鸟赏花

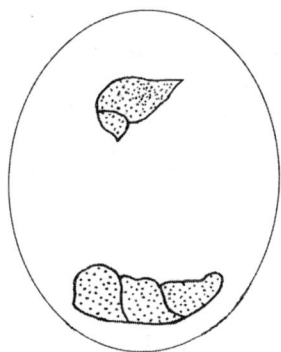

翠鸟赏花分步图-1　　　　翠鸟赏花分步图-2　　　　翠鸟赏花分步图-3

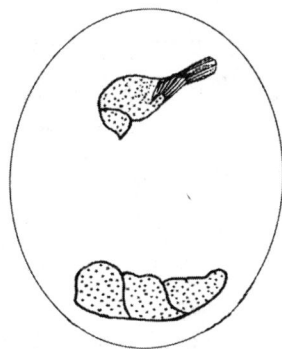

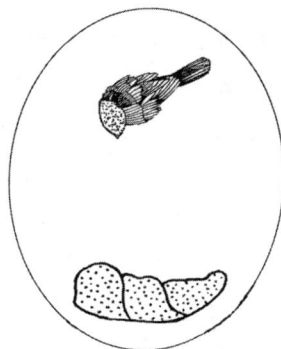

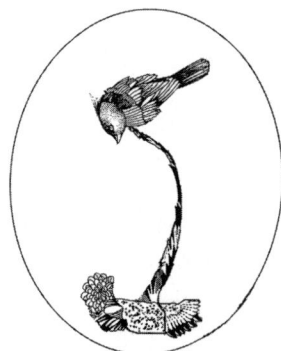

翠鸟赏花分步图-4　　　　翠鸟赏花分步图-5　　　　翠鸟赏花分步图-6

图 6-40　翠鸟赏花

1. 原料

麻辣鸡丝、红卤口条、西式火腿、咖喱卤笋、姜汁菠菜松、五香熏鱼、糖汁樱桃西红柿、炝青椒、三鲜鱼糕、蜜汁银杏、酱牛肉、虾子茭白、炝肫片、香菜叶、椒油莴苣、酸辣黄瓜、蛋黄糕。

2. 制作方法

①麻辣鸡丝堆码成翠鸟和土坡的初坯。

②红卤口条切长鸡心形片，从两侧往中间排叠成尾部长羽毛；椒油莴苣切柳叶形片，排叠作尾部的短羽毛。

③西式火腿切柳叶形片（柳叶形依次由长渐短、由大渐小），由后向前分别排叠成左、右翅膀羽毛；椒油莴苣切柳叶形片，从上往下、由后向前依次排叠成腹部和背部羽毛。

④酸辣黄瓜切蓑衣连片，捻开后排叠成颈部羽毛；姜汁菠菜松堆拼成头部；三鲜鱼糕、蛋黄糕分别切大小不等的圆形小片，相叠作眼睛；蛋糕刻作爪和嘴。

⑤五香熏鱼切成细条块状拼作树枝；糖汁樱桃西红柿切成小椭圆形块状，摆作花苞；炝青椒刻切成三角形片作花托。

⑥蜜汁银杏切半围叠于盘子的底端左侧作大丽花，西式火腿切细末饰作花心；西式火腿、三鲜鱼糕切柳叶形片，分别排叠于盘子底端的左侧作两层叶片；红卤口条、咖喱卤笋切柳叶形片，分别排叠于盘子底端的右侧作山坡；虾子茭白刻切成佛手小块，围叠于山坡之上作佛手花，糖汁樱桃西红柿切细末，饰作花心；炝肫片围叠于盘子的底端作月季花，蛋黄糕切细末饰作花心；酸辣黄瓜切细长条，摆作小草；香菜叶饰作绿叶。

3. 特点

此造型构图简洁而新颖，疏密得当，富有明显的节奏韵律。"S"形的树枝极为巧妙地将鸟与山坡、花卉连接在一起，并有机地融为一体，使树枝上的鸟与山坡中的花卉遥相呼应。整个构图造型自然合理，不失为冷盘造型中构图上的佳作。

4. 说明

①盘子底端的山坡、花卉要拼摆得厚实一点，否则，在视觉上会有树枝不稳的感觉。

②树枝上的"S"形线条要流畅，并与鸟的"S"形相协调，否则看起来不自然。

十九、和平飞鸽

和平飞鸽分步图-1　　　　　　和平飞鸽分步图-2

和平飞鸽分步图-3　　　和平飞鸽分步图-4　　　和平飞鸽分步图-5

图 6-41　和平飞鸽

1. 原料

京葱烤鸡、熏肠、葱椒黄瓜、糟鸡蛋、原味火腿（带部分肥膘）、糖醋红胡萝卜、蛋黄糕、红卤口条、盐水鸭脯、椒盐红豆、柠檬、炝青椒、山楂糕、紫菜蛋卷、本色虾糕、炝肫片、香菜叶、红樱桃。

2. 制作方法

①京葱烤鸡去骨后将肉撕成丝，堆码成鸽子以及底端土坡的初坯。

②熏肠切长柳叶形片，本色虾糕、红卤口条、蛋黄糕切鸡心形片，按序分别从上往下、由翅根向翅尖排叠四层作右翅膀；熏肠切长柳叶形片，本色虾糕、蛋黄糕切柳叶形片，按序分别从上往下、由翅根向翅尖排叠四层作左翅膀。

③原味火腿切长鸡心形片，从上往下排叠成扇形作尾部羽毛；糟鸡蛋将蛋白部分切椭圆形片，从后往前呈覆瓦状排叠成腹部羽毛；盐水鸭脯、葱椒黄瓜切柳叶形片，从下往上分别排叠颈部和头部羽毛。

④蛋黄糕刻作爪和嘴；三鲜鱼糕、蛋黄糕分别切大小不等的圆形小片，相叠嵌椒盐红豆作眼睛。

⑤炝青椒刻切成柳叶形片，围叠于盘子下端两侧作两片大橄榄叶的外形轮廓，本色虾糕切柳叶形片、紫菜蛋卷切椭圆形片、糖醋红胡萝卜切柳叶形片，分别依次排叠三层作两片大橄榄叶；原味火腿切三角形片圈叠成马蹄莲花，蛋黄糕切细条饰作花心。

⑥柠檬切半圆形片，围叠于两片大橄榄叶的底部中间作花，红樱桃切半饰作花心；葱椒黄瓜刻切成橄榄枝和橄榄叶，摆于鸽嘴右下方；山楂糕切片后刻成飘带饰于花的上端及大橄榄叶的之间；炝青椒刻切成细长条，与香菜叶摆于盘子底端饰作小草和绿叶。

3. 特点

此造型刻画了一只口含橄榄枝在空中飞翔的鸽子形象，鸽子和绿色向来被世人视为和平的象征。鸽子两翅舒展，健壮有力，在空中自由地飞翔，下方的两片大橄榄叶、鲜花和飘带衬托了宁静而又开阔气氛，更增添了和平、美好以及祥和、光明的意境。

4. 说明

①在拼摆鸽子时，其体态需要相对丰满些，但不能让人有肥胖、臃肿的感觉。

②鸽子在拼摆过程中，也可以全部选用白色的原料，即白鸽的形象，但盘子一定是要选用深色的才协调。

二十、合家欢乐

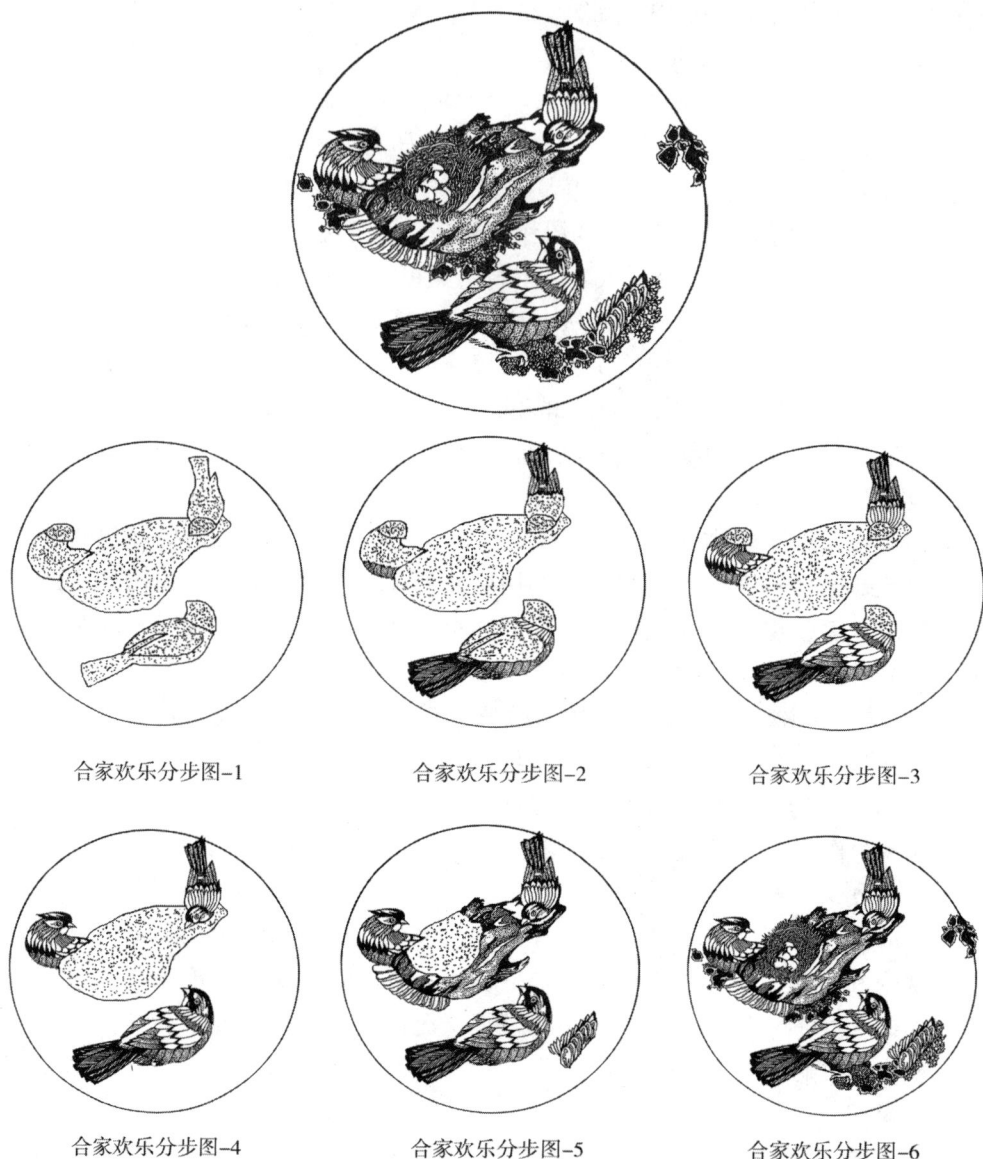

合家欢乐分步图-1　　　　合家欢乐分步图-2　　　　合家欢乐分步图-3

合家欢乐分步图-4　　　　合家欢乐分步图-5　　　　合家欢乐分步图-6

图6-42　合家欢乐

1. 原料

葱油罗皮、五香酱牛肉、仔姜、糟鹌鹑蛋、蒜蓉海带、卤鲜墨鱼、蛋白糕、橘黄鱼糕、盐水红胡萝卜、酱口条、红曲卤鸭脯、腐乳叉烧、盐味青豆、炝红椒、烧鸡脯、紫菜蛋卷、糖醋心里美萝卜、姜汁西蓝花、香菜叶。

2. 制作方法

①五香酱牛肉切成条块状，拼摆成老树根。

②葱油罗皮堆码成三只鸟的初坯。

③下鸟：红曲卤鸭脯肉斜批成厚片，由上往下摆叠作鸟的胸部和腹部；蒜蓉海带切长方形片，上覆蛋白糕长柳叶形片，从右向左排叠作鸟的尾部长羽毛；盐水红胡萝卜、糖醋心里美萝卜切柳叶形片，分别从外向里、由下向上排叠两层作鸟的尾部短羽毛；卤口条切长柳叶形片从下往上，按左、右两侧分别排叠作翅膀羽毛；卤鲜墨鱼、盐水红胡萝卜、橘黄鱼糕、腐乳叉烧切柳叶片，从右往左、由下而上分别排叠四层作背部和颈部羽毛；烧鸡脯肉切柳叶形片排叠作头部羽毛；炝红椒刻作冠；橘黄鱼糕刻作嘴；卤鲜墨鱼圆形片与半粒盐味青豆相叠摆作眼睛；烧鸡脯肉修成锤形后，斜批成厚片拼成大腿；橘黄鱼糕刻作爪。

④上鸟：红曲卤鸭脯肉斜批成厚片，由上往下摆叠作鸟的胸部和腹部；蒜蓉海带切长方形片，上覆蛋白糕长柳叶形片，从右向左排叠作鸟的尾部长羽毛；盐水红胡萝卜、糖醋心里美萝卜切柳叶形片，分别从外向里、由下向上排叠两层作鸟的尾部短羽毛；卤口条切长柳叶形片，从下往上，按左、右两侧分别排叠作翅膀羽毛；橘黄鱼糕、盐水红胡萝卜、卤鲜墨鱼的柳叶片，摆叠三层成背部羽毛；糖醋心里美萝卜、烧鸡脯肉切柳叶片，从右往左、由下而上分别排叠两层作颈部和头部羽毛；炝红椒刻作冠；橘黄鱼糕刻作嘴；卤鲜墨鱼圆形片与半粒盐味青豆相叠摆作眼睛；烧鸡脯肉修成锤形后斜批成厚片，拼成大腿；橘黄鱼糕刻作爪。

⑤左鸟：卤鲜墨鱼、盐水红胡萝卜、橘黄鱼糕、腐乳叉烧切柳叶片，从右往左、由下而上分别排叠四层作背部和颈部羽毛；烧鸡脯肉切柳叶形片排叠作头部羽毛；炝红椒刻作冠；橘黄鱼糕刻作嘴；卤鲜墨鱼圆形片与半粒盐味青豆相叠，摆作眼睛；烧鸡脯肉修成锤形后斜批成厚片拼成大腿；橘黄鱼糕刻作爪。

⑥生姜丝摆作鸟巢，糟鹌鹑蛋放入巢内作鸟蛋。

⑦橘黄鱼糕切柳叶形片、腐乳叉烧切宽柳叶形片、紫菜蛋卷切椭圆形片，排叠于下鸟的右端作土坡；姜汁西蓝花、香菜叶缀作绿草和树叶。

3. 特点

此造型采用均衡的构图方式，以鸟巢为中心，三鸟成"三足鼎立"，姿态各异，或回眸凝望，或曲颈侧视，或低头俯瞰，犹如共同齐心协力在保护"未来"，却又似乎在等待着小生命的降临。褐红色的树干古朴苍劲，象征着饱经风霜。整个画面色彩协调，构图巧妙，充满着欢乐、祥和的气氛。

4. 说明

①三只鸟头的方向一定要全部朝鸟巢，否则向心的合力体现不出来。

②老树根也可以用烤面包修成形后撒可可粉拼摆而成。

二十一、明察秋毫（猫头鹰）

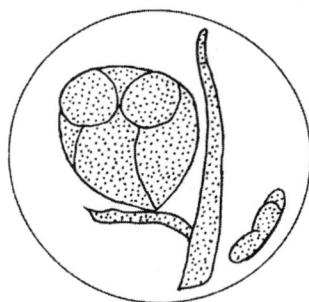

明察秋毫分步图-1　　　　　明察秋毫分步图-2

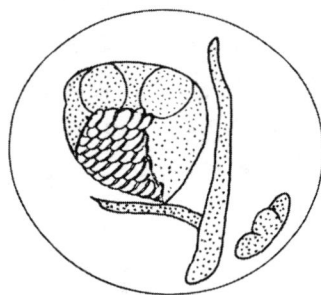

明察秋毫分步图-3　　　明察秋毫分步图-4　　　明察秋毫分步图-5

图6-43　明察秋毫（猫头鹰）

1. 原料

开洋拌干丝、鸡汁茭白、酸辣红胡萝卜、五香鸽脯、黄色虾糕、红卤兔耳、油鸡脯肉、烤鸭脯肉、糖醋青椒、蒜酱西蓝花、咖啡色鱼胶、卤香菇、蛋白糕。

2. 制作方法

①将拌干丝堆码成猫头鹰的身部、头部以及土坡的初坯。

②鸡汁茭白切椭圆形片，自下而上交错排叠成腹部羽毛。

③五香鸽脯批成柳叶形片，分别从下往上排叠成两侧翅膀羽毛。

④黄色虾糕切柳叶形片，从左向右排叠成头部羽毛；油鸡脯肉切柳叶形片，分别从左向右排叠成两只眼睛，咖啡色鱼胶、蛋白糕、卤香菇切圆形小片，依次（由大到小）相叠作眼圈和眼珠；酸辣红胡萝卜刻作嘴；黄色虾糕作爪；红卤兔耳摆作猫头鹰的耳朵。

⑤烤鸭脯肉斜批成片拼摆成树干，糖醋青椒刻切成树叶。

⑥鸡汁茭白切鸡心形片，黄色虾糕、五香鸽脯、油鸡脯肉分别切柳叶形片，依次由上往下排叠四层作山坡；糖醋青椒切成细条作小草；蒜酱西蓝花缀于山坡和树之间作绿草；黄色虾糕刻切月亮缀于树枝下方。

3. 特点

此造型塑造了猫头鹰静蹲树枝的形象。整个构图以块面构成，简洁大方，色彩层次清晰分明，具有强烈的装饰效果。猫头鹰静蹲树枝，两眼圆睁，神态机敏，似在月光下洞察一切，喻意深刻。

4. 说明

①在垫底时，猫头鹰的腹部、身部和头部高度不在同一个层次，腹部最低，身部略微高些，头部的眼最高。

②在拼摆时，尤其要注意眼珠的位置，不可放在眼圈的中间，要略微偏眼圈的内侧，这样才能显现出猫头鹰的专注。

二十二、入木三分（啄木鸟）

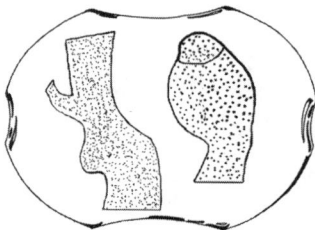

入木三分（啄木鸟）分步图-1

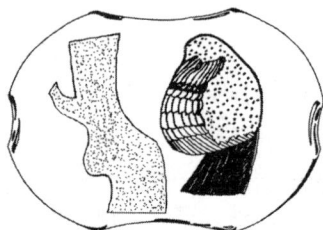

入木三分（啄木鸟）分步图-2

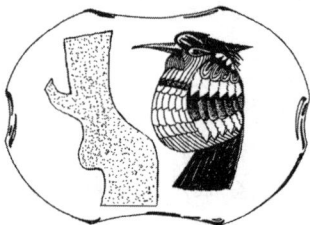

入木三分（啄木鸟）分步图-3

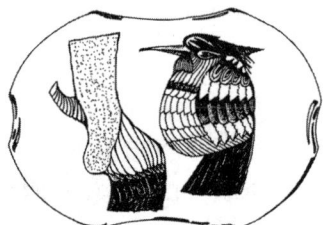

入木三分（啄木鸟）分步图-4

入木三分（啄木鸟）分步图-5

入木三分（啄木鸟）分步图-6

图 6-44　入木三分（啄木鸟）

1. 原料

红油鸡丝、五香牛肉、虾子卤笋、黄色鱼糕、红肠、蛋白糕、蛋黄糕、红曲卤鸭脯、叉烧肉、盐水鸭脯肉、油焖茭白、蒜炝黄瓜、盐味红胡萝卜、盐水相思豆、紫菜蛋卷、烧鸡脯肉、蒜酱海带。

2. 制作方法

①红油鸡丝码成啄木鸟和树干的初坯。

②蒜酱海带刻切长方形片，从右往左排叠成啄木鸟的尾部羽毛。

③虾子卤笋、红肠、蛋白糕、红曲卤鸭脯切柳叶形片，分别从左向右、由下往上排叠成四层作腹部羽毛；炝黄瓜切窄柳叶形片，排叠成嘴下一小撮小羽毛。

④黄色鱼糕切柳叶形片、五香牛肉切长鸡心形片、油焖茭白切柳叶形片、紫菜蛋卷切椭圆形片，分别从左往右、由下向上依次排叠四层作翅部羽毛。

⑤蛋黄糕刻作嘴和爪；盐味红胡萝卜刻作冠；蛋白糕切鸡心形片，上嵌相思豆饰作眼睛。

⑥五香牛肉切长方形片，从右向左排叠做树干的下端；烧鸡脯肉切柳叶形片，分别从右往左和从右下往左上排叠作树干的中端；叉烧肉、油焖茭白切柳叶形片，分别从右向左、自下往上排叠两层作树干的上端；烧鸡脯肉切柳叶形片分别排叠成树枝和树节；蒜炝黄瓜刻切成树叶。

3. 特点

此造型采用对称平衡构图的方法，塑造了体态丰满而又可爱的啄木鸟，树干扭曲苍劲、数片嫩叶隐匿于树干，表现了旺盛的生命力和顽强的精神。整个画面线条流畅和谐，具有古朴之风和典雅之美。

4. 说明

①拼摆树干的刀面不能采用平行拼摆的形式，尤其是树节的部位，否则古木苍老的特性显现不出来。

②在拼摆啄木鸟时翅膀的部位要略微高些，色彩的处理其腹部要相对浅些。

③啄木鸟爪子的位子非常重要，它是啄木鸟站在树干上平衡的支点，如果位置不当会使啄木鸟失去平衡。

二十三、母子情深

母子情深分步图-1

母子情深分步图-2

母子情深分步图-3

母子情深分步图-4

母子情深分步图-5

图 6-45 母子情深

1. 原料

三鲜土豆泥、椒盐土豆丝、肴肉、酸辣莴苣、白色鱼糕、虾子卤干、紫菜蛋卷、油焖冬笋、烧鸡脯肉、蛋白糕、腊鸡脯肉、盐味红椒、盐水大虾、蛋黄糕、五香酱牛肉、蒜泥黄瓜、姜汁西蓝花、香菜叶、青菜松、蛋松、椰蓉、肉松、盐水青豆、花椒粒。

2. 制作方法

①用三鲜土豆泥堆码成一只老母鸡和四只小鸡的初坯。

②老母鸡：五香酱牛肉切成扁椭圆形片，从下往上排叠成老母鸡的尾部长羽毛；酸辣莴苣、白色鱼糕、肴肉切小椭圆形片，分别从下往上、由后向前排叠三层成尾部短羽毛；五香酱牛肉切长柳叶形片，从右下往左上排叠作翅尖长羽毛；紫菜蛋卷切椭圆形片，由后向前排叠两层作翅根部短羽毛；白色鱼糕、虾子卤干切柳叶形片，分别由下往上排叠两层作翅膀羽毛；油焖冬笋、虾子卤干、烧鸡脯肉切柳叶形片，分别由后往前排叠三层作背部羽毛；蛋白糕切小椭圆形片，从下往上排叠成颈部下侧羽毛；蛋黄糕、蛋白糕、腊鸡脯肉切窄柳叶形片，分别由后向前排叠三层成颈部上侧羽毛；蒜泥黄瓜切柳叶形片，由下向上排叠作头部羽毛；盐味红椒刻作鸡冠；蛋黄糕刻作鸡嘴；蛋黄糕切圆形小片上嵌盐水青豆饰作眼睛。

③四只小鸡：青菜松、蛋松、椰蓉、肉松分别贴在四只小鸡身坯上作小鸡的茸毛；蛋黄糕切柳叶形片，分别排叠作三只小鸡的翅膀；蛋黄糕、肴肉、酸辣莴苣、油焖冬笋分别刻作小鸡的嘴；花椒粒嵌作小鸡的眼睛；蒜泥黄瓜、酸辣莴苣、油焖冬笋、蛋黄糕分别刻作小鸡的爪。

④土坡：白色鱼糕切宽柳叶形片、虾子卤干切椭圆形片、紫菜蛋卷切椭圆形片、盐水大虾批半、五香酱牛肉切柳叶形片，依次由右上向左下排叠于盘子的右下端作土坡。

⑤鸡窝、树叶及小草：椒盐土豆丝散摆于老母鸡下端作鸡窝；姜汁西蓝花、香菜叶缀作绿草；蒜泥黄瓜刻成柳叶状摆在盘子的左上端作树叶。

3. 特点

此造型塑造了老母鸡抱窝孵小鸡的自然情景。小鸡刚刚降临，觉得世界上一切都很新鲜，东张西望，神态各异，显得顽皮和可爱；老母鸡翅膀下一只小鸡似乎刚刚出壳，翘首以望，对周围环境还很陌生，小心翼翼地依偎在"母亲"的身旁，老母亲又仿佛在静静地期待着什么，又似乎在安详地享受着温馨的时光，"母子情深"之景跃然盘中。

4. 说明

①虽然每只小鸡的神态各异，但它们的头部都要朝前方（一个方向），似乎有它们的父亲在呼唤，亦或是它们的"兄弟姐妹"发现了美味，又或是前方发生了有趣好玩的事情，这起到了延伸空间和赋予人们想象的作用。

②老母鸡的翅膀一定要下塌并半盖住小鸡，否则老母鸡对小鸡的"呵护"之情显示不出来。

二十四、小猫扑蝶

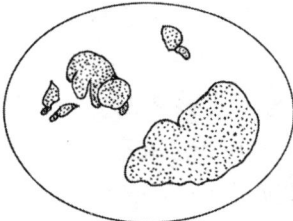

小猫扑蝶分步图-1

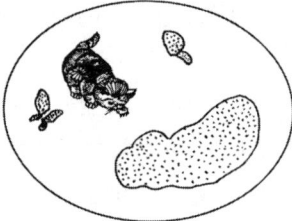

小猫扑蝶分步图-2

小猫扑蝶分步图-3

小猫扑蝶分步图-4

小猫扑蝶分步图-5

图6-46　小猫扑蝶

1. 原料

三鲜山药泥、葱油兔耳、鸡汁发菜、椰蓉、蛋黄糕、青蒜叶、卤香菇、蛋白糕、紫菜蛋卷、原味火腿、蜜汁银耳、蒜味海蛰、红油鱼片、炝鸭肫片、拌黄瓜、油爆虾、盐味红胡萝卜、糖醋紫萝卜、炝西蓝花。

2. 制作方法

①三鲜山药泥码堆成猫身、头、尾、腿部以及土坡的初坯。

②小猫：椰蓉、鸡汁发菜末相间撒在山药泥上作猫的全身绒毛；糖醋紫萝卜切柳叶形片，分别排叠和圈叠于小猫的头部和身体的侧面；蛋黄糕刻作猫爪；葱油兔耳饰作猫耳；盐味红胡萝卜刻作猫嘴和猫鼻；蛋白糕圆形小片与卤香菇圆形小片相叠（由大到小）缀作眼睛；青蒜叶细丝放在猫嘴两边作须。

③蝴蝶：蓑衣黄瓜、紫菜蛋卷、盐味红胡萝卜、蛋黄糕、蛋白糕分别切鸡心形片，从外向里逐层排叠成3只蝴蝶翅膀；油爆虾饰作蝴蝶身部；拌黄瓜切长细丝作须；蛋白糕圆形小厚片与卤香菇圆形小厚片相叠（由大到小）缀作眼睛。

④土坡：蛋白糕、蛋黄糕、火腿分别切柳叶形片，紫菜蛋卷切椭圆形片，油爆虾批半，按序从右下向左上、由右往左分别层层相叠作土坡。

⑤花卉及绿草：蜜汁银耳、蒜味海蛰、红油鱼片、半圆形柠檬片、三角形原味火腿片在山坡上分别拼摆成各种花卉；炝西蓝花、青蒜叶分别散摆于土坡各处缀作小草。

3. 特点

整个造型透出一派自然景象。蝴蝶飞舞于百花之中；小猫身子前倾，扑向蝴蝶，把蝴蝶的轻盈、飘逸和小猫的调皮、可爱展现得淋漓尽致。整个画面自然、生动、栩栩如生。

4. 说明

①为了体现小猫浑身毛茸茸的可爱模样，一般不宜用刀面的形式进行拼摆。

②垫底也可用色拉或土豆泥替代，这样既比较服帖，同时对松类物料也有一定的黏性。

③绒毛除了可用椰蓉拼摆之外，还可以用与之类似的原料如肉松、蛋松、鱼松等进行拼摆。

二十五、马到成功

马到成功分步图-1

马到成功分步图-2

马到成功分步图-3

马到成功分步图-4

马到成功分步图-5

图 6-47　马到成功

1. 原料

椒油肚丝、烧鸭脯、火腿、酸辣黄瓜、盐水大虾、蛋黄糕、炝黄花菜、葱油金针菇、红卤兔耳、虾子卤香菇、蒜蓉西蓝花、白切肉、水晶肴蹄。

2. 制作方法

①用椒油肚丝码堆成马头、身、颈部以及土坡的初坯。

②马：烧鸭脯肉斜切成厚片形，从上到下排叠成马颈部和马身部；烧鸭脯肉略加整理后，斜切成条块，分别拼接于臀部作马的右后腿，以及颈身之间作马的左前腿；其余两条马腿用烧鸭脯肉条块拼摆而成；虾子卤香菇刻切成马蹄；烧鸭脯肉修切成马头状，再斜批成厚片拼摆成马头；蛋黄糕片与虾子香菇片相叠作眼睛；炝黄花菜摆作马鬃；葱油金针菇拼摆成马尾；红卤兔耳缀作马耳。

③土坡：盐水大虾批半、火腿切长鸡心形片、白切肉切柳叶形片、蛋黄糕切柳叶形片，依次从右向左按弧形拼摆法排叠作土坡；水晶肴蹄切橄榄形小块连排于土坡的下端。

④绿草：蒜蓉西蓝花散摆于土坡的下端、左侧及右侧缀作绿草，酸辣黄瓜切丝在土坡底部摆作小草。

3. 特点

此菜造型中马腾空而起，疾奔向前，给人以雄健、进取和一马当先的感受。尤其是该造型别出心裁地选用烧鸭脯，使形象、色彩亦如马的固有之色、之质，块面大小形状依马的肌肉解剖结构铺排，更显得生动自然、栩栩如生。

4. 说明

①以马为主题的构图形式很多，姿态各异，或奔跑，或站立；马匹的数量组合也可单可双，风格不一。如"马到成功""马踏飞燕""骏马奔腾""双马图"等。

②以马、牛、虎、狮、豹等为题材的冷盘造型，在拼摆过程中尽量以块形材料进行拼摆，而少用片形原料。

二十六、牧童放歌（牧牛图）

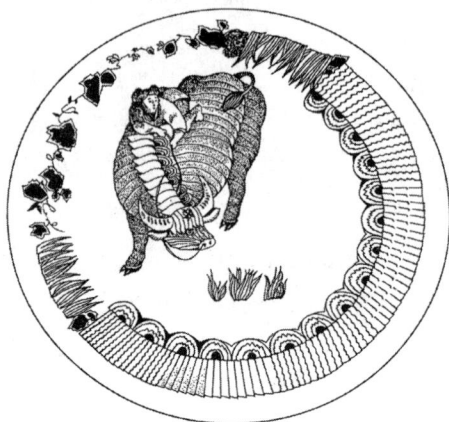

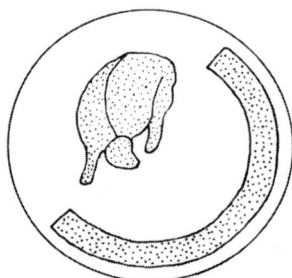

牧童放歌分步图–1　　　　　　　牧童放歌分步图–2

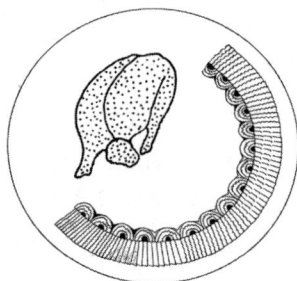

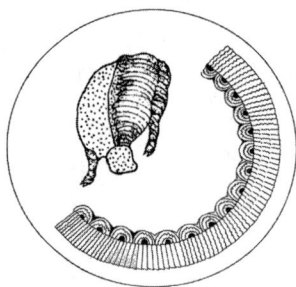

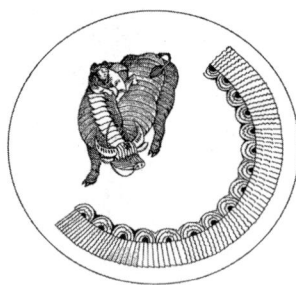

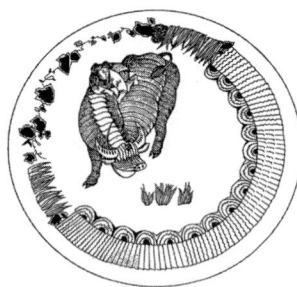

牧童放歌分步图–3　　　牧童放歌分步图–4　　　牧童放歌分步图–5

图 6–48　牧童放歌（牧牛图）

1. 原料

红油牛肉丝、五香熏鱼、蒜酱兔耳、原味火腿、橘黄虾糕、炝药芹、椒油金针菇、西式火腿、烧鸡脯肉、糖醋青椒、蛋黄糕、红曲卤鸭脯、红卤香菇、糟鸡蛋、紫菜蛋卷、香菜叶、酱牛肉、蒜香西蓝花。

2. 制作方法

①将红油牛肉丝堆码成牛身、颈和头部以及弧形河堤的初坯。

②牛：红曲卤鸭脯肉修成腿状，斜切成小块拼摆成腿部，红卤香菇刻作蹄；西式火腿切长方形片，从颈部往后排叠成牛的身部；原味火腿切成长方形片排叠（由前往后）成头部；烧鸡脯肉斜切成长薄片，从前往后排叠作颈部（前略盖头部，后接身部）；蛋黄糕刻作牛鼻；用糟鸡蛋的蛋白圆形小片，与红卤香菇圆形小片相叠（由大到小）作眼；五香熏鱼修成条状（逐渐由粗到细）再斜切成厚片，依次拼摆成牛角；蒜酱兔耳摆于牛头与颈部的交接处作牛耳；椒油金针菇撮摆成牛尾。

③牧童：橘黄虾糕雕成一小童子，放在牛背上，作骑牛状；炝药芹丝缀作系牛绳。

④弧形河堤：西式火腿、烧鸡脯肉、蛋黄糕、酱牛肉切长方形片，分别依次从右上往左下、沿盘内侧排叠成弧状刀面为弧形河堤；紫菜蛋卷切半圆形片排于弧形刀面内侧。

⑤小草及点缀：糖醋青椒切成细条，摆于弧形河堤的两端和牛的前方作小草，左上端缀以香菜叶和蒜香西蓝花饰作绿草。

3. 特点

此造型为一头壮硕的水牛行走在乡间的田埂上，背上驼着天真活泼而顽皮的小牧童，他们似乎已经成了一对悠闲自得的好朋友。盘边的弧状刀面拉住了无限拓展的视线，同时也给牛增加了几分温驯，整个造型充满了田园牧牛的生活情趣。

4. 说明

①这里的牛，我们并不是要借其展现一种力量，而更多的是需要体现牛的温驯，所以，在拼摆过程中还是以片形为宜。

②在处理牛和牧童的姿态时要注意他们之间的协调性，要使牛头的方向与牧童的眼睛方向保持一致。

二十七、勇往直前（牛）

勇往直前（牛）分步图-1

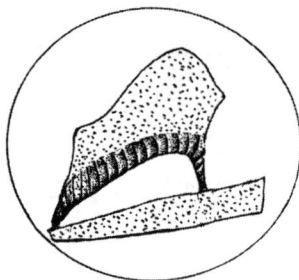

勇往直前（牛）分步图-2

勇往直前（牛）分步图-3

勇往直前（牛）分步图-4

勇往直前（牛）分步图-5

图 6-49　勇往直前

1. 原料

什锦山药泥、陈皮牛肉、酱猪肝、红曲卤猪尾、豆蓉百叶卷、紫菜蛋卷、咖啡色鱼蓉腐皮卷、葱油金针菇、蒜蓉西蓝花、卤香菇、蛋黄糕、香菜叶。

2. 制作方法

①用什锦山药泥堆码成牛身和山石的初坯。

②牛：将陈皮牛肉切成长方形片，从下向上、由前往后排叠作牛的腿部和腹部；豆蓉百叶卷、咖啡色鱼蓉腐皮卷、紫菜蛋卷分别切成椭圆形片，依次由下向上、从前向后排叠作牛身的侧部（略压住牛的腹部）；葱油金针菇叠摆作牛的颈部和背部；酱猪肝刻成牛的头部和牛角，蛋黄糕柳叶形片上托圆形香菇片作眼睛；红曲卤猪尾切段摆作长尾。

③山石及点缀：烧鸭脯切成长方形片，从右向左依次排叠作山石；蒜蓉西蓝花、香菜叶分摆于山石的前端和底部作绿草。

3. 特点

此造型以日常生活中常见的牛为题材。牛历来都是勇往直前、永不放弃、埋头苦干和不遗余力的精神象征。此造型中的牛低头隆背、双腿后蹬、用力前行，有催人奋进、永不言败之感。

4. 说明

①牛的"低头""隆背""双腿后蹬"三者之间一定要同时呈现，这样牛奋力向前的韵味才能得以充分体现。

②在拼摆时，牛身上的刀面不宜过于精细，以大片的形状拼摆恰好与牛要体现的"力量"相吻合。

二十八、东方雄狮（一）

东方雄狮（一）分步图-1　　　　　　东方雄狮（一）分步图-2

东方雄狮（一）分步图-3　　　东方雄狮（一）分步图-4　　　东方雄狮（一）分步图-5

图 6-50　东方雄狮（一）

1. 原料

开洋拌药芹、葱烤鸭脯、红曲卤鸭脯、白嫩油鸡脯、烧鸭脯、腐乳叉烧肉、红卤牛蛙腿、葱油金针菇、五香酱牛肉、蒜蓉西蓝花、五香卤干、卤香菇、蛋黄糕、酸辣黄瓜、椒盐土豆丝、原味开洋、香菜叶。

2. 制作方法

①用开洋拌药芹堆码成狮身和山石的初坯。

②狮子：将白嫩油鸡脯切成长方形片，从后向前排叠作狮子的腹部；烧鸭脯切成长方形片，从后向前排叠作狮子的背部（略压住狮子的腹部）；红卤牛蛙腿修成块状，拼成狮子的两条后腿；腐乳叉烧肉修成腿形后改切成三至四块，拼作两条前腿；将原味开洋嵌于前腿外部作爪；葱烤鸭脯切成长柳叶片，由下向上排叠成颈部长发；红曲卤鸭脯刻成头部，原味开洋摆成牙，椒盐土豆丝饰作须，蛋黄糕柳叶形片上托圆形香菇片作眼睛；葱油金针菇摆作长尾。

③山石及点缀：五香酱牛肉、红曲卤鸭脯、五香卤干切成长方形片，分别从左向右、由上往下依次排叠三层作山石；酸辣黄瓜刻作云；蒜蓉西蓝花、香菜叶分摆于山石的底部作绿草。

3. 特点

此造型以兽中之王——雄狮为题材。雄狮站在山崖之顶，昂首高吼，一鸣惊人，有不可一世之势。气势磅礴，力量刚劲，有催人奋发之感。

4. 说明

①狮子的头虽然向后，但一定要向上昂，雄师的气势才能表现出来。

②山石也要往上翘，这样与狮子不可一世的气势才能吻合。

③在构图过程中，盘面的右上方要尽量虚一点，因为该造型中狮子的头是向后的，这样的构图会更加舒展。

二十九、东方雄狮（二）

东方雄狮（二）分步图-1

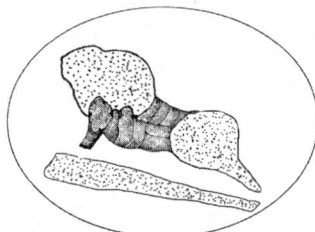

东方雄狮（二）分步图-2

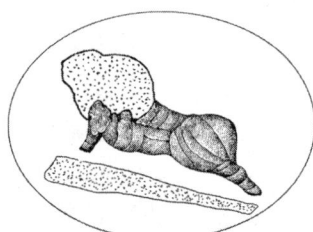

东方雄狮（二）分步图-3

东方雄狮（二）分步图-4

东方雄狮（二）分步图-5

东方雄狮（二）分步图-6

图 6-51　东方雄狮（二）

1. 原料

姜汁菠菜松、烤鸭脯肉、原味火腿、酱鸡脯、蒜酱黄花菜、红卤猪尾、烧鸡脯肉、糖水枇杷、麻酱黄瓜、红糟鸡腿、蛋黄糕、卤香菇、盐味西蓝花、鸡汁开洋、香菜叶。

2. 制作方法

①用姜汁菠菜松堆码成雄狮和山石的初坯。

②雄狮：烧鸭脯肉修成腹部形状轮廓后改成块状，拼摆成狮子的腹部；酱鸡脯修成背部形状轮廓后改成块状，拼摆成狮子的背部；烧鸡脯肉修成臀部形状轮廓后改成块状，拼摆成狮子的臀部；红糟鸡腿去骨后，分别修成前、后腿的外形轮廓后改成块状，分别拼摆成狮子的前、后腿；烧鸡脯肉切成块状，拼作狮子的头部；蒜酱黄花菜从下往上摆作狮子头、颈部的长毛；糖水枇杷切半，嵌鸡汁开洋饰作爪；蛋黄糕切柳叶形片上托圆形卤香菇片作眼睛；麻酱黄瓜切细丝装作须；红卤猪尾切段摆作尾巴，蒜酱黄花菜一小撮摆作尾部的长毛。

③山石及点缀：原味火腿切长方形薄片，从左向右排叠作山石；麻酱黄瓜切蓑衣刀纹，捻开后摆作树叶；盐味西蓝花、香菜叶分别摆于山石的右下端和左下端作绿草。

3. 特点

此造型具有强烈的装饰效果，与"东方雄狮（一）"有所不同的是，此造型在拼摆过程中巧妙地运用了原料，使原料的形象、色彩亦如雄狮的固有之色、之质，块面的大小和形状依照了狮子的肌肉解剖结构铺排，造型逼真而生动。

4. 说明

①在拼摆狮子时，刀面的大小和刀纹的方向要与狮子的肌肉解剖结构尽量相符，否则狮子造型会让人觉得别扭。

②在构图时，整个题材要在盘面的中间，山石的下面也留有一定的空白，这样悬崖峭壁的陡势才能显示出来。

三十、海底世界

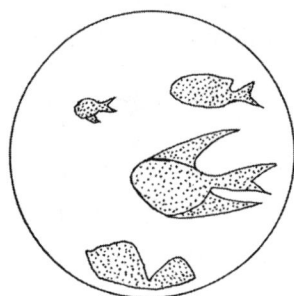

海底世界分步图-1　　　　　　海底世界分步图-2

海底世界分步图-3　　　海底世界分步图-4　　　海底世界分步图-5

图 6-52　海底世界

1. 原料

拌黄瓜、蛋白糕、糖醋红椒、蛋黄糕、山楂糕、葱烤青鱼、火腿、卤鸭脯、烧鸡脯、红肠、素蟹肉、五香牛肉、蜜汁桃仁、红油牛肉丝、蒜味西蓝花、三鲜山药泥、炝佛手乌鱼、葱管。

2. 制作方法

①将葱烤青鱼撕成细丝，堆码成两条鱼的初坯。

②左上鱼：黄瓜切片，以上、下两侧往中间排叠作鱼尾；烧鸡脯切片，从下往上排叠作鱼腹；卤鸭脯切片，从下往上排叠作鱼身；火腿切片，排叠作鱼的臀鳍和腹鳍，糖醋红椒刻成锯齿状，上覆拌黄瓜片作背鳍；头部盖一层三鲜山药泥作头和嘴，糖醋红椒、黄瓜切圆形小片，相叠作眼。

③下鱼：拌黄瓜切长柳叶形片，分别从上往下、由下向上排叠三片作鱼尾上下两侧部分，蛋白糕切长柳叶形片，分别从上、下两侧向中间排叠与黄瓜构成鱼尾；黄瓜切长柳叶形片，分别从上往下、由下向上排叠作鱼背鳍和腹鳍；山楂糕、蛋黄糕分别从上往下错致排叠两层为一组，鸡心形蛋白糕片相夹重复由后向前排叠作鱼身部鱼鳞（蛋白糕的层数逐渐增加）；火腿切鸡心形片，从下向上排叠作鱼头下额部；头上部盖一层三鲜山药泥而成；蛋黄糕、黄瓜圆形小片相叠饰作眼睛；黄瓜切片排叠作鱼胸鳍；糖醋红椒切长丝缀作须。

④右上鱼：黄瓜切长柳叶形片从上、下两侧往中间排叠作鱼尾；素蟹肉切半圆形片，从后向前排叠作鱼腹；火腿切鸡心形片，从下往上排叠作鱼身；烧鸡脯切条作背鳍；红肠旋切大片，刻切成头部；蛋黄糕、山楂糕切圆形小片，相叠作眼睛；卤鸭脯切柳叶形片，排叠作腹鳍，黄瓜切片，排叠作胸鳍。

⑤葱管切厚片放在鱼的嘴前作水泡。

⑥葱烤青鱼切小块、黄瓜斜刀批成片，与蜜汁挑仁、红油牛肉丝拼摆于盘子下端作海中珊瑚和石；炝佛手乌鱼作八爪鱼；黄瓜切丝作小草；石底部缀以蒜味西蓝花。

3. 特点

此造型生动地表现了"海阔凭鱼跃"这一主题，三尾不同品种和造型的鱼在水中自由自在，胜似"闲庭信步"。下端的珊瑚石和水草跌宕起伏，千姿百态；上端的海鱼玲珑剔透，畅游海底，给人以广阔深邃之感，展现了令人向往而又神秘的"海底世界"。

4. 说明

①为了表现鱼的个性，鱼鳍的形状和大小可以作一定的夸张。

②用莴苣细条在两侧打蓑衣刀纹，点缀作水草也非常逼真。

三十一、金鱼戏莲

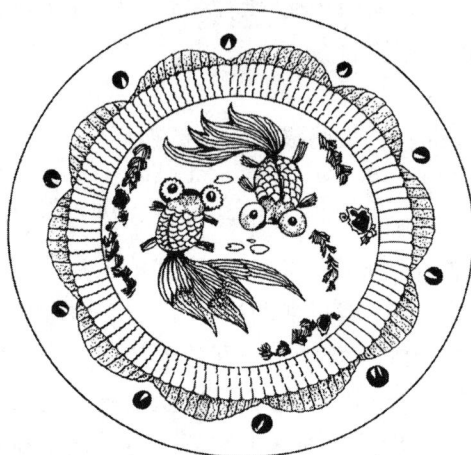

金鱼戏莲分步图-1

金鱼戏莲分步图-2

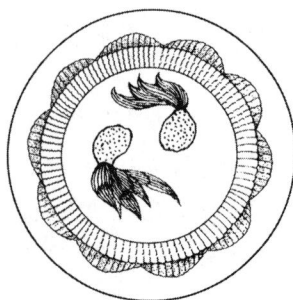

金鱼戏莲分步图-3

金鱼戏莲分步图-4

金鱼戏莲分步图-5

图 6-53　金鱼戏莲

1. 原料

琼脂、绿菜汁、椒麻鸡丝、红樱桃、糖水龙眼、糖醋红胡萝卜、姜汁莴苣、素蟹柳、盐水河虾、酸辣黄瓜、白嫩油鸡脯、原味火腿、油焖香菇、五香牛肉、盐味冬笋、泡红椒、咖喱茭白、咖啡色鱼糕。

2. 制作方法

①琼脂熬溶，加绿菜汁并调味后，倒入盘内冷凝成冻。

②用椒麻鸡丝分别堆码成左、右两条金鱼的初坯。

③左金鱼：将白嫩油鸡脯切长柳叶形片，从后端往上排叠成金鱼的尾鳍；盐水河虾批半，从尾处根部向上呈覆瓦状排叠成金鱼身部鳞片（盐水河虾略盖白嫩油鸡脯）；油焖香菇刻切成头部，糖水龙眼刻成嘴部，红樱桃切半作眼睛；五香牛肉刻切成锯齿状片作背鳍，酸辣黄瓜切柳叶形片，分别排叠成胸鳍和腹鳍。

④右金鱼：原味火腿切成长柳叶形片，从尾部后端往前、由左向右排叠成金鱼的尾鳍；素蟹柳切半圆，从尾处根部向下呈覆瓦状排叠成金鱼身部鳞片（素蟹柳略盖原味火腿）；盐味冬笋批片后刻切成头部，泡红椒刻成嘴部，糖水龙眼摆作眼睛；咖喱茭白切柳叶形片，分别排叠成胸鳍和腹鳍，咖啡色鱼糕刻切成锯齿状片作背鳍。

⑤水草：酸辣黄瓜切蓑衣刀纹连片拼作水草。

⑥排拼：姜汁莴苣切长鸡心形片，呈弧形排叠作外圈排拼；五香牛肉、白嫩油鸡脯、原味火腿、素蟹柳、糖醋红胡萝卜分别切长鸡心形片，依次呈扇形排叠作内圈排拼；红樱桃切半，分别点缀于排拼外侧的凹处。

3. 特点

该造型中两条金鱼首尾相接，呈"喜相逢"构图样式，拼摆过程中用料不多却不单薄，颜色虽少却不单调。内圈排拼的刀面方向虽然呈发散状，但由于外圈排拼呈弧形状排叠，使内圈的发散趋势得到内收，使整个造型舒展而不张扬。尤其是几点水泡和数根小草更显金鱼的玲珑之气。

4. 说明

①要注意金鱼的各种品种及各种姿态的构图造型。

②金鱼的数量组合可单可双，也可以运用三条或四条，甚至更多，要根据构图的需要来确定。

③金鱼也经常与其他题材相组合，如荷叶、荷花、水草或杨柳、紫藤以及假山等。

三十二、力争上游（鲤鱼）

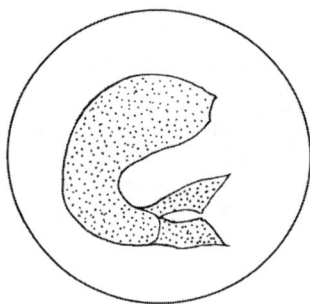

力争上游分步图-1　　　　力争上游分步图-2

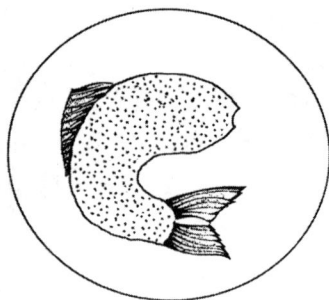

力争上游分步图-3　　　力争上游分步图-4　　　力争上游分步图-5

图 6-54　力争上游（鲤鱼）

1. 原料

椒麻鸡丝、橘黄鱼糕、红曲卤鸭脯、蛋白糕、鹌鹑变蛋、叉烧肉、红色虾糕、油鸡脯、盐味红椒、蒜酱西蓝花、酸辣黄瓜、糖醋青椒、香菜叶。

2. 制作方法

①椒麻鸡丝堆码成鲤鱼头部和身部的初坯。

②尾部：叉烧肉切成长柳叶形片，分别从上、下两侧往中间排叠成鲤鱼的尾鳍。

③身部：红色虾糕切鸡心形片，从近尾处向上呈覆瓦状排叠成身部鳞片。

④头部：红曲卤鸭脯修切成近扇形大片后再斜批成小片，排叠成头部；橘黄鱼糕雕刻成嘴部；蛋白糕圆形片上覆小半只鹌鹑变蛋（横切 1/3）摆作眼睛；盐味红椒切丝拼作须。

⑤鳍部：橘黄鱼糕切鸡心形片，排叠成胸鳍；叉烧肉切长方形片，从下往上排叠成背鳍。

⑥水草和水泡：油鸡脯、酸辣黄瓜、橘黄鱼糕分别切窄长柳叶形片，依次交错从左向右排叠成一撮流线形长水草；酸辣黄瓜切蓑衣连片、糖醋青椒切细丝与蒜酱西蓝花、香菜叶一起拼摆成绿色水草；糖醋青椒切细丝圈摆作水泡。

3. 特点

此造型中，红艳艳的大鲤鱼身体弯曲如弓，形如纺锤，神采飞扬；流线形的一撮既象水草，又如水流，更增添了鲤鱼的动感，使"力争上游"的主题更加鲜明突出。

4. 说明

①此造型略改构图，在上方加一个小龙门，即可表达"鲤鱼跳龙门"的主题。

②该造型中的鱼头如果拼摆成立体状，其动感效果会更好。

三十三、吉庆有余（鲤鱼）

吉庆有余分步图-1　　　　　　吉庆有余分步图-2

吉庆有余分步图-3　　　　吉庆有余分步图-4　　　　吉庆有余分步图-5

图 6-55　吉庆有余（鲤鱼）

1. 原料

葱烤青鱼、糖醋黄瓜、蒜酱鲍丝、盐味红椒、素蟹肉、盐水虾、火腿、盐味青椒、红肠、白卤鹌鹑蛋、松花蛋、咖啡色虾糕、蛋黄糕、蒜味海白菜。

2. 制作方法

①葱烤青鱼撕成细丝与蒜酱鲍丝分别堆码成左、右鲤鱼头部和身部初坯。

②左鲤：糖醋黄瓜切长柳叶形片，分别从左、右两侧往中间排叠成尾部；素蟹肉切半圆形片（或近椭圆形片），从尾处向上呈覆瓦状排叠成身部鳞片；红肠旋批成大片，分别修切成鸡心形和扇形片，拼作头部；蛋黄糕刻成嘴部；白卤鹌鹑蛋切半只，叠松花蛋清圆形片作眼睛；盐味红椒切丝摆作须；蒜味海白菜刻切成背鳍；糖醋黄瓜切柳叶形片排叠成胸鳍和腹鳍。

③右鲤：火腿切成长柳叶形片，分别从左、右两侧往中间排叠成尾部；糖醋黄瓜切柳叶形片排叠成胸鳍、腹鳍和臀鳍；盐水虾批半，从尾处向上呈覆瓦状排叠成身部鳞片；咖啡色虾糕切大片，分别刻切成鸡心形和扇形拼作头部；蛋黄糕刻成嘴部；白卤鹌鹑蛋切半叠松花蛋清圆形片摆作眼睛；盐味红椒切丝拼作须；蒜味海白菜刻作背鳍。

④睡莲和水草：盐味青椒刻切成不规则近椭圆形片，表面刻上茎纹摆作睡莲，蒜味海白菜切细条拼作叶茎；盐味青椒切细丝和蓑衣连片拼作水草。

3. 特点

"连年有余"是借"鱼"之谐音为"余"，表达了人们企盼富足丰盛而又有余的一种心态。此造型中，两条鲤鱼在水中自由自在，同向并肩而行，整个造型轻松、愉悦，尤其是精致小巧的睡莲和小草，映衬得鲤鱼更为可爱。

4. 说明

①以鲤鱼为题材的造型形式很多，视其组合形式而定。鲤鱼可与水波浪组合成"力争上游"；也可与龙门组合成"鲤鱼跳龙门"；也可与柳、荷叶等组合成"吉庆有余"等。

②鱼鳞宜用半圆形、椭圆形或鸡心形片状原料拼摆而成，而鱼鳍宜用柳叶形片排叠。尤其是鱼尾，一般要用长柳叶形或长月牙形片排叠而成。

第四节 器物造型

本节的图 6-56 ～图 6-70 介绍了器物造型冷盘。

一、迎宾花篮

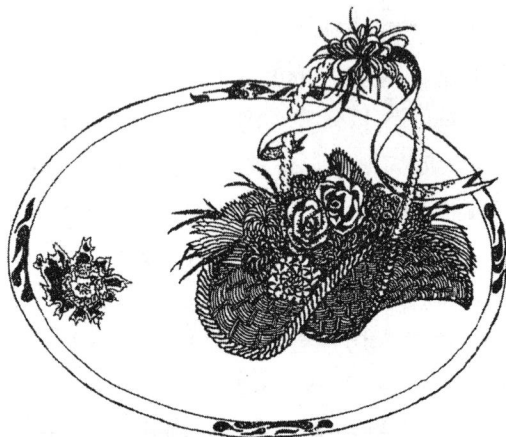

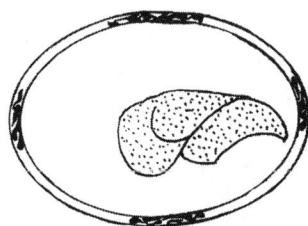

迎宾花篮分步图-1

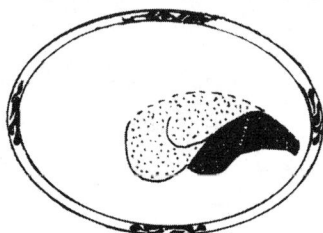

迎宾花篮分步图-2

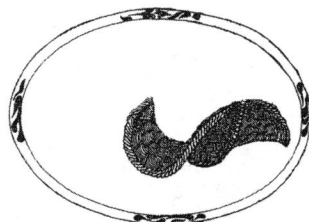

迎宾花篮分步图-3

迎宾花篮分步图-4

迎宾花篮分步图-5

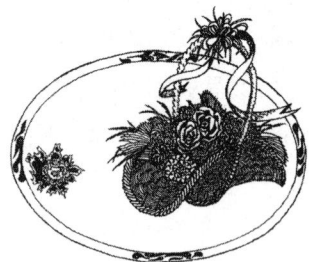

迎宾花篮分步图-6

图 6-56 迎宾花篮

1. 原料

鱼松、盐水鸭脯、火腿、蛋白糕、蛋黄糕、咖啡色虾糕、虾子卤笋、糖醋红胡萝卜、紫菜蛋卷、红肠、红曲卤鸡脯、炝鱼片、佛手墨鱼、葱油海蜇头、炝西蓝花、蒜味黄瓜、生菜叶、香瓜、纸花、香菜叶、盐水虾。

2. 制作方法

①鱼松堆码成花篮篮身的初坯。

②篮身：中部篮身：火腿、蛋白糕、咖啡色虾糕、蛋黄糕、糖醋红胡萝卜切短月牙形片，依次从上往下拼摆五层而成；左部篮身：盐水鸭脯、火腿、蛋白糕、咖啡色虾糕、蛋黄糕、糖醋红胡萝卜、虾子卤笋分别切短月牙形片，依次从右上往左下排叠七层作左部篮身的内侧；右部篮身：虾子卤笋、糖醋红胡萝卜、蛋黄糕、咖啡色虾糕切月牙形片，依次从右上往左下排叠四层作右部篮身外侧。

③篮底：盐水虾切去头尾部分呈半圆形状，从左向右依次排放成篮子底部。

④篮口：紫菜蛋卷切椭圆形片，依次顺长作"S"形排叠作篮口。

⑤鲜花及花叶：蒜味黄瓜切长柳叶形片，排叠于外侧篮口作花叶；盐水鸭脯肉切成丝、佛手墨鱼摆作篮中两朵菊花；炝鱼片、红肠切半圆形片、红曲卤鸭脯斜批成半圆形片，分别圈叠成篮中三朵月季花；葱油海蜇头圈摆成花篮左侧的牡丹花；香菜叶缀作绿叶；炝西蓝花和生菜叶摆于篮中鲜花周围作花叶。

⑥篮把：香瓜顺长切成齿状边"U"形花条，并在其顶端系上纸花成篮把。

3. 特点

此花篮构图巧妙，造型新颖别致，篮中以四季常开的月季花为主花，不同的色彩相互呼应。花团锦簇，使花篮的弧形下垂显得更加自然得体；花篮左侧的牡丹花与篮内的鲜花遥相呼应，更有满溢之感，用以欢迎贵宾，可尽显主人的热情。

4. 说明

①花篮的拼摆形式多种多样，这种拼摆形式更符合篮身的竹编纹路，更自然、更形象。

②花篮的篮身也可以用圆口槽刀将材料（如黄瓜、茭白、莴苣、芋头等）加工成细条状并制熟调味后拼摆而成。

二、锦锈花篮

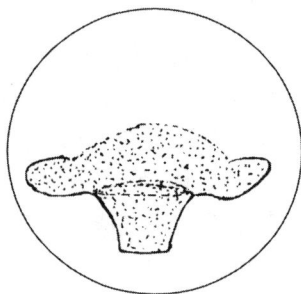

锦锈花篮分步图-1

锦锈花篮分步图-2

锦锈花篮分步图-3

锦锈花篮分步图-4

锦锈花篮分步图-5

锦锈花篮分步图-6

图 6-57　锦锈花篮

1. 原料

烧鸡脯、紫菜蛋卷、火腿、姜汁莴苣、糖醋红胡萝卜、盐水鸡脯、卤鸭脯、蛋黄糕、盐水虾、红肠、蛋白糕、红油鱼片、卤茭白、炝西蓝花、蒜蓉黄瓜、葱油口蘑、珊瑚卷。

2. 制作方法

①烧鸡脯肉切成细丝堆码成篮身初坯。

②蛋黄糕、蛋白糕、红肠、卤茭白、糖醋红胡萝卜、姜汁莴苣切成椭圆形片，分别从下往上、由左向右排叠六层作篮身；盐水虾排叠成篮身下端作篮缀。

③紫菜蛋卷切椭圆形，从左往右排叠成花篮内口，火腿、蛋白糕、姜汁莴苣、糖醋红胡萝卜、盐水鸭脯分别切宽柳叶形片，从右往左层层排叠作花篮外口（最后一片盐水鸭脯略压紫菜蛋卷的第一片）。

④葱油口蘑刻切成月牙形，正反交替错开排接作篮把。

⑤红油鱼片、卤鸭脯切片拼摆成牡丹花；火腿切梯形片摆成马蹄莲花；珊瑚卷斜切成菱形厚片，堆摆成大丽花；盐水鸭脯肉切丝，撮摆成菊花；卤茭白刻作玉兰花；蒜蓉黄瓜切成细条饰作小草；炝西蓝花缀于鲜花之间；糖醋红胡萝卜切长条片饰作红绸带。

3. 特点

此造型中花篮造型轻盈，外口略带立体状翻卷，颇具灵气。篮口各色鲜花，竞相盛开，争奇斗艳，美如锦绣，观之有满溢之感，堪称花篮类冷盘造型中的佳作。用以欢迎贵宾尤显得高贵、庄重。

4. 说明

①花篮的造型各种各样，篮身有方形的、圆形的、菱形的，也有呈梯形的；造型有平面的，也有半立体和立体的。

②拼摆的手法也多种多样，拼摆形式上有从上往下排叠而成的，也有从左往右排叠而成的；原料可呈方形，也可呈长方形或椭圆形。所有这些变化，要视构图形式而定。

三、宫廷玉扇

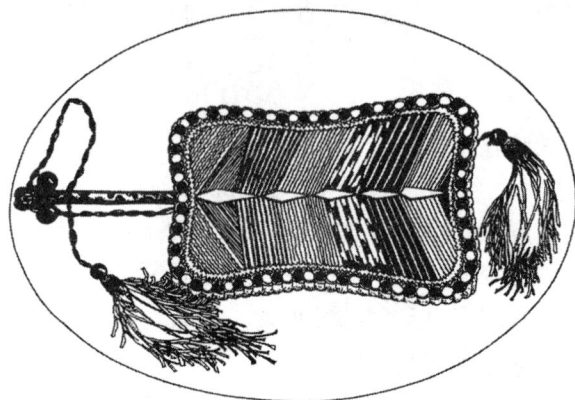

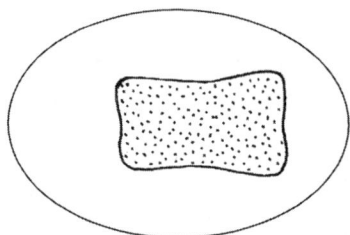

宫廷玉扇分步图-1

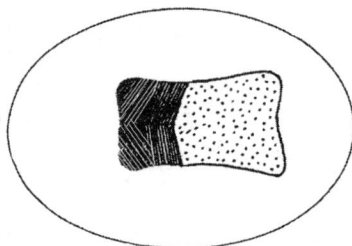

宫廷玉扇分步图-2

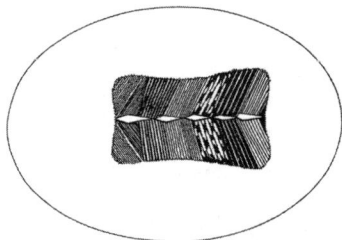

宫廷玉扇分步图-3

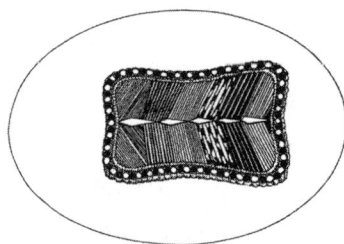

宫廷玉扇分步图-4

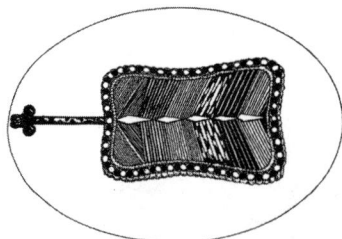

宫廷玉扇分步图-5

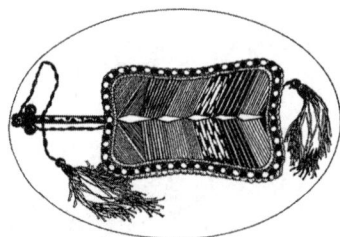

宫廷玉扇分步图-6

图6-58　宫廷玉扇

1. 原料

姜汁莴苣丝、蒜味芦笋、西式火腿、咖啡色鱼胶、彩色蛋黄糕、火腿、油焖笋、五香牛肉、蛋白糕、拌黄瓜、鸡蛋皮、炝药芹、红樱桃、绿樱桃、葱管。

2. 制作方法

①姜汁莴苣丝堆码成宫扇扇体的初坯。

②西式火腿、咖啡色鱼胶、彩色蛋黄糕、火腿、油焖笋、五香牛肉切长方形片，从左到右分六层呈"V"字形对称排叠成扇面。

③蒜味芦笋切段（与扇面高度等同）截面朝上，围扇面外围排放一周作扇边。

④蛋白糕切波浪形长条镶嵌于扇边交接处；红樱桃、绿樱桃切半，间隔排列在蒜味芦笋截面上。

⑤拌黄瓜切波浪形长条，覆于扇面中轴线上饰装扇骨；火腿切成长条作扇柄。

⑥鸡蛋皮切连丝片卷起，套上葱管作缨，炝药芹瓣作系绳。

3. 特点

此造型中的宫扇，以对称的构图形式拼摆而成，色彩艳丽而不俗，展示了造型端庄、大方的对称美。

4. 说明

①扇子本身就是很对称的一种器物，在拼摆过程中以斜刀面的形式比较好，这样可以在对称中得到一定的变化，从而使扇子不至于太死板。

②以扇柄为中轴线的两侧，用料的色彩和刀面方向一定要对称，否则，在视觉效果上扇子会给人以重心不稳的感觉。

四、金榜题名

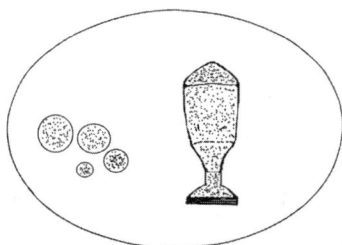

金榜题名分步图-1

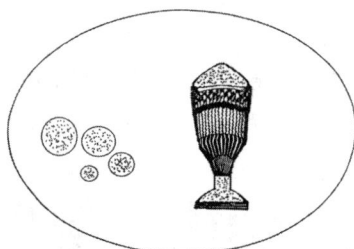

金榜题名分步图-2

金榜题名分步图-3

金榜题名分步图-4

金榜题名分步图-5

金榜题名分步图-6

图 6-59　金榜题名

1. 原料

椒香鸡丝、蛋黄糕、猪肉脯、红肠、原味火腿、五香酱牛肉、水晶肴蹄、咖啡色鱼胶、盐味药芹、卤鸭脯、炝鸭胗片、珊瑚卷、彩色蛋白糕、香菜叶、绿樱桃。

2. 制作方法

①用椒香鸡丝在盘中码堆成奖杯杯身的初坯。

②红肠切长梯形片，从左往右排叠成奖杯杯盖（呈近三角形）；蛋黄糕刻作葫芦形，底部接拼半粒绿樱桃摆在红肠顶端作杯盖顶部；猪肉脯切长方形片，绕杯盖顶端盘曲作彩带。

③原味火腿、五香酱牛肉、水晶肴蹄切长方形片，分别从左向右、由上往下排叠三层作杯身。

④彩色蛋白糕切三角形片、蛋黄糕切菱形片，分别从左往右按序排叠两层作杯腰。

⑤咖啡色鱼胶切长梯形片，从左往右排叠呈近三角形作杯座。

⑥蛋黄糕切正方形片，从左往右排叠在杯盖与杯身的交接处；蛋黄糕刻作杯把拼摆于杯身两侧。

⑦盐味药芹整理平齐，切段排放在奖杯左下方作花枝，猪肉脯切长方形片，缠绕药芹作束花缎带；炝鸭胗片、珊瑚卷切菱形厚片，卤鸭脯肉斜批成月牙形片，红肠切半圆形片，分别圈摆成花；香菜叶摆在花的四周作花叶。

3. 特点

一只金光闪闪的奖杯和一束五彩缤纷的鲜花，是胜利和荣誉的象征，构图巧妙而完美。此造型是庆功宴的最佳选择。

4. 说明

①在构图过程中，花束可以倾斜而奖杯需要正放。

②在拼摆奖杯时，原料的色彩可以选择丰富并亮丽一点，这更容易烘托出获奖时热烈而喜庆的气氛。

五、红烛颂

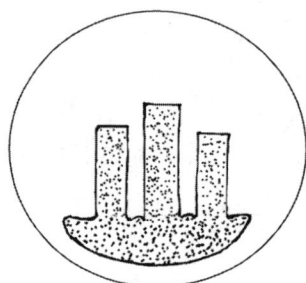

红烛颂分步图-1

红烛颂分步图-2

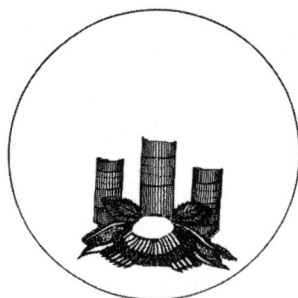

红烛颂分步图-3

红烛颂分步图-4

红烛颂分步图-5

图 6-60　红烛颂

1. 原料

蛋白糕、山楂糕、紫菜蛋卷、葱椒鸡丝、火腿、糖醋黄瓜、白色虾糕、卤猪舌、果酱、红肠、红樱桃、蒜味西蓝花、油鸡脯、蛋黄糕、椰子汁、浓橙汁、琼脂、虾子茭白、柠檬、盐味青椒。

2. 制作方法

①葱椒鸡丝堆码成三支蜡烛的初坯（中间粗，两侧略细）。

②大蜡烛：蛋白糕、蛋黄糕、火腿切长方形片，分别依次从左向右排叠三层成蜡烛；果酱覆于蜡烛顶端作蜡烛头部；山楂糕、蛋黄糕刻成宽柳叶形片相叠作火焰。

③左蜡烛：蛋黄糕、糖醋黄瓜、红肠、虾子茭白切长方形片，分别依次从左向右排叠四层成蜡烛；琼脂熬溶后加入浓橙汁（并调味）浇于蜡烛顶端；山楂糕、蛋黄糕切宽柳叶形片相叠作火焰。

④右蜡烛：白色虾糕、卤猪舌、蛋黄糕、糖醋黄瓜分别切长方形片，从右向左排叠四层作蜡烛；琼脂熬溶后加入椰子汁（并调味）浇于蜡烛顶端；火焰的拼摆方法同上。

⑤卤鸡脯肉、卤猪舌切长方形片，从左向右排叠于盘子正底端；紫菜蛋卷切椭圆形片、白色虾糕切柳叶形片，分别从右向左依次由下而上排叠作上面两层；红樱桃、绿樱桃分别切半，摆于虾糕之上。

⑥柠檬切月牙形片，从下往上分别排叠于左、右蜡烛外侧；盐味青椒刻切成柳叶形片摆于蜡烛和柠檬之间作树叶。

⑦火腿切三角形片卷叠成马蹄莲花分饰于盘子底端两侧；黄瓜切柳叶形片排叠成花叶，山楂糕片上叠蛋白糕饰作飘带；蒜味西蓝花分饰于盘子底端。

3. 特点

此造型以对称构图的形式并以红色为主调，间以少许黄色、绿色、白色作醒目之用，使主题更为明确，气氛更加热烈。蜡烛底部的红、绿樱桃和两侧的树叶，烘托出蜡烛照亮别人而牺牲自己的伟大精神，喻示着教师职业的神圣和伟大。此造型用于谢师宴尤为适当。

4. 说明

①此造型在蜡烛的上端拼以（或用原料刻切）"Happy Birthday"或"生日快乐"的字样，即可用于生日宴或寿宴。

②将材料修整成大半圆形再切成厚片，然后采用推刀片的形式拼摆而成的蜡烛，速度更快，造型也简洁、明了。

六、吉他之韵

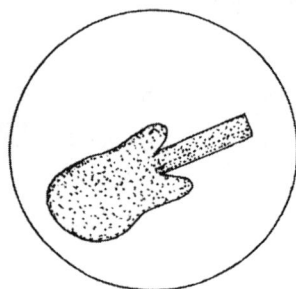

吉他之韵分步图-1

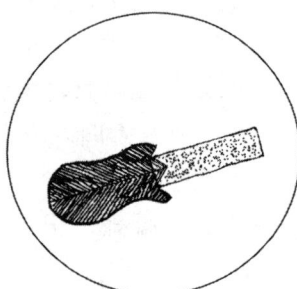

吉他之韵分步图-2

吉他之韵分步图-3

吉他之韵分步图-4

吉他之韵分步图-5

吉他之韵分步图-6

图6-61 吉他之韵

1. 原料

银芽鸡丝、火腿、盐味珍珠笋、西式火腿、五香牛肉、蛋白糕、蛋黄糕、红卤猪舌、盐水虾、水晶山楂糕、红樱桃、卤香菇、酸辣黄瓜、炝药芹、佛手乌鱼、柠檬、香菜叶。

2. 制作方法

①银芽鸡丝堆码成吉他身部的初坯。

②西式火腿、五香牛肉、蛋白糕、红卤猪舌、蛋黄糕切片，按序分别呈"V"字形（左右两边对称拼摆）从底部往上排叠作吉他身部；火腿切长方形片，接吉他身部排叠作吉他颈部；盐水大虾头朝吉他颈部，以背朝上、尾向下的形式排叠作吉他头部；盐水珍珠笋切齐，沿吉他身部围排一圈；红樱桃切半，排列到吉他身部外侧。

③取中等大小盐水虾去头，在吉他身部前段排叠一圈作圆孔；蛋白糕、蛋黄糕切锯齿形片，相叠摆作弦座（架），酸辣黄瓜切长细丝作弦。

④水晶山楂糕刻切成长条形片，作吉他背带；蛋白糕切锯齿形长方形呈"S"形排叠在吉他上端；卤香菇刻作音符分摆在上面。

⑤炝药芹摆作花束茎把，佛手乌鱼摆作菊花，火腿切三角形片圈叠作马蹄莲花，柠檬切半圆形片围叠成茶花，香菜叶饰作花叶。

3. 特点

此造型以乐器中的吉他为题材，构图巧妙，拼摆得当，别出心裁。"S"形的音符和五彩缤纷的鲜花更增添了活力，翩翩起舞的身姿，载歌载舞的欢乐情景跃然而出。

4. 说明

①吉他、宫扇、折扇、时钟等器物，其面层原料宜采用斜纹进行拼摆，可增强画面的"活"度，即动感。

②此类器物造型的四周均可采用相同的方法进行处理。

七、分秒必争（时钟）

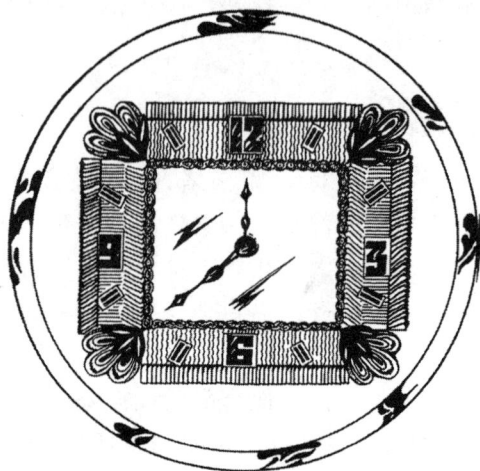

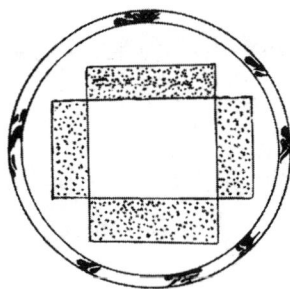

分秒必争分步图-1 　　　　　分秒必争分步图-2 　　　　　分秒必争分步图-3

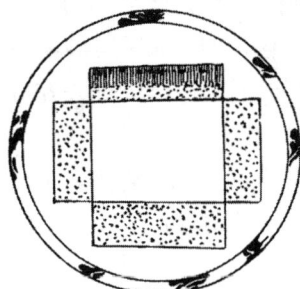

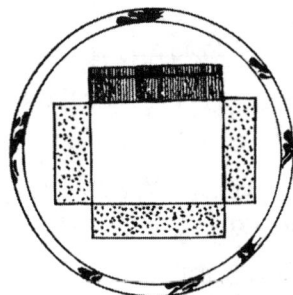

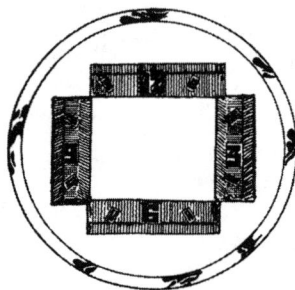

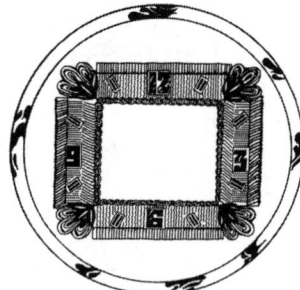

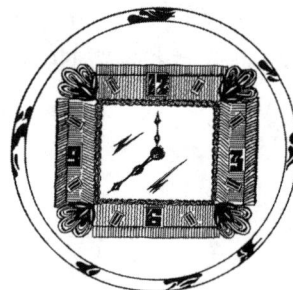

分秒必争分步图-4 　　　　　分秒必争分步图-5 　　　　　分秒必争分步图-6

图 6-62　分秒必争（时钟）

1. 原料

琼脂、绿菜汁、三鲜鱼糕、午餐肉、蛋白糕、蛋黄糕、紫菜蛋卷、火腿、糖醋红椒、山楂糕、火腿蓉圆白菜卷、冻耳糕、咖喱珍珠笋。

2. 制作方法

①琼脂熬溶后加绿菜汁拌和（经调味）倒入盘中，凝冻后修切成方形。

②鱼糕、火腿分别切波浪纹片，以中间 1/4 为火腿，两端等长为鱼糕，沿琼脂冻上边排叠成钟的上框；钟的左框、右框、下框分别用午餐肉和火腿、蛋黄糕和冻耳糕、蛋白糕和火腿按上框方法排叠而成。

③紫菜蛋卷切厚片（厚度与钟框高度相同），以截面朝上，大头朝外，用三片拼摆成钟框的四个角；糖醋红椒刻切成三角形覆在紫菜蛋卷截面上。

④蛋白糕切长方形片，上覆两根山楂糕片以及刻成的"12""6""9"和"3"字，按序摆在钟的上、下、左、右框的火腿刀面上。

⑤火腿蓉圆白菜卷和咖喱珍珠笋分别切相同长的小段，间隔靠钟框竖摆在琼脂上作钟的内框；火腿蓉圆白菜卷切小段，摆在钟的中心作指针转轴；蛋黄糕、山楂糕切细长条，相叠分别饰作时针和分针。

3. 特点

此造型端庄、典雅、新颖而别致，整个构图线条简洁明快，色彩和谐，拼摆整齐而又富有节奏。似警钟长鸣，在时刻提醒人们光明似箭，不可虚度年华。

4. 说明

①时钟的造型可以根据情况而变化，如鸡心形、圆形、菱形或椭圆形等。

②这种拼摆手法实际上就是排拼的一种变格。

八、欢乐渔家（鱼篓）

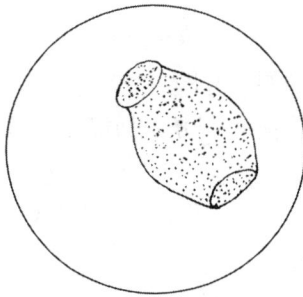

欢乐渔家分步图-1

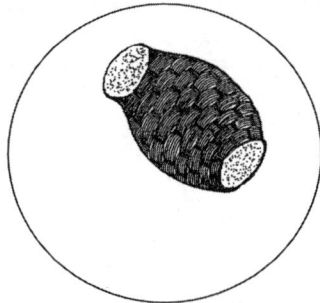

欢乐渔家分步图-2

欢乐渔家分步图-3

欢乐渔家分步图-4

欢乐渔家分步图-5

图 6-63　欢乐渔家（鱼篓）

1. 原料

姜汁菠菜松、酸辣红胡萝卜、三鲜虾糕、广式香肠、虾子茭白、原味火腿、蛋黄糕、红肠、蒜味黄瓜、卤猪舌、松花蛋、醉冬笋、拌莴苣、炝药芹、香菜叶、醉虾、蒜蓉西蓝花。

2. 制作方法

①用姜汁菠菜松堆码成竹篓的初坯。

②醉冬笋、卤猪舌、蒜味黄瓜、红肠、蛋黄糕、火腿、虾子茭白、香肠、三鲜虾糕、红胡萝卜、拌莴苣切半圆形片，分别从左往右依次排叠成鱼竹篓的身部；炝药芹切段摆于每层的两刀面相接处；取长药芹三根（粗细相同）编成辫子状，拼摆在竹篓的篓口和篓底边。

③松花蛋切半后，刻切成两只大小不等的螃蟹置于竹篓由的下端和左上端，醉虾放在竹篓的左侧。

④蒜味黄瓜刻切成细条、蓑衣形片捻开，一并摆于盘子的下端饰作小草；香菜叶和蒜蓉西蓝花点缀于盘子底端。

3. 特点

此造型是以渔具之一的鱼篓为题材，反映了渔家生活的一个侧面。竹篓巧妙地利用了半圆形刀面的自然弧形拼摆而成，使竹篓的经纬竹交叉更加逼真。两只大小不同、神态各异的螃蟹和虾子，便画面充满了自然生动的情趣。

4. 说明

①为了增加鱼篓编织状的立体效果，半圆形片相叠后在拼摆时尽量竖起来，倾斜度相对小一点，这样拼摆后的鱼篓其编织状的立体效果会更加明显。

②鱼篓的拼摆也可以不用刀面，可选用细条原料完全运用编织的手法进行拼摆。

九、沙滩情思（海螺）

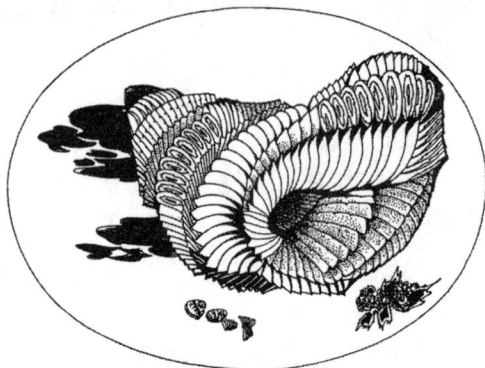

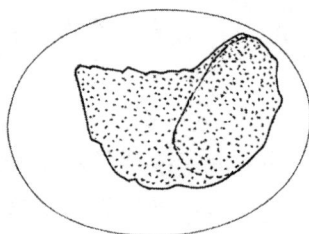

沙滩情思分步图-1　　　　　　　　　　沙滩情思分步图-2

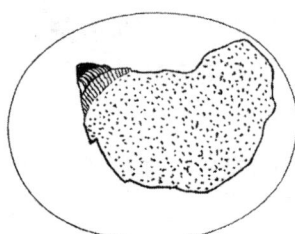

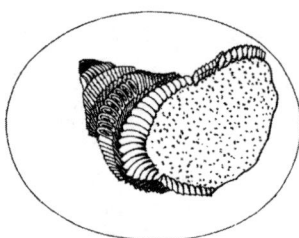

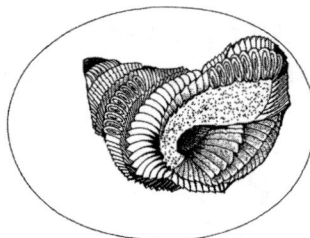

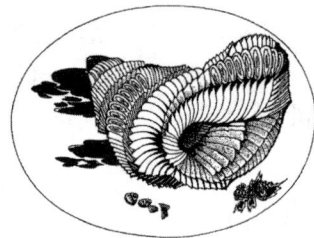

沙滩情思分步图-3　　　　沙滩情思分步图-4　　　　沙滩情思分步图-5

图 6-64　沙滩情思（海螺）

1. 原料

麻酱海螺片、水晶肴肉、盐味冬笋、红卤口条、咖啡色鱼糕、盐水鸭脯、紫菜蛋卷、红卤猪肝、蛋白糕、西式火腿、猪耳糕、白卤口蘑、酸辣黄瓜、琼脂、绿菜汁、香菜叶、蒜蓉西蓝花。

2. 制作方法

①琼脂加水熬溶（蒸溶）后调味，掺入绿菜汁搅匀，浇在盘子的左侧，凝冻作海水。

②用麻酱海螺片堆码成海螺的初坯。

③螺尖：水晶肴肉、盐味冬笋切柳叶形片，分别从右上往左下、由上向下排叠两层作螺尖。

④螺身：红卤口条、咖啡色鱼糕、盐水鸭脯切长方形片，紫菜蛋卷切椭圆形片，红卤猪肝、蛋白糕、西式火腿切长方形片，猪耳糕分别切椭圆形片和柳叶形片，依次从下往上、由前向后层层排叠成海螺的身部。

⑤螺下口：红卤猪肝、水晶肴肉切柳叶形片，咖啡色鱼糕分别切长方形片和柳叶形片，依次从右上往左下排叠三层作海螺下口的外缘部；猪耳糕切长方形片、红卤猪肝切柳叶形片，依次从左下往右上排叠两层作海螺下口的内层。

⑥螺上口：盐味冬笋、西式火腿切柳叶形片，依次从右往左排叠两层作海螺上口的最外层；猪耳糕切长方形片、紫菜蛋卷切椭圆形片、蛋白糕和盐味冬笋分别切柳叶形片，依次从右往左排叠三层作海螺上口的内层。

⑦贝壳及水草点缀：白卤口蘑切蓑衣刀纹捻开，摆于盘子的底端饰作贝壳；酸辣黄瓜切蓑衣刀纹捻开，与蒜蓉西蓝花、香菜叶分别点缀于盘子的底端和右下端作水草。

3. 特点

在冷盘的构图造型中，以海螺为主要题材实属新颖而别致。尤其是此造型中通过原料修整形状的变化和巧妙的拼摆手法，将海螺的层次、轮廓和棱角表现得完美无缺，再加上淡绿色的海水和玲珑剔透的小贝壳及水草，给画面更增添了几分趣味。

4. 说明

①拼摆海螺的料形不宜太小，尤其是螺口部位。否则，会过于散碎而不大气。

②螺身部位的棱角一定要表现出来，不能拼摆得过于弧形和平滑。

③在拼摆过程中，需要体现棱角的部位，原料的修整形状一定要与之相吻合。

十、中华魂（华表）

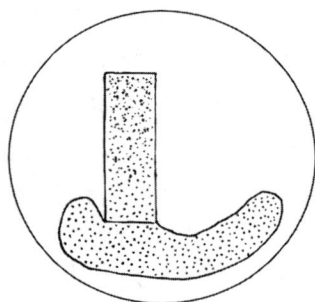

中华魂分步图-1　　　　　　　　　中华魂分步图-2

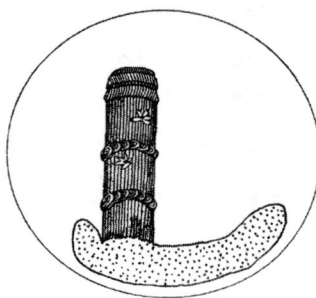

中华魂分步图-3　　　　中华魂分步图-4　　　　中华魂分步图-5

图 6-65　中华魂（华表）

1. 原料

银芽鸡丝、咖啡色鱼胶、虾蓉紫菜卷、蛋黄糕、原味火腿、紫菜蛋卷、糖醋红胡萝卜、西式火腿、五香牛肉、火腿蓉圆白菜卷、红油鱼片、蒜酱黄瓜、蛋白糕、青蒜叶、糖水龙眼、粉肠、虾子卤冬笋、香菜叶、炝西蓝花。

2. 制作方法

①用银芽鸡丝堆码成华表及盘子下端土坡的初坯。

②华表：虾蓉紫菜卷、蛋白糕、糖醋红胡萝卜分别切椭圆形片，依次从左往右、由上向下排叠三层成梯形华表的顶部；原味火腿、西式火腿、五香牛肉分别切长方形片，依次从左往右、由上向下按序排叠三层作华表的身部，紫菜蛋卷切椭圆形片，从右往左分别排叠于华表身部的上下两层刀面的相接处，蛋黄糕切正方形片，排叠在华表的顶部与身部的交接处；咖啡色鱼胶刻作瑞兽摆在华表顶部上端；咖啡色鱼胶切厚片，修刻成云纹拼摆在华表身部的上端两侧。

③土坡及花卉：虾子卤冬笋、西式火腿、蛋黄糕切柳叶形片，分别从右往左、由上向下排叠三层于华表身部的底端作土坡，紫菜蛋卷切长椭圆形片，从右上往左下排叠作土坡的右下侧，五香牛肉、虾子卤冬笋切柳叶形片，依次从右上往左下排叠两层作土坡的右上端；糖水龙眼、红油鱼片分别圈叠于华表身部的右下侧作牡丹花和月季花；火腿蓉圆白菜卷切菱形厚片，圈叠于华表身部的右下侧底部作大丽花；原味火腿切三角形片，卷叠成马蹄莲花摆于土坡的左上端。

④花草及点缀：蒜酱黄瓜切蓑衣刀纹捻开，与香菜叶分别点缀于土坡中花卉的四周作花叶；青蒜叶和炝西蓝花分饰于土坡中作绿草；粉肠切长方形薄片，然后再刻切成飘带饰于盘子的右上端。

3. 特点

华表是我国古代宫殿、陵墓等大型建筑物前面做装饰用的巨大石柱，柱身多雕刻龙凤等图案，已成为中国标志性的建筑，也已成为中华民族的象征。此造型就是以华表为题材的冷盘造型图案，华表显得高大、端庄，在各色鲜花的簇拥下更显得雍荣华贵、富丽堂皇，寓意着中华民族正在蓬勃发展和兴旺发达。

4. 说明

①拼摆华表的主刀面不要太短，并一定要垂直、服帖。

②拼摆在华表身部的上下两层刀面相接处的紫菜蛋卷，要带有一定的弧度，这样，华表的立体感才能显现出来。

③盘子的上半部分要尽量留有空白，这样才能显示出华表的高大。

十一、奥运圣火（火炬）

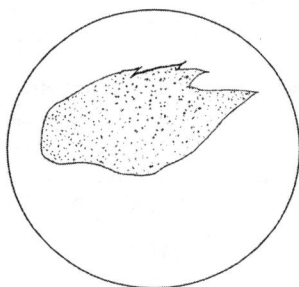

奥运圣火分步图-1

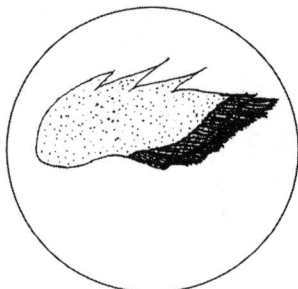

奥运圣火分步图-2

奥运圣火分步图-3

奥运圣火分步图-4

奥运圣火分步图-5

奥运圣火分步图-6

图6-66　奥运圣火（火炬）

1. 原料

开洋拌干丝、原味火腿、蛋黄糕、盐味红胡萝卜、糖醋紫萝卜、糟鸡脯肉、橘黄鱼糕、红曲卤鸭脯、油焖茭白、广式香肠、咖啡色虾糕、西式火腿、蛋白糕、炝青椒。

2. 制作方法

①用开洋拌干丝堆码成火炬火焰的初坯。

②火焰：原味火腿、蛋黄糕、盐味红胡萝卜、糖醋紫萝卜、糟鸡脯肉、橘黄鱼糕、红曲卤鸭脯、油焖茭白、广式香肠分别切柳叶形片，依次从上往下、由右向左排叠九层成火炬的火焰。

③火炬把：咖啡色虾糕刻切成半圆形厚片，摆于火焰的下端做火炬把的上段，蛋白糕切三角形小片，摆于圆弧面的中线的上下两侧饰作表面花纹；广式香肠修切成半圆形段，再分别从左、右两侧交叉切开后，再拼作火炬把的中段；橘黄鱼糕、咖啡色虾糕分别修整成一样大小的半圆形段，然后将橘黄鱼糕切厚片、咖啡色虾糕切薄片，间隔相向拼摆而成火炬把的底端。

④五环：原味火腿、蛋黄糕、盐味红胡萝卜、蛋白糕、西式火腿切短长方形小块，依次从右向左用"推刀片"的形式推开围摆于火炬把的底部成五环。

⑤点缀：炝青椒刻切成橄榄叶，拼摆于五环的左、右两侧；蛋黄糕刻作星形饰于火焰的上端。

3. 特点

此造型是以奥运火炬为题材的器物造型。五环托着火炬在熊熊燃烧着，促人振奋，催人奋发；五环与橄榄叶喻示着全世界人民之间的和平共处与相互间紧密团结以及深厚的友谊。整个画面充满着积极、向上、团结、和平与友谊的气氛。

4. 说明

①在拼摆火炬的火焰时，选用的原料要以红、黄色的为主，这样才能体现出火炬正在熊熊地燃烧着。

②原料拼摆的方向要斜向上，不要拼摆成平的，更不能拼摆成斜向下，拼摆的方向要与火焰的"势头"相一致。

③"五环"也可以选用不同色彩的脆嫩性的植物性原料（如莴苣、萝卜、笋子、仔姜等），剞"兰花"花刀后拼摆而成。

十二、圣诞礼物（帽子）

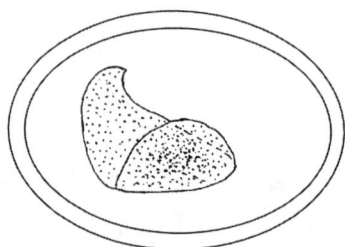

圣诞礼物分步图-1

圣诞礼物分步图-2

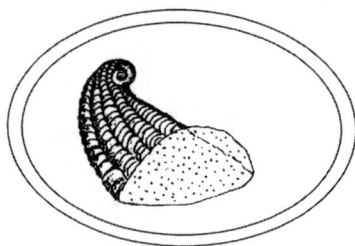

圣诞礼物分步图-3

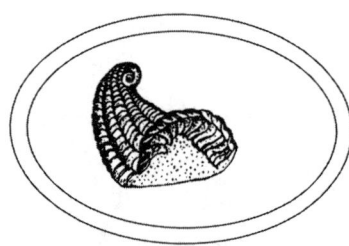

圣诞礼物分步图-4

圣诞礼物分步图-5

圣诞礼物分步图-6

图 6-67　圣诞礼物（帽子）

1. 原料

什锦山药泥、酱牛肉、蛋黄糕、捆蹄、三鲜鱼糕、红肠、盐水鸭脯、糖醋黄瓜、杏仁、小金橘、葡萄、草莓、荔枝、龙眼、柠檬、小苹果、小雪梨、炝莴苣、香菜叶。

2. 制作方法

①用什锦山药泥堆码成帽子的初坯。

②帽子：先将酱牛肉、蛋黄糕、捆蹄、三鲜鱼糕、红肠分别修切成一头细一头粗的半圆形柱体，再分别从小头开始切半圆形片，依次从上往下、由左向右排叠五层作帽子的身部；蛋黄糕刻作帽顶；盐水鸭脯斜批成柳叶形片，从右向左排叠成帽口的内侧；糖醋黄瓜切长方形片，从左向右卷叠成帽口。

③水果：小苹果、小雪梨分别切半后切成月牙形片，再分别拼成半只整形的苹果和雪梨，放置于帽口的下端；杏仁、草莓、荔枝、龙眼分缀于帽口下端的右侧；葡萄堆于帽口的右侧；小金橘置于帽身的左下端。

④花、绿叶及点缀：柠檬切半圆形片，围叠于葡萄的左下端作花；糖醋黄瓜切柳叶形片，排叠成宽柳叶状摆作绿叶；炝莴苣刻切成细条与香菜叶分饰于水果之间作小草。

3. 特点

此造型别出心裁地塑造了圣诞老人帽子的形象。帽口朝下，各色水果布于四周，宛如圣诞老人悄悄地给人们送来了丰盛的礼物，暗喻着圣诞老人将健康、幸福、欢乐、美满洒向人间。整个画面充满着节日的欢快情趣，用于小孩儿生日宴席或圣诞宴席尤为适合。

4. 说明

①在修整拼摆帽子身部的原料时，其大、小头的比例要适度，原料之间要吻合。

②在帽子的拼摆过程中，帽口要高于帽子的身部。

十三、五谷丰登（囷）

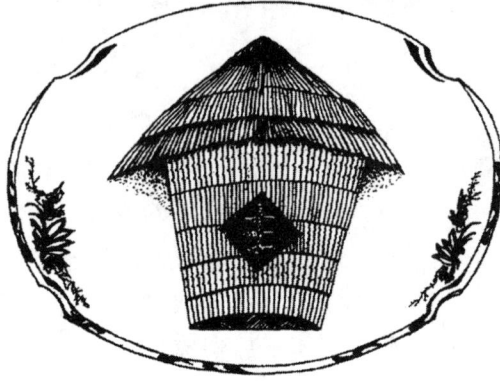

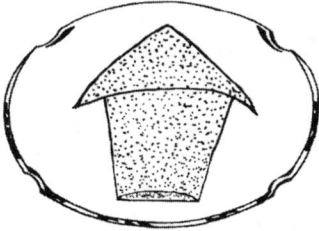

五谷丰登分步图-1

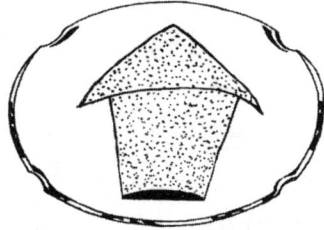

五谷丰登分步图-2

五谷丰登分步图-3

五谷丰登分步图-4

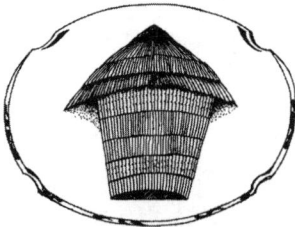

五谷丰登分步图-5

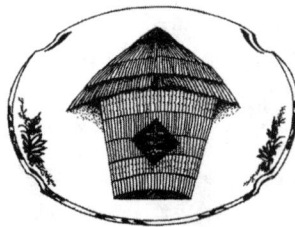

五谷丰登分步图-6

图 6-68　五谷丰登（囷）

1. 原料

美味鱼松、五香酱肉、咖喱冬笋、酱鸭脯肉、姜汁莴苣、冻猪耳糕、白卤鸡脯、盐水鹅脯、素蟹肉、蛋黄糕、葱油金针菜、水晶山楂糕、香菜叶。

2. 制作方法

①美味鱼松堆码成粮囤的初坯。

②囤底：五香酱肉切长方形片，平行排叠数片为一组，依次从左向右交叉相叠成近半圆形的囤底。

③囤身：五香酱肉、咖喱冬笋（一面修切成波浪形刀纹）、酱鸭脯肉、姜汁莴苣（一面修切成波浪形刀纹）、冻猪耳糕分别切长方形片，依次从右往左、由下向上排叠五层作粮囤的身部。

④囤顶：白卤鸡脯、盐水鹅脯、素蟹肉分别切成细丝，依次从下往上拼摆成囤顶的下端三层，葱油金针菜理顺后拼摆成囤顶的最上层。

⑤花及点缀：水晶山楂糕切正方形薄片，置于囤身的中端，蛋黄糕切片后刻成"丰"字覆于正方形的山楂糕片之上；冻猪耳糕切柳叶形片，排叠于囤身的两侧作花；香菜叶分饰于花的两侧摆作绿叶。

3. 特点

此造型采用对称构图的形式，造型新颖别致、大方得体，整个画面洋溢着粮食满仓的丰收景象。

4. 说明

①囤顶的垫底比囤身要略高些。

②拼摆囤顶时，用丝状的原料效果要比片状的原料要好。

十四、吉庆宫灯

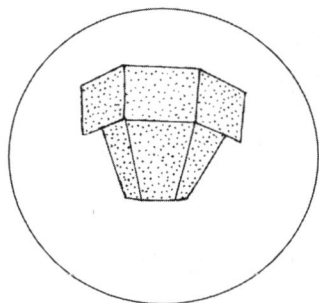

吉庆宫灯分步图-1

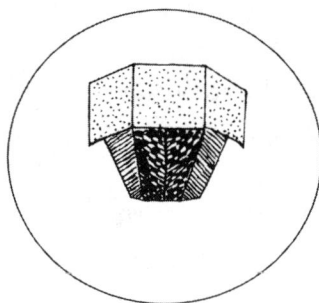

吉庆宫灯分步图-2

吉庆宫灯分步图-3

吉庆宫灯分步图-4

吉庆宫灯分步图-5

图 6-69　吉庆宫灯

1. 原料

三鲜土豆泥、糖醋红胡萝卜、橘黄鱼糕、彩色蛋糕、广式香肠、虾子卤香菇、鸡汁冬笋、酸辣黄瓜、盐味红椒、紫菜蛋卷、鸡蛋皮、蛋黄糕、葱管、红樱桃。

2. 制作方法

①三鲜土豆泥堆码成花篮灯灯体的初坯。

②灯身：糖醋红胡萝卜切厚片，然后刻切成"S"形花片作灯身部凸现的花板；橘黄鱼糕切长方形片，分别从上往下排叠作灯身的两个侧面；彩色蛋糕切斜长方片，分别从上往下排叠对拼成灯身的中间面；广式香肠切半圆形片，平排于灯身的下端；鸡汁冬笋、酸辣黄瓜依次由大到小分别切半圆形片相叠，平排于灯身中间面的上端；广式香肠、橘黄鱼糕、虾子卤香菇依次由大到小分别切半圆形片相叠，平排于灯身的上端。

③灯底：酸辣黄瓜切成条块状拼作灯的底部；鸡汁冬笋切厚片，刻作灯脚。

④灯口：广式香肠切长方形片，分别从上往下排叠作灯口的两个侧面；鸡汁冬笋、橘黄鱼糕切长方形片，分别从右往左、分上下两层排叠作灯口的中间面；酸辣黄瓜切细条镶作灯口三个面的边框；盐味红椒切细丝在灯口的中间面饰作红菊花；蛋黄糕切弧形细条摆于灯口的两个侧面作蟹爪菊花；糖醋红胡萝卜切厚片，然后刻切成花曲板片镶于灯口侧面的外侧；紫菜蛋卷切椭圆形片排作灯口顶边上三个如意形牌面；广式香肠切菱形小块，呈"八"字形连排作花篮灯的系绳。

⑤垂缨及点缀：鸡蛋皮切连丝片，卷起后在相连的部位套上葱管作缨须，红樱桃饰作缨球，盐味红椒切细丝作系绳；香菜叶分饰于花篮灯系绳的上端摆作绿叶。

3. 特点

此灯是以花篮为原形创制的一种别具风采的宫灯新式样，层次丰富，色彩和谐，左右对称，形式完美，具有浓烈的节庆气氛。

4. 说明

①宫灯刀面的拼摆，要服帖而对称，否则宫灯会失去平衡美。

②灯口在垫底时要略高于灯身，这样宫灯的立体感才能体现出来。

十五、双喜临门（宫灯）

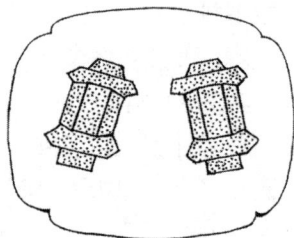

双喜临门分步图-1

双喜临门分步图-2

双喜临门分步图-3

双喜临门分步图-4

图 6-70　双喜临门（宫灯）

1. 原料

什锦山药泥、原味火腿、琼脂、牛奶、红樱桃、糖醋红胡萝卜、蒜酱黄瓜、盐水虾仁、蛋黄糕、蛋白糕、鸡蛋皮、烤鹅脯、红卤鸭脯、红肠、虾子卤香菇、绿豆蓉蛋卷、山楂糕、樱桃西红柿、香菜叶、葱管。

2. 制作方法

①什锦山药泥堆码成两个宫灯灯体的初坯。

②灯身：乳白色琼脂胶冻（琼脂熬溶后加牛奶调匀）修切成六片长方形片，表面分别用蒜酱黄瓜、蛋黄糕、糖醋红胡萝卜各点缀两组"梅花""兰花""菊花"后再覆上同样大小的无色透明的琼脂胶冻，然后用刀分别铲覆在宫灯身部的初坯上，分别作灯身的三个面；糖醋红胡萝卜切丝，分别镶嵌于灯身的三个面之间的接缝处和灯身两侧的边线上。

③上灯口：樱桃西红柿切半圆形片，平排于灯身的上端（略压住琼脂胶冻）；绿豆蓉蛋卷切椭圆形片，从右往左排叠分别作两个宫灯上灯口的最上层；红肠切长方形片，分别从两侧往中间排叠作宫灯上灯口的第二层；原味火腿切三角形片，分别依次从中间往两侧分上下两层排叠作上灯口的灯檐（略压住半圆形的樱桃西红柿片）。

④下灯口：樱桃西红柿切半圆形片，平排于灯身的上端（略压住琼脂胶冻）；盐水虾仁从两侧往中间排叠分别作两个宫灯下灯口的最下层；烤鹅脯、红卤鸭脯切细丝，分别排叠作两个宫灯下灯口的第二层；红肠切正方形片，分别从中间往两侧排叠作下灯口的灯檐（略压住半圆形的樱桃西红柿片）。

⑤梅枝及梅花：虾子卤香菇刻切成细条摆作梅枝；红樱桃刻作梅花，蛋黄糕切成细末缀作花蕊；香菜叶分饰于梅枝的上端作绿叶。

⑥垂缨及点缀：蛋黄糕切片后刻成龙头形，圆形虾子卤香菇小片饰作龙眼；鸡蛋皮切连丝片，卷起后在相连的部位套上葱管作缨须，红樱桃饰作缨球，山楂糕切薄片作系绳。

3. 特点

宫灯造型均衡，色调以红、黄暖色调为主，尤其是以两个宫灯为组合，更衬托出一派喜庆气氛，这与我国的传统审美观念极为相符。灯身三面的巧妙处理，使宫灯显得更加玲珑精致，也更具有立体感。

4. 说明

①宫灯的造型形式很多，有圆形的、方形的和长方形的，也有六角形的、八角形的等。

②宫灯在拼摆手法上，可以横向或竖向排叠，也可以斜向交叉排叠或混合排叠；料形可用长方形、三角形、正方形，也可以用椭圆形的。

第五节　景观造型

本节的图 6-71 ～图 6-79 介绍了景观造型冷盘。

一、太湖春色

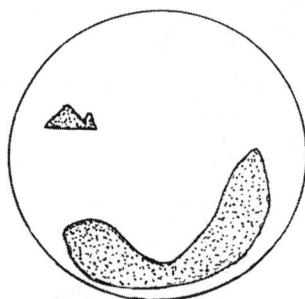

太湖春色分步图-1

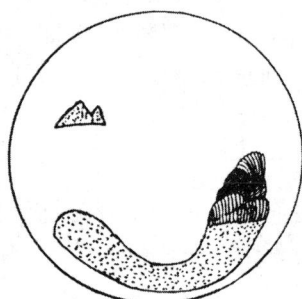

太湖春色分步图-2

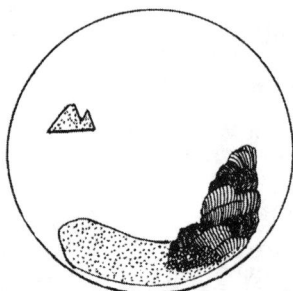

太湖春色分步图-3

太湖春色分步图-4

太湖春色分步图-5

图 6-71　太湖春色

1. 原料

盐水虾仁、红曲卤鸭脯、酒醉仔鸡、酱汁肫片、原味火腿、三鲜鱼糕、紫菜蛋卷、水晶肴蹄、腐乳叉烧肉、葱油肉脯、油焖茭白、鸡汁卤笋、西式方腿、葱椒云丝、酱香牛肉、姜汁莴苣、蒜味西蓝花、香菜叶。

2. 制作方法

①将葱椒云丝在盘子右下端堆码成山坡及湖堤的初坯。

②山坡：鸡汁卤笋、腐乳叉烧肉分别切长柳叶形片和鸡心形片，自右往左排叠作山坡的顶部；紫菜蛋卷切椭圆形片，排叠作山坡的第二层；火腿、三鲜鱼糕、油焖茭白切长椭圆形片，自右向左排叠三层作山坡的中部；酱香牛肉、水晶肴蹄切长椭圆形片，排叠两层作山坡左下部；紫菜蛋卷、鸡汁卤笋、西式方腿切长鸡心形片，盐水虾仁批半，依次由右向左、自上而下排叠成山坡的底部；葱油肉脯刻切成亭顶，西式方腿切条摆作亭柱。

③湖堤：三鲜鱼糕切长鸡心形片，排叠作湖堤；盐水虾仁批半，圈叠成大丽花；红曲卤鸭脯、醉仔鸡脯切月牙形片，分别圈叠成月季花和牡丹花；酱汁肫片圈叠成月季花；火腿切长三角形片，卷叠成马蹄莲花；姜汁莴苣切柳叶形片，分别从左、右两侧向中间排叠成宽柳叶形作花叶；蒜味西蓝花、香菜叶点缀于山坡底部及花之间。

④帆船及水波纹：酱香牛肉切条摆作小船，葱油肉脯刻作帆；姜汁莴苣切丝饰作水波纹。

3. 特点

此造型以太湖景色为题材。右边山坡以圆弧形原料拼摆而成，山坡柔和而延绵，各式花卉百花争妍，烘托太湖之春色；盘子上端两叶小舟，使人的视野无限开阔；远方的小山拓展了人们的视野，延伸了盘面的空间，增加了人们的想象。整个画面中的山、水、花浑然一体，江南百花齐放、生机盎然的太湖春色跃然盘中。

4. 说明

①这类山在拼摆过程中，原料一定要修整成鸡心形或椭圆形。

②拼摆的方法不能采用直线形拼摆法，而要采用弧形拼摆法，这样，弧形的刀面、弧形的料形与弧形的山脉才能吻合、协调。

二、华山日出

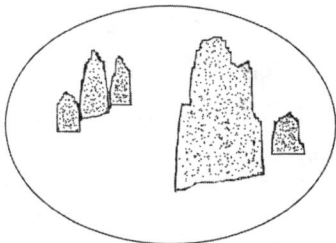

华山日出分步图-1

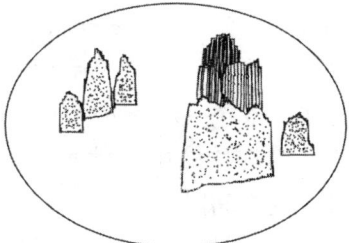

华山日出分步图-2

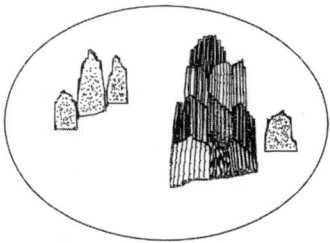

华山日出分步图-3

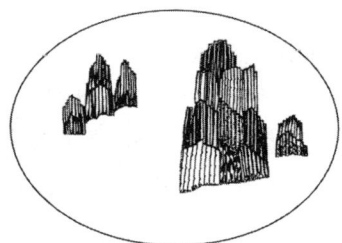

华山日出分步图-4

华山日出分步图-5

华山日出分步图-6

图 6-72　华山日出

1. 原料

怪味山鸡丝、冻红羊糕、蛋黄糕、五香牛肉、香糟嫩鸡脯、酸辣莴苣、糖醋红胡萝卜、椒麻竹笋、酱口条、水晶肴肉、蒜味西蓝花、蛋白糕、红樱桃、油焖香菇、拌黄瓜、香菜叶。

2. 制作方法

①怪味山鸡丝在盘中堆码成山的初坯。

②中间的大山：冻红羊糕、蛋黄糕、五香牛肉、香糟嫩鸡脯、酸辣莴苣、糖醋红胡萝卜、椒麻竹笋、酱口条、水晶肴肉切长方形片，分别从左往右按序从上往下排叠成盘子中间的大山，蒜味西蓝花排堆在山脚下作绿草。

③右端的小山：肴肉、酱口条切长方形片，从左往右、自上而下依次排叠两层作右端小山；蒜味西蓝花排堆在山脚下饰作绿树。

④远处小山：蛋黄糕、五香牛肉、拌黄瓜、椒麻竹笋切长方形片，按以上方法排叠于盘子的左上端作远处小山。

⑤松树、太阳及点缀：油焖香菇切成条拼摆成松树枝干，拌黄瓜切蓑衣形片捻开饰作松叶，糖醋红胡萝卜切细丝缀于松树枝上；红樱桃切半摆于两山顶端之间饰作太阳；蛋白糕切片，刻作白云分别点缀于太阳及山体的底端；香菜叶缀于盘子右下端作绿树。

3. 特点

此造型以华山日出的壮美景观为构图题材，造型中的山体采用了长方形片，以上、下直线条的形式拼摆而成，把华山磅礴的气势和悬崖绝壁之险的特点细腻而巧妙地展现出来。

4. 说明

①当有两座以上的山为冷盘造型的题材时，其山尖（山峰）要有"合"的趋势，这样，整个造型就形散而神聚，切忌在视觉上让人有"貌合神离"的感觉。

②在构图上要注意大小、高矮、远近、疏密之间的关系。

三、一帆风顺（帆船）

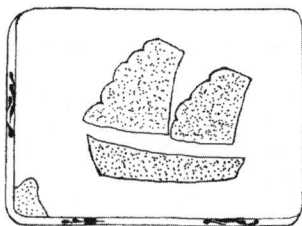

一帆风顺分步图-1

一帆风顺分步图-2

一帆风顺分步图-3

一帆风顺分步图-4

一帆风顺分步图-5

一帆风顺分步图-6

图 6-73　一帆风顺（帆船）

1. 原料

琼脂、绿菜汁、紫菜蛋卷、红曲卤鸭脯、黄色虾蓉圆白菜卷、白嫩油鸡脯、盐味对虾仁、红肠、火腿肠、彩色蛋白糕、鳜鱼蛋卷、五香牛肉、油焖冬笋、咖啡色鱼糕、三鲜鱼糕、炝西芹、红樱桃、绿樱桃、蜜汁银耳、姜汁西蓝花、松花蛋、三鲜土豆泥、拌黄瓜。

2. 制作方法

①琼脂熬溶，加绿菜汁拌匀并调味，倒入盘子下半部冷凝成胶冻。

②三鲜土豆泥码成帆船的初坯。

③船身：白嫩油鸡脯肉切片，从左往右排叠作船身的底部；紫菜蛋卷切椭圆形片，排作船的上边沿；红曲卤鸭脯肉斜批成片，从左向右排叠作船身的上半部（略压紫菜蛋卷）；黄色虾蓉圆白菜卷切椭圆形片，从左往右横向排叠于油鸡脯和红曲卤鸭脯之间作船身的中段。

④左帆：盐水对虾仁批半，红肠、彩色蛋白糕、火腿肠、鳜鱼蛋卷分别切半圆形片，按序从左向右、由下向上分别排叠五层作左帆帆面；拌黄瓜切细条镶嵌在每层帆体相接处；炝西芹切段拼接作桅杆；红樱桃切半拼作桅杆的顶端；拌黄瓜切丝饰作帆绳。

⑤右帆：五香牛肉、油焖冬笋、咖啡色鱼糕、三鲜鱼糕分别切半圆形片，依次按以上方法拼摆成右帆。

⑥水浪：蜜汁银耳散摆于船身下端和船身左下前端作水浪；拌黄瓜切丝，拼摆成盘子右端的海洋。

⑦海岸及草木：油焖冬笋、红肠、紫菜蛋卷、五香牛肉切椭圆形片，排叠作海岸；松花蛋切月牙形片饰作珊瑚石；姜汁西蓝花饰作绿草。

3. 特点

构思新颖，造型逼真。尤其是帆体采用半圆形片排叠的拼摆手法和用银耳饰作的水浪，更使帆船如借风势，正不可阻挡地破浪前进，静中有动。一帆风顺寓意吉祥，作为欢送为主题的宴席最为得体。

4. 说明

①船帆的构图造型一定要上面小、下面大，因为从视觉角度而言是下面近上面远。

②拼摆船帆的刀面要有相应的弧度，这样才有劲风吹帆的感觉，船也才能有向前进发的动力和趋势。

③拼摆船体的刀面，其方向一定要斜向前方，与船运行的方向一致，不要用垂直方向的刀面，更不能用反斜方向的刀面。

四、乘风破浪（帆船）

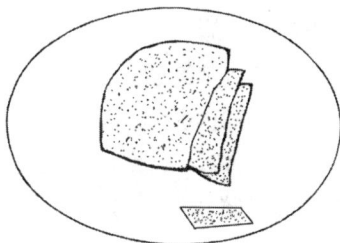

乘风破浪分步图-1

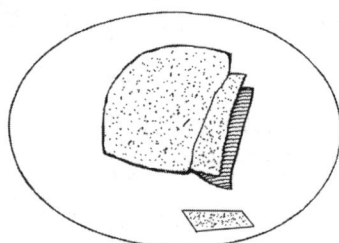

乘风破浪分步图-2

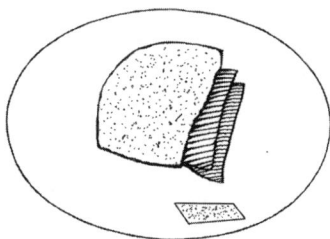

乘风破浪分步图-3

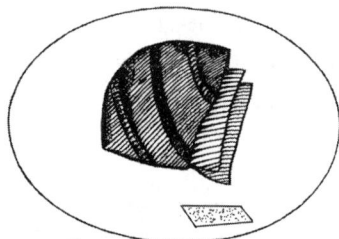

乘风破浪分步图-4

乘风破浪分步图-5

乘风破浪分步图-6

图 6-74　乘风破浪（帆船）

1. 原料

银芽鸡丝、酱牛肉、蛋黄糕、肴肉、果珍冬瓜、卤猪舌、三鲜鱼糕、粉肠、姜汁银耳、红曲卤鸭脯、琼脂、盐味青椒、糖醋红椒、炝目鱼、青菜汁。

2. 制作方法

①先将琼脂加水熬溶后加入青菜汁拌匀，倒入盘子下端，凉后凝结成海水。

②银芽鸡丝码堆成帆和船的初坯。

③帆的拼摆：酱牛肉、蛋黄糕分别切长柳叶形片，从上往下依次由右向左排叠两层作前面两小帆；肴肉、卤猪舌、果珍冬瓜、三鲜鱼糕及粉肠分别切长方形片和半圆形片，依次由上往下排叠五层作大帆。

④船体的拼摆：红曲卤鸭脯、炝目鱼、酱牛肉分别切长方形片，依次由下往上排叠三层作船体。

⑤桅杆及舵手：将卤猪舌先修减半圆锥体再切成半圆形片，由上往下排作帆船的桅杆；盐味青椒切丝作帆绳；糖醋红椒刻切成红旗；蛋黄糕刻切成人物形，摆于船头作舵手。

⑥浪花及海鸥的拼摆：取银耳散瓣摆于船下部、前端作小水花；琼脂冻刻切成浪花形，摆于船头前端作大浪；盐味青椒刻切成“V”字形，摆在船的左侧作海鸥。

3. 特点

此造型以蓝天白云、绿水彩帆为题材，造型优雅，色彩艳丽。尤其是三帆之间的比例由小到大，以及舵手的弓形姿态，更为画面增加了动感。寓意勇往直前、前途无量，作为欢送为主题的宴席颇为贴切。

4. 说明

①船帆的拼摆要体现两个弧度，一个是原料的料形要有一定的弧度，另一个是拼摆的刀面要有一定的弧度，这样与“乘风破浪”的主题才能吻合。

②舵手要有弓形的姿态，不要很直的站在船上。

五、兰亭望月

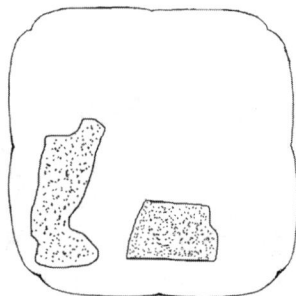

兰亭望月分步图-1

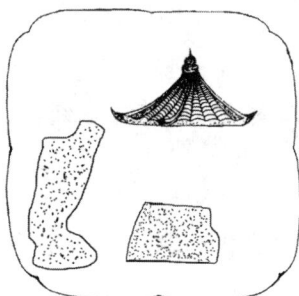

兰亭望月分步图-2

兰亭望月分步图-3

兰亭望月分步图-4

兰亭望月分步图-5

兰亭望月分步图-6

图 6-75　兰亭望月

1. 原料

红肠、盐味红胡萝卜、鳜鱼蛋卷、姜末莴苣、虾子茭白、红卤口条、咖啡色鱼胶、五香牛肉、烟熏猪肉、糖醋青椒、炝西蓝花、橘黄鱼糕、姜汁菠菜松、椒盐鸡丝、虾蓉紫菜卷、火腿、酸辣黄瓜。

2. 制作方法

①椒盐鸡丝码堆成三角形的亭顶及假山的初坯。

②兰亭：红肠、鳜鱼蛋卷、红卤口条、姜末莴苣、咖啡色鱼胶、虾子茭白、五香牛肉分别切半圆形片，依次从下往上排叠成亭顶的两个顶面；盐味红胡萝卜刻切成亭脊与翘角；红肠雕刻成葫芦安于亭顶端；红肠切长方形条拼接成四根立柱；咖啡色鱼胶切厚片刻成花纹，与姜末莴苣条拼作檐下花板；橘黄鱼糕切长方形块上覆长方形和正方形咖啡色鱼胶片拼作亭柱下栏墙。

③山石：烟熏猪肉切不规则形的大片，层层排叠成盘子左侧竖立的山石。

④亭下小路及其两侧：虾蓉紫菜卷切椭圆形片，从亭近前向左下拐排叠作鹅卵石铺面小路；红卤口条、虾子茭白、红肠、五香牛肉切长方形片，依次分别排叠于小路左侧、下端和右侧作亭下坡面。

⑤花草、树木和月亮：姜汁菠菜松覆于亭子右下端作坡面草坪；糖醋青椒切成细条摆于山石右下端拼作兰花；炝西蓝花排于山坡底端作绿草；酸辣黄瓜刻切成竹杆和竹叶拼于山石左侧和上端；橘黄鱼糕刻切成月牙形片饰作月亮。

3. 特点

此造型以浙江绍兴兰亭为题材。构图巧妙，造型完整，景物有疏有密，浑然如画，尤其是石、竹与亭的组合，可谓是相得益彰。兰亭是古代文人雅集之地，故此造型用于文人雅聚的场合尤佳。

4. 说明

①拼摆山石的原料，其色彩要相对暗些，不要太亮，这样才显得古朴和典雅；料形也不要过于修整，这样拼摆出来的山石才更加自然。

②亭顶除了用半圆形片排叠比较自然且有立体感以外，还可以选用黄花菜、金针菇或丝状原料拼摆而成，这样就有另一种原始的茅屋的韵味。

③一定要把握好亭顶与亭柱的尺寸比例关系。

六、黄果树胜景

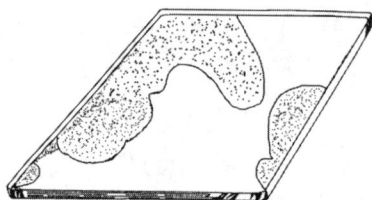

黄果树胜景分步图-1

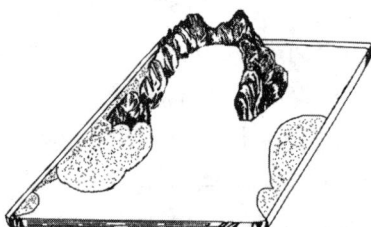

黄果树胜景分步图-2

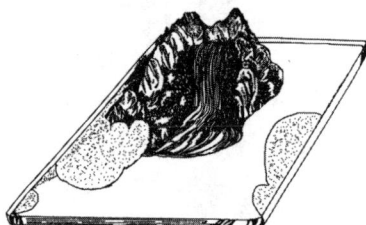

黄果树胜景分步图-3

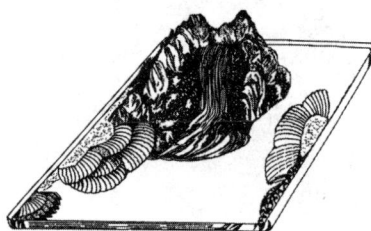

黄果树胜景分步图-4

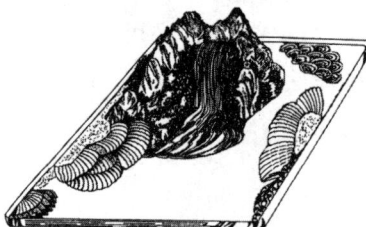

黄果树胜景分步图-5

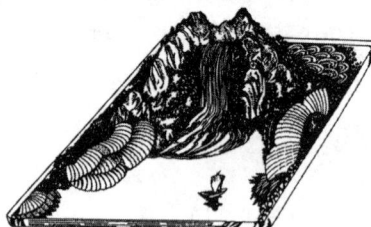

黄果树胜景分步图-6

图6-76　黄果树胜景

1. 原料

三鲜土豆泥、酱牛肉、蜜汁桃仁、葱油粉丝、蒜味西蓝花、紫菜蛋卷、三鲜鱼糕、盐水明虾仁、捆蹄、红曲卤鸭脯、琼脂、盐水鸭脯、五香熏鱼、蒜酱鲍鱼、油焖冬笋、糖醋红胡萝卜、糖醋白萝卜、青菜汁、香菜叶。

2. 制作方法

①三鲜土豆泥堆码成山坡的初坯。

②主山及瀑布：蜜汁桃仁在盘子的左上角堆码成主山；紫菜蛋卷切椭圆形片，依次从上往下、由右向左排叠三层在主山底部的右上端；葱油粉丝理顺后摆作瀑布。

③右侧山坡：酱牛肉切柳叶形片、三鲜鱼糕切鸡心形片、捆蹄切长鸡心形片，从上往下依次排叠作右侧山坡的最外层；五香熏鱼切小块、盐水明虾仁批半，摆作右侧山坡的最底层。

④左侧山坡：红曲卤鸭脯、盐水鸭脯、酱牛肉、油焖冬笋、捆蹄分别切长鸡心形片，依次从上往下、由右向左排叠三层作左侧大山坡；盐水鸭脯、酱牛肉、蒜酱鲍鱼分别切柳叶形片，依次从上往下、由右向左排叠三层作左侧小山坡。

⑤小船及潭水：糖醋红胡萝卜刻作小船，糖醋白萝卜刻作帆；先将琼脂加水熬溶后加入青菜汁拌匀，倒入盘子的下端，待凉后凝结成潭水。

⑥绿树及花草点缀：蒜味西蓝花、香菜叶分饰于山坡之中作绿树和花草。

3. 特点

黄果树瀑布是我国最大的瀑布之一，也是我国著名的游览胜地。此造型中主山拔地而起，气势恢宏；远远望去，一条银白色的"绸带"从山顶而挂，确实有"疑是银河落九天"的气概，让人有身临其境之感，真是美不胜收。

4. 说明

①在用蜜汁桃仁堆积山体时，要注意疏密的变化，既要体现出山体的凝重与厚实，同时也要体现出山体的俏丽与俊秀。

②在拼摆过程中，要注意主山与两侧山坡在高度上的衔接，不能让人观之有脱节的感觉。

七、江南烟雨

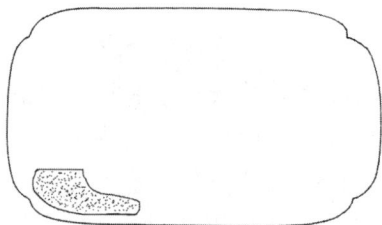
江南烟雨分步图-1

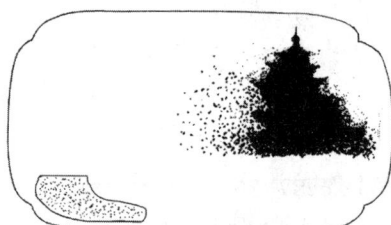
江南烟雨分步图-2

江南烟雨分步图-3

江南烟雨分步图-4

江南烟雨分步图-5

江南烟雨分步图-6

图 6-77　江南烟雨

1. 原料

三鲜山药泥、葱油佛手罗皮、琼脂、青菜汁、糖醋红胡萝卜、咖啡色虾糕、原味火腿、姜汁西蓝花、紫菜蛋卷、三鲜鱼糕、蒜蓉黄瓜、腐乳叉烧肉、盐水鸭脯、红肠、奶油莴苣、盐味青椒、蒜酱海带。

2. 制作方法

①三鲜山药泥堆码成河堤的初坯。

②塔及底色背景：糖醋红胡萝卜切成薄片后刻切成平面的塔形，摆于盘子的右上端；将琼脂加水熬溶后加入青菜汁拌匀，倒入盘子的右半侧，让盘子倾斜，使琼脂液上端薄下端厚，待凉后凝结成湖水。

③桥：蒜蓉黄瓜切长方形厚片，卷曲后拼摆成弧形桥洞；原味火腿、咖啡色虾糕分别切长方形块，从下往上依次交叉呈砌墙式拼摆成桥身；三鲜鱼糕切成厚片，刻切成桥栏；糖醋红胡萝卜切成薄片，刻切成"瑶池"字样摆于最中间的弧形桥洞之上。

④河堤：红肠切椭圆形片、奶油莴苣切月牙形片，依次从上往下、由左向右排叠两层作河堤的最外两层；盐水鸭脯、腐乳叉烧肉分别切柳叶形片，依次从上往下、由右向左排叠两层作河堤的里侧两层；紫菜蛋卷切椭圆形片，依次从上往下排叠作河堤的最上层。

⑤飞燕及花草树木：蒜酱海带刻作飞燕；盐味青椒刻切成细条和菱形小片，拼摆成柳树；葱油佛手罗皮拼摆于河堤的右侧作水浪；姜汁西蓝花分饰于桥的右端和河堤的上侧作绿草。

3. 特点

此造型以江南美丽的烟花三月时节为背景，细雨绵绵，天色蒙蒙，景色极为雅致。远处的宝塔若隐若现，似在绵绵的春雨中，又似在缭绕的云烟中；尤其是嫩枝绿叶的垂柳，在春风的荡漾下翩翩起舞，成群的燕子在空中飞翔，给整个画面又增添了几分生机，更增加了人们对江南春色的好奇与向往，同时，又给人们予以浮想联翩、丰富遐想的意境。

4. 说明

①将宝塔摆在琼脂冻的下面，既可以增加景色的空间距离感，也可以提高画面的神秘感，与人们想象中的江南烟雨、细雨蒙蒙的景色极为吻合。

②这里的燕子虽小，但不能没有，犹如秤砣虽小压千斤。因为造型中的桥、塔、树、河堤都是静物，唯燕子才是动物，可以给画面增加动感，给江南的初春又增添了几分生机与情趣。

八、世外桃源

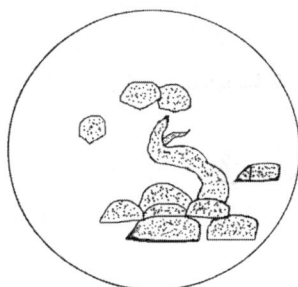

世外桃源分步图-1

世外桃源分步图-2

世外桃源分步图-3

世外桃源分步图-4

世外桃源分步图-5

世外桃源分步图-6

图 6-78　世外桃源

1. 原料

三鲜鱼松、素烧鸭、鸡汁冬笋、干切牛肉、烤鸭脯肉、紫菜蛋卷、油爆大虾、原味火腿、蒜油黄瓜、五香熏鱼、蛋黄糕、广式香肠、糖醋心里美萝卜、咖喱珍珠笋、酸辣西蓝花、卤鲜墨鱼、红卤香菇、烧鸡脯肉、炝药芹、香菜叶。

2. 制作方法

①三鲜鱼松堆码成湖堤及树干的初坯。

②树：烤鸭脯肉斜批成长柳叶形薄片，从下向上排叠成弯曲的树干；烧鸡脯肉切成条状，拼摆成树枝；原味火腿、蛋黄糕、干切牛肉、鸡汁冬笋、红卤香菇、卤鲜墨鱼分别切柳叶形片，依次从右往左排叠两个呈扇形的三层刀面作中间的两片大树叶；广式香肠、蛋黄糕、卤鲜墨鱼、烧鸡脯肉、鸡汁冬笋分别切柳叶形片，依次从右往左排叠六个呈扇形的刀面作左、右两侧的小树叶。

③湖堤：广式香肠切椭圆形片、鸡汁冬笋切宽柳叶形片、紫菜蛋卷切椭圆形片、油爆大虾批半，依次从右往左、由上向下排叠四层作湖堤的内侧；五香熏鱼、蛋黄糕、素烧鸭分别切长方形厚片，依次从右往左、由上向下排叠三层作湖堤的外侧。

④小船及渔翁：糖醋心里美萝卜刻切成小船；咖喱珍珠笋刻切成渔翁和草帽；炝药芹去叶留茎作渔杆，蒜油黄瓜切细丝作垂线。

⑤花草树木及点缀：蒜油黄瓜刻切细条与酸辣西蓝花分饰于湖堤的各处作小草；香菜叶分饰于树枝各处作小树叶。

3. 特点

此造型构思新颖，别具一格。树干扭曲而苍劲，树叶的拼摆一改传统，采取了大胆而又夸张的表现手法，舒展而又自在的姿态，与主体融为一体；老翁坐于船头，手持鱼杆，悠闲自在，确有与世无争、怡然自得的世外桃源的意境，起到了画龙点睛的效果。整个构图有密有疏，有虚有实，自然而和谐。

4. 说明

①树干的拼摆，一定要选用色泽相对比较深、油性较大的软性动物性原料，这样才能与古木的风格相一致。

②这里的山也可以采用推刀片的形式进行拼摆，采用推刀片形式拼摆出来的山体，虽然不够厚实，但立体感比较强。

九、文昌古阁

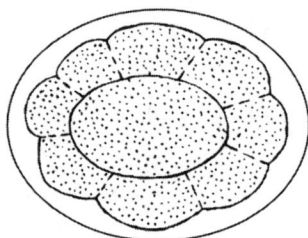

文昌古阁分步图-1　　　　　文昌古阁分步图-2　　　　　文昌古阁分步图-3

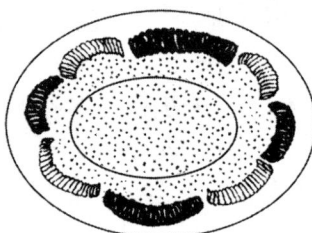

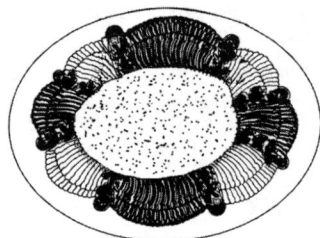

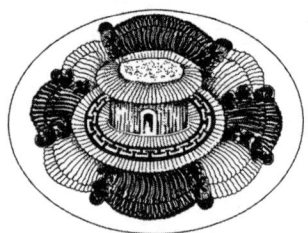

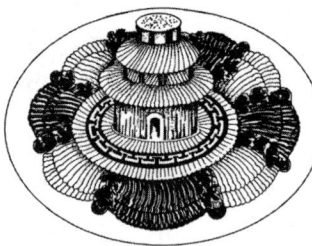

文昌古阁分步图-4　　　　　文昌古阁分步图-5　　　　　文昌古阁分步图-6

图6-79　文昌古阁

1. 原料

开洋云丝、红曲卤鸭脯、鸡汁冬笋、水晶肴蹄、白嫩油鸡脯、五香口条、蛋白糕、烤鸭脯、白卤素鸡、午餐肉、蛋黄糕、虾子卤香菇、蒜蓉黄瓜、香菜、绿樱桃、红樱桃、盐水红胡萝卜。

2. 制作方法

①坯部：用开洋云丝堆码成文昌阁底座的初坯。

②底层排拼：红曲卤鸭脯、鸡汁冬笋、水晶肴蹄、白嫩油鸡脯、五香口条、蛋白糕、烤鸭脯、白卤素鸡、火腿肠、蛋黄糕分别切圆角长片，依次均等围拼成有两层刀面的莲花形底层排拼；香菜、绿樱桃、红樱桃缀于两种原料之间的交界处。

③第二层排拼：水晶肴蹄切长方形片，接底层排拼内侧排叠成圆形环面；蒜蓉黄瓜条皮面刻如意回纹样，作第二层排拼的中间一层圆形环面；鸡汁冬笋切长方形片，排叠成最里层圆形环面。

④文昌阁：午餐肉修刻成波浪纹面的圆筒形，下部刻四个对称拱形阁门门框，框内嵌虾子卤香菇细条，将其放在盘子正中作最底层阁体，五香口条切长方形片围排作最底层飞檐；中间层和最上层阁体仍用午餐肉修刻成波浪纹面的圆筒形（渐次变小）作阁体，水晶肴蹄、蛋黄糕分别切长方形片，依次围排作中间层和最上层飞檐；蛋白糕、蛋黄糕刻切成波浪纹面的圆台形相叠作阁顶；盐水红胡萝卜修刻成葫芦形作阁尖。

3. 特点

此造型构是模拟扬州名胜古迹——文昌阁而创制的人文景观造型。它以对称构图的手法，形象而直观地再现了文昌阁古朴、端庄、清灵之秀美。文昌阁底座层层相叠，环环相合，流转起伏，宛如美妙轻盈的圆舞曲；文昌阁由低及高，渐次而变，指天而立，灵动飞扬，又如一组高亢昂奋的主旋律，给人们带来节奏和韵律之美的享受。

4. 说明

①排拼要注意相邻原料之间明显的色差，否则层次就不清晰。

②用蓑衣黄瓜、蓑衣莴苣等形式拼摆飞檐效果也非常好。

第六节　各客冷碟造型

本节图 6-80 ～图 6-83 介绍了各客冷碟造型。

一、红梅报春

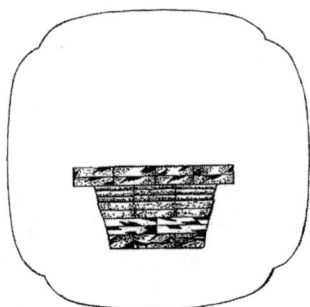

红梅报春分步图-1

红梅报春分步图-2

红梅报春分步图-3

红梅报春分步图-4

图 6-80　红梅报春

1. 原料

烤鸭脯、红樱桃、水晶肴肉、脆皮烧鸡、杏花酥鸭、咖啡色鱼糕、烟熏猪肉、挂霜腰果、橘黄虾糕、炝青椒、盐水虾仁。

2. 制作方法

①水晶肴肉切长方形条拼接作盆口；脆皮烧鸡脯、杏花酥鸭脯、橘黄虾糕、咖啡色鱼糕切长方形条，从上往下分别拼接四层作盆身；烟熏猪肉切成长方形条状拼摆成花盆底座。

②烤鸭脯切成长条形，拼摆成梅枝；红樱桃刻作梅花和花苞。

③挂霜腰果和盐水虾仁摆于梅花树根左右两侧作假山；炝青椒刻切成细条缀作小草。

3. 特点

此造型由大条块形原料拼摆而成，构图简洁明了，拼摆方便迅速。花盆端正，梅枝苍健古朴，红梅翘首枝头，喻示人们对春天的向往。

4. 说明

①各客冷碟造型除具有一定的观赏性外，主要是供客人食用的，因此，冷盘材料经过刀工处理后以大条、小块或厚片形状为主拼摆而成。

②此造型一定要简洁明了，便于制作过程方便、快捷。

③五香酱牛肉、盐水鹅脯、盐水鸭脯、卤鸭脯、腐乳叉烧、水晶羊羔等均可以制作此菜。

二、蝶舞花香

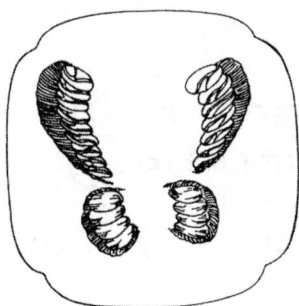

蝶舞花香分步图-1

蝶舞花香分步图-2

蝶舞花香分步图-3

蝶舞花香分步图-4

图 6-81　蝶舞花香

1. 原料

绿色虾蓉蛋卷、蟹黄糕、鸡汁冬笋、猪耳糕、火腿蓉黄瓜卷、醉鸡脯肉、姜汁黄瓜、酸辣明虾、盐水青豆、佛手罗皮、香菜叶。

2. 制作方法

①猪耳糕、蟹黄糕、绿色虾蓉蛋卷、鸡汁冬笋切椭圆形片，分别从上往下、由外向里排叠四层作蝴蝶的两侧大翅。

②醉鸡脯肉、火腿蓉黄瓜卷切椭圆形片，分别由外往里排叠两层作蝴蝶的两侧小翅膀；猪耳糕切宽柳叶形片，上叠鸡心形鸡汁冬笋片，再覆上半粒盐水青豆拼于两侧小翅下端作尾翅。

③酸辣明虾仁由上向下排叠作蝴蝶的身部；盐水青豆摆于蝴蝶头部两侧作眼睛；姜汁黄瓜刻切成细条摆作蝶须；佛手罗皮拼于蝴蝶上端作花，四周摆上香菜叶作花叶。

3. 特点

蝴蝶形态轻盈飘逸，色彩层次清晰，鲜花玲珑小巧，互为辉映，尤其是鲜花的静态，恰好映衬出蝴蝶飞舞的动态，增添了无限的情趣。

4. 说明

①此造型除具有一定的观赏性外，主要是供客人食用，因此，冷盘材料在刀工处理时要以厚片为主。

②此造型中蝴蝶的形象不能细腻的拼摆，只要有蝴蝶轮廓即可，要体现"妙在似与不似之间"。

③为了体现蝴蝶的个性与特点，在选择冷盘材料时，品种可以多一些，且色泽可以艳丽一点，即相邻材料的色差可以大一些。

④五香酱牛肉、盐水鹅脯、盐水鸭脯、卤鸭脯、腐乳叉烧、水晶羊羔等均可以制作此菜，只是需要稍加修形。

三、苍松迎客

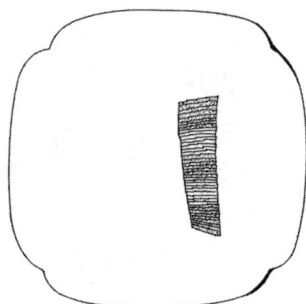

苍松迎客分步图-1

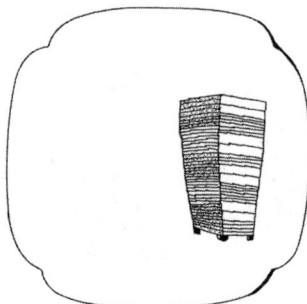

苍松迎客分步图-2

苍松迎客分步图-3

苍松迎客分步图-4

图 6-82　苍松迎客

1. 原料

烟熏猪肉、盐水对虾仁、火腿、酱牛肉、橘黄虾糕、冻红羊糕、酸辣黄瓜、陈皮野兔、脆皮烧鸡、葱油莴苣。

2. 制作方法

①烟熏猪肉、橘黄虾糕、冻红羊糕、酱牛肉、火腿分别切三角形片，依次从下往上排叠五层作花盆盆身；葱油莴苣切长方形拼作盆口；盐水对虾仁排放于盆口；陈皮野兔肉切小块饰作花盆底座。

②陈皮野兔肉切片，排叠作假山；脆皮烧鸡脯肉切长方形片，排叠作松枝；酸辣黄瓜切襄衣刀纹，捻开摆作松叶。

3. 特点

以松树为题材的冷盘造型在我国各地并不鲜见，然而，这里的树干和树枝采用了片形原料排叠两成，越发显得松树的古拙和苍劲，尤其是松树两侧的近山和隐隐约约的远山，衬托出松树的高大，还有舒展的松枝，犹如主人有力而热情的双手，主人对宾客的热烈欢迎之情跃然盘中。

4. 说明

①莴苣、西芹、青萝卜等不需要加热经过调味就可以食用的绿色蔬菜，均可以用来制作松叶。

②此造型中的花盆不宜选用色泽艳丽（如胭脂鹅脯、红肠、卤鸭脯等）的冷盘材料进行拼摆。

③五香酱牛肉、盐水鹅脯、盐水鸭脯、酱鸭脯、腐乳叉烧、水晶羊羔等均可以制作此菜。

四、迎宾花篮

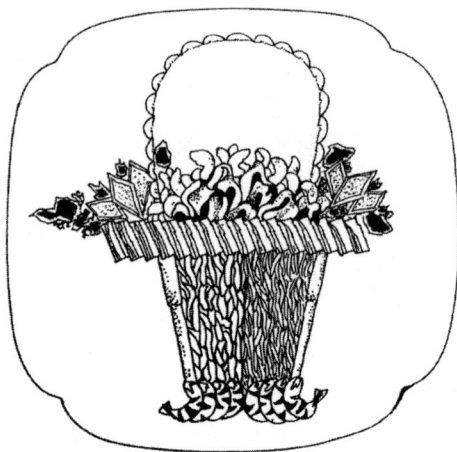

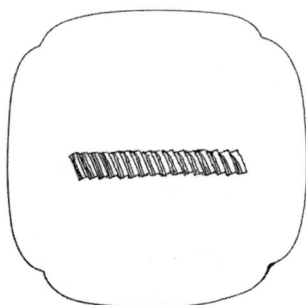

迎宾花篮分步图-1

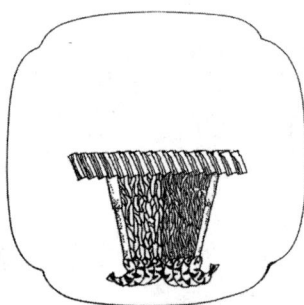

迎宾花篮分步图-2

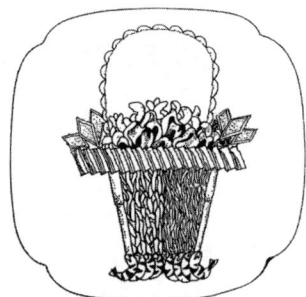

迎宾花篮分步图-3

迎宾花篮分步图-4

图 6-83　迎宾花篮

1. 原料

酸辣黄瓜、五香酱海螺、橘黄鱼条、香脆腰果、银芽鲍丝、桂花酒烤竹鸡、盐味明虾仁、香菜叶、红曲卤鸭脯、蒜蓉鱿鱼丝、葱椒云丝。

2. 制作方法

①红曲卤鸭脯切长方形小块，斜推开成错落状，摆于盘子的中部作篮口。

②橘黄鱼条两根相接摆于篮身两侧分别作篮身外侧；桂花酒烤竹鸡撕成丝，与银芽鲍丝码堆于橘黄鱼条中间作蓝身；盐味明虾仁顺长批半，排叠作篮底。

③酸辣黄瓜切半圆形片排作篮把。

④五香酱海螺摆于篮口中间作花；香脆腰果摆于花篮上端作鲜花；蒜蓉鱿鱼丝和葱椒云丝分别摆在篮把左右外侧作菊花；香菜叶饰作花叶。

3. 特点

此花篮构图简洁，造型新颖别致，拼摆快捷，色彩和谐。构图虽然简洁，用以欢迎宾客，可尽显主人的满盈热情。

4. 说明

①此造型主要是供客人食用的，花篮隐含着主人对客人热忱与欢迎，因此，冷盘材料在刀工处理时主要以厚片和小块为主。

②为了体现花篮个性与特点，在拼摆花篮中"花"的过程中，选择冷盘材料的品种可以多一些，且色泽可以艳丽一点，即相邻材料的色差可以大一些。

③五香酱牛肉、盐水鹅脯、盐水鸭脯、卤鸭脯、腐乳叉烧、水晶羊羔等均可以制作此菜的篮身和篮口。

第七节　多碟组合造型

本节的图 6-84 ~图 6-90 介绍了多碟组合造型。

一、群鹤献寿

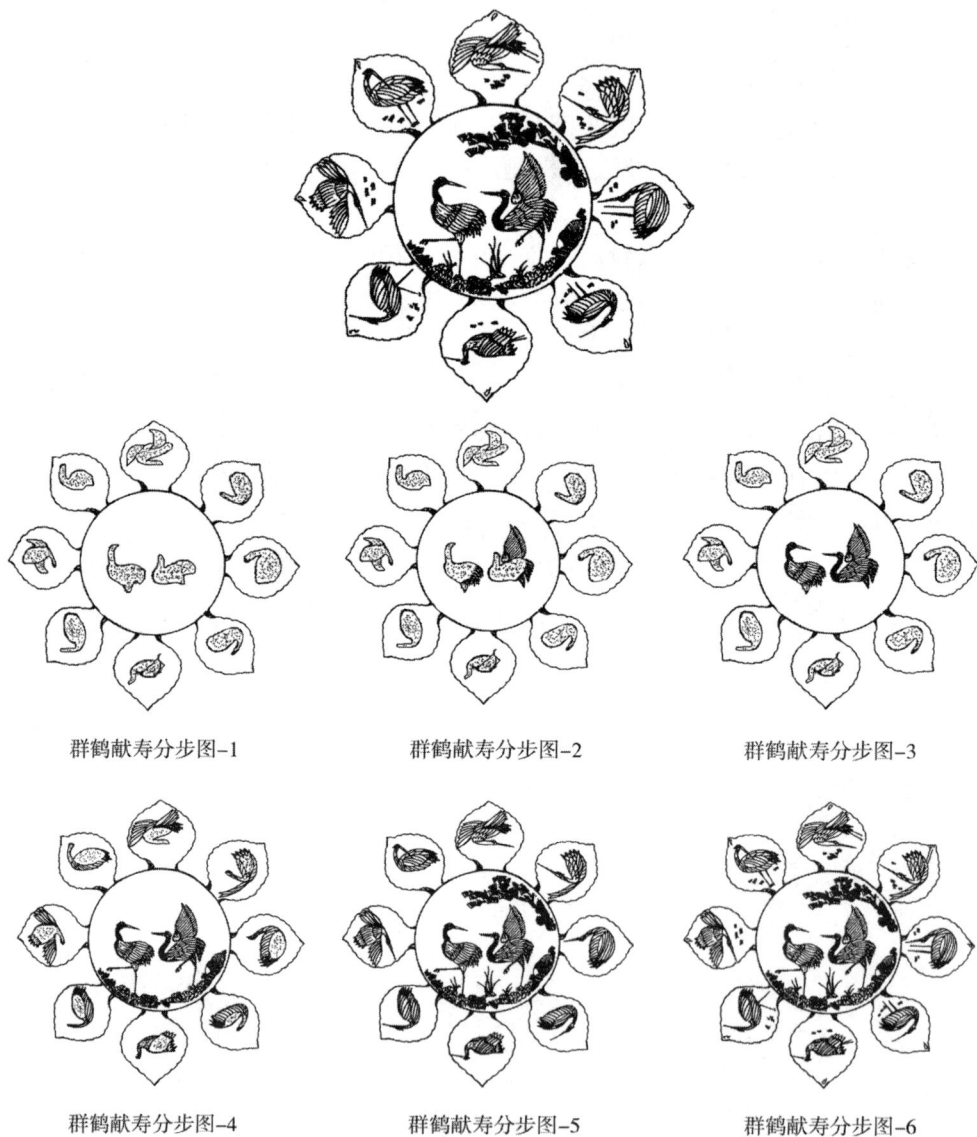

群鹤献寿分步图-1　　　　群鹤献寿分步图-2　　　　群鹤献寿分步图-3

群鹤献寿分步图-4　　　　群鹤献寿分步图-5　　　　群鹤献寿分步图-6

图 6-84　群鹤献寿

1. 原料

三鲜虾糕、松花蛋、卤口条、红樱桃、盐味相思豆、火腿、姜汁莴苣、沙拉、素蟹肉、糖醋黄瓜、怪味海带、糟鸡脯、五香牛肉、火腿蓉山药泥、蛋黄糕、三鲜土豆泥、叉烧肉、盐味红胡萝卜、油焖茭白、炝青椒、虾子香菇、蛋白糕、盐水鸭脯、蒜味西蓝花、葱油白萝卜丝、盐味黄胡萝卜、酱鸭脯、酱汁海参、盐水虾仁、紫菜蛋卷、鸡汁发菜、香菜叶。

2. 制作方法

（1）主碟

①火腿蓉山药泥在盘中堆码成两只仙鹤及土坡的初坯。

②松花蛋切成月牙形片排叠成仙鹤的尾部羽毛；蛋白糕切长柳叶形片，从上往下、由右向左排叠三层作翅膀羽毛；酱鸭脯分别切柳叶形片和细长条，分别拼摆成大腿和细长腿；蛋白糕切柳叶形片，分别从上往下、由后向前排叠四层作仙鹤的身部羽毛；鸡汁发菜切细蓉，拼摆成头、颈部；蛋黄糕刻作嘴和爪；红樱桃切半作丹顶；蛋白糕切圆形小片，镶盐味相思豆作眼睛。

③盐味红胡萝卜切鸡心形片、油焖茭白切长方形片、盐水虾仁批半、紫菜蛋卷切椭圆形片，依次排叠作土坡；酱汁海参切条拼摆作松树技，糖醋黄瓜切蓑衣连片，捻开摆作松叶；蒜味西蓝花、炝青椒细条、香菜叶摆作绿草。

（2）八色围碟（从正上方起按顺时针方向排列）

①三鲜土豆泥码成仙鹤的初坯；松花蛋切月牙形片，排叠成尾羽；三鲜虾糕切长椭圆形片，排叠作身部羽毛；卤口条切长柳叶形片，排叠成翅部羽毛；火腿切细条作嘴和腿；红樱桃切半作丹顶；盐味相思豆作眼睛；糖醋黄瓜切蓑衣连片作小草。

②姜汁莴苣切丝码成仙鹤的初坯；火腿切柳叶形片，排叠作翅部和尾部羽毛；姜汁莴苣切宽柳叶形片，排叠成身部羽毛；色拉码作颈部；蛋黄糕刻作嘴和腿部；丹顶和眼睛制法同上；炝青椒切蓑衣片，捻开作小草。

③火腿蓉山药泥码成仙鹤的初坯；怪味海带刻切成尾羽；素蟹肉切长椭圆形片，排叠成身部和头颈部羽毛；叉烧肉切细条拼作嘴和腿；丹顶、眼睛和小草制法同上。

④糟鸡脯肉切细丝码成仙鹤的初坯；五香牛肉切长柳叶形片，排叠成尾部长羽；糟鸡脯切长鸡心形片，排叠作身部、颈部和头部羽毛；五香牛肉切细条拼作嘴和腿；丹顶和眼睛制法同上；炝青椒切蓑衣片，捻开作绿草。

⑤火腿蓉山药泥码成仙鹤的初坯；松花蛋切月牙形片，排叠成尾羽；蛋黄糕切长椭圆形片，排叠作身部和翅部羽毛；火腿刻作嘴和腿部；丹顶和眼睛制法同上；蓑衣黄瓜摆作小草。

⑥三鲜土豆泥码成仙鹤的初坯；叉烧肉切长柳叶形片，排叠成尾部长羽；油焖茭白切长鸡心形片，排叠成身部和头部羽毛；盐味红胡萝卜刻作嘴和腿；丹顶和眼睛制法同上。

⑦素蟹肉撕成细丝码成仙鹤的初坯；虾子香菇斜批成片摆作尾羽；五香牛肉切柳叶形片，排叠成翅部羽毛；蛋白糕切长鸡心形片，从后往前排叠成身部、颈部和头部羽毛；蛋黄糕刻成嘴；相思豆、红樱挑分别作眼睛和丹顶；蓑衣青椒作小草。

⑧火腿蓉山药泥码成仙鹤初坯；怪味海带刻成月牙形片，排叠作尾部羽毛；盐水鸭脯切宽柳叶形片，排叠成身部羽毛；蓑衣黄瓜摆成头、颈部羽毛；蛋黄糕刻作嘴和腿；丹顶和眼睛制法同上；蓑衣黄瓜作绿草。

3. 特点

此造型融松树和仙鹤于一体，展示了仙鹤各种不同的姿态造型和拼摆方法。数寸盘子，容千里河山，犹如一幅百鹤图画卷，仙鹤姿态优逸，色彩对比调和，给人以美的享受。寿宴用此造型再恰当不过了。

4. 说明

①多碟组合造型中，一般中间的称为"主盘"，四周的称其为"围碟"，主盘更多的是作为看盘，为了更好地突出宴会的主题与烘托宴会的气氛，围碟主要供客人食用。

②围碟的造型只要有仙鹤的轮廓即可，拼摆不需要过于精细，因此，冷盘材料在刀工处理时主要以厚片和小块为主。

二、百鸟朝凤

百鸟朝凤分步图-1　　　　　　百鸟朝凤分步图-2　　　　　　百鸟朝凤分步图-3

百鸟朝凤分步图-4　　　　　　百鸟朝凤分步图-5　　　　　　百鸟朝凤分步图-6

图 6-85　百鸟朝凤

1. 原料

葱椒皮松、蛋黄糕、红肠、盐水红胡萝卜、黄色虾糕、肴肉、酸辣黄瓜、紫菜蛋卷、素蟹肉、盐味红椒、相思豆、五香牛肉、红曲卤鸭脯、三鲜山药泥、咖啡色鱼糕、白卤鸽蛋、红樱桃。

2. 制作方法

（1）主盘凤凰

①葱椒皮松码成凤凰的初坯。

②长尾：蛋黄糕、红肠分别切柳叶形片，依次从后往前排叠作两根长尾；盐水红胡萝卜刻成"U"字形片，白卤鸽蛋切取半只、红樱桃切取半粒，相叠作尾端羽翎。

③翅部：五香牛肉切长柳叶形片、蛋黄糕切柳叶形片、素蟹肉和肴肉切椭圆形片，依次从下往上依次排叠四层作翅膀。

④身部：肴肉、素蟹肉、紫菜蛋卷、咖啡色鱼糕、五香牛肉分别切柳叶形片，黄色虾糕切鸡心形片，依次从下往上排叠作身部羽毛。

⑤头、颈部：酸辣黄瓜、盐水红胡萝卜、黄色虾糕分别切长柳叶形片，依次相间排叠作颈部和头部羽毛；盐味红椒刻作冠；蛋黄糕刻作嘴；小柳叶形黄色虾糕片上面镶相思豆饰作眼睛。

（2）百鸟围碟（从右上角起按顺时针方向排列）

①葱椒皮松堆码成仙鹤的初坯；咖啡色鱼糕、蛋黄糕分别切柳叶形片，分别依次从下向上排叠作两翅羽毛；五香牛肉、酸辣黄瓜、黄色虾糕、素蟹肉分别切柳叶形片，依次从后往前排叠成鹤的尾部和身部的羽毛；三鲜山药泥码作颈部；蛋黄糕刻作嘴和腿部；相思豆饰作眼睛；盐味红椒刻作冠顶；襄衣黄瓜捻开饰作小草。

②三鲜山药泥码成鸳鸯的初坯；红曲卤鸭脯斜批成片，从前往后排叠作腹部；咖啡色鱼糕、蛋黄糕、盐水红胡萝卜、酸辣黄瓜分别切柳叶形片，依次从后往前排叠成尾部、背部、翅膀、颈和头部羽毛；素蟹肉切小鸡心形片，嵌相思豆作眼睛；盐味红椒刻作冠；蛋黄糕刻作嘴部；酸辣黄瓜刻作荷叶和水浪。

③葱椒皮松码作燕子的初坯；咖啡色鱼糕切长柳叶形片，从上往下排叠作尾部长羽毛；黄色鱼糕、素蟹肉分别切柳叶形片和小柳叶形片，依次排叠成腹部羽毛；五香牛肉切柳叶形片，分别排叠成两翅羽毛；红肠切椭圆形片、酸辣黄瓜切柳叶形片，依次分别排叠成颈部和头部羽毛；蛋黄糕刻作嘴和爪；酸辣黄瓜刻切成树枝和树叶。

④三鲜山药泥堆成鹊雀的初坯；五香牛肉切长方形片，从上往下排叠作尾部长羽；素蟹肉、蛋黄糕、盐水红胡萝卜、酸辣黄瓜分别切柳叶形片，依次从后往前排叠作腹部、颈部和头部的羽毛；肴肉、咖啡色鱼糕分别切柳叶形片，

依次排叠成两只翅膀；黄色虾糕刻成嘴部；白卤鸽蛋蛋白切圆形片，上嵌相思豆作跟睛；酸辣黄瓜刻作叶。

⑤葱椒皮松码成锦鸡的初坯；红肠、黄色虾糕、肴肉分别切鸡心形片，依次从后往前排叠成三根尾部长羽；素蟹肉、咖啡色鱼糕、蛋黄糕、红曲卤鸭脯、酸辣黄瓜分别切柳叶形片，依次由后向前排叠成身部、颈部和头部羽毛；红椒刻成冠；黄色虾糕分别刻作嘴部和爪；素蟹肉切鸡心形片，嵌相思豆作眼睛；五香牛肉切细条拼作树枝；酸辣黄瓜刻成柳叶形片拼摆作叶。

3. 特点

此造型以团凤为主拼，以五种飞鸟作围碟，数鸟围凤，团凤依鸟，宛如一幅形神兼备、形象灵动的百鸟图，给人以和美、欢乐之感。

4. 说明

①自然界的珍禽奇鸟品种繁多，冷盘工艺中拼摆的鸟，应该选择的是人们在日常生活中常见且喜闻乐见的。

②呈现的鸟要符合冷盘拼摆的工艺技术条件。

三、盆景集萃

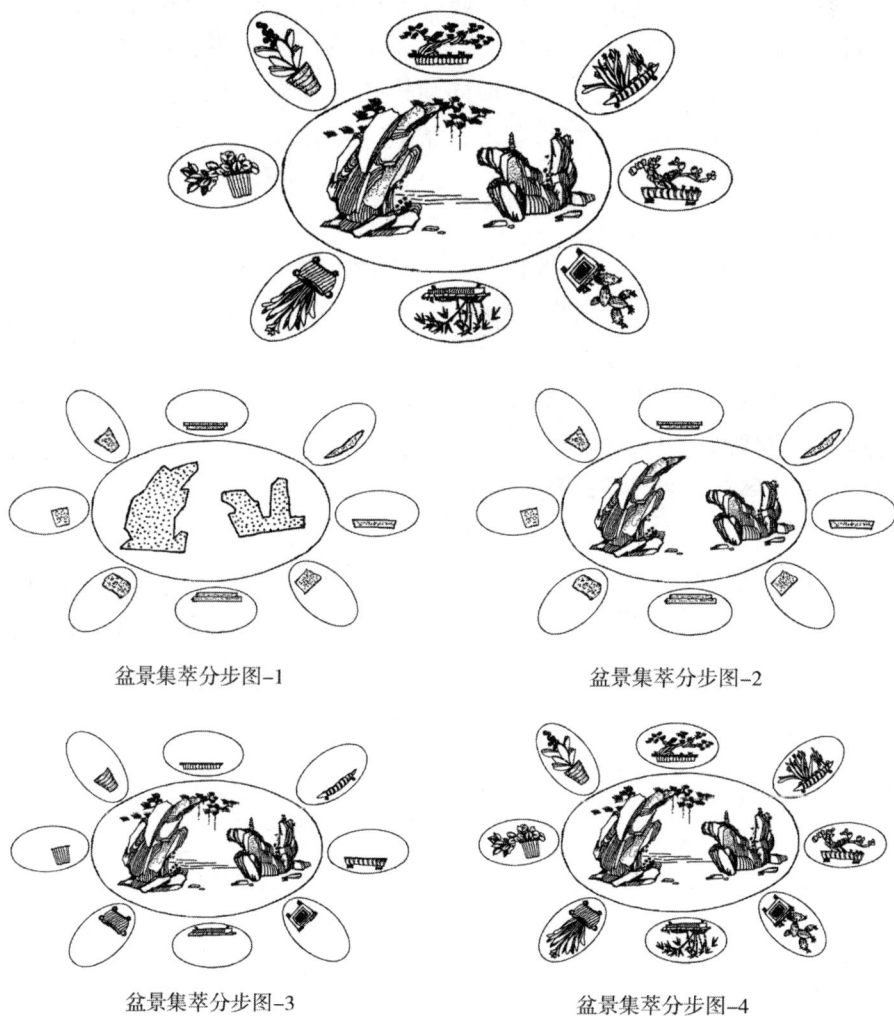

盆景集萃分步图-1   盆景集萃分步图-2

盆景集萃分步图-3   盆景集萃分步图-4

图 6-86　盆景集萃

1. 原料

五香牛肉、黄色鱼糕、叉烧肉、咖啡色鱼糕、蒜油黄瓜、红肠、烤鸭脯、烧鸡脯、红樱桃、蜜汁银杏、虾子卤香菇、盐水红胡萝卜、水晶看蹄、油焖冬笋、青橄榄、油鸡脯肉。

2. 制作方法

（1）主盘

①五香牛肉、黄色鱼糕、叉烧肉、咖啡色鱼糕、水晶看蹄、油焖冬笋分别

切近长梯形形和不规则形厚片，依次从上往下、由右向左排叠成假山；盐水红胡萝卜分别切三角形和梯形厚片排作塔。

②虾子卤香菇切细条拼作松枝，蒜油黄瓜切蓑衣刀纹，捻开作松叶；蒜油黄瓜切波浪形细丝作水波纹。

（2）围碟（从正上方起按顺时针方向排列）

①叉烧肉切长方形片，从左往右排叠成盆身；咖啡色鱼糕切条状排叠成盆口；烤鸭脯肉切细条拼作松枝；蓑衣黄瓜作松叶。

②油鸡脯肉、咖啡色鱼糕分别切小块，相间拼摆成月牙形盆身；烧鸭脯肉切圆形片作盆子底座；蒜油黄瓜切成长条状作水仙叶片；黄色鱼糕切菱形片拼作水仙花；青橄榄、红樱桃切半堆作鹅卵石。

③五香牛肉切月牙形厚片排叠作花盆；咖啡色鱼糕切长方形块作花盆底座；烤鸭脯肉切条状拼作梅枝；蜜汁银杏刻作梅花，红樱桃末饰作花心。

④黄色鱼糕切片排叠作盆身；肴肉切长条拼作盆口；叉烧肉切方形片摆作盆子底座，咖啡色鱼糕切长方形片和细丝拼作盆身外侧装饰；青橄榄切半拼摆成仙人掌；蒜油黄瓜切细丝饰作小草。

⑤红肠切椭圆形片排叠作盆身；油鸡脯肉切长条拼作盆口，烧鸡脯肉斜批成片排叠作假山；油鸡脯切柳叶形片摆作盆子底座；蒜油黄瓜刻作竹杆和竹叶。

⑥油焖冬笋切片排叠作盆身；五香牛肉切长条和方形块，分别拼摆成盆口和盆子底座；红肠切圆形片分别作盆口装饰；蒜油黄瓜刻成长柳叶形片，依次排叠成君子兰叶；黄色鱼糕刻作花。

⑦红肠切长方形片、五香牛肉切条状，拼摆成盆身和盆口；油鸡脯肉批成柳叶形片排叠作花叶；黄瓜细丝摆作叶茎。

⑧五香牛肉切半圆形片，由上往下排作盆（片由大渐小）；蒜油黄瓜切柳叶形片，排叠作万年青叶；红樱挑切半堆作果。

3. 特点

此造型以山水盆景为主拼，以八种花木盆景作围碟，构成了以盆景为主题的组合造型。主盘中两山形分神合，玲珑精致；围碟中花本品种相异，各具特色，构成一幅盆景集萃图。

4. 说明

①此造型中的围碟主要是供客人食用的，因此，冷盘材料在刀工处理时主要以厚片和小块为主。

②在拼摆盆景中"花"的过程中，选择冷盘材料的品种可以多一些，且色泽可以艳丽一点。

③酱牛肉、盐水鹅脯、盐水鸭脯、卤鸭脯、腐乳叉烧、水晶羊羔等均可以制作此菜中的"盆"。

四、桃李天下

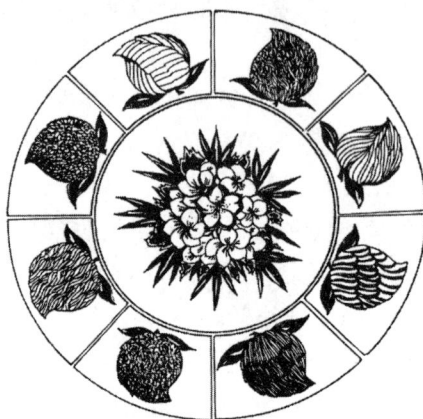

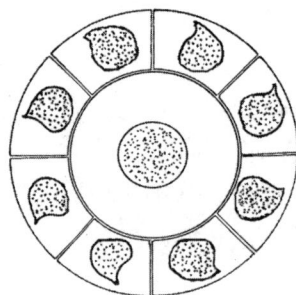

桃李天下分步图-1

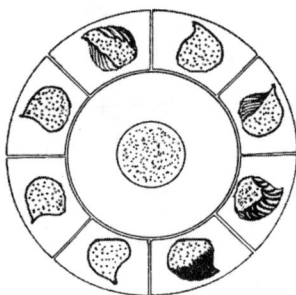

桃李天下分步图-2

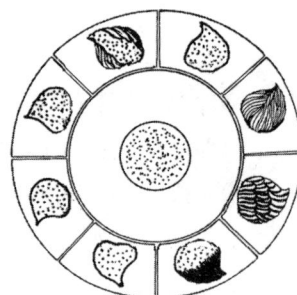

桃李天下分步图-3

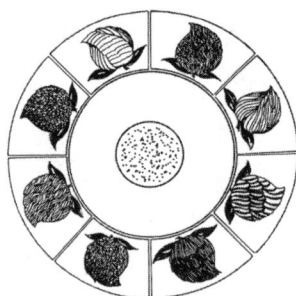

桃李天下分步图-4

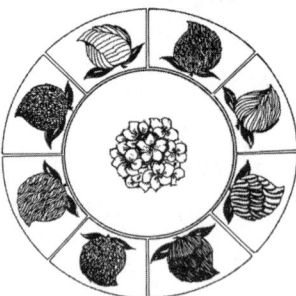

桃李天下分步图-5

桃李天下分步图-6

图 6-87　桃李天下

1. 原料

炝青椒、火腿、鸡蛋皮、红肠、糟鸡脯内、虾子卤香菇、姜汁菠菜松、凉拌金瓜丝、沙茶肉丁、红曲卤鸭脯、佛手罗皮、烤鸭脯。

2. 制作方法

（1）主碟

①火腿切椭圆形片，分别围叠成八朵桃花；蛋皮切丝饰作花心。

②炝青椒刻作花叶。

（2）八围碟（从正上方右起按顺时针方向排列）

①红肠切鸡心形片排叠成桃形；虾子卤香菇刻切成柄；炝青椒刻作叶。

②糟鸡脯肉切成柳叶形片，从右向左、自上而下排叠三层而成；炝青椒刻作叶。

③姜汁菠菜堆码成桃形；炝青椒刻作叶。

④凉拌金瓜丝堆码成桃形；炝青椒刻作叶。

⑤沙茶肉丁堆码而成；炝青椒刻作叶。

⑥红曲卤鸭脯肉斜批成柳叶形片，排叠成桃形；炝青椒刻作叶。

⑦佛手罗皮从上往下排叠成桃形；炝青椒刻作叶。

⑧烤鸭脯肉斜批成柳叶形片，排叠成桃形；炝青椒刻作叶。

3. 特点

此造型以桃花为主碟，以八只桃子作围碟，构成主题明确的组合造型。桃拥花，花衬桃，彼此协调，相互映衬，互为补充，令人产生硕果累累、桃李满天下的遐想。此造型可用于谢师宴，也可用于寿宴。

4. 说明

①此造型中的主盘和围碟主要都可以供客人食用。

②片、丝、米、粒、蓉（菠菜松等）等冷盘材料均可以拼摆围碟中的桃子，需要注意的是：一组围碟的桃子要选用不同的料形形式来呈现，才能展示桃子的丰富多彩，与"桃李天下"的主题才更加吻合。

五、海底世界

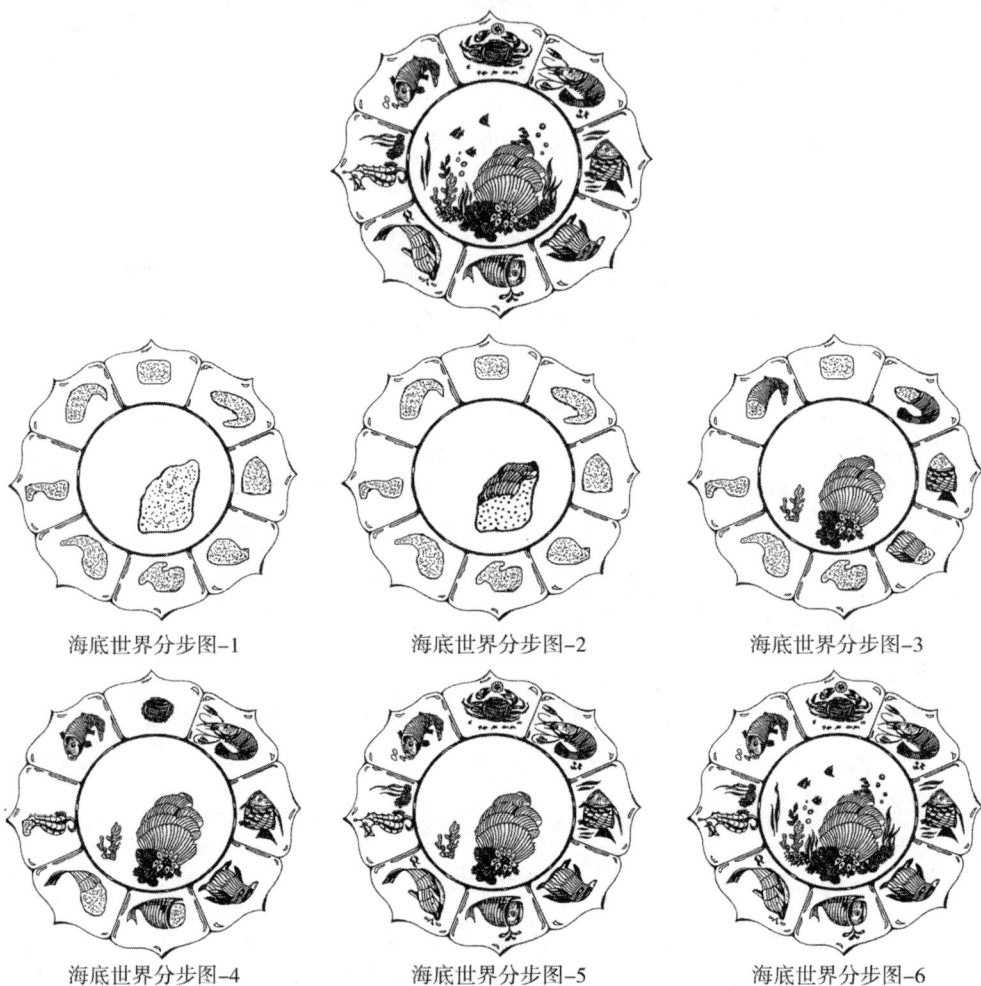

海底世界分步图-1　　　　海底世界分步图-2　　　　海底世界分步图-3

海底世界分步图-4　　　　海底世界分步图-5　　　　海底世界分步图-6

图6-88　海底世界

1. 原料

烤鸭脯肉、盐水虾仁、红曲卤鸭脯、蒜蓉黄瓜、葱油海带、红肠、油焖珍珠笋、虾子香菇、油鸡脯肉、盐水鸭脯、蛋黄糕、烧鸡脯、三鲜虾糕、姜汁西蓝花、咖啡色鱼糕、盐水青豆、猪耳糕、葱烤黄鱼、炝海白菜、肉松、鱼松。

2. 制作方法

（1）主碟

①葱烤黄鱼撕成细丝，码成珊瑚石的初坯；蛋黄糕、红肠、三鲜虾糕、猪耳糕、咖啡色鱼糕切椭圆形片，盐水鸭脯肉切柳叶形片，分别从左往右、自上而下排叠成珊瑚石。

②炝海白菜、葱油海带刻切成海草；蒜蓉黄瓜切蓑衣刀纹捻开，与姜汁西蓝花摆作水草；葱油海带刻作小鱼。

（2）八围碟（从正上方起按顺时针方向排列）

①烤鸭脯肉切细丝码作蟹的初坯；烤鸭脯分别切柳叶形片和条状，排叠作蟹的背壳及拼作蟹爪；盐水虾仁围叠于蟹的前端作花；蓑衣黄瓜拼摆成水草。

②肉松码成虾的初坯；葱油海带切长鸡心形片，排叠作虾尾；红曲卤鸭脯切长方形片，从后往前排叠成虾的身部；红肠刻作虾头；蒜蓉黄瓜刻作虾须和大爪；盐水青豆摆作眼睛；蓑衣黄瓜捻开拼摆成水草。

③鱼松码成神仙鱼的初坯；蒜蓉黄瓜切柳叶形片，分别从上、下往中间排叠作尾鳍；葱油海带刻作背鳍、胸鳍和腹鳍；红肠、油焖珍珠笋分别切半圆形片，间隔呈覆瓦状排叠成鱼鳞；咖啡色鱼糕刻作鱼头；圆形蛋黄糕片上叠半粒青豆作眼睛；炝海白菜刻成水草。

④烤鸭脯肉切细丝码作企鹅的初坯；烧鸡脯肉切成条状，拼作腿部和翅部；油鸡脯切柳叶形片，分别排叠两层作企鹅的腹部和头部；虾子卤香菇批成片，排叠成背部和头顶部；蛋黄糕刻成嘴；柳叶形香菇片上覆圆形油鸡脯片作眼睛。

⑤鱼松码成鲸鱼的初坯；蒜蓉黄瓜切柳叶形片，分别从左、右往中间排叠作尾鳍；盐水鸭脯切长方形片，从后往前排叠成鲸鱼的身部；咖啡色鱼糕刻成鱼头；半粒青豆摆作眼睛；葱油海带刻作水柱。

⑥葱烤黄鱼撕成细丝，堆码成海豚的初坯；葱油海带刻切成尾鳍；三鲜虾糕切长鸡心形片，依次排叠作背部和头部；咖啡色鱼糕刻条分别摆作胸鳍和嘴部；半粒青豆摆作眼睛；炝海白菜刻作水花；葱油海带刻作水纹。

⑦肉松码作海马的初坯；烧鸡脯肉切成条状、油鸡脯肉切鸡心形片，分别拼作海马的身部和尾部；油鸡脯刻切成头部；烧鸡脯刻作嘴部；盐水青豆切半饰作眼睛；炝海白菜刻切成水草；姜汁西蓝花堆作珊瑚石。

⑧鱼松码成鱼的初坯；猪耳糕切长菱形片，从下往上排叠成鱼尾；红曲卤鸭脯切长方形片，从后往前排叠成身部；烤鸭脯刻切成头部；虾子卤香菇刻作嘴；圆形蛋黄糕片上覆半粒青豆作眼睛；蒜蓉黄瓜切蓑衣刀纹，摆作背鳍、胸鳍和腹鳍；黄瓜切丝圈作水泡。

3. 特点

此造型以珊瑚石为主拼，以八种水中动物作围碟，构成了主题明确的组合造型。各种动物小巧玲珑，活灵活现，奇妙的海底世界跃然盘中。

4. 特明

①海底的动物多种多样，但我们选择的动物最好是人们在日常生活中常见的，并且是人们喜闻乐见的。

②呈现的动物要符合冷盘拼摆的工艺技术条件与特点。

六、万紫千红

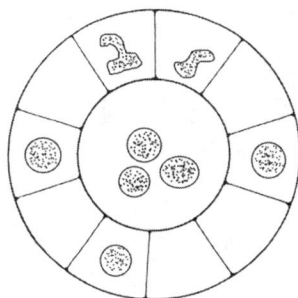
万紫千红分步图-1

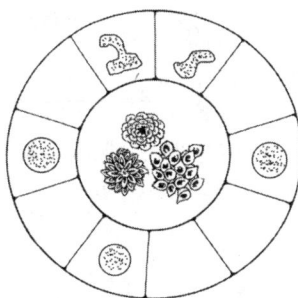
万紫千红分步图-2

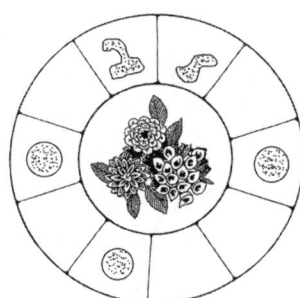
万紫千红分步图-3

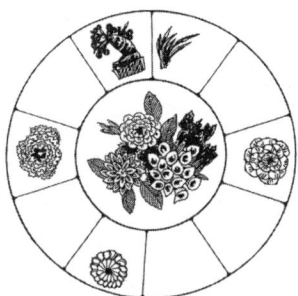
万紫千红分步图-4

万紫千红分步图-5

万紫千红分步图-6

图 6-89　万紫千红

1. 原料

葱油海蜇、炝青椒、酸辣黄瓜、猪耳糕、烤鸭脯、红樱桃、蜜汁桃仁、红肠、盐水明虾仁、五香酱牛肉、橘黄鱼糕、盐水鸭脯、白嫩油鸡脯、火腿、炝肫片、肴肉、红曲卤鸭脯、蒜味海白菜、香菜叶。

2. 制作方法

（1）主碟

①火腿切长梯形片，卷叠成一束马蹄莲花；炝肫片交错围叠作月季花（橘黄鱼糕末作花蕊）；肴肉切橄榄块，叠作菊花（油鸡脯肉末作花蕊）。

②猪耳糕、烤鸭脯分别切柳叶形片，依次对拼成五片大花叶；炝青椒刻切柳叶形片，与香菜叶分别摆作绿色花叶。

（2）十围碟（从正上方起按顺时针方向排列）

①葱油海蜇头围叠成牡丹花，炝青椒蓑衣片拼作花叶，橘黄鱼糕末作花蕊。

②酸辣黄瓜分别刻切成条和切柳叶形片，拼摆成竹子；盐水明虾仁叠作石块。

③冻猪耳糕切片排叠作花盆；烤鸭脯肉切条块，拼作铁树枝干；红樱桃切半摆作花。

④蒜味海白菜切长三角形片拼作兰花叶；橘黄鱼糕切菱形小片拼作兰花；蜜汁桃仁堆作山石。

⑤红肠切长椭圆形块拼作荷花，炝青椒刻切成条，拼作花梗和水草。

⑥盐水明虾仁批半，围叠成月季花，红樱桃末作花蕊；酸辣黄瓜蓑衣连片作花叶。

⑦五香酱牛肉切成条块，拼作腊梅枝干，橘黄鱼糕刻成五瓣腊梅花，红樱桃末作花蕊。

⑧橘黄鱼糕切成块和片，拼摆成三朵菊花。

⑨盐水鸭脯切菱形块叠成大丽菊，红樱桃切半摆作花蕊；酸辣黄瓜切条块，拼作花枝；炝青椒蓑衣片作花叶。

⑩白嫩油鸡脯肉切柳叶形片，分别卷叠成三朵玉兰花；炝青椒切梯形形片作花托，酸辣黄瓜切细条作花梗。

3. 特点

此造型以数种花卉构成组合造型，宛如百花盛开、争宠斗艳、姹紫嫣红的画卷。群英荟萃的宴席上用此造型冷盘尤为适合。

4. 说明

①世界上的花卉品种五花八门，我们选择的花卉尽量是人们在日常生活中常见的，最好与我们的生活息息相关的。

②呈现的花卉要符合冷盘拼摆的工艺技术条件。

七、百花彩蝶

百花彩蝶分步图-1

百花彩蝶分步图-2

百花彩蝶分步图-3

百花彩蝶分步图-4

百花彩蝶分步图-5

百花彩蝶分步图-6

图 6-90　百花彩蝶

1. 原料

葱椒云丝、卤猪肝、紫菜蛋卷、蛋黄糕、绿色虾糕、咖啡色鱼糕、红樱桃、酸辣黄瓜、葱油香菇、烤鸭脯肉、盐水明虾仁、姜汁莴苣、蒜酱海蜇头、炝鸡肫片、水晶肴肉、糖醋扬花萝卜、原味火腿、虾子卤茭白、炝青椒、蛋白糕、香菜叶。

2.制作方法

（1）主盘彩蝶

①葱椒云丝码成蝴蝶的初坯。

②大翅：卤猪肝切宽柳叶形片，从上往下分别排叠成蝴蝶大翅膀的第一层；蛋黄糕、咖啡色鱼糕、绿色虾糕切鸡心形片，从上往下、由外向内分别排叠成蝴蝶大翅膀的第二层、第三层及第四层。

③小翅及翅尾：绿色虾糕、紫菜蛋卷、原味火腿切鸡心形片，分别从上往下和从下往上、由外向内分别排叠成蝴蝶的左、右小翅膀；葱油香菇切长鸡心形片，上叠蛋黄糕圆形小片和半粒红樱桃作翅尾。

④蝶身、蝶眼和蝶须：烤鸭脯肉斜批成片，排叠作蝶身；红樱桃切半作蝶眼；酸辣黄瓜切细条和红樱桃粒作蝶须。

（2）百花围碟（从右上角起按顺时针方向排列）

①盐水明虾仁围叠作绣球花；蛋黄糕切细末作花蕊；炝青椒刻作花叶。

②姜汁莴苣刻成佛手状，围叠作佛手花；红樱桃切细末作花蕊；香菜叶摆作花叶。

③蒜酱海蜇头围叠作牡丹花；蛋白糕切细末作花蕊；炝青椒刻作花叶。

④炝鸡肫片围叠作月季花；蛋黄糕切细末作花蕊；香菜叶摆作花叶。

⑤水晶肴肉切菱形小块，圈叠作菊花；蛋白糕切细末作花蕊；炝青椒刻作花叶。

⑥糖醋扬花萝卜切蓑衣刀纹，捻开后圈叠作绣球花；蛋黄糕切细末作花蕊；香菜叶摆作花叶。

⑦原味火腿切三角形片，卷叠作马蹄莲花；蛋黄糕切细条作花心；炝青椒刻作花叶。

⑧虾子卤茭白刻切成小玉兰花，再圈叠作大玉兰花；红樱桃切细末作花蕊；香菜叶摆作花叶。

3.特点

此造型以彩蝶为主拼，以八种花卉作围碟，构成了主题明确的组合造型。蝶恋花，花拥蝶，主次形象彼此协调，互为补充，大自然的美好情景跃然于盘中，令人顿生美的遐想。

4.说明

①自然界的花卉品种繁多，我们选择的花卉尽量是人们在日常生活中常见的，最好是与我们的生活息息相关的。

②呈现的花卉要符合冷盘拼摆的工艺技术条件。

本章小结：

本章主要对几何图案造型、植物造型、动物造型、器物造型、景观造型、各客冷碟造型、多碟组合造型等类型的构图造型规律和其中常用的冷盘题材的拼摆方法以及拼摆过程中的注意事项、题材与题材之间的组合规律、拼摆方法与技巧的灵活运用等方面的知识进行了详尽的介绍。其中，动物造型、景观造型和多碟组合造型是本章学习的难点。

思考与练习

1. 三色拼盘在拼摆过程中运用的是哪一种拼摆方法？

2. "弧形拼摆法"在拼摆"梅花彩拼"中是如何运用的？

3. "芭蕉展姿"与"马蹄莲彩拼"在拼摆手法上有哪些相同点？

4. "岁寒三友"和"翠竹红梅"都是由多个题材构图而成，它们在构图形式上有哪些相同点和不同点？

5. "金鸡争雄"和"只争今朝"同是以雄鸡为主要题材，为什么采用的拼摆手法是不同的？

6. 在拼摆鸳鸯造型时，应掌握哪些造型上的个性？

7. "鹏程万里"在构图上应注意哪些问题？

8. 在拼摆凤凰时，哪些方面可以夸张？为什么？

9. "原料的修整形状与题材的个性相协调"在拼摆蝴蝶过程中如何具体运用？蝴蝶的飘逸、灵动的个性怎样体现？

10. 动物造型中，禽鸟类羽毛的拼摆规律是什么？为什么？

11. 鱼鳞的拼摆应遵循什么规律？怎样才能更好地体现鱼的灵动性？

12. "迎宾花篮"的拼摆手法有什么特点？这种拼摆方法还可以运用在哪些题材的冷盘造型中？为什么？试举例说明。

13. 玉扇与吉他在拼摆方法上有哪些相同点？

14. "太湖春色"与"华山日出"在制作过程中应注意哪些不同点？

15. 以船为题材的构图造型中，帆的拼摆方法应怎样根据其构图形式的变化而变化？

16. 在制作各客冷碟造型过程中，应注意哪些方面的问题？

17. 在设计多碟组合造型时，主碟与围碟的题材之间有怎样的联系？应如何使其吻合和协调？

18. 举例说明题材造型与构图的密切关系。

参考文献

[1] 赵荣光.中国饮食史论 [M].哈尔滨：黑龙江科学技术出版社，1990.

[2] 乔治·桑塔耶纳.美感 [M].缪灵珠，译.北京：中国社会科学出版社，1982.

[3] E·潘诺夫斯基.视觉艺术的含义 [M].傅志强，译.沈阳：辽宁人民出版社，1987.

[4] 扬辛，甘霖.美学原理 [M].北京：北京大学出版社，1983.

[5] 罗宾·乔治·科林伍德.艺术原理 [M].王至元，陈华中，译.北京：中国社会科学出版社，1987.

[6] 郑奇，烹饪美学 [M].昆明：云南美术出版社，1988.

[7] 刘华明，绘画色彩研究 [M].上海：上海人民美术出版社，1985.

[8] 杨继林，金陵冷盘经 [M].南京：江苏人民出版社，1990.

[9] 松本秀夫，日高哲夫.中国拼盘 [M].李云云，译.成都：四川科学技术出版社，1987.

[10] 鲁道夫·阿恩海姆.艺术与视知觉 [M].滕守尧，朱疆源，译.北京：中国社会科学出版社，1987.

[11] 周明扬，胡小维.图说冷菜造型 [M].上海：上海科学技术出版社，1998.

[12] 林则普.烹坛精粹——第三届全国烹饪技术比赛个人赛作品集 [M].北京：中国商业出版社，1994.

[13] 王满良，梁熔.百鸟谱 [M].天津：天津人民美术出版社，1981.

[14] 郝秉钊.果蔬雕刻集 [M].上海：上海科学普及出版社，1998.

[15] 彭景，陈玉.烹饪营养学 [M].上海：上海科学技术出版社，1989.

[16] 周文涌.烹饪工艺美术 [M].北京：高等教育出版社，2004.

[17] 王维海.千蝶剪纸集 [M].沈阳：辽宁美术出版社，1996.

[18] 太田静行.食品调味论 [M].方继功，译.北京：中国商业出版社，1989.

[19] 丁时克.食品风味化学 [M].北京：中国轻工业出版社，1996.

[20] 萧帆.中国烹饪词典 [M].北京：中国商业出版社，1992.

[21] 贾凯.实用烹饪美学 [M].北京：旅游教育出版社，2007.

[22] 史维军.酒楼旺销冷盘 [M].北京：金盾出版社，2008.

[23] 朱云龙.冷菜工艺 [M].北京：中国轻工业出版社，2000.

[24] 喻成清 . 水果拼盘切雕 [M]. 合肥：安徽人民出版社 , 2006.

[25] 周妙林，夏庆荣 . 冷菜、冷拼与食品雕刻技艺 [M]. 北京：高等教育出版社，2002.

[26] 朱云龙 . 中国冷盘工艺 [M]. 北京：中国纺织出版社，2008.

后 记

　　《中国冷盘工艺》自 2008 年由中国纺织出版社出版以来，又历经了 10 多个春秋。本书是继 1997 年由中国商业出版社出版的《中国冷盘》和 2000 年由中国轻工业出版社出版的《冷菜工艺》后，相对比较完善的风味冷菜制作与冷盘工艺方面的教材。虽然前面几本书的撰写蕴涵着作者多年的苦心奋斗，也记载着作者在月光的映照下伏案冥思、持笔"爬格子"的日日夜夜，但由于当时作者对风味冷菜与冷盘工艺的认识水平以及当时编写的指导思想所限，最早的几本书并不完全符合现在教材的编写体系。经过后来若干年的教学实践，《中国冷盘工艺》在前几本书的基础上又添加了一些新的内容：冷菜调味的程序与方法、冷菜的卫生与安全控制、冷盘拼摆的基本步骤及常用手法、冷盘在主题性展台中的运用等，尤其是冷盘造型实例部分，每一个造型都针对其特有的个性与工艺特点，增加了拼摆过程中较为典型同时又符合拼摆工艺规律的制作分步图，使《中国冷盘工艺》教材的体系更加完善，结构更加合理，内容更加新颖，为读者解决了学习冷盘工艺过程中的瓶颈问题，也为读者提供了更为广阔的思考和想象的空间，为引领中国冷盘工艺的发展也作了一定的尝试，本书几乎含盖了冷盘工艺的方方面面。这也是这本教材自 2008 年出版以来一直没有修订的主观原因。

　　事实上，近年来我国烹饪技艺的发展突飞猛进，冷菜制作与冷盘工艺技术在烹饪中的地位与作用益现明显，社会上对冷菜制作与冷盘工艺技术水平的要求也越来越高。在冷盘工艺技术的发展过程中，无论是在冷菜制作技术上，还是在种类和品种或原材料的使用上，以及冷盘拼摆的技艺方面，都得到了很大的丰富、创新和发展，这些都为冷盘工艺成为独立学科奠定了坚实的实践和理论基础，同样，对原有教材进行修订也成为必然。

　　尤其是《中国冷盘工艺》出版近 12 年来，一直受到许多烹饪职业院校和社会餐饮业从业人员的密切关注。近数年来几乎每年都在不断地重印。面对如此众多的读者，作为从教 30 余年的作者，深知"解惑授业"的天职，加之"一流学科"建设的需要，又激起了作者对该教材进行再一次修订的念头与决心。

　　本书经过近一年半时间的修订，终于脱稿，期间得到了各界很多的帮助。扬州大学旅游烹饪学院朱云龙、南京旅游职业学院吕新河协同南京旅游职业学院史红根、扬州大学旅游烹饪学院王荣兰以及江苏省昆山第一中等专业学校郎军共同参与了本教材的结构以及具体内容的调整和修订方案的讨论；扬州大学旅游烹饪学院胡舰、王恒鹏，上海海味观黄君，上海新东方烹饪学校提勇胜，扬州旅游商贸学校许振兴、董佳，江苏旅游职业学院李心芯、闵二虎、薛伟、董芝杰，南京旅游职业学院蒋云翀，厦门市集美职业技术学校刘锦冬，福州旅游职业中专学校曾永福，厦门工商旅游学校荣波，浙江商业职业技术学院旅游烹饪学院王炳华，江苏省滨海中等专业学校任昌娟，江苏省江阴中等专业学校朱旭军、王金志分别参与了部分章节的编写工作。同时，他们为本书的修订提供了相当珍贵的素材，提出了许多十分中肯的宝贵意见，使本教材在原来的基础上又有所新增。在本教材的修订过程中，作者还参阅了大量的资料（见"参考文献"），这些资料使我们在修订教材的过程中得到了很大的启发，在此一并表示诚挚的谢意！

　　"路漫漫其修远兮，吾将上下而求索"。尽管为本教材的修订我们已倾己所能，但终因学识水平、美学水平和烹饪实践水平有限，再加交稿时间紧迫，修订任务重，还有不可脱身的琐碎之事的纷扰，我们深知本教材仍然存在不足之处，诚盼使用本教材的师生和读者批评指正，我们愿意再度修改和补充，以使本书更趋完善，我们将永远朝着"没有最好，只有更好"的方向努力前行！

编者

2020 年 3 月